LEÇONS

PHYSIOLOGIE

GÉNÉRALE ET COMPARÉE

PAR

RAPHAËL DUBOIS

Professeur à l'Université de Lyon.

I. Phénomènes de la vie communs aux animaux et aux végétaux.
II. Biophotogénèse ou production de la lumière par les Êtres vivants.

PARIS

GEORGES CARRÉ ET C. NAUD, ÉDITEURS

3, rue Racine, 3

1898

LEÇONS

DE

PHYSIOLOGIE

GÉNÉRALE ET COMPARÉE

COULOMMIERS

Imprimerie PAUL BRODARD.

LEÇONS

DE

PHYSIOLOGIE

GÉNÉRALE ET COMPARÉE

PAR

RAPHAËL DUBOIS

PROFESSEUR A L'UNIVERSITÉ DE LYON

PARIS

GEORGES CARRÉ ET C. NAUD, ÉDITEURS

3, RUE RACINE, 3

—

1898

INTRODUCTION

En acceptant la délicate fonction d'enseigner la Physiologie à la Faculté des sciences de l'Université de Lyon, j'ai été soutenu par l'espoir de voir un jour cette branche supérieure des connaissances humaines *universellement* admise parmi les sciences générales, encore appelées sciences pures ou exactes, au même titre que la Chimie, la Physique, la Mécanique, l'Astronomie, etc. En cela, j'ai suivi la tradition française.

D'autre part, on ne peut plus prétendre aujourd'hui, de bonne foi, que la Physiologie soit une branche de la Zoologie, surtout après les récentes conquêtes qu'elle vient de faire dans le monde végétal et qui ont jeté une si vive lumière sur les phénomènes de l'accroissement et de la reproduction chez tous les êtres vivants, y compris les animaux.

Bien qu'elle doive beaucoup aux recherches biologiques des médecins, la physiologie n'est pas non plus une branche de la Médecine. Seulement, elle constitue, au premier chef, une de ces sciences improprement appelées « accessoires », en Médecine, et qu'on devrait nommer « fondamentales », car sans leur connaissance, le médecin ne peut être autre chose qu'un vulgaire empirique.

La physiologie est aussi nécessaire à l'instruction générale du médecin qu'à celle du vétérinaire, de l'agronome et de tous ceux qui, d'une manière quelconque, veulent appliquer les données de la Science aux êtres vivants.

Pour les futurs praticiens, on doit certainement s'attacher à faire ressortir plus particulièrement les applications techniques spéciales, mais sans oublier jamais qu'il n'y a d'initiative personnelle et de progrès possibles que par la culture des sciences générales.

C'est ce que ne comprennent pas assez ceux qui parlent sans cesse d'enseignement pratique. On peut enseigner les sciences générales d'une manière pratique et les applications se présentent alors spontanément. Toutes les inventions, même celles qui ont paru complètement inattendues, pour le vulgaire, viennent plus ou moins directement des découvertes de savants qui cultivaient la Science pour la Science : il est utile de le rappeler souvent à ceux qui en tirent de gros profits et, trop aisément chez nous, des honneurs usurpés.

Le galvanisme et la microbiologie, avec leurs innombrables applications pratiques, sont nés de recherches de physiologie pure et, sous ce rapport, comme sous beaucoup d'autres, cette science mérite une plus large part que celle qui lui est faite actuellement en France.

Nous devons nous garder, plus que d'autres, de tomber d'un excès dans l'excès justement opposé. Il y a deux manières d'appliquer les principes, excellents d'ailleurs, de l' « utilitarisme » : l'une qui est large, élevée, prévoyante, véritablement philosophique, et l'autre qui est basse, étroite, personnelle et mercantile. La seconde ne pourrait exister longtemps sans la première, dont elle est pour ainsi dire le parasite.

Quant à moi, je me trouverai assez récompensé des efforts que j'ai dû faire et des attaques, souvent déloyales, que j'ai eu à supporter, si j'ai pu, même dans une faible mesure, contribuer à accroître l'indépendance de la physiologie. J'ai essayé de déraciner des préjugés ridicules tenant en partie aux titres, au moins aussi prétentieux que surannés, portés encore aujourd'hui par nombre de chaires dans notre enseignement supérieur, et aussi à la division, à la fois antiphilosophique et antipédagogique, de nos universités en facultés.

La physiologie est une science exacte, comme l'anatomie en est une autre, mais nous devons en convenir, elle se montre relativement peu avancée, surtout quand on veut qu'elle soit générale et comparée : cela tient à ce qu'elle est fort compliquée, en apparence, au moins, et que sa culture demande des connaissances très multiples dans les diverses branches des sciences physiques et naturelles.

C'est une des principales excuses que j'aie à présenter à ceux qui voudront bien parcourir ces « Leçons » pour lesquelles je sollicite la plus grande indulgence.

A l'époque où je les ai inaugurées, il s'agissait, en réalité, d'un enseignement nouveau, auquel les anciens programmes ne pouvaient convenir : j'ai dû en imaginer un spécial.

Les êtres vivants ont été considérés par moi comme des transformateurs d'énergie ; ils puisent cette dernière à deux sources : l'hérédité et le milieu ambiant, pour la transmettre, d'une part, à leurs descendants, quand ils en ont, et la restituer, d'autre part, au milieu cosmique.

Après un certain nombre de leçons de généralités, servant d'introduction scientifique, j'ai abordé l'étude de *l'énergie rayonnée* par la substance vivante sous les formes connues de lumière, radiations chimiques, électricité, chaleur, son, mouvement proprement dit.

Dans une seconde série, j'étudierai l'*énergie empruntée*, sous ces mêmes formes, au milieu. En faisant la balance des recettes et des dépenses, peut-être arrivera-t-on à découvrir des modalités énergétiques nouvelles, spéciales, ainsi qu'à déterminer la part de ce qui a été acquis par héritage et que j'appelle, pour cette raison, *énergie évolutrice* ou *ancestrale*.

Particulièrement en ce qui concerne la production de la lumière, des radiations chimiques, de la chaleur, j'ai fourni beaucoup de documents personnels, mais il m'a fallu aussi, notamment pour les généralités, emprunter souvent.

Contrairement à la règle adoptée pour les monographies que j'ai publiées, je n'ai pas donné de bibliographie, car, pour qu'elle fût équitable, il la fallait complète, ce qui était évidemment impraticable. Les figures non originales ont été choisies, à dessein, parmi les plus classiques.

Il était peut-être bien audacieux d'essayer de synthétiser des faits semés un peu partout, comme au hasard, alors que l'analyse elle-même, en physiologie, offre de si profondes lacunes.

Ces dernières seraient faciles à combler, et certainement la physiologie progresserait très rapidement si l'on pouvait créer pour elle un vaste et riche Institut, exclusivement réservé aux recherches originales, largement pourvu de tous les services auxiliaires d'histologie, de chimie, de physique biologiques, de mécanique et de bibliographie. Comme dans les grandes industries, la division du travail devrait y être établie avec soin, en même temps qu'elle serait réglée par une seule intelligence directrice. Le pays qui posséderait un tel établissement prendrait très rapidement sur les autres une avance considérable au point de vue de la connaissance du code naturel des lois de la vie, dont toutes les lois sociales devraient dériver. Il serait temps d'y songer, surtout dans un siècle où la civilisation accumule stupidement les procédés de destruction ou de déchéance physique et morale au lieu de s'occuper, avant tout, de donner à l'homme les moyens de vivre *normalement*, c'est-à-dire *physiologiquement*, seule condition capable d'assurer son bonheur et celui de sa descendance.

L'hygiène et la morale publiques et privées ne doivent être, en définitive, que l'application des lois de la physiologie et de la psycho-physiologie à la satisfaction, de plus en plus parfaite, des besoins naturels et des aspirations supérieures de l'Humanité.

GÉNÉRALITÉS

SUR LES PHÉNOMÈNES DE LA VIE

COMMUNS AUX ANIMAUX ET AUX VÉGÉTAUX

LEÇONS

DE

PHYSIOLOGIE GÉNÉRALE ET COMPARÉE

PREMIÈRE LEÇON

La physiologie. — Origine de cette science.

Avant d'aborder l'étude des phénomènes communs aux animaux et aux végétaux, dont l'ensemble constitue la physiologie générale, il importe de rechercher la signification du mot « physiologie », emprunté aux anciens, et aussi les origines de la science qu'il sert à désigner encore de nos jours : il nous sera plus facile ensuite de déterminer les limites de celle-ci et, par là, ses points de contact avec les autres sciences.

Littéralement « physiologie » veut dire science de la Nature. Son étymologie n'est pas douteuse, elle vient des deux mots grecs φύσις (nature) et λόγος (science ou traité). Mais cette simple constatation, dont on s'est contenté trop souvent, ne nous fournit, par elle-même, aucun renseignement utile, et il y a lieu de se demander quel sens les anciens Grecs attribuaient au mot « nature ».

R. Dubois. — Physiol. gén. et compar.　　　　　1*

Au premier abord, les opinions des philosophes paraissent fort diverses, et il y aurait matière à un véritable cours de philosophie si l'on voulait suivre pas à pas l'évolution de l'idée que les hommes ont eue de la Nature.

Pour les uns, c'est l'ensemble des choses et des êtres; pour d'autres, c'est seulement le code des lois qui les gouvernent. Certains esprits entendent aussi par ce mot une puissance : force active, créée ou non, qui a établi l'ordre dans l'Univers et qui le conserve en vertu de certaines lois; ou bien encore c'est la *Nature panthée*, Être suprême, qui est à la fois l'ensemble des êtres et l'âme du Monde.

Les stoïciens la déifièrent : elle eut un principe intelligent et vivifiant, source de toutes les âmes, un dieu, sorte de feu ou d'éther, matière subtile, dont l'œuvre est la production, l'absorption et la reproduction périodiques du corps de l'Univers.

De cette idée à celle de *Nature naturante*, il n'y a qu'un pas, mais il a fallu à l'Humanité bien des siècles pour le franchir : la Nature naturante est substance et cause productrice de la *Nature naturée* ou de l'Univers; elle existe en lui, et par lui, est infinie comme lui.

Mais, en réalité, si l'on remonte aux origines, sans se laisser égarer par les arguties et les nébulosités soulevées par la multitude des épilogueurs et des commentateurs, on s'aperçoit que les divergences étaient, au fond, moins nombreuses qu'on ne le pense communément.

En somme, les philosophes de la Nature peuvent être divisés en deux grands groupes : les *mécanistes* expliquant tous les mouvements, toutes les actions physiques, par l'impulsion d'un moteur transmise aux innombrables organes constituant la Nature, et les *dynamistes* qui admettent dans tous ces organes des forces spontanées.

En d'autres termes, reconnaître dans les choses se

manifestant ou se développant un principe interne de développement, une force immanente qui en est en quelque sorte le ressort intérieur, c'est être dynamiste; admettre que les choses sont naturellement inertes, qu'elles ne peuvent être modifiées que par une force extérieure, ouvrière de leurs transformations, c'est être mécaniste.

Après avoir subi des vicissitudes multiples, ces deux doctrines fondamentales ont survécu. Pendant de longs siècles, elles ont chevauché parallèlement, l'une ou l'autre essayant, par instants, de prendre l'avance sur sa rivale, en mettant à profit les notions exactes, au fur et à mesure qu'elles étaient révélées par l'étude patiente et méthodique des faits et des phénomènes, c'est-à-dire par la Science qui avance lentement, sans s'arrêter, ni reculer jamais.

Les idées philosophiques ne sont d'ailleurs que des satellites gravitant autour de l'astre de la Vérité : tantôt en avant et tantôt en arrière, elles se laissent finalement entraîner dans sa course lumineuse.

Mais, l'effort de l'esprit humain tendant sans cesse vers la simplification et n'aspirant à la connaissance du concret que pour s'élancer plus sûrement vers l'abstrait, voici que la trajectoire des mécanistes et celle des dynamistes s'incurvent l'une vers l'autre et qu'un contact s'est déjà produit sur le terrain de conciliation par excellence, celui de la Science proprement dite.

Les esprits généralisateurs sont actuellement *monistes* ou *dualistes*.

Pour expliquer les *phénomènes naturels*, les dualistes admettent l'existence de deux éléments premiers : la *Force* et la *Matière*. Tous les êtres, tous les objets, toutes les choses peuvent être chimiquement décomposés en un certain nombre de matériaux irréductibles que l'on nomme des corps simples : hydrogène, oxygène, potassium, soufre, etc. Mais ces corps simples jouissent tous de propriétés qui leur sont communes, tous occupent une certaine étendue, tous se dilatent par la chaleur, se contractent par le froid, peuvent passer de l'état solide à l'état liquide et même gazeux ou inversement, voire même à l'état radiant ou de plus grande raréfaction de la matière : enfin ils présentent une certaine compressibilité, une certaine élasticité. Ce sont là des faits d'observation et d'expérience que personne ne songe à mettre en doute.

C'est en envisageant les corps, sous le rapport de leurs propriétés communes, qu'on a été conduit à penser qu'ils sont fondamentalement constitués par un principe unique auquel on a donné le nom de Matière.

Les physiciens et les chimistes ne peuvent actuellement expliquer les phénomènes provoqués ou spontanés qu'ils constatent par l'observation ou par l'expérimentation, et dont ils vérifient l'exactitude par le calcul, qu'en admettant que cette matière n'est pas divisible à l'infini : ils lui reconnaissent seulement jusqu'à deux ou trois états de division : la *molécule*, l'*atome* et l'*ultimate*.

Les dernières particules matérielles à l'état ultime de division seraient toutes égales entre elles et, réduite seulement à l'état d'atome, la Matière a perdu déjà la plupart de ses propriétés telles que dureté, mollesse, éclat, couleur, densité, flexibilité, élasticité, sonorité, dilatabilité, ténacité, fragilité, etc. : l'atome ne possède plus guère que des propriétés négatives, il est impénétrable, incompressible, indilatable, indéformable, etc., mais il a l'étendue suivant les trois dimensions de l'espace, et encore les mathématiciens lui refusent-ils parfois cette qualité pour substituer à l'*atome étendu*, l'*atome inétendu*; sans cette conception ils ne peuvent, en effet, avoir une idée du mouvement simple, car un atome étendu, animé d'un mouvement curviligne, décrira plusieurs trajectoires différentes, selon que l'on considérera la partie tournée vers le centre, vers la périphérie ou vers l'axe de translation. D'autre part, l'observation, l'expérimentation et le raisonnement démontrent qu'il n'existe pas dans la Nature de trajectoires droites, mais seulement des mouvements curvilignes.

De ces considérations très générales, ainsi que de l'hypothèse des ultimates, découle naturellement l'idée de *l'unité de substance.* Les ultimates seraient animées d'un mouvement d'oscillation et ce mouvement, variant d'un corps à l'autre, serait la seule différence existant entre les divers éléments. Il suffirait donc, pour transmuter les corps, de changer le mouvement des ultimates.

Les molécules et les atomes possèdent, eux aussi, un mouvement propre : ce mouvement peut varier dans sa forme et dans sa nature, sans jamais se perdre, ni se détruire, pas plus que les particules qui se meuvent.

Et pourtant, on a considéré la molécule, l'atome, l'ultimate comme inertes, c'est-à-dire incapables de modifier par eux-mêmes leur état de mouvement ou de repos. Il faut pour cela qu'une cause extérieure vienne les influencer et c'est la Force.

L'idée de l'unité de la Matière est d'ailleurs très acceptable pour une foule de raisons que je n'ai pas à développer ici, et la conviction des anciens alchimistes que l'on peut transmuter un corps simple dans un autre, le plomb en or, par exemple, n'est plus en contradiction avec les données générales de la science actuelle. Peut-être pourra-t-on, un jour, en dire autant de cet autre rêve des alchimistes : le rajeunissement artificiel des organismes.

Si l'unité de la Matière n'est pas encore expérimentalement démontrée, elle n'en est pas moins très admissible comme hypothèse scientifique. Quant à l'unité de Force, elle est définitivement établie. C'est ainsi que l'on admet que la lumière et la chaleur, par exemple, ne sont que deux formes différentes du mouvement universel, mais il serait véritablement superflu d'insister devant vous sur la question de l'équivalence et de la corrélation des forces.

Vous n'ignorez pas non plus qu'en fait de matière, comme en fait de force ou de mouvement, rien ne se perd et rien ne se crée, seulement tout peut se transformer. C'est un nouveau trait d'union entre la Force et la Matière jouissant également de la propriété commune de l'indestructibilité. Malgré cela, les idées de Matière inerte et de Force agissante sont distinctes dans l'esprit des dualistes. C'est par là qu'ils sont restés mécanistes, incomplètement cependant, puisqu'ils reconnaissent à la Matière des mouvements propres, spontanés, inhérents à son essence même. Jusqu'à un certain point, ils sont donc aussi dynamistes, d'autant plus qu'ils admettent que les mouvements de la Matière inerte peuvent se manifester extérieurement, par exemple, quand deux atomes ayant des affinités chimiques réciproques se trouvent en présence.

Les monistes sont purement et simplement dynamistes. Pour eux, en effet, la Force et la Matière se confondent. Si on ne peut supposer un mouvement sans quelque chose qui se meuve, on ne peut aussi qu'ignorer la Matière absolument dépouillée de mouvement. Isolées l'une de l'autre, la Force et la Matière ne sont rien ; réunies, confondues, elles sont tout.

En théologie, les expressions de monisme et de dualisme ont une autre signification, mais il doit être bien entendu que nous voulons rester de simples naturalistes et ne point empiéter sur le domaine du fidéisme et du surnaturalisme, qui est tout à fait distinct du nôtre.

Ce n'est donc que par une opération de notre esprit, par une abstraction, que nous arrivons à séparer les éléments et le mouvement, indissolublement liés dans la Nature. La Matière et la Force sont deux idées, deux aspects psychiques d'une seule et même chose et non deux faits. D'ailleurs, la théorie cinétique des gaz, bien connue aujourd'hui, constitue un si grand pas dans la voie qui conduit à expliquer par des mouvements des propriétés en apparence statiques de la Matière, qu'on peut difficilement s'empêcher de pressentir la création d'une théorie complète de la Matière, dans laquelle *toutes* ses propriétés apparaîtront comme de simples attributs du mouvement.

Enfin, entre la Matière et la Force des dualistes, les physiciens ne sont-ils pas forcés d'admettre un état intermédiaire, l'Éther, fluide impondérable peut-être, continu pour les uns, et pour les autres divisible en atomes animés de mouvements propres, en tous cas, servant de transition, de trait d'union entre la Force et la Matière?

Toutes ces considérations, sans qu'il soit nécessaire de les développer ou de les compléter, ne conduisent-elles pas à admettre l'existence d'un élément unique, à la fois Force et Matière, constituant, en dernière analyse, la Nature?

Sa caractéristique serait de se manifester sous toutes les formes et avec tous les genres de mouvement. Ses causes premières échappent aux moyens d'investigation dont disposent les savants : quant aux causes et aux effets immédiats ou prochains des phénomènes naturels, qui ne sont autres que des changements de mouvements, ils sont réglés par des lois dont la connaissance leur est permise par l'observation, l'expérimentation et le raisonnement.

Cet élément unique, fondamental, principe de toutes choses naturelles, appelons-le, si vous le voulez bien, *Protéon*, en attendant qu'on puisse le représenter par une formule mathématique qui sera celle de la Nature, et revenons à notre point de départ.

Si le nom de « physiologie » signifiait étude du Protéon, il se confondrait avec celui de « philosophie scientifique ou naturelle » et son objet deviendrait la connaissance de l'Univers. Mais nous verrons bientôt que la physiologie ne s'occupe que des êtres vivants ou *protéon vivant*, que nous appellerons *bioprotéon*, pour plus de simplicité.

On peut se demander alors si, en l'appelant science de la Nature, les anciens n'ont pas eu pour but d'indiquer qu'on ne pouvait étudier l'être vivant abstraction faite du milieu où il vit, ce milieu n'ayant d'autres limites que celles de l'Univers?

Cette conception grandiose aurait eu pour elle le mérite de l'exactitude. En effet, tout se tient dans le milieu cosmique. Sans les radiations rouges qui nous viennent du Soleil, les végétaux verts disparaîtraient bien vite de la surface du Globe et, par conséquent, les herbivores ne tarderaient pas à subir le même sort. Dès lors qu'adviendrait-il des carnivores et des omnivores, comme l'Homme? Ils succomberaient à leur tour, alors même qu'il existerait quelque microbe susceptible de transformer en aliment, dans l'ombre, un peu de substance minérale inassimilable pour les organismes supérieurs.

D'autre part, l'influence directe de la chaleur astrale est, comme nous le verrons bientôt, indispensable à la vie et, d'ailleurs, tout phénomène terrestre n'est-il pas intimement et étroitement lié au rayonnement solaire? Sous ce rapport, comme sous beaucoup d'autres, les êtres vivants sont en perpétuelles relations d'échanges avec le milieu cosmique, il est donc évident que le physiologiste ne peut le méconnaître.

Il ne semble pourtant pas que le mot physiologie dérive de cette conception, et c'est bien plutôt dans les livres des médecins de l'antiquité grecque que l'on peut découvrir sa véritable origine.

La doctrine hippocratique, en effet, admet, sous le nom de Nature, une sorte de principe vital, force d'essence inconnue, planant sur toutes les fonctions de l'organisme humain, attirant tout ce qui convient à chaque organe, rejetant tout ce qui lui est nuisible. Ce pouvoir, dont elle est investie, se développe plus énergiquement vis-à-vis des causes nuisibles par excellence, ou causes morbi-fiques ; il s'établit alors entre les maladies et la *Force vitale* une lutte dont le résultat est la destruction de l'organisme et la mort, si l'agent morbide est le plus fort, l'expulsion de cet agent, si la « Nature » a le dessus. Con-séquemment, le rôle du médecin doit se borner à assister à la lutte en spectateur intelligent, à seconder les efforts de la Nature, s'il est possible, du moins à ne pas les entraver : c'est la *Natura medicatrix*.

Cette théorie vitaliste a survécu jusque vers le milieu de ce siècle ; quant aux indications pratiques auxquelles elle a conduit, on n'en saurait formuler de plus sages, encore à l'heure actuelle.

Les organismes, en effet, possèdent des moyens natu-rels de défense contre les maladies, qu'elles soient ou non parasitaires : on devra donc faciliter l'accomplisse-ment des phénomènes qui leur permettent de résister aux influences morbides et même de s'attaquer directement à ces dernières, s'ils ne peuvent lutter seuls avec avantage.

On sait, par exemple, que le rôle principal de l'épiderme est de protéger l'organisme contre les germes nuisibles du dehors. Si cet épiderme est altéré ou détruit, il se fait de suite un travail réparateur et même, en attendant qu'il soit achevé, il s'établit souvent une défense du territoire menacé, au moyen de la mobilisation des globules blancs ou leucocytes, accourant à la frontière, tout prêts à la lutte contre le microbe envahisseur. Le médecin craint-il que ces efforts naturels soient insuffisants, il remplace l'épiderme absent par une membrane imperméable aux germes et fait ainsi de l'asepsie. Ce rempart est-il jugé trop faible, il s'attaque directement aux assaillants au moyen d'agents destructeurs qui sont les antiseptiques, etc.

Enfin, quand un organisme est empoisonné par certaines toxines, ne le voit-on pas sécréter des contre-poisons, des antitoxines, qui pourront être utilisés, même en dehors de celui qui les a produits?

Le rôle de la *Natura medicatrix* se confond avec celui des fonctions normales de l'organisme, qui toutes, plus ou moins directement, sont conservatrices et défensives. Or, la physiologie n'étudie pas autre chose que les fonctions des êtres vivants, ou, en d'autres termes, les phénomènes normaux du protéon vivant ou bioprotéon. Observe-t-on un être vivant, et plus souvent un être qui a cessé de vivre, au point de vue seulement de la structure, de la forme, des rapports, des dimensions de ses organes, ou des parties élémentaires qui le composent, on fait alors de l'anatomie : mais, vient-on à analyser sur le vivant les mouvements qui s'opèrent au sein des organes, ou même de leurs éléments anatomiques, on suit des phénomènes. Le fait anatomique se distinguera immédiatement du phénomène physiologique en ce que ce dernier comporte toujours l'idée de temps, de durée, que n'entraîne jamais le premier.

J'ajouterai que le physiologiste ne s'occupe que des phénomènes biologiques actuels, car les autres échappent aux moyens d'investigation dont il dispose, particulièrement à l'expérimentation.

Je ne pense pas qu'il soit nécessaire de nous attarder à examiner les vieilles querelles des anciens zoologistes qui prétendaient que la physiologie faisait partie de la zoologie. Depuis longtemps déjà le mot « zoologie » n'a guère qu'un intérêt historique : il signifiait la science des animaux, et celle de l'homme, par conséquent. Cette vaste nébuleuse, aux limites indécises, a été résolue en une certaine quantité de jeunes sciences particulières dont le but est bien défini.

Et, d'ailleurs, l'étude des végétaux n'a-t-elle pas contribué, comme celle des animaux, dans une très large proportion, aux progrès de la physiologie?

Il est bien évident, d'après ce que je vous disais tout à l'heure, qu'à l'origine, c'est-à-dire chez les médecins de l'antiquité grecque, le mot physiologie avait bien le même sens qu'aujourd'hui.

La physiologie est donc une science fort ancienne, dont l'objet n'a pas varié depuis des siècles. Mais, si ses progrès accomplis dans les temps modernes ont été considérables, il faut reconnaître qu'elle était tout à fait rudimentaire chez les anciens, qui ne possédaient pas nos procédés d'investigation et chez lesquels la statique biologique elle-même était très peu avancée.

Après avoir défini, comme nous venons de le faire, la physiologie par l'étude des phénomènes de la vie, on pourrait croire que les limites de cette science sont nettement tranchées. Il n'en est rien pourtant, car une autre question se présente aussitôt : y a-t-il une frontière définissable entre ce qui vit et ce qui ne vit pas, ou seulement entre la vie et la mort? Qu'est-ce que la vie en un mot?

Les définitions de la vie ne manquent pas cependant, il y en a même beaucoup.

Mais, celles-ci sont comme les spécifiques, s'il existe un grand nombre de ces derniers pour une maladie, on peut être à peu près certain qu'aucun n'est bon.

Voulez-vous quelques-unes de ces définitions?

La vie est l'ensemble des opérations de nutrition, de croissance et de destruction;

La vie est l'activité spéciale des êtres organisés;

La vie est l'adaptation continuelle des relations internes aux relations externes.

On pourrait continuer encore l'examen de ces formules sans pouvoir trouver les limites que nous cherchons à donner au domaine de la vie.

Les définitions varient avec les doctrines qui les ont inspirées et que l'on peut ranger en trois groupes :

La théorie animiste, la théorie vitaliste et la théorie mécaniste.

Pour les *animistes* purs, l'âme agit sur le corps pour diriger toutes les actions vitales. Quelques auteurs modernes admettent une sorte d'animisme mitigé, dans lequel l'âme n'intervient que pour une certaine catégorie de phénomènes nerveux, le reste des actes vitaux étant réductible à des phénomènes physico-chimiques ou bien soumis à une force vitale.

Pour les *vitalistes* modernes, entre l'âme et le corps se trouve une force vitale qui sert d'intermédiaire et dirige tous les actes vitaux.

Suivant les physiologistes *mécanistes*, les actes vitaux sont des réactions résultant uniquement du conflit des organismes avec le milieu extérieur et réglées par les mêmes lois que les actes physiques ou chimiques ordinaires. Les phénomènes vitaux ne seraient que des agencements des modes *connus* du mouvement, plus complexes seulement et plus difficiles à interpréter.

Selon ces doctrinaires, rien dans les êtres vivants ne serait en dehors des lois naturelles actuellement établies pour les corps bruts, et pourtant les plus fanatiques d'entre eux ne peuvent s'empêcher de parler sans cesse de matière brute et de matière vivante; ils vont même jusqu'à reconnaître que l'on observe, dans cette dernière, des phénomènes spéciaux, tels que l'assimilation, que l'on ne rencontre pas autre part.

Nous aurons à examiner si à force de généralisation, tout au moins prématurée, on ne risque pas de verser dans la confusion.

Il semble bien établi, il est vrai, que les corps simples que l'on rencontre chez les êtres vivants se trouvent tous en dehors d'eux; il n'y aurait donc pas à s'occuper de leur composition chimique élémentaire pour les différencier, au moins au point de vue qualitatif. Mais les modalités du mouvement dont ils sont animés sont-elles exclusivement les mêmes que celles du milieu ambiant qui nous sont actuellement connues?

S'il n'en est pas ainsi, il faudra, dans la mécanique générale, consacrer un chapitre spécial à la Vie : on pourra lui donner le nom de mécanique biologique ou, plus simplement, de *biomécanique*. Si l'on croit que celui de « physiologie » a duré trop longtemps, on désignera cette branche de la biomécanique, sous le nom de *biocinématodynamique*, en réservant le mot *biostatique* pour l'anatomie.

Mais, avant d'entrer dans la discussion de cette question, examinons ensemble les propriétés les plus générales de ce que l'on appelle communément « matière vivante » et que je préfère nommer « bioprotéon », pour les raisons que je vous donnais tout à l'heure.

Pour l'avenir des sciences biologiques, il y a un grand intérêt à ne pas négliger les questions doctrinales. En effet, si nous considérons comme suffisante, pour expliquer les phénomènes de la Vie, la connaissance que nous possédons actuellement de quelques-unes des nombreuses modalités de l'Énergie et des formes de ce que les dualistes appellent Matière, nous nous exposons précisément à méconnaître ce qu'il peut y avoir de véritablement fondamental en biologie. Je sais bien que nous ne connaissons que des rapports et que nous ne jugeons que par différences et par comparaisons, mais il n'en faut pas moins bien se garder de prendre des analogies pour des identités et de tout confondre, je le répète, sous prétexte de généraliser.

DEUXIÈME LEÇON

Nul ne peut dire où commencent et où finissent les échanges qui se font entre les êtres vivants et le monde extérieur.

Dans les belles nuits d'été, pendant que la Luciole sillonne l'air pur, en dardant vers tous les points du firmament ses brillantes étincelles, avec une vitesse de trois cent mille kilomètres par seconde, les étoiles, séparées pourtant de nous par des millions de lieues, provoquent dans l'œil qui les contemple des sensations d'origine stellaire. Celles-ci, transformées en perceptions conscientes, ou même inconscientes, suscitent plus ou moins directement en nous des phénomènes psychiques, réveillent ou font éclore des idées différentes, suivant que l'organe visuel est relié au cerveau d'un poète ou d'un astronome, d'un physicien ou d'un physiologiste.

Tous les mondes de l'Univers qui nous envoient leur lumière peuvent recevoir celle que réfléchissent les êtres et les objets peuplant la surface de la terre. Donc, s'il existait dans les planètes des habitants armés d'organes visuels assez puissants, ils pourraient voir ce qui se passe sur la terre. Mais dans les mondes très éloignés, il ne faudrait pas moins de plusieurs siècles pour recevoir une ondulation lumineuse venant de la terre et, là, on ne verrait que ce qui se passait il y a des centaines ou même des milliers d'années. A la place des planètes, s'il existait des miroirs convenablement orientés, nous pourrions, avec de bons instruments, assister *de visu* à la prise de Rome par les Gaulois, par exemple.

On en peut dire autant des vibrations de toute nature émises par les êtres terrestres, y compris celles qui se produisent dans la profondeur de nos cerveaux, de telle sorte que l'histoire de tous les temps se trouve imprimée dans l'Univers, non à l'état d'image, de répercussion ou de souvenir, mais à l'état présent, dynamique, vivant.

Il est vrai que ces documents doivent être singulièrement altérés par toutes les causes de transformation de l'énergie qu'ils sont exposés à rencontrer : en tout cas, ils sont très éparpillés, et dans cette conception on ne peut admettre, entre autres choses, que la parole accompagnera le geste, puisque le son va moins vite que la lumière et qu'il ne se propage pas dans le vide. Cependant, comme nous ne possédons que des hypothèses, bien naïves d'ailleurs, pour expliquer l'apparition de la vie sur la terre, on peut parfaitement supposer qu'une partie de cette dernière, qui était en état convenable de réceptivité, a été animée par des vibrations spéciales venues de mondes déjà habités. On pourrait construire sur cette hypothèse une théorie expliquant l'apparition des prototypes et leurs transformations, les formes, les couleurs et les mouvements si caractéristiques et si variés des êtres vivants : cette théorie ne vaudrait certainement pas moins, et peut-être plus, que celles qui ont cours actuellement en biogénie générale. Mais, je vous ai dit, dans notre première leçon, que la physiologie ne s'occupait que des phénomènes actuels, et, pour rentrer dans l'ordre des faits scientifiquement établis, nous allons maintenant chercher à reconnaître les frontières du domaine ter-

restre habité par les êtres et à fixer son étendue en surface, en hauteur et en profondeur.

On croyait autrefois que l'immensité des mers était
abiotique, azoïque au-dessous de 600 à 700 mètres de profondeur. Mais, grâce aux dragages opérés pendant ces
dernières années dans les régions abyssales, on sait
aujourd'hui que celles-ci sont au contraire très peuplées :
des animaux assez élevés en organisation, des Pectens
ont été retirés de grands fonds n'ayant pas moins de
9 400 mètres de profondeur.

Sur les plus hautes montagnes, la vie n'est arrêtée que
par les neiges éternelles, et encore voit-on parfois celles-
ci s'empourprer légèrement de Protococcus nivalis. Là,
comme aux pôles, la barrière c'est le froid qui, en solidifiant l'eau, paralyse l'action du principe biogénique par
excellence.

La pression atmosphérique n'a ici qu'une influence
très secondaire : si les aéronautes n'ont pu dépasser la
limite de 8 à 9 000 mètres dans les airs sans s'exposer à
la mort, et si les Aigles, planant au-dessus de la Cordil-
lère des Andes, n'atteignent que 7 000 mètres d'altitude,
nous connaissons une foule d'animaux et de végétaux qui
se contentent d'une pression de quelques centimètres de
mercure. Il existe même des êtres vivants, comme vous
le verrez, qui ne se développent et ne se reproduisent
que là où il n'y a plus d'air libre.

Cependant, l'altitude a une grande action sur la faune
et la flore, qui changent au fur et à mesure que l'on
s'élève dans les montagnes, tant à cause des variations
de la température qu'en raison des différences dans la
pression de l'air.

Une expérience facile à répéter peut vous montrer l'influence de la diminution de pression sur la végétation.

Voici deux oignons de Jacinthe dont la partie inférieure du bulbe est plongée dans l'eau. L'un d'eux est

sous une cloche où la pression est réduite à 4 centimètres de mercure ; les feuilles se sont rapidement développées, mais la fleur a avorté et les racines ne se sont pas montrées. A côté, l'autre oignon, de même espèce, possède déjà un énorme chevelu de racines, relativement peu de feuilles et un bourgeon floral bien développé.

Quant aux animaux et aux végétaux des abîmes, ils peuvent avoir à supporter, dans certains cas, outre le poids total de l'atmosphère, la charge énorme d'une colonne d'eau de mer d'une hauteur voisine de 10 000 mètres !

Les froids les plus excessifs ne tuent pas les spores, ni les graines, mais empêchent leur évolution, et par conséquent leur multiplication. Ces phénomènes exigent, en effet, pour se produire, une certaine chaleur ; toutefois, quand celle-ci est trop forte, la vie cesse d'être possible : pourtant les spores de certaines bactériacées ne meurent qu'à 120 degrés, et à la condition que l'atmosphère soit humide, car il en est qui résistent dans l'air sec à des températures de 200 degrés : ici encore, on voit l'eau intervenir dans la fixation des limites que ne peuvent dépasser les êtres vivants.

A proprement parler, il n'existe pas sur la terre de points normalement trop chauds pour que la vie ne puisse y apparaître : les régions les plus humides et les plus chaudes sont celles où elle acquiert au contraire le plus d'intensité, et chacun sait que ce n'est pas la chaleur, mais seulement l'absence de l'eau qui fait le désert.

La lumière aussi joue un grand rôle, mais elle n'est pas nécessaire à certains êtres, au moins directement, tandis qu'elle est nuisible à d'autres.

Dans ce vaste domaine biogénique, il existe bien des régions distinctes avec lesquelles les êtres vivants peuvent changer considérablement de taille, d'aspect, de nombre, suivant la latitude, la longitude, l'altitude, etc., ou encore selon qu'ils habitent dans l'air ou dans l'eau.

On donne, en général, le nom de milieux à l'ensemble des conditions ambiantes, lesquelles ne sont pas les mêmes partout dans la nature, et que l'expérimentateur, d'ailleurs, peut faire varier artificiellement. On dit, par exemple, que les êtres qui ont besoin d'oxygène libre habitent le *milieu aérien*, tandis que ceux qui se contentent d'oxygène dissous ou combiné vivent dans le *milieu aquatique*. Ce dernier est, comme vous le verrez plus tard, de beaucoup le plus important, car, même chez les êtres aériens, toutes les parties intérieures sont baignées par des liquides aqueux : sang, lymphe, latex, sève, sucs, etc. Tous concourent à former ce que l'on nomme, d'une manière générale, le *milieu intérieur* par opposition au *milieu extérieur*. Il y a donc deux milieux aquatiques : l'un externe, au sein duquel sont renfermés un nombre immense de végétaux et d'animaux, et l'autre interne, où vivent les particules constituantes des organismes.

L'intérieur de la terre est aussi pour certains êtres, comme la Truffe et le Lombric, un véritable milieu : le *milieu tellurique*.

Beaucoup d'organismes vivent en partie dans la terre et dans l'air : tous les végétaux aériens, à racines, sont dans ce cas : ou bien encore ils croissent dans le sol et dans l'eau, comme les plantes aquatiques et beaucoup de vers marins.

Enfin, au sein même d'un nombre considérable d'individus des deux règnes et jusque dans l'intérieur de leurs éléments anatomiques, on en rencontre d'autres, vivant aux dépens et au détriment de leurs hôtes, engendrant par leur présence des maladies plus ou moins redoutables : les premiers constituent un *milieu parasitaire*. Il ne faut pas confondre celui-ci avec le *milieu symbiotique* ; au dedans de certains vers marins, par exemple, on trouve de petites algues vertes qui, loin de nuire, rendent de véritables services à leur hôte, en ce sens que l'ensemble jouit à la fois des avantages des végétaux et de ceux des animaux : j'aurai d'ailleurs l'occasion de revenir sur ce point à propos de la fonction chlorophyllienne.

Outre l'eau et l'oxygène, tous les milieux doivent renfermer des *aliments* proprement dits, c'est-à-dire des matériaux destinés à remplacer ceux que les organismes rejettent constamment, ou à s'accumuler pour permettre la croissance et la multiplication.

Les uns, tirés directement de la matière minérale, ne possèdent pas d'énergie disponible, capable d'être dégagée et utilisée par la substance vivante ou bioprotéon, mais ils peuvent en emprunter, avec le concours de cette dernière, au milieu cosmique. C'est ainsi que les végétaux verts fabriquent avec les radiations rouges du soleil d'une part, avec de la terre, de l'air et de l'eau d'autre part, une foule de produits appelés *matières organiques*, lesquelles renferment potentiellement de l'énergie solaire. Ces produits, en partie d'origine astrale, servent de réserves alimentaires au végétal et aussi de nourriture à l'herbivore. Celui-ci assimile le potentiel avec l'aliment; une partie est dégagée, transformée, extériorée, pour assurer le fonctionnement du système animal. Le surplus de l'aliment potentiel est emmagasiné à titre de réserves et pour les besoins de l'accroissement. Une portion de ces réserves de l'herbivore est employée pour l'entretien du carnivore. Les cadavres des uns et des autres, s'ils n'ont pas été mangés par des animaux, sont désagrégés, décomposés, principalement par les ferments figurés, ou autres végétaux inférieurs, qui utilisent le résidu de potentiel encore renfermé dans les corps après la mort, aussi bien, d'ailleurs, que dans les détritus de la consommation des vivants ou dans les déchets résultant de l'usure des organismes complexes, c'est-à-dire de la mort continue, mais partielle, de leur substance. Finalement, les matériaux minéraux dépouillés par le bioprotéon de cette même énergie qu'ils avaient fixée potentiellement, grâce à sa vivifiante intervention, retombent dans le domaine du protéon ordinaire, ou matière brute. Ils sont alors physiologiquement inanimés, mais non pas toujours physico-chimiquement inertes, car de perpétuelles transformations s'opèrent aussi en dehors des êtres vivants, exerçant parfois sur ceux-ci une action plus ou moins directe, plus ou moins considérable, qu'il ne faut pas confondre cependant avec l'activité bioprotéonique.

Ainsi, l'acide carbonique de l'atmosphère, l'un des principaux résidus minéraux de la vie, tend à se fixer de plus en plus définitivement en déplaçant l'acide silicique de ses combinaisons salines. D'autres fois, cette fixation n'est que provisoire : il transforme les silicates de fer en carbonates terreux, mais ceux-ci, au contact de l'oxygène, se changent en oxyde ferrique et l'acide carbonique est remis en liberté. A son tour, l'oxyde ferrique, en présence des matières organiques, se réduit en les oxydant, perd une partie de son oxygène et reforme du carbonate ferreux, puis le cycle recommence.

De cette façon, l'action des ferments de la putréfaction est complétée, secondée, et une partie du carbone est rendue à l'atmosphère. Le soufre également joue le rôle d'oxydant. Lorsque des matières organiques en décomposition sont simultanément en contact avec de l'oxyde ferreux ou ferrique et avec des sulfates, du gypse, par exemple, non seulement elles s'emparent de l'oxygène du fer, et cela d'une manière complète, mais réduisent en même temps le soufre, qui forme du sulfure de fer; celui-ci, au contact de l'air, s'oxyde en donnant de l'acide sulfureux et de l'oxyde ferrique.

Si l'acide carbonique atmosphérique augmentait dans de larges proportions, la surface des mers constituerait aussitôt un admirable régulateur : les carbonates et les phosphates neutres, contenus dans les eaux, formeraient des bicarbonates et des phosphocarbonates, qui rendraient à l'air sa pureté; et si, au contraire, l'acide carbonique utile à la végétation venait à manquer, alors, par un phénomène de dissociation, la mer remettrait en circulation la quantité voulue de carbone aérien.

Mais, en somme, l'acide carbonique et l'oxygène de l'atmosphère tendent à diminuer de plus en plus : le premier surtout a dû être beaucoup plus abondant autrefois, si l'on en juge par l'importance des masses de carbone enfouies au moment de la période houillère et par les montagnes de craie formées de coquilles animales.

L'azote de l'air, sous l'influence de l'électricité atmosphérique, se combine avec l'hydrogène et l'oxygène : l'azotite d'ammoniaque ainsi produit a une grande influence sur la végétation.

Certainement, il se passe dans l'air beaucoup d'autres phénomènes intéressant les animaux et les végétaux; mais, s'ils ne sont pas d'ordre secondaire, ils sont mal connus ou même complètement ignorés. L'argon ou ecazote que l'on vient de découvrir paraît être indifférent, au point de vue qui nous occupe.

En dehors de l'acide carbonique, de l'oxygène, de l'azote, empruntés par les organismes en si grande quantité à l'atmosphère que l'on a pu dire que nous vivions de « l'air du temps », c'est du sol et des eaux qu'ils tirent les *principes élémentaires* entrant dans la composition du bioprotéon.

Pour connaître ces principes élémentaires, il suffit de soumettre les organismes aux procédés d'analyse des matières organiques.

L'analyse spectrale y décèle la présence de presque tous les corps simples connus, et la banalité même des principes chimiques renfermés dans le bioprotéon enlève tout espoir de retirer de cette opération quelque renseignement utile touchant la nature même des actes vitaux;

mais elle permet de penser que ce n'est point par les matériaux premiers qui les composent que les êtres vivants se distinguent des corps bruts : c'est donc dans l'arrangement des atomes et des molécules, et surtout dans les mouvements spéciaux qui les animent, que l'on doit chercher cette distinction qui, à chaque instant, s'impose à notre esprit.

Bien que l'on puisse déceler l'existence de presque tous les corps simples dans les organismes, comme je viens de vous le dire, il en est cependant qui, par leur abondance relative et leur constance, jouissent d'une importance particulière. Ce sont le carbone, l'hydrogène, l'oxygène, l'azote, le soufre, le phosphore, le chlore, le potassium, le sodium, le calcium, le magnésium et le fer; en tout une douzaine. Puis, au second plan, se présentent le silicium, le fluor, le brome, l'iode, l'aluminium, le manganèse, le cuivre.

Mais, jusqu'à présent au moins, on n'a pas pu découvrir un corps simple n'existant que dans la substance vivante, capable de la caractériser et se transmettant, avec la vie de l'individu, à sa descendance.

Les corps simples se trouvent très diversement associés dans les organismes; ils y forment de nombreuses combinaisons atomiques et moléculaires auxquelles on a donné le nom de *principes immédiats*, parce qu'on les sépare par l'analyse immédiate.

Celle-ci n'entraîne pas, comme l'analyse élémentaire, la décomposition des organismes en leurs éléments premiers ou simples.

Les procédés qu'elle met en œuvre sont mécaniques, physiques, ou chimiques. Les premiers, par exemple, pourront être utilisés pour l'extraction des huiles fixes; la distillation, pour la préparation des essences et autres composés volatils; au moyen du vide, on séparera l'oxygène de la matière rouge des globules sanguins; la dissolution par divers véhicules et, particulièrement, par les liquides organiques neutres, comme l'alcool, le chloroforme, l'éther, sera fréquemment employée.

Mais, j'ai démontré, à l'aide de nombreuses expériences, qu'il ne fallait pas considérer ces derniers agents comme de simples dissolvants; lorsqu'on les fait agir sur la substance vivante, ils y provoquent, en effet, des modifications physiologiques susceptibles de faire naître des dissociations importantes à connaître, et dont j'aurai l'occasion de vous entretenir.

Enfin, l'analyse immédiate nécessite la destruction de l'état d'organisation, que nous étudierons dans une prochaine leçon, ou tout au moins une altération profonde de celui-ci, presque toujours incompatible avec la vie. Si je n'ai pas dit toujours, c'est parce que certains principes immédiats, formant une catégorie tout à fait spéciale, possèdent une activité que l'on retrouve dans le bioprotéon organisé : ce sont les zymases, dont nous aurons à nous occuper bientôt.

Les autres principes immédiats, ceux dont il sera question aujourd'hui, ne jouissent, ni au point de vue morphologique, ni au point de vue physiologique, des propriétés générales de la substance organisée et vivante que j'appelle bioprotéon.

Ainsi donc beaucoup de principes immédiats ne préexistent pas au sein des organismes dans l'état sous lequel ils se présentent après leur extraction : il n'en est pas de même pour un certain nombre d'entre eux, dont on peut *de visu* constater l'existence dans le bioprotéon, sous forme d'inclusions diverses : gouttelettes, cristaux, pseudo-cristaux, concrétions de différente nature.

Quoique certains principes immédiats soient doués chimiquement d'une grande mobilité moléculaire et d'une extrême instabilité atomique, accusant ainsi comme un acheminement vers l'état vivant, ils sont dépourvus de cette activité continue et spontanée qui fait la vie du bio-protéon et cause aussi sa mort, quand les conditions de ses manifestations physiologiques ne sont pas satisfaites.

Les principes immédiats sont solides, liquides ou gazeux. Mais, au point de vue physiologique, nous les répartirons en deux grands groupes : l'un renfermant les *principes cristalloïdaux*, et l'autre, les *principes colloïdaux*.

Bien qu'ils n'aient pas encore été obtenus à l'état cristallin, j'admets dans le premier groupe l'oxygène et l'azote, que l'on peut extraire du sang par l'action du vide, par exemple, mais ce sont les seuls corps simples retirés à l'état libre du bioprotéon, au moins en quantité appréciable.

On a séparé des organismes des composés binaires minéraux tels que l'eau, qui y entre dans la proportion de 80 à 85 pour 100, en moyenne; de l'acide carbonique, en partie dissous dans le sang, la sève, etc., et même de l'acide chlorhydrique qui se trouve à l'état libre dans le suc gastrique des mammifères. Ordinairement, les acides sont en combinaison avec les métaux, dont l'existence nous a été révélée par l'analyse élémentaire, et c'est à l'état de sels qu'on les extrait. Ils forment alors principalement des carbonates, des phosphates, des sulfates, des chlorures, des fluorures, ou bien encore des sels organiques : urates, tartrates, etc.

Les autres principes immédiats sont des corps organiques, ainsi nommés parce que, pendant longtemps, on a cru que seuls les organismes pouvaient les produire. On les obtient aujourd'hui en grand nombre dans les laboratoires, mais les procédés artificiels sont bien différents des procédés naturels. Tous ces corps contiennent du carbone.

Les principes immédiats organiques sont extrêmement nombreux : on les rencontre dans tous les groupes chimiques et beaucoup sont à la fois produits par les deux règnes animal et végétal, comme vous pourrez vous en convaincre en jetant les regards sur ce tableau.

Principes immédiats organiques cristalloïdaux retirés des animaux et des végétaux.

HYDROCARBURES

Essence de térébenthine (*Pinus maritima*), de citron (*Citrus limonium*), de Sabine (*Juniperus sabina*), etc. ; Carottine (*Daucus carota, feuilles*).

ALCOOLS

I. Alcools monovalents : alcools éthylique, propylique, amylique, etc. (fermentations); alcool myricique *(cire animale)*; alcool cérylique (*cire végétale*); camphre de Bornéo (*Driobalanops camphora*);

II. Alcools bivalents : cholestérine (*bile, sang, graine des légumineuses*);

III. Alcools trivalents : glycérine (*corps gras animaux et végétaux*);

IV. Alcools tétravalents : érythrite (*Protococcus vulgaris*);

V. Alcools pentatomiques, et hexatomiques : glucose, lévulose (*animaux et végétaux*); inosite (*muscles*); saccharose (*végétaux, etc., etc.*);

VI. Phénols : phénol (*à l'état de phénylsulfate dans l'urine*); thymol (*Thymus vulgaris*).

ALDÉHYDES

Aldéhyde benzoïque (*essence des amandes amères*).

ACIDES ORGANIQUES

1. Acides monovalents monobasiques : a. formique (*fermentation diabétique, sang, sueurs, muscles, rate, pancréas, cerveau, Fourmis rouges, Chenilles processionnaires, Orties, Tamarins*); acide acétique (*estomac humain, fruits, accompagnant ordinairement l'acide formique*); acide butyrique (*beurre, sueurs, fèces, fruit du Caroubier, suc de l'Arbre à la Vache*); acide valérique (*graisse du Dauphin, excréments, urine, valériane*); acide caproïque, caprilique ou caprique (*sueurs, sang. huile de Coco*); acide palmitique et stéarique (*graisses animales et végétales, à l'état de liberté dans les chylifères*); acide benzoïque (*benjoin, urine putréfiée des herbivores*);

II. Acides bivalents monobasiques : acide lactique (*intestins, estomac, lait fermenté, muscles*);

III. Acides bivalents bibasiques : acide oxalique (*Rhubarbe, Oseille, Oxalis, boissons mousseuses fermentées, suint, urine*); acide succinique (*Lactuca virosa, rate, thymus, fermentation alcoolique*);

IV. Acides trivalents bibasiques : acide malique (*fruit du Sorbier et de beaucoup d'autres végétaux*);

V. Acides tétravalents monobasiques : acide gallique (*végétaux, fer-. mentation du tanin*) ;

VI. Acides tétravalents bibasiques : acide tartrique. (*végétaux, raisin*) ;

VII. Acides tétravalents tribasiques : acide citrique (*oranges, citrons*) ;

VIII. Acides hexavalents monobasiques : tanin (*noix de galles, végé- taux*) ;

IX. Acides hexavalents bibasiques : acide mucique (*mucus*) ;

X. Acides non sériés : acide cholalique (*intestins, bile altérée*).

ACÉTONES

Acétone (*urines pathologiques de l'homme, sang de la Marmotte en torpeur*).

Camphre (*du Laurus camphora*).

ÉTHERS SALINS

Glycérides : stéarine, palmitine, oléine (*corps gras animaux et végé- taux*) ; acide phosphoglycérique (*sang, cerveau, nerfs, pus, muscles*).

Glucosides : amygdaline (*amandes amères, Laurier-cerise*) ; myronate de potassium (*Moutarde noire*) ; salicine (*Peuplier, racine de Spiræa ulmaria* ou *Reine des prés*) ; indican (*urines*) ; digitaline (*Digitale*).

A la suite des principes immédiats ternaires, dont ce tableau ne montre qu'un petit nombre d'exemples, et de quelques glucosides qui, comme le myronate de potas- sium, contiennent de l'azote et même du soufre, en plus du carbone, de l'hydrogène et de l'azote, viennent les *cristalloïdes quaternaires* renfermant toujours au moins de l'azote en plus du carbone, de l'hydrogène et de l'oxy- gène.

Notons d'abord parmi les *composés cyanogénés* le sulfo- cyanure de potassium de la salive humaine, le sulfocyanure d'allyle provenant du dédoublement du myronate de potassium par le ferment zymase appelé sinaptose.

Les *uréides* forment aussi un groupe important dont les espèces les plus connues sont l'acide urique, l'urée, l'allantoïdine, qui se trouvent dans les excrétions. Puis, le grand groupe des *leucomaïnes*, ou bases animales et végétales, et celui des *ptomaïnes*; ils se divisent en un certain nombre de sous-groupes :

I. Les *leucomaïnes névritiques*, comme la choline, retirée de la bile, des champignons, des graines de légumineuses; la muscarine, principe vénéneux de la fausse Oronge;

II. Les *leucomaïnes créatiniques*, telles que la créatinine des extraits de viande;

III. Les *leucomaïnes xanthiques* : l'adénine, extraite de tous les jeunes tissus animaux ou végétaux, en état de prolifération, ainsi que de toutes les glandes; la sarcine, ou hypoxanthine, découverte dans la rate, mais qui existe dans le rein, le cœur, les globules du sang, les jeunes pousses de végétaux; la guanine, retirée du guano, de la peau des reptiles, du poumon, etc.

J'ajouterai les *méthylxanthines*, parmi lesquelles les plus importantes sont la dyméthylxanthine, ou théobromine du Cacao, et la triméthylxanthine, ou caféine du Café et du Thé.

Viennent ensuite d'autres *leucomaïnes indéterminées*, telles que la protamine de la laitance des poissons, la spermine de la liqueur séminale des mammifères et des globules blancs, la samandarine du venin de la Salamandre; puis des ptomaïnes résultant surtout de la putréfaction, c'est-à-dire de l'action des bactéries sur les substances albuminoïdes.

Je vous citerai encore le groupe des *acides amidés* gras ou aromatiques, dans lequel on rencontre la leucine, la tyrosine, retirées des glandes animales et aussi des légumineuses, où elles se montrent à côté de l'asparagine; enfin la taurine qui se trouve dans les glandes et dans le poumon.

Au-dessus de ces composés, prennent place des corps cristalloïdes présentant déjà des caractères appartenant aux albuminoïdes, que nous allons bientôt étudier : je dois vous signaler l'hémoglobine, matière colorante rouge du sang, et la chlorophylle, substance verte des végétaux.

La forme cristalline va disparaître et, comme transition entre les cristalloïdes vrais et les colloïdes, nous trouvons des composés auxquels on donne encore le nom de cristalloïdes, mais seulement ils ne forment plus que des *pseudo-cristaux* : ceux-ci peuvent avoir une composition ternaire, comme l'inuline ou lévuline des tubercules du Dalhia, ou bien quaternaire et présenter les caractères généraux des albuminoïdes : l'aleurone est un cristalloïde protéique de cette espèce.

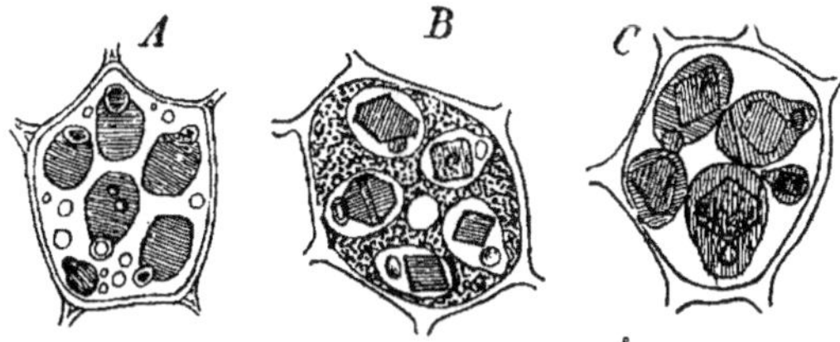

Fig. 1. — Plastides de l'albumen du Ricin (*Ricinus communis*) renfermant des grains d'aleurone.

Mais ce corps, qui se montre sous forme d'inclusions dans les substances de divers végétaux, peut affecter toutes les formes de transition, depuis la simple granulation la plus irrégulière, jusqu'au solide géométrique le plus parfait.

Chez les animaux, je puis vous citer comme exemple les tablettes vitellines, corps d'apparence cristalline, réfringents, affectant ordinairement la forme de petites tables et présentant souvent des stries transversales qu'une légère pression peut décomposer en lamelles juxtaposées formées d'ichtine et d'emydine : elles jouissent de la double réfraction et peuvent être assimilées aux cristalloïdes des plastides végétaux.

Les pseudo-cristaux diffèrent à certains égards des cristaux ordinaires, dont ils partagent les caractères géométriques, les propriétés optiques, les clivages, ainsi que le mode d'accroissement par juxtaposition de particules nouvelles à l'extérieur des anciennes. D'abord, ils ont des angles un peu inconstants, mais surtout, ils sont perméables à l'eau, qui les gonfle. L'eau d'imbibition n'est pas alors répartie uniformément dans l'intérieur de la masse : on observe une stratification parallèle aux faces.

Le pseudo-cristal est formé par des couches alternatives plus brillantes et plus ternes, plus dures et plus molles, plus sèches et plus aqueuses. A l'extérieur est toujours une couche dure et au centre un noyau mou. Dans toute l'étendue d'une couche donnée, la densité n'est pas non plus la même : on y voit un réseau de matière plus résistante et plus sèche, dont les mailles sont remplies par une substance plus molle et plus aqueuse. Le cristalloïde est donc formé par un squelette de matière dure enfermant dans ses mailles une substance moins dense.

Si j'insiste sur ces caractères, c'est que je vois dans ces pseudo-cristaux comme une première ébauche, un premier essai d'organisation pour la vie et par la vie : après avoir perdu l'état cristallin véritable, pour s'élever au rang de matière organique protéique, la substance brute tend à devenir, au sein du bioprotéon, matière organisée.

Au delà, on trouve encore quelques caractères optiques propres aux cristaux, comme la *croix de polarisation,* dans des éthers salins complexes renfermant du carbone, de l'hydrogène, de l'oxygène, de l'azote et du phosphore : je veux parler des lécithines.

Entre ces derniers cristalloïdes de passage, ou pseudocristalloïdes, et les colloïdes vrais qui forment notre deuxième catégorie de principes immédiats, on peut grouper une quantité de produits non cristallisés et colorés qu'on appelle des pigments. Les plus connus sont la mélanine, matière noire de la choroïde ou des poils; la lutéine, ou principe jaune de l'œuf; l'urobiline, substance

colorante de l'urine; la bilirubine, la bilifuscine, la bili-
prasine, la biliverdine ou pigments biliaires, etc. Il n'est
pas certain que tous ces corps soient absolument incristal-
lisables, car on est arrivé depuis peu à faire cristalliser en
aiguilles le pigment chlorophyllien, longtemps considéré
comme amorphe. A côté de ces corps amidés les plus complexes, on peut encore placer la chitine et l'hyaline, retirées de la carapace de certains insectes et de quelques vers.

Les *principes colloïdaux* doivent leur nom à ce qu'ils
ont la consistance de colle, de gelées, lorsqu'ils sont convenablement hydratés. Ils se montrent d'ordinaire très
avides d'eau, et c'est pour ce motif qu'une petite quantité
de colloïde est souvent suffisante pour solidifier une
grande masse de ce liquide. Non seulement ils se laissent
facilement pénétrer, mais encore traverser par les cristalloïdes et par l'eau, laquelle est aussi, comme je vous
l'ai dit, un cristalloïde. Inversement, ils ne diffusent que
très difficilement et, sauf quelques-uns, ne traversent que
très péniblement les membranes : ce sont, en un mot, des
corps dysosmotiques. Tous sont amorphes et incristalli-
sables. Les uns paraissent solubles dans l'eau, mais peut-
être n'est-ce là qu'une apparence, car les filtres de
porcelaine en enlèvent toujours une partie au véhicule
liquide qui les contient. Il en est qui donnent avec l'eau
des gelées liquéfiables par la chaleur, comme la gélatine;
d'autres sont manifestement insolubles dans l'eau et s'y
gonflent sans s'y dissoudre; telles sont la fibrine, la
caséine; d'autres enfin se pectisent, comme l'on dit, ce qui
signifie qu'ils se coagulent spontanément pour former des
gelées sous des influences encore mal connues. Beaucoup
sont coagulables par la chaleur, les acides, le tanin, etc.;
mais, en réalité, il est possible que ces colloïdes ne soient
jamais en état de véritable dissolution, comme le sel
marin dans l'eau, ainsi que je vous l'indiquais tout à l'heure,
mais seulement en suspension, car les filtres de porce-

laine les arrêtent et ils sont entraînés par les précipités inertes que l'on fait naître dans leur véhicule. En général, ils communiquent à l'eau un aspect louche, opalescent, ce qui n'arrive pas avec les corps parfaitement solubles.

Comme ils ne cristallisent pas et ne possèdent pas de point d'ébullition, certains chimistes en dédaignent l'étude, sous prétexte que ce ne sont pas des composés chimiquement définissables; on serait cependant arrivé dans ces derniers temps à faire cristalliser l'albumine du sérum et a donner l'analyse de ses cristaux. D'ailleurs, l'oxyhémoglobine, qui peut être considérée comme un albuminoïde, fournit aussi des cristaux.

D'autre part, l'état colloïdal existe également dans le monde minéral : le peroxyde de fer, l'alumine, la silice forment avec l'eau des hydrates gélatineux, des hydrogèles, ainsi qu'on les appelle encore, dans lesquels l'alcool, l'éther peuvent se substituer à l'eau, sans modifier la consistance colloïdale, pour former des alcoogèles et des éthérogèles : le même phénomène se produit avec les colloïdes protéiques.

Les hydrogèles sont souvent instables et, peu à peu, l'eau se séparant, la forme colloïdale se perd, quoi que l'on fasse pour la conserver; elle semble indiquer une sorte d'état dynamique de la matière qui tend progressivement vers l'inertie, ou l'état statique du cristalloïde, en se déshydratant.

L'analyse élémentaire montre que les composés colloïdaux organiques peuvent être ternaires ou quaternaires.

Parmi les premiers, ou *colloïdes ternaires,* se trouvent l'amidon végétal et le glycogène, ou amidon animal; la cellulose, ou matière dure du bois, et la tunicine, qui est son analogue dans le monde animal; la pectine des gelées de fruits et les gommes sont encore des colloïdes ternaires.

Les *colloïdes quaternaires,* ou *substances protéiques,* sont représentés par une variété considérable de principes immédiats ; tous ces composés renferment, outre le carbone, l'hydrogène et l'oxygène, de l'azote et souvent du phosphore et du soufre. Ils sont de plus, comme les gommes, souvent unis avec des bases minérales, qui influent sur leurs caractères de fixité, de solubilité, etc. Leur molécule est très complexe, d'un poids très élevé : elle est le chef-d'œuvre d'équilibre chimique de la vie ; aussi est-elle très instable, s'hydratant, se déshydratant, se dédoublant sous de légères influences, avec une facilité très grande. Ces corps, pouvant jouer tantôt le rôle d'acide et tantôt celui de base, se prêtent à des combinaisons nombreuses, et également peu stables, en raison de leur faible acidité ou de leur faible basicité. Il suffira d'une très petite quantité d'énergie pour provoquer la dislocation, l'écroulement de ces molécules et en dégager le potentiel accumulé par la synthèse naturelle.

Les substances protéiques renferment : 1° les *albuminoïdes vrais* ; 2° les *protéides* ; 3° les *albumoïdes*.

Les albuminoïdes vrais se partagent en deux groupes : les *albuminoïdes naturels* et les *albuminoïdes de transformation*.

Les premiers se trouvent à l'état naturel dans les organismes ; on les divise en *albumines, globulines* et *caséines*.

Les albuminoïdes de transformation viennent de la coagulation des albuminoïdes naturels : ce sont aussi des *alcali-albuminoïdes*, ou encore des *acides-albuminoïdes* résultant de leurs combinaisons, soit avec des bases, soit avec des acides, ou enfin des *protéoses* produites par l'action des ferments, de la vapeur d'eau surchauffée ou bien des acides et des alcalis à la température de l'ébullition.

Suivant que la substance albuminoïde qui a servi de matière première est une albumine ou une globuline (myosine, vitelline, etc.), une caséine, on donne à la protéose les noms d'albumose, de globulose (myosinose, vitellose, etc.), de caséose.

Les protéoses sont des substances non coagulables ; on les divise en protéoses vraies (hétéro-protéoses, proto-protéoses, deuto-protéoses) et en peptones.

Le deuxième groupe protéique comprend les *protéides* résultant de la combinaison d'une substance albuminoïde et d'une autre substance organique non albuminoïde.

Les protéides forment trois groupes intéressant le physiologiste : le premier renferme l'*hémoglobine*, dont il a été déjà question. C'est une combinaison d'une matière albuminoïde avec l'hématine, substance organo-métallique ferrugineuse ; le second comprend les *mucines*, résultant de la combinaison de substances albuminoïdes et d'hydrates de carbone. Les mieux étudiées sont la mucine de l'Escargot, des tendons, de la glande sous-maxillaire ; le troisième comprend les *nucléo-albuminoïdes* produites par la combinaison des albuminoïdes et des nucléines, dont nous apprendrons bientôt à connaître l'origine.

Le troisième groupe protéique, celui des *albumoïdes*, renferme tous les albuminoïdes n'appartenant ni aux albuminoïdes vrais, ni aux protéides, ce sont : 1° les *gélatines*, avec les *substances collogènes*, la *chondrine*, la *gélatose* ; 2° l'*élastine* ; 3° la *kératine*.

Les chimistes sont parvenus à réaliser la synthèse de certains composés organiques colloïdaux, même quaternaires, mais ils ont employé d'autres procédés que ceux du bio-protéon, et alors même que l'on aurait synthétiquement reproduit, au point de vue chimique, un œuf, ce ne serait pas une raison pour qu'il en puisse sortir un Poulet.

Les produits organiques de synthèse sont, comme les principes immédiats dont je viens de vous parler, dépourvus d'activité vitale.

Il n'en est pas de même des principes immédiats dont je vous entretiendrai dans la prochaine leçon, mais dont on n'a jamais pu réaliser la synthèse, ni même l'analyse.

TROISIÈME LEÇON

Zymases ou Zymoses, enzymes, diastases, ferments non figurés ou ferments solubles; peptones, toxines, antitoxines, venins et virus; microzymes, granulations zymogènes.

La liste que je vous ai présentée dans la précédente leçon des grands groupes de principes retirés des organismes par l'analyse immédiate, n'est pas complète, bien qu'elle soit déjà fort longue. Il existe un groupe naturel des plus importants, dont je veux vous entretenir aujourd'hui : c'est celui des zymases ou mieux zymoses, encore appelées enzymes, diastases, ferments non figurés, ferments solubles.

Ces dernières dénominations rappellent que ces corps se comportent, sous beaucoup de rapports, comme les ferments figurés, organisés et vivants, comme les levures et les microbes, qui sont de véritables organismes.

De même que ceux-ci, ils jouissent d'une activité propre, qu'ils ne tirent pas exclusivement du milieu ambiant, bien qu'elle ne puisse se manifester sans le concours d'un ensemble de conditions physico-chimiques déterminé. Cette activité particulière et caractéristique de chacun de ces principes immédiats, leur permet de modifier chimiquement certaines substances quand ils sont mis en contact intime avec elles, mais sans entrer toutefois en combinaison, à la manière des réactifs chimiques ordinaires. Elle n'est pas proportionnelle à leur masse, bien qu'ils ne semblent pas capables, comme les ferments figurés, de se multiplier par reproduction. S'ils ont une structure, on ne la connaît pas; d'où le nom de « ferments non figurés ». On les considère même comme solubles dans l'eau et dans la glycérine. La vérité est que, mis en contact avec ces liquides, les corps qui les contiennent communiquent à ces véhicules les propriétés spéciales dont ils jouissent eux-mêmes. Seulement, ces liquides se trouvent dépouillés des qualités acquises dès que l'on fait naître dans leur sein des précipités floconneux inertes, du phosphate neutre de chaux, par exemple. Le précipité, en se déposant, entraîne avec lui l'enzyme et jouit à son tour de la propriété « ferment ». Vous admettrez difficilement qu'il s'agit d'un produit en dissolution vraie, surtout si j'ajoute que les filtres de porcelaine dépouillent en partie les liquides diastasiques de leurs propriétés. Leurs prétendues solutions ont d'ordinaire un aspect louche.

S'ils ne sont pas figurés, ils possèdent au moins l'état colloïdal, car ils ne dialysent pas. Cependant ils peuvent pénétrer d'autres colloïdes, comme la fibrine, à laquelle ils communiquent, dans certains cas, leurs propriétés.

Ces agents partagent avec le bioprotéon, ou matière vivante, d'où ils dérivent tous, cette propriété très générale, à savoir que leur activité diminue quand la température du milieu tend vers 0 degré; au contraire, elle est exaltée par la chaleur jusqu'à 40 degrés, où existe un maximum. Elle décroît ensuite, pour disparaître définitivement à des températures plus élevées, mais toujours inférieures à 100 degrés, en milieu humide. A l'état sec, ils peuvent aussi supporter des températures supérieures.

Le froid les paralyse sans les supprimer, les inhibe, mais la chaleur peut les tuer, comme les ferments figurés. Seulement, ils sont épargnés par les produits antiseptiques, tout au moins par beaucoup d'entre eux.

On peut les précipiter de leur véhicule aqueux ou glycé-
rique par l'alcool; pourtant, ils ne sont pas, à proprement
parler, coagulés par cet agent, car le précipité peut se
redissoudre dans l'eau : ils conservent cette dernière
propriété, ainsi que toute leur activité, même après avoir
été lavés à l'alcool fort, à l'éther, et desséchés lentement.
La levure de bière et d'autres microorganismes peuvent
aussi résister à la dessiccation et à l'alcool. Celui-ci doit
précipiter les zymoses parce qu'il les déshydrate et augmente ainsi leur densité. Les solutions très concentrées de
sels neutres qui les paralysent, les inhibent, peuvent agir
par le même mécanisme.

L'alcool ne les précipite pas toujours complètement :
certaines zymoses peuvent rester en solution ou en suspension dans de l'eau additionnée de 10, 25 et même 50
pour 100 d'alcool, mais en très petite quantité, et le pouvoir de ces liqueurs est toujours très faible. S'il en était
autrement, on ne s'expliquerait pas comment la levure de
bière peut encore agir dans un milieu sucré déjà fortement chargé d'alcool à la fin de la fermentation, puisque
le premier stade de cette dernière est la transformation
du sucre en glucose par l'invertine, qui est une zymose.

Si la composition et la structure chimiques des colloïdes
ternaires et quaternaires sont très imparfaitement connues, on peut affirmer que celles des enzymes ne le sont
pas plus que celles du bioprotéon, c'est-à-dire pas du tout.
En vain les chimistes ont-ils essayé de retirer des substances jouissant de propriétés zymosiques des produits
physico-chimiquement caractérisables; ils n'ont pas même
pu fixer la composition chimique centésimale des enzymes.
Pour les uns, ces composés rebelles se rapprochent des
gommes; pour d'autres, ce sont des substances protéiques, albuminoïdes, renfermant seulement plus de cendres
minérales, plus d'oxygène, moins de carbone et d'azote. En
réalité, les procédés d'extraction des zymoses entraînent

toujours avec celles-ci des substances inertes, des dextrines, des albuminoïdes inactifs, des gommes, etc.

On ne les distingue que par leur origine, leur lieu de naissance et par les effets spécifiques de leur activité. La muqueuse de l'estomac fournit la pepsine, le pancréas la trypsine; la salive renferme de la ptyaline; dans les végétaux et dans la graine, surtout pendant la germination, on trouve des enzymes qui correspondent à celles qui sont versées dans notre tube digestif par des glandes. Elles existent donc aussi bien chez le végétal que chez l'animal.

Les zymoses ne s'attaquent pas indifféremment à toutes les substances organiques; elles sont fonctionnellement et très vraisemblablement aussi morphologiquement différenciées, si on admet qu'elles sont représentées par des particules solides.

Les unes changent les amidons, les fécules en dextrines, en sucres : ce sont l'amylose, l'amylopsine, la ptyaline. D'autres, comme la trypsine, la pepsine, font des peptones en hydratant et simplifiant par des dédoublements les albuminoïdes; elles les rendent ainsi solubles et même dialysables. Nous verrons plus tard que ce sont là des conditions favorables à l'absorption et à l'assimilation par le bioprotéon; les aliments subissent, par le fait des zymoses, comme une préparation à une vie active, une véritable initiation. Les peptones, par un effet inverse, après leur absorption, seront en partie déshydratées, recondensées pour reformer des albuminoïdes nouveaux, et c'est ainsi que le muscle peptonisé du Bœuf pourra servir, en partie, à reconstituer celui de l'Homme, mais ce dernier se réparerait aussi bien avec des peptones de blanc d'œuf.

Les peptones jouissent de la double propriété acide et basique, à la façon des albuminoïdes naturels, mais bien plus accentuée que chez ces derniers. Leurs caractères de basicité, qui sont plus marqués que dans les albuminoïdes dont ils dérivent, en font les premiers termes d'une série de bases fabriquées par la substance vivante, que je vous ai signalées sous le nom de leucomaïnes. La sous-classe des leucomaïnes protéiques est formée par les peptones et les toxalbumines.

Si les peptones sont introduites directement dans la circulation, au lieu de traverser les organes de l'absorption intestinale, elles se comportent déjà comme des substances toxiques, mais ce caractère s'accentue beaucoup dans les toxalbumines, qui portent encore le nom de toxines et de venins. Le venin du Serpent à sonnette contient trois substances albuminoïdes spécifiques, dont deux très toxiques : une véno-peptone et une véno-glóbuline. Le sang de l'Anguille, des Murénidés, de la Couleuvre, des Vipères et des Araignées, renferme des toxalbumines ; elles existent même chez les végétaux, dans les fruits du Lupin jaune, du Jéquirity. Les Champignons et les Algues microbiennes en fournissent aussi : je vous citerai la toxine du Staphylococcus aureus, la tuberculine du bacille de la tuberculose, le principe toxique de la morve ou malléine et ce qu'on appelle la « diastase » de la péripneumonie des bêtes à cornes.

Ces toxalbumines sont très souvent secrétées par des microbes pathogènes, mais leur parenté avec des peptones conduit à admettre qu'elles peuvent également être engendrées par des enzymes. Il y aurait alors des enzymes pathogènes, et c'est dans cette catégorie que rentreraient les virus dépourvus d'organismes parasitaires. Ces virus, après tout, ne sont peut-être que des zymoses normales qui ont « mal tourné » sous des influences diverses et qui, par suite, fabriquent des peptones « manquées » ; mais ne venons-nous pas de voir que la vraie, la bonne peptone injectée directement dans le sang, ou, ce qui revient au même, déversée dans la circulation par des tissus fonctionnant anormalement, peut agir comme les venins?

Ces derniers doivent avoir leurs enzymes comme les peptones, et il serait intéressant de les isoler. Mais, par analogie, on peut parfaitement admettre que les antidotes des toxines ou antitoxines que l'on retrouve dans le sérum des animaux immunisés ont aussi leurs zymoses : elles représenteraient alors les vrais vaccins, non parasitaires.

N'allez pas croire que le pouvoir des enzymes connues n'est pas considérable; pour ne parler que de la diastase présure, elle peut coaguler jusqu'à 250 000 fois son poids de caséine!

Le mode d'action de ces corps est également, à plus d'un point de vue, comparable à celui des virus : outre qu'il existe une sorte de période d'incubation, les zymoses peuvent dans certains cas communiquer à des substances primitivement inactives leurs propriétés modificatrices, etc.

Les enzymes font des aliments assimilables, et des contrepoisons peut-être, mais elles fabriquent aussi des poisons et des venins : dans l'organisme non infecté de parasites, elles peuvent donner la santé ou la maladie, la vie ou la mort : elles n'ont pas été assez étudiées à ce point de vue. Si on injecte successivement dans le sang de l'amygdaline et de la diastase émulsine, toutes deux inoffensives prises séparément, il se fait, par leur rencontre, un redoutable poison, l'acide prussique, et l'animal est foudroyé.

L'action la plus générale des zymoses consiste à provoquer les hydratations, accompagnées ordinairement de dédoublement, et inversement des déshydratations, des condensations, des coagulations.

Quand leur action est poussée assez loin, les enzymes peuvent même transformer en partie ou en totalité des colloïdes en cristalloïdes, comme le ferait le bioprotéon

lui-même. L'amylose change d'abord l'amidon en dextrine, puis en maltose cristallisable; par l'action prolongée de la trypsine sur l'albumine, on obtient des peptones colloïdales, en même temps que de la leucine et de
la tyrosine. Ces enzymes modifient encore profondément
beaucoup de cristalloïdes : la stéapsine peut dédoubler les
éthers gras, c'est-à-dire les graisses. Dans les amandes
amères, dans les feuilles du Laurier-cerise, à côté de
l'amygdaline dont je vous parlais tout à l'heure, on
trouve sa zymose, l'émulsine qui l'hydrate, la dédouble
en glucose, acide prussique et essence d'amandes amères,
dès que le contact est établi par un peu d'eau. Le glucose
est un aliment précieux et l'acide prussique un terrible
poison, au moins pour les animaux, et pourtant ces deux
produits sont des jumeaux.

Le sulfocyanure de potassium que l'on a signalé dans
la salive, et qui la rend vénéneuse, doit naître de la même
manière : son analogue, sulfocyanure d'allyle, se forme
en même temps que le glucose et le sulfate de potassium,
par dédoublement du glucoside myronate de potassium,
sous l'influence de la diastase myrosine.

$$\underbrace{C^{10}\,H^{18}\,Az\,K\,S^2\,O^{10}}_{\text{myronate de potassium}} = \underbrace{C^6\,H^{11}\,O^6}_{\text{glucose}} + \underbrace{C^4\,H^5\,Az\,S}_{\text{sulfocyanure d'allyle}}$$

$$+ \underbrace{SO^4\,KH}_{\text{sulfate acide de potassium}}$$

Vous remarquerez que dans cette équation, on ne fait
pas entrer le ferment, comme d'ailleurs dans toutes celles
qui représentent l'action des zymoses. Ainsi que je vous
l'ai dit, leur composition chimique est inconnue, mais
ce n'est pas pour cette raison. C'est que la zymose représente, non le réactif, mais bien le chimiste, et qu'il n'est
pas d'usage de faire figurer ce dernier dans les équations.
Il ne faut pas oublier non plus que l'enzyme subsiste

dans le milieu où elle a exercé son activité en mettant en jeu des affinités ou en provoquant des dédoublements qui ne se seraient pas manifestés sans son intervention.

En général, les réactions que font naître les zymoses sont, comme celles du bioprotéon, d'ordre moléculaire : elles peuvent dédoubler une molécule complexe en un certain nombre de molécules plus simples, mais sans toutefois mettre en liberté les éléments simples, les atomes d'hydrogène, d'azote, d'oxygène et de carbone. Nous ne savons pas exactement si l'oxygène que dégagent les plantes vertes exposées au soleil a été arraché au carbone de l'acide carbonique par une diastase chlorophyllienne. On ignore également l'origine de l'hydrogène qui apparaît dans certaines fermentations. Mais, ce qu'on sait bien aujourd'hui, c'est qu'il existe des zymoses oxydantes, c'est-à-dire capables de fixer des atomes d'oxygène libre sur des substances vis-à-vis desquelles ce gaz resterait inerte sans l'intervention de ce *ferment respiratoire*.

Des réactions compliquées peuvent résulter de l'action combinée de plusieurs zymoses, par exemple d'un ferment hydratant et d'un ferment oxydant. Dans une solution de salicine, si on ajoute quelques centigrammes d'émulsine, ferment hydratant, et une petite quantité de ferment oxydant, qui abonde dans le champignon appelé Russula cyanoxantha, le second jour, après avoir agité de temps en temps, on commence à sentir l'odeur de l'aldéhyde salicylique.

Dans une première phase, la salicine, glucoside de l'alcool salycilique, a été dédoublée par l'émulsine en glucose et alcool salicylique, et dans une seconde phase, l'alcool salicylique, sous l'influence du ferment oxydant, a absorbé l'oxygène de l'air et donné de l'aldéhyde salicylique. Il est probable que cette opération faite *in vitro* s'effectue normalement dans la Spirée ulmaire ou Reine des prés, car il existe de la salicine dans la racine de cette plante et l'on sait que ses fleurs doivent leur odeur à l'aldéhyde salicylique.

Les zymoses possèdent encore beaucoup d'autres propriétés remarquables que nous allons rapidement passer en revue.

A l'aide d'agents convenablement choisis, on peut faire apparaître dans certaines liqueurs ou dans certains tissus des propriétés diastasiques qui n'y préexistaient pas ou s'y trouvaient à l'état latent. Par exemple, la macération d'une muqueuse gastrique de mammifère adulte dans l'eau distillée produit une liqueur qui ne possède pas la propriété de caséifier le lait; mais elle devient caséifiante si, après l'avoir acidulée par 1 pour 100 d'acide chlorhydrique, on la neutralise, au bout de quelque temps, avec de la soude ou du carbonate de soude. Le même résultat ne sera pas obtenu avec une macération de muscle, de cerveau, etc.

On a donné aux substances capables de fournir ainsi des enzymes les noms de *proferments*, de *proenzymes*, de *substances zymogènes* ou *enzymogènes*.

La macération aqueuse de muqueuse gastrique a une qualité spécifique remarquable, celle de pouvoir acquérir une propriété diastasique spéciale par l'action de l'acide chlorhydrique, mais, comme on l'a fait observer avec raison, cela ne veut pas dire que ces tissus ou liquides renferment des substances chimiquement définissables qui, traitées par des réactifs convenables, se transforment en d'autres substances également définies, les ferments. Cela veut dire uniquement que certains tissus ou certaines humeurs possèdent la propriété de devenir diastasiques.

On a proposé pour désigner la transformation des proferments en ferments le mot *zymogenèse* et, pour les agents capables, comme l'acide chlorhydrique, de transformer les substances zymogènes en enzymes, celui d'*agents zymogéniques*.

On pourra même spécifier davantage et dire, par exemple, que les macérations aqueuses de muqueuses gastriques de mammifères adultes contiennent une substance *labogène*, le lab étant le ferment coagulant de la caséine. On dira de même que l'acide chlorhydrique est un *agent labogénique*.

Mais si certains agents peuvent faire apparaître certaines propriétés zymosiques latentes, d'autres ont le pouvoir de faire disparaître définitivement celles qui sont déjà développées.

Lorsqu'on alcalinise, avec un alcali caustique, à 1 pour 100, par exemple, une liqueur contenant du labferment, on constate qu'elle ne tarde pas à ne plus pouvoir, après neutralisation, caséifier le lait.

Par opposition au mot zymogène on a formé, pour désigner ces phénomènes de destruction, le mot *zymolyse*, et les agents destructeurs sont dits *agents zymolytiques*.

Comme je vous l'ai dit déjà, à de certaines températures situées au-dessous de 100 degrés, les propriétés des enzymes sont détruites : la chaleur, dans ce cas, sera un agent zymolytique, et pour spécifier le phénomène on dira qu'il s'agit de *thermozymolyse*, et suivant la nature de la propriété diastasique détruite, de *thermolabolyse*, de *thermotrypsinolyse*, etc.

Il existe aussi des substances ou agents qui favorisent l'action des zymoses déjà développées; on pourrait en citer de nombreux exemples : la caséification est rendue plus rapide par l'addition au lait et au labferment de sels alcalino-terreux, ou d'acide carbonique. Une petite quantité, 0,5 à 1 pour 100 de substance alcaline, augmente notablement le pouvoir peptonisant du suc pancréatique. On pourra dire, dans l'un ou l'autre cas, qu'il y a eu *zymodynamogénie* : labodynamogénie dans le premier cas, et trypsinodynamogénie dans le second. Dans cet ordre d'idées, les sels calciques et le gaz carbonique seront des *agents labodynamogéniques*; les carbonates alcalins des *agents trypsinodynamogéniques*.

Une température de 40 degrés favorisant l'action des enzymes, il y aura alors *thermodynamogénie*. Il est important de ne pas confondre les agents zymogéniques avec les agents zymodynamogéniques. Dans une macération aqueuse de muqueuse gastrique de mammifère adulte, incapable de caséifier le lait, un acide joue le rôle de substance labogénique; le lab engendré persiste, alors même que l'acide a été neutralisé; d'autre part, étant donnée une liqueur déjà douée de pouvoir caséifiant, un sel de calcium dissous jouera le rôle de substance labodynamogénique, mais il serait incapable de communiquer à un liquide inerte la qualité caséifiante.

Cette nomenclature nouvelle a été encore étendue à d'autres faits antérieurement connus : c'est ainsi qu'on a proposé le mot *zymofrénation* pour désigner le pouvoir qu'ont certains agents de retarder l'action des zymoses. Si l'on ajoute 1/2 pour 1000 d'acide chlorhydrique à une liqueur trypsique, le pouvoir peptonisant est diminué et l'acide est dit zymofrénateur, ou plus exactement dans le cas en question, trypsinofrénateur.

Il est vrai de dire que souvent ces mêmes agents sont, avec le temps, destructeurs ou zymolytiques, tandis qu'il n'en est pas ainsi pour d'autres, comme le froid, et on a admis pour ces derniers l'existence d'une *zymoinhibition* produite par des *agents zymoinhibiteurs*.

Il y a avantage à adopter ces expressions, qui correspondent à des catégories de propriétés bien déterminées; elles simplifient l'exposition et précisent le sens du langage, mais il ne faut pas y attacher d'autre importance, car elles n'expliquent rien.

On n'a pas jugé à propos de donner un nom spécial

à des substances qui, cependant, sont nécessaires à l'action des enzymes : le fibrinferment ne transforme le fibrinogène en fibrine qu'en présence des sels de calcium, de strontium; mais, si ces derniers sont indispensables à l'action du fibrinferment, c'est que ces corps entrent dans la constitution moléculaire de l'un des produits de transformation du fibrinogène par le fibrinferment.

Nous ne tarderons pas à reconnaître qu'en résumé les zymoses peuvent expliquer, en grande partie, l'activité dont jouit le bioprotéon ou matière vivante organisée, dont nous nous occuperons dans la prochaine leçon; d'autre part, la plupart des causes qui entretiennent, favorisent, exaltent, ou bien diminuent, suspendent ou suppriment l'activité des zymoses, agissent de même sur le bioprotéon.

On ne sait rien de positif quant au mode d'action intime des enzymes et l'on n'a pu faire à ce sujet que des hypothèses; il en existe trois principales : l'une chimique, l'autre physique et la troisième mécanique. Dans l'hypothèse chimique, on admet que les enzymes contractent des combinaisons passagères décomposables par les corps en présence, avec régénération de la molécule d'enzyme. Sans dire ce qu'est la molécule d'enzyme, on raisonne ici par analogie avec ce qui se passe dans l'éthérification de l'alcool par l'acide sulfurique; on sait que dans un premier stade, il se fait une combinaison de l'acide sulfurique avec l'alcool : l'acide sulfovinique ; dans un second stade, l'acide sulfovinique réagissant sur l'alcool, il se forme de l'oxyde d'éthyle ou éther, et l'acide sulfurique se régénère.

A l'idée chimique et matérielle d'enzyme-substance on a voulu substituer la notion d'enzyme-propriété.

Dans cette hypothèse physique, les enzymes détruites par la chaleur, solubles dans l'eau, précipitées de leurs solutions par l'alcool, entraînées par les précipités, fixées par la fibrine fraîche, peuvent donc être considérées comme des propriétés de substance et non comme des substances. Dans le domaine des phénomènes physiques, on trouve de ces propriétés de substance ne tenant pas à la nature même de la matière considérée : chaleur, lumière, électricité, magnétisme. Quand on a démontré qu'elles peuvent être détruites par la chaleur, solubles dans l'eau, précipitées par l'alcool, entraînées par les précipités, fixées sur certaines substances, on admet alors que les phénomènes de zymogenèse, zymolyse, zymodynamogénie, zymoinhibition, zymofrénation, ont leurs homologues dans le monde physique, puisqu'on peut les rapprocher de phénomènes physiques tels que ceux de thermogenèse, de magnétolyse, d'électro-dynamogénie, d'électro-inhibition et d'électro-frénation.

On fait, par exemple, rentrer dans le même ordre de phénomènes la perte du magnétisme d'un barreau aimanté qu'on aura fait rougir au feu avec la destruction de l'activité d'une zymose par une température de + 60°.

Dans l'*hypothèse mécanique*, on admet une action de présence, à laquelle on avait donné le nom de force catalytique. La mousse de platine et certains corps pulvérulents tels que l'or, le palladium, l'argent chimiquement précipités, le charbon pulvérulent, le bioxyde de manganèse, le sexquioxyde de fer, etc., provoquent la décomposition de l'eau oxygénée par dissociation, soit en augmentant l'étendue de la surface que ce liquide peut offrir à l'air; soit plutôt par une production de calorique due à la capillarité. Pourquoi les zymoses n'agiraient-elles pas parce qu'elles possèdent une structure particulière ? les phénomènes d'osmose, de capillarité nécessitent bien une disposition spéciale de la matière, une structure, sans laquelle ils n'ont pas lieu.

La simple fissure de la paroi d'un vase, au niveau de

laquelle se décomposeraient des solutions métalliques, n'entraîne pas l'idée de substance ou de propriété physique, mais seulement celle de structure.

Après tout, les enzymes n'étant impondérables ni dans l'hypothèse chimique ni dans l'hypothèse physique, je ne vois pas pourquoi on ne leur accorderait pas une propriété de structure : les molécules ont bien une structure et cependant elles ne sont pas visibles au microscope. On pourrait les considérer, par exemple, comme d'infiniment petits dialyseurs ou quelque chose d'analogue, formés de gouttelettes d'une réfrangibilité à peu près égale à celle de l'eau, à centre moins dense que la périphérie, dans le genre des pseudo-cristaux dont je vous ai parlé. Ils seraient capables de se gorger d'eau, de se gonfler considérablement, comme les grains de gomme adragante pulvérisée ou de mucilage, et de se précipiter lorsqu'on les déshydrate par l'alcool ou par les solutions salines concentrées. Étant figurés, ils seraient entraînés par les précipités, et arrêtés par les filtres de porcelaine; mais étant également presque fluides, ils pourraient facilement traverser les filtres moins serrés, en se déformant. La chaleur, le froid, n'agissent-ils pas sur les phénomènes de dialyse ainsi que la qualité acide ou basique du milieu? Et le phénomène de dialyse n'est-il pas indépendant de la masse du dialyseur? ils agiraient alors sur un glucoside mis en présence de l'eau, par exemple, en rendant plus intime le contact, ou par tout autre procédé que nous ne connaissons pas encore.

Évidemment, il n'est question maintenant que d'hypothèses, et nous pouvons admettre aussi que les zymoses sont des corpuscules infiniment petits, peu ou pas visibles à l'aide de nos microscopes encore bien imparfaits, et animés de mouvements empruntés au bioprotéon, dont elles dérivent. Ces mouvements ondulatoires, vibratoires, comme les autres, mais ayant un rythme et une amplitude spéciale, bioprotéonique ou vitale, seraient capables de créer une agitation, un brassage également spécial dans les molécules, d'où résulteraient des hydratations, des oxydations, des dédoublements ne pouvant se faire autrement que dans les conditions que je vous ai signalées. Ces modalités du mouvement devront alors varier avec chaque zymose, nettement différenciée par les effets qu'elle produit. C'est pour cela que nous ne pouvons admettre qu'elles agissent en se transformant dans les formes physiques connues de l'énergie : électricité, lumière, chaleur, lesquelles provoquent aussi des effets chimiques, mais différents de ceux des zymoses.

D'ailleurs, on peut bien supposer, puisque nous sommes, je le répète, sur le terrain de l'hypothèse, que les vibrations protéoniques sont transformatrices et qu'elles n'agissent ainsi sur les autres formes de l'énergie que parce qu'elles sont moins facilement transformables que ces dernières. Ce serait même la raison pour laquelle elles échappent à nos sens et à nos instruments, qui ne sont influencés que par les modalités physiques ordinaires.

Ces dernières, qui peuvent être émises par les êtres vivants sous forme de chaleur, de lumière, de radiations chimiques, de rayons X, d'électricité, etc., n'auraient d'autre origine que le potentiel emprunté par le bioprotéon au milieu ambiant et dégagé, sous les diverses formes connues, par l'action des vibrations zymosiques.

Je vous ferai observer, en effet, que le rôle des zymoses se rapproche beaucoup de celui de l'amorce ou de l'étincelle. Bien que ne possédant qu'une petite énergie, celles-ci, comme les ferments, peuvent faire dégager une quantité considérable de potentiel accumulé en dehors d'elles et tout à fait en disproportion avec leur propre force. Les zymoses sont avant tout douées d'*énergie excitatrice* : nous aurons l'occasion de revenir plus tard sur la signification de cette expression. En réalité, il est remarquable que les zymoses dont nous connaissons actuellement les effets, n'édifient pas des produits de synthèse, mais plutôt déterminent, provoquent des écroulements de molécules, avec chute de leurs matériaux et dégagement de potentiel, même quand elles fixent de l'eau ou de l'oxygène.

On démontre, en mécanique, qu'il faut du travail pour remplacer une combinaison stable par d'autres qui le sont moins : on crée ainsi de l'énergie potentielle qui représente ce travail et le restituera à la première occasion. C'est la zymose qui est chargée d'assurer la restitution, mais il ne faut pas confondre son activité avec l'énergie d'emprunt et de restitution, venant plus ou moins directement du soleil, et que j'ai appelée *énergie compensatrice.*

Enfin, ces zymoses semblent vivre, en ce sens que si on les place, même en milieu aseptique, au contact de l'eau et de l'oxygène, leur activité diminue peu à peu et, finalement, disparaît : on dirait qu'elles vieillissent et meurent.

L'hypothèse des microzymes ou particules bioprotéoniques animées de vibrations vitales me paraît d'autant plus acceptable que nous rencontrerons bientôt dans le bioprotéon, ou matière organisée et vivante, d'innombrables et très petites particules, souvent douées de mouvements qui ne paraissent pas toujours, comme le mouvement dit brownien, communiqués par les molécules, sans cesse agitées, des liquides où elles nagent. Déjà, on a donné à certaines d'entre elles le nom de *granulations zymogènes.*

Cette hypothèse me semble plus satisfaisante que celles qui font rentrer l'acide sulfurique, le barreau aimanté, la mousse de platine dans la catégorie des enzymes, ou réciproquement.

Enfin, dans ces derniers temps, on a annoncé qu'en présence des solutions de sels neutres, la fibrine, la gélatine, avaient fourni des globulines, des protéoses, des peptones. En admettant que les sels neutres puissent provoquer certaines réactions conduisant aux mêmes résultats finals que les zymoses, est-ce une raison suffisante pour dire que le mode d'action soit identique?

Le chimiste, dans son laboratoire, fait de l'urée artificiellement; le plastide, dans le foie, en fait aussi, mais naturellement : les deux procédés sont-ils même comparables?

En attendant que la Science ait résolu ce problème délicat d'une manière exacte, après détermination de toutes les inconnues qu'il renferme encore, nous n'avons qu'un droit et qu'un devoir, celui de ne pas être aussi affirmatifs que les physico-chimistes qui, dans leur fanatisme de généralisations prématurées, prétendent tout expliquer avec le peu qu'ils savent.

QUATRIÈME LEÇON

De l'organisation de la substance vivante ou bioprotéon. — Granulations
protoplasmiques, microsomes, nucléomicrosomes, plastidules, bioblastes, vacuolides, etc. — Protoplasme et noyau. — Plastide. —
Organismes monoplastidaires et polyplastidaires. — Tissus, humeurs,
organes, systèmes. — Différenciation morphologique.

Dans notre dernière réunion, je vous ai exposé, aussi
complètement que possible, les propriétés des zymoses,
nous les connaissons suffisamment pour nous rendre un
compte exact du rôle principal qu'elles remplissent dans
les phénomènes de la vie : pourtant, nous ignorons leur
composition chimique, leur structure moléculaire et les
physiologistes discutent encore sur l' « enzyme substance » et sur l' « enzyme propriété ». Le point sur lequel
ils sont d'accord, c'est que l'enzyme doit être pondérable,
si petite qu'en soit la quantité nécessaire pour produire
un effet bien déterminé.

D'autre part, on rencontre, d'une manière constante,
dans les points du bioprotéon où se forment les enzymes,
de très petites granulations qui ont reçu le nom de *granulations zymogènes*. Elles appartiennent à la catégorie
des granulations protoplasmiques qui constitue la partie
la plus importante, la plus active de l'être vivant.

Celui-ci, dans son état physique le plus simple, se
présente sous la forme d'un grumeau gélatineux à peu
près transparent, mais plutôt louche, comme de l'eau
légèrement trouble, incolore ou gris jaunâtre, très pro-

bablement insipide et inodore, sans contours fixes (fig. 2) : cependant, cela est sensible, se nourrit, se meut, se reproduit; cela vit, comme on dit.

Parfois, ce grumeau, le plus souvent microscopique. affecte une forme globuleuse ou bien s'étale sur les surfaces, émettant de côtés et d'autres des prolongements rétractiles ou protractiles, au moyen desquels il se déplace et que l'on nomme, pour cette raison, des pseudopodes. Quelquefois, les prolongements sont longs et grêles, anastomosés entre eux, ils portent alors le nom de rhizopodes, à cause de leur ressemblance avec le chevelu d'une

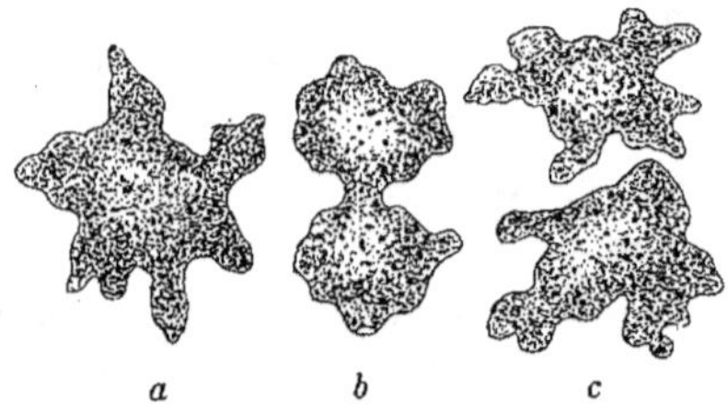

Fig. 2. — *a*. Monère montrant ses pseudopodes et ses granulations; *b*. la même en voie de division; *c*. deux nouvelles Monères provenant de la division de la première.

racine : ainsi sont ceux du Protomyxa aurantiaca (fig. 3), qui vit aux Canaries sur les coquilles d'un petit mollusque céphalopode, le Spirula peronii.

Ces êtres rudimentaires, que l'on considère comme des animaux, mais qui pourraient aussi bien figurer parmi les végétaux, forment le groupe des *monériens.*

Certains animaux microscopiques parasites, appartenant aux *sporozoaires,* peuvent transitoirement affecter la forme monérienne : il en est de même, d'ailleurs, de quelques végétaux inférieurs, comme les *myxomycètes,* qui, à l'une des phases de leur existence, se présentent sous le même aspect (fig. 4). Enfin, les bactériacées, que l'on désigne vulgairement sous le nom de microbes, forment parfois des agglomérations gélatineuses nommées *zooglées* rappelant beaucoup les formes précédentes.

Les grumeaux de gelée vivante portent chez les monériens le nom de *cytode* et chez les myxomycètes, celui de
myxoamèbe.

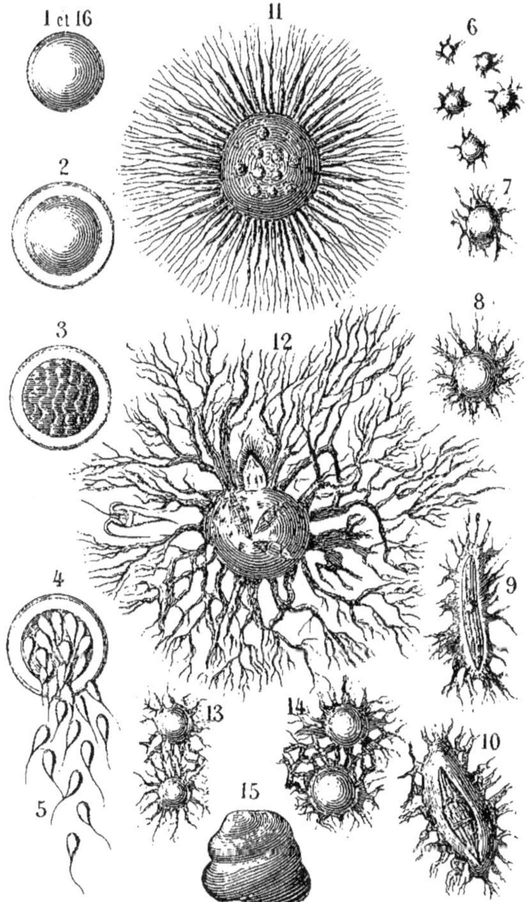

Fig. 3. — Protomyxa aurantiaca aux diverses phases de son développement.

On avait prétendu qu'au fond des mers existaient des
masses continues de cette gelée : on lui avait même donné

les noms de *Bathybius* et de *Protobathybius* ; mais ce fait n'a
pas été bien démontré et on admet que les êtres monéri-
formes ne peuvent généralement dépasser la taille de ceux
que l'on ne distingue qu'à l'aide du microscope : dès qu'ils

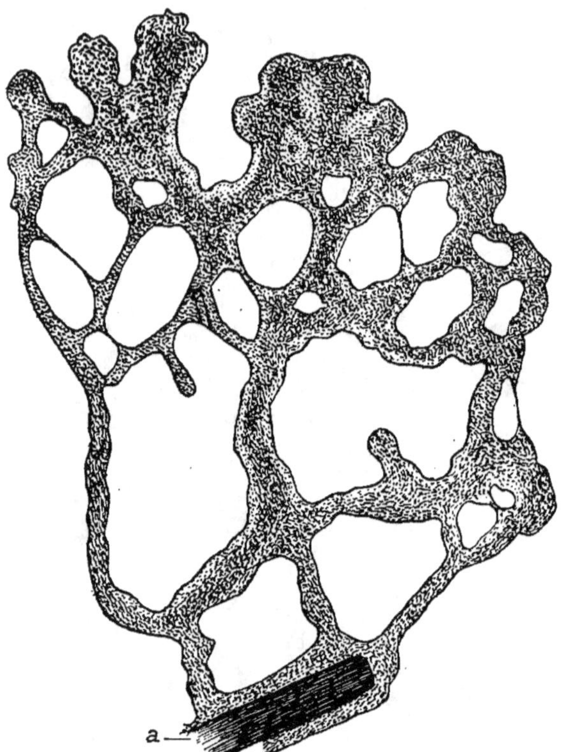

Fig. 4. — Fragment d'une plasmodie de myxomycète, *Chondrioderme difforme* ; *a*, corps étranger
enfermé dans sa masse.

atteignent certaines dimensions, ils se divisent pour former
deux individus semblables, mais plus petits, qui grossissent, ne tardent pas à se diviser à leur tour, et ainsi de suite.

Ordinairement, la partie périphérique de ces petits
corps est plus dense que le centre, qui est fluide ou semi-

fluide : on l'appelle *ectoplasme*, tandis que la partie centrale porte le nom d'*endoplasme* : cette dernière renferme toujours d'innombrables et très petites *granulations* qui lui donnent l'aspect louche dont j'ai déjà parlé.

Cet ensemble, de même que toute matière vivante d'ailleurs, a reçu les noms de *sarcode* et de *protoplasme* : mais, comme ces expressions peuvent s'appliquer également à de la substance qui a vécu, mais n'est plus vivante, ou seulement à des parties spéciales de celle-ci, je les remplacerai dans l'avenir par le mot *bioprotéon* qui, seul, a une signification bien nette pour le physiologiste.

Pendant longtemps, on a considéré le bioprotéon comme une gelée homogène, d'une substance colloïdale ayant une composition chimique et une structure moléculaire définies. Certains physico-chimistes ont essayé, dans ces temps derniers, de ressusciter, pour les besoins de leur cause, cette opinion surannée, mais elle s'est trouvée en complet désaccord avec les acquisitions les plus récentes de la Science.

La seule présence des granulations, dites protoplasmiques, que l'on rencontre toujours dans le bioprotéon et dont on peut constater *de visu* l'existence, souvent aussi les mouvements, pendant la vie, suffit à prouver la non-homogénéité de la substance vivante, même dans sa plus simple expression.

D'autre part, je vous ai dit que dès qu'un grumeau de bioprotéon avait acquis une certaine taille, il était forcé de se diviser en deux. Je ne me représente pas ces deux grumeaux gélatineux comme formés d'une seule et même substance chimique, pas même comme un mélange intime de plusieurs substances, analogue à celui d'eau, de vin et de sucre, par exemple : j'y vois ce qu'on appelle, en mécanique, un système ou plutôt deux systèmes identiques entre eux, le plus souvent au moins, mais, en aucun cas, strictement équivalents à celui qui s'est divisé pour les former. Prétendre le contraire serait absurde et en opposition avec tout ce que nous connaissons.

L'importance de ces remarques vous apparaîtra de plus en plus clairement au fur et à mesure que nous avancerons dans l'étude de l'organisation du bioprotéon et de ses propriétés physiologiques.

Chez les algues inférieures appartenant à l'ordre des cyanophycées, les Nostocs, par exemple, la substance centrale ou endoplasme reste molle et semblable à ce qu'elle est chez les monériens (fig. 5), mais l'ectoplasme se durcit, se condense en une enveloppe solide; il se forme ainsi une outre, ordinairement microscopique chez beaucoup d'autres végétaux, d'où le nom d'*utricule* ou encore de *vésicule*, de *cellule*, qui a été, par extension, donné à toute petite masse ou système bioprotéonique résultant d'une division spontanée du bioprotéon.

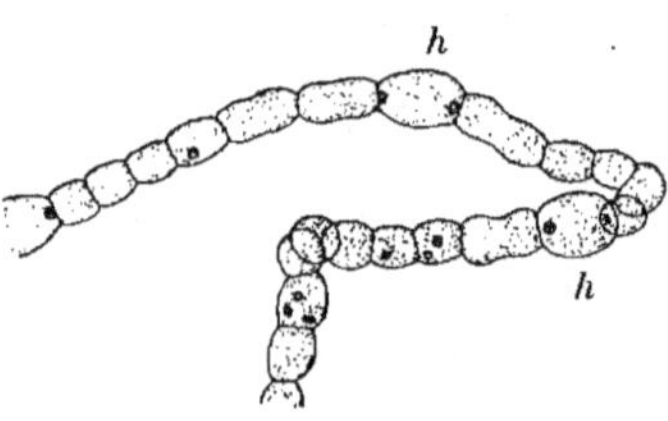

Fig. 5. — Filament onduleux d'un Nostoc. — *h, h*. plastides plus volumineux.

Pourtant la membrane en question manque souvent, surtout dans les cellules animales, alors qu'elle se rencontre fréquemment, au contraire, dans les utricules végétales, où elle acquiert parfois une grande rigidité, ce qui empêche, dans beaucoup de cas, la production des mouvements bioprotéoniques extérieurs.

Les mots utricule, vésicule, cellule, ne peuvent donc avoir un sens général, et je vous propose d'appeler tous les petits systèmes en question des *plastides*, qu'ils soient ou non pourvus d'une enveloppe résistante, ou seulement bien nettement délimitée.

Quand ces plastides vivent indépendants les uns des autres, on dit qu'ils sont des organismes unicellulaires, monocellulaires ou mieux *monoplastidaires*.

L'ensemble de ces êtres forme le règne des *protistes*, sorte de tronc commun d'où partent en divergeant, au point de vue architectural, statique ou morphologique, deux grands embranchements : les règnes végétal et animal.

Les morphologistes ont même divisé les protistes en *protozoaires* et en *protophytes*, selon qu'ils se rapprochent ou s'éloignent plus ou moins, soit des animaux, soit des plantes : mais ces divisions n'existent pas pour les physiologistes.

Lorsque les monoplastides, au lieu de se séparer après leur formation, restent agrégés, on les nomme organismes *polyplastidaires*. Si tous les plastides agrégés ont la même structure et sont tous destinés à devenir des germes, on dira qu'il s'agit d'êtres *polyplastidaires homoplastidaires*, par opposition aux *polyplastidaires hétéroplastidaires* formés par l'agrégation de plastides présentant entre eux des différences, ou, pour parler plus exactement, une différenciation morphologique.

Dans le Nostoc que je vous montrais tout à l'heure, vous voyez un exemple d'un commencement de différenciation, car certains plastides y prennent un développement plus considérable que d'autres.

Les animaux et les végétaux les plus élevés en organisation sont des collectivités polyplastidaires hétéroplastidaires appelées *métazoaires* et *métaphytes*.

Chez eux, le nombre et les variétés de plastides peuvent atteindre un chiffre considérable.

En général, la structure intime des plastides est plus complexe que celle que je vous ai indiquée, et les granulations, en se modifiant et en se groupant de certaines manières, compliquent beaucoup l'organisation intérieure du système.

Il existe, dans la mer, des algues aux formes parfois très élégantes, aux contours découpés, susceptibles d'atteindre une assez grande taille et dont la structure est

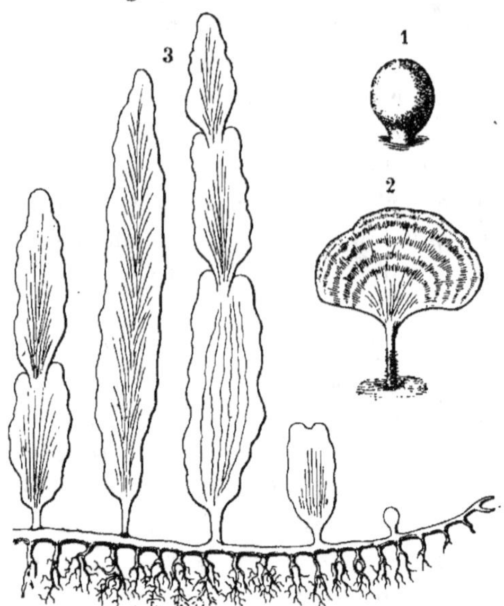

Fig. 6. — Algues siphonées à structure continue. — 1, Valonée utriculaire; 2, Udotée flabellée; 3, Caulerpe prolifère.

continue, c'est-à-dire sans divisions plastidaires, je veux parler des *siphonées* (fig. 6).

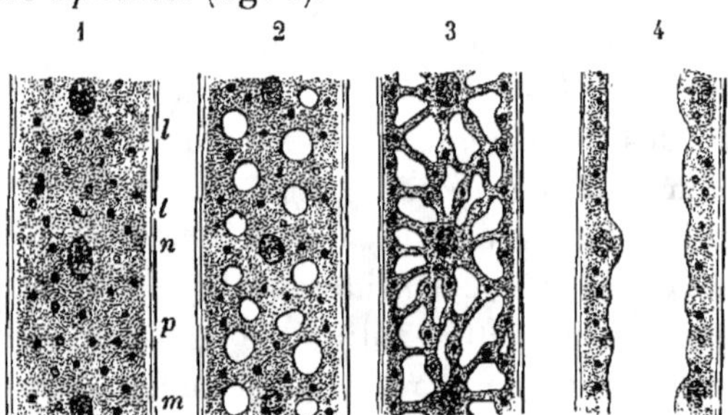

Fig. 7. — Section longitudinale d'une plante à structure continue. — 1, premier âge : *m*, membrane et couche cellulosique ; *p*, protoplasme : *n*, noyaux ; *l*, leucites. — 2, apparition de vacuoles remplies de suc. — 3 et 4, augmentation et fusion des vacuoles.

Chez ces algues, outre l'ectoplasme solide et l'endoplasme gélatineux, on distingue çà et là, disséminés dans l'endoplasme, des corpuscules sphériques ou ovoïdes séparés par un contour très net : ce sont les *noyaux*; entre ceux-ci, on voit encore des corps plus petits, de forme déterminée, et doués d'une activité propre et diverse, selon les cas : on les nomme *leucites.* Enfin, quand le végétal avance en âge, l'endoplasme se creuse de *vacuoles* qui se remplissent de liquide, de *suc.* Ces vacuoles s'aggrandissent à mesure que le végétal croît, comme si la

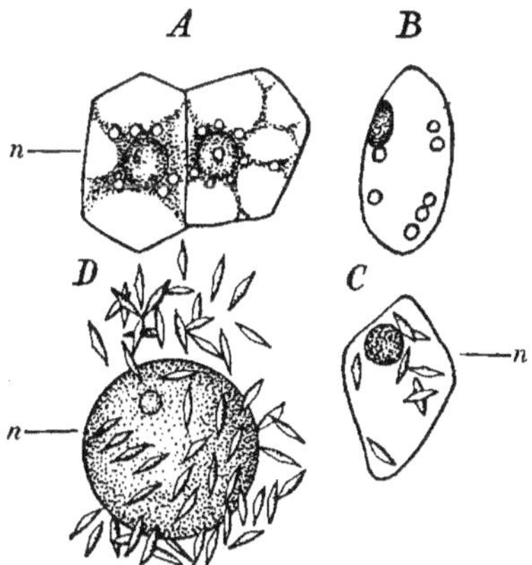

Fig. 8. — Leucites incolores, sphériques dans A et B, fusiformes dans C et D; *n, n,* noyaux.

substance demi-solide ne pouvait à elle seule suffire à l'accroissement.

Je vous ai dit qu'on comprenait par le mot « protoplasme », d'une manière générale, la substance organisée *vivante ou non* et que c'était une expression qu'il fallait supprimer ou bien abandonner aux anatomistes. Ce même mot a encore une autre signification, car on s'en sert pour désigner spécialement tout ce qui, dans le plastide, n'est ni le noyau, ni l'enveloppe, ni les inclusions diverses que l'on y rencontre.

Puisque nous avons adopté le nom de bioprotéon pour la substance vivante, en général, nous pouvons conserver le mot protoplasme, avec le sens spécial et restreint que je viens de vous signaler.

Nous dirons donc que le « protoplasme », outre le noyau, les leucites et les vacuoles, peut renfermer des *inclusions* diverses : *cristaux, pseudo-cristaux, concrétions, corpuscules improprement appelés plastides, granulations hétérogènes*, etc.

C'est une exception quand un plastide est dépourvu de noyau, et c'en est une autre lorsqu'un même plastide en contient à la fois plusieurs.

Dans le premier cas, on admet que les éléments constitutifs du noyau existent tout de même, mais qu'ils sont disséminés parmi ceux du protoplasme : c'est ce qui existerait chez la Monère ; ou bien encore que la masse entière, ou à peu près, est constituée par le noyau ; il en serait ainsi dans les bactéries.

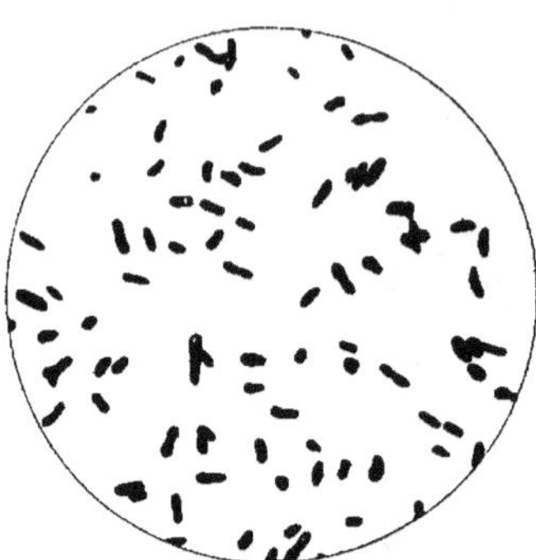

Fig. 9. — Photobactéries ou bactéries lumineuses (photographiées avec un fort grossissement).

Dans le second, on peut supposer que plusieurs plastides uninucléés ne se sont pas séparés après leur formation, ou bien se sont soudés intimement pour former un organisme à structure continue et polynucléée. Dans les algues siphonées, il peut exister autour de chaque noyau un groupement physiologique, sans que celui-ci soit marqué par une limite morphologiquement distincte. Chez les végétaux supérieurs, au lieu d'être disposés en files, en chapelets, comme chez le Nostoc, les plastides peuvent se grouper en lames ou en masses plus ou moins épaisses. Leur membrane enveloppante, d'abord mince et albuminoïde, ne tarde pas à sécréter de la cellulose, qui ne se dépose pas partout, laissant, en de certains points, des parties amincies, de frêles cloisons, ou même des orifices permettant aux endoplasmes des différents plastides

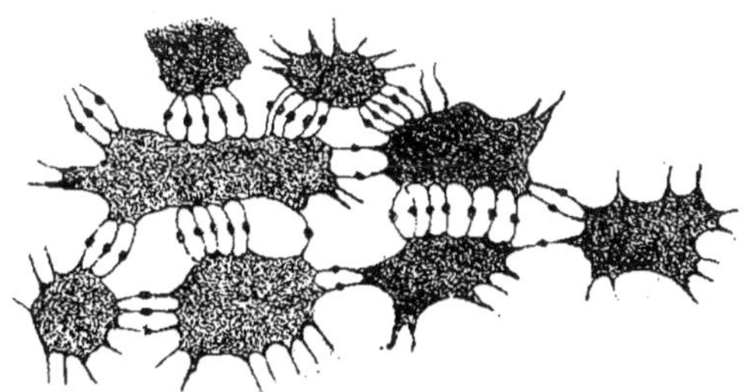

Fig. 10. — Jeunes plastides du parenchyme cortical du Laurier rose ou *Nerium oleander*, traité par le chlorure de zinc et le bleu de méthylène, montrant des anastomoses protoplasmiques.

de communiquer directement entre eux. La collectivité plastidaire n'est plus formée par simple accollement, par

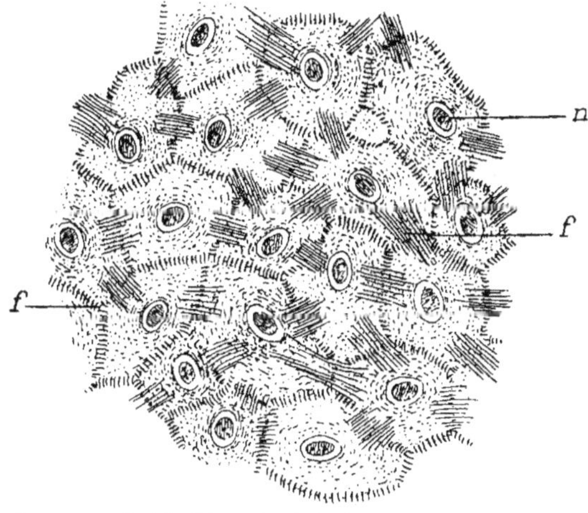

Fig. 11. — Coupe perpendiculaire à la surface de l'épiderme du pied de l'Homme : *f*, filaments d'union entre les cellules ; *n*, noyau.

contiguïté, mais bien par continuité protoplasmique ; il existe de nombreux exemples de cette *symplastie*, dans les éléments dépourvus de membrane d'enveloppe, mais ils ne sont pas très rares chez les animaux ainsi que chez les végétaux pour les plastides qui en sont pourvus. Quelquefois, certains points seulement de la cloison disparaissent tout à fait et la structure devient continue, comme dans le Pavot, la Campanule, la Chicorée; c'est par un procédé de cette nature que se forment les longs filaments rameux qui vont dans le Mûrier et le Figuier des extrémités des racines aux tiges les plus hautes. Chez un très grand nombre de Champignons, les filaments cloisonnés ou ramifiés qui composent la partie végétative, partout où ils se rencontrent, résorbent les membranes aux points de contact, et unissent leurs protoplasmes : de cette union résultent des symplastes locaux.

Ne peut-on rapprocher de ce processus celui qui donne naissance aux fibres nerveuses et musculaires, le long desquelles on constate la présence de nombreux noyaux?

Tous les plastides du corps des myxomycètes, de la famille des eudomyxées, qui sont dépourvus de membrane d'enveloppe, se fusionnent de même, formant de cette façon des plastides composés, et pour ainsi dire condensés.

Je vous citerai encore comme exemple de plastides polynucléés chez les cryptogames, ceux des Cladophora (fig. 12) et des Valonia, et chez d'autres végétaux, les fibres libériennes du Houblon, de l'Ortie, de la Pervenche, les plastides à latex ramifiés des euphorbiacées, des urticées, des asclépiadées, des apocynées, les plastides de l'albumen du Corydalis cava, du

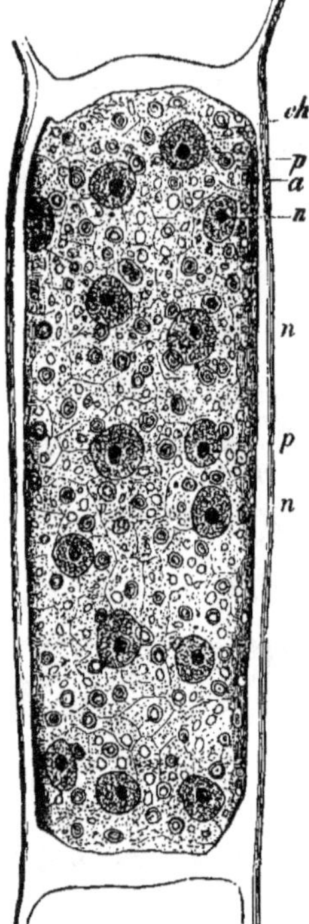

Fig. 12. — Cladophora glomerata. — *n, n, n,* noyaux; *ch,* chromatophore; *p,* amyloplaste; *a,* grain d'amidon.

ligament suspenseur des légumineuses, de l'épiderme
des Cactus, etc.; chez les animaux : les plastides polynucléés des myéloplaxes ou ostéoplastes des os, les cellules hépatiques, et celles du cartilage crânien du Petro-
myzon marinus; il existe même des infusoires ciliés
réellement multinucléaires, dont les noyaux se multiplient isolément à chaque division de l'individu, et ne
se condensent jamais en une masse unique et homogène. De ce nombre sont les Loxodes rostrum, Dilepsus
anser, Chœnia teres, l'Opalina ranarum.

Cela ne veut pas dire que dans les plastides complexes,
comme autre part, le noyau ne soit pas un centre, un
foyer physiologique, mais simplement que plusieurs plastides mononucléés peuvent s'ajouter les uns aux autres
par un phénomène que l'on pourrait désigner sous le nom
d' « addition ». D'ordinaire, la présence de plusieurs
noyaux dans une même cellule est un signe de division
prochaine.

Le noyau se distingue du protoplasme par sa coloration
propre, sa réfrangibilité et sa plus grande densité, bien
qu'il soit plus hydraté, ce qui permet de le voir parfois,
avec le microscope, sans le secours de réactifs colorants
tels que le carmin, l'hématoxyline, les dérivés de l'aniline, etc., qu'il fixe avec beaucoup plus d'énergie que le
protoplasme environnant : ces réactifs peuvent même
traverser le protoplasme sans s'y arrêter, et aller se fixer
exclusivement sur le noyau, en vertu d'une attraction et
d'affinités spéciales, expliquant son action élective pour
d'autres substances toxiques ou alimentaires qui s'y accumulent de préférence.

Nous étudierons plus tard les fonctions physiologiques
du noyau, qui sont fort importantes, mais aujourd'hui
nous ne nous occuperons que de sa structure et de sa
composition.

Grâce à l'emploi des matières colorantes, dont quelques-unes peuvent être fixées sans danger par le noyau vivant, on a pu mieux définir ses limites et pénétrer plus profondément dans la connaissance de son organisation intime.

Considéré dans son ensemble, le noyau peut affecter dans les diverses espèces de plastides des formes très variées, et dans un même plastide, suivant la période de son évolution, des métamorphoses très curieuses que nous examinerons ultérieurement.

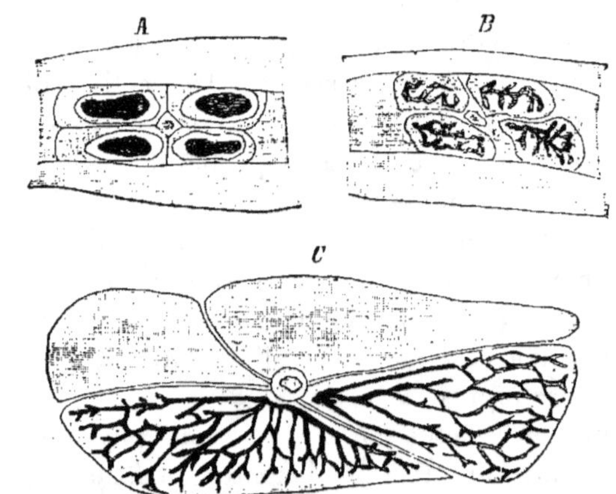

Fig. 13. — Vorticelles dont le pédoncule est étendu et montrant en *c* et *b* des noyaux N en fer à cheval; en *a* changement de forme au moment de la division.

Fig. 14. — Noyaux de plastides d'un Phronima passant avec l'âge de la forme ovale à la forme ramifiée. — A, animal jeune; B, animal demi-adulte.

Il est ordinairement sphérique ou ovoïde, mais il prend

la forme d'un fer à cheval chez les Vorticelles (fig. 13);
celle d'un cordon plus ou moins sinueux
chez certains infusoires; dans les plastides
des tubes urinifères des insectes, c'est parfois un corps très ramifié parcourant le plastide en tous sens, comme cela se voit dans
les Phronima (fig. 14). D'autres fois, il est
formé de grains réunis en chapelet (fig. 16, 1).

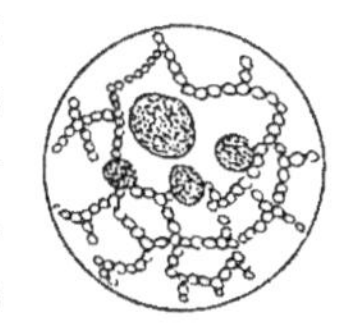

Fig. 15. — Noyau de l'œuf ou vésicule germinative d'un ovule de Lapine.

En examinant attentivement le noyau à
l'aide d'un bon microscope, avec un éclairage et des

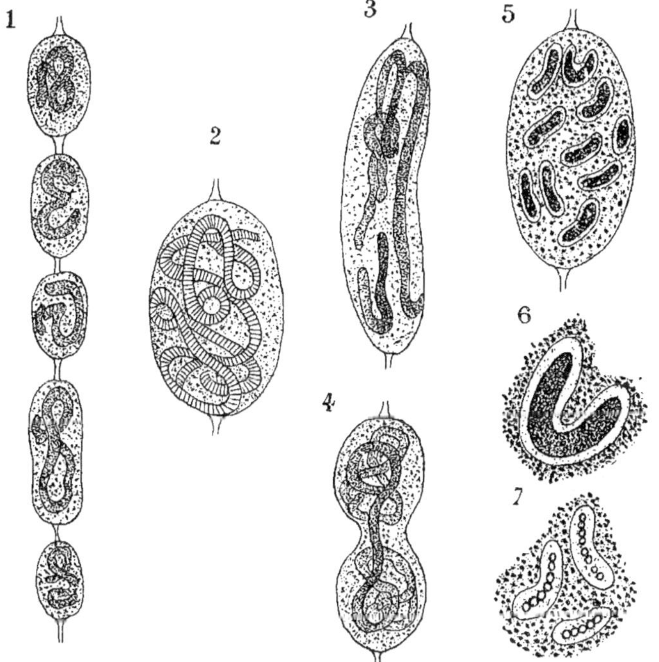

Fig. 16. — Noyau du Loxophyllum meleagris : 1, cinq grains nucléaires ; 2, un grain nucléaire
isolé montrant la striation du boyau nucléaire pelotonné ; 3 et 4, division en deux par étranglement d'un grain nucléaire ; 5, grain nucléaire ; 6 et 7, tronçons nucléaires des grains ci-dessus
vus à un plus fort grossissement pour montrer les divers aspects que revêt le filament chromatique.

réactifs appropriés, on reconnaît que sa substance n'est

pas homogène, mais bien constituée par une substance fondamentale renfermant des granules (fig. 15), le plus souvent sphéroïdaux ou discoïdaux, désignés sous le nom de *corpuscules chromatiques*, afin de rappeler leur élection et leur avidité pour les matières colorantes. La substance chromatique est parfois rassemblée en filaments ou cordons tortueux (fig. 17 ou 18), formés de

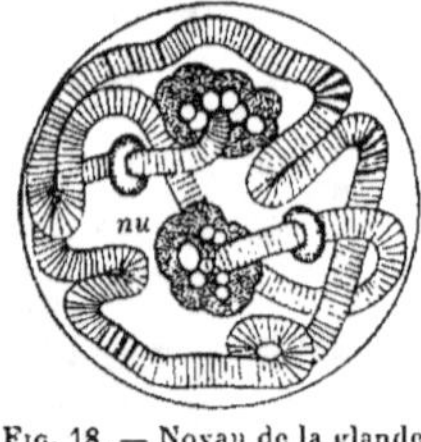

Fig. 17. — Fragments des cordons nucléaires du Chironimus, montrant les disques sombres colorables, alternant avec les disques clairs non colorables.

Fig. 18. — Noyau de la glande salivaire du Chironimus plumosus. — *nu, nu*, nucléoles.

Fig. 19. — Nucléole d'un noyau de glande salivaire du Chironimus, dans lequel se terminent les deux extrémités du cordon chromatique.

disques empilés, alternativement colorables et non colorables. Ces disques diffèrent encore par leur réaction, les uns étant alcalins et les autres acides, alternativement, comme ceux des fibres musculaires. Cette disposition rappelle celle d'une pile à colonne (fig. 17). Les deux extrémités de cette chaîne se terminent parfois chacune par un corps sphérique d'un diamètre plus considérable, auquel on a donné le nom de *nucléole*, par exemple, dans les noyaux des plastides des glandes

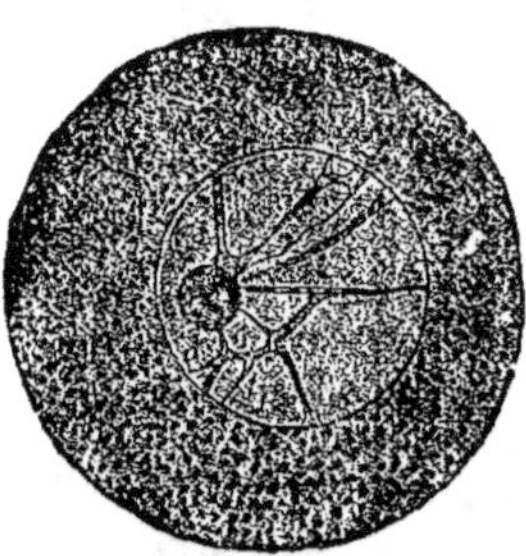

Fig. 20. — Œuf immaturé d'Échinoderme.

salivaires de la larve de Chironimus ou Ver rouge de la vase (fig. 18-19). D'autres fois, elle est rassemblée au centre du plastide, comme dans l'œuf immaturé d'Échinoderme, en une masse d'où partent des prolongements (fig. 20). La substance qui donne aux corpuscules chromatiques la faculté de se colorer se nomme *chromatine*; ce serait une sorte de pigment diffusible.

Voici, d'après les recherches les plus récentes et d'une manière résumée, comment on doit comprendre la structure intime de la matière nucléaire. Elle renferme principalement deux substances : un *suc nucléaire* et une sorte de gelée ou *nucléoplasme* susceptible de prendre la disposition filamenteuse, réticulaire ou spongieuse. Cette dernière forme le cordon nucléaire dont il a été question tout à l'heure, et comprend elle-même un *nucléohyaloplasme* ou partie plus fluide, homogène et incolore renfermant des petites particules ou *nucléomicrosomes*, seules colorables par les réactifs. On peut encore rencontrer dans le noyau d'autres petits corpuscules, existant aussi dans le protoplasme périphérique, tels que matière glycogène, graisse, tanin, pigments, etc.

Pour d'autres observateurs, on trouverait également dans le noyau deux substances principales : une charpente réticulée ou nucléoplasme et une partie liquide ou suc nucléaire. Mais le nucléoplasme comprendrait lui-même deux substances : l'une chromatique ou colorable et l'autre achromatique.

La *substance achromatique* se présente sous forme de filaments de dimensions variables, moniliformes, constitués par de petits éléments figurés appelés aussi nucléomicrosomes, réunis les uns aux autres par des fibrilles ou *nucléofils*.

La *substance chromatique* est une sorte de pigment pouvant imbiber soit les nucléofils, soit les nucléomicrosomes, ainsi que la membrane du noyau, si elle existe; elle est capable même de diffuser dans le protoplasme. Les filaments moniliformes et leurs microsomes peuvent se fusionner 'en faisceaux pour donner de gros cordons qui à leur tour sont susceptibles de se résoudre en tronçons, et ceux-ci en fibrilles fasciculées et en microsomes.

Chez les Urostyla, le cordon nucléaire est représenté par un grand nombre d'articles en apparence isolés, et affectant la forme de bâtonnets capables de se fusionner, pour se séparer ensuite au moment de la reproduction.

Je n'insiste pas sur les détails morphologiques; retenons seulement qu'il existe dans le noyau, au sein d'une matière colloïdale plus ou moins fluide, de petits corpuscules appelés nucléomicrosomes, capables de se grouper diversement suivant les circonstances.

J'ajouterai seulement qu'on a donné le nom de *noyaux accessoires* à des corps qui n'ont pas la valeur d'un noyau. Les morphologistes préfèrent les appeler *corps accessoires* ou *parsomes*. Il y en a qui sont formés de chromatine et viennent du noyau voyager dans le protoplasme, pour lui apporter sans doute ce qui, à un moment donné, peut lui manquer : ce sont les *pyrénosomes*. Les autres, de nature plasmatique, se nomment *plasmosomes*; d'autres encore, venant à la fois du noyau et du protoplasme, prennent le nom de *pyrénoplasmosomes*.

On a encore signalé de petites sphérules ou *protéosomes* qui se séparent de la masse protoplasmique sous l'influence des alcalis ou des alcaloïdes. Cette séparation n'est pas incompatible avec la vie du plastide, qui peut survivre plusieurs jours à cette modification. Les protéosomes réduisent fortement les sels d'argent : si le plastide est mort, il n'y a pas de formation de protéosomes. Ces corpuscules ne sont probablement pas autre chose que ceux que nous allons bientôt rencontrer dans le protoplasme d'une manière constante, et que les morphologistes désignent sous les noms de *microsomes*, *bioblastes*, *plastidules*, etc., et que j'ai moi-même décrits autrefois sous celui de *vacuolides*.

Considérée dans son ensemble, la partie colorable du noyau se comporte comme un corps faiblement alcalin vis-à-vis des réactifs. Elle paraît principalement formée par une substance renfermant 3 pour 100 d'acide phosphorique : c'est la *nucléine*. Celle-ci semble résulter de la combinaison d'un albuminoïde avec un complexus atomique contenant de l'acide phosphorique. A côté de la nucléine existerait la *paranucléine* ou *pyrénine*, plus particulièrement localisée dans les nucléoles. Les parties non colorables constituant la charpente seraient composées de *linine*; enfin, dans certains cas, l'*amphipyrénine*

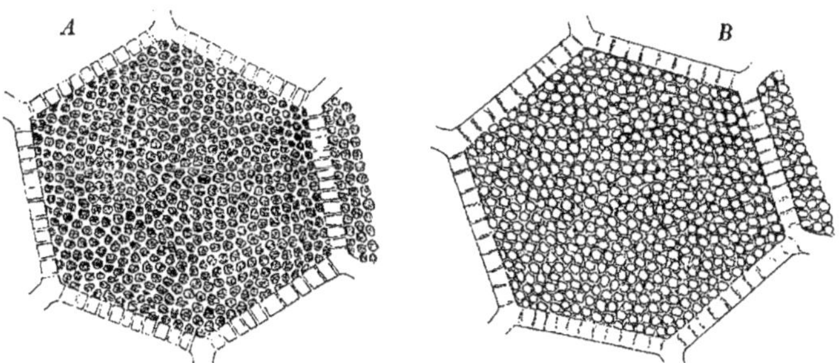

Fig. 21. — Plastide épithélial de la queue d'une larve d'*Azolotl*, examinée sur l'animal vivant
A, vue de la surface mise exactement au point; B, vue d'un plan un peu plus profond.

formerait au noyau une membrane d'enveloppe. Mais je vous ai déjà prévenus que les procédés d'analyse immédiate, même les plus délicats, peuvent isoler des plastides des produits qui ne préexistent pas dans le bioprotéon.

Après la découverte d'une structure interne dans le noyau, on s'est aperçu que le protoplasme, lui aussi, possède une organisation. Les premières observations ont été faites sur la partie centrale, appelée cylindre-axe, des tubes nerveux des animaux vertébrés, où l'on constata l'existence d'une *structure réticulée fibrillaire*. Des faits du même ordre ne tardèrent pas à se multiplier, et on admit comme générale la *structure réticulée* (fig. 21). Toutefois, là où les uns ne voyaient que des filaments disposés en réseaux plus ou moins parfaits, d'autres crurent reconnaître des cloisons limitant des espaces remplis de liquides. Ces derniers comparèrent alors le protoplasme à une éponge imprégnée d'un liquide visqueux ou *hyaloplasme*, dont le squelette reçut le nom de *spongioplasme*. On fit jouer à l'hyaloplasme un rôle considérable : c'était lui qui, sortant par des pores creusés dans la paroi du plastide, constituait les cils vibratiles, ainsi nommés à cause des mouvements qu'ils exécutent sans cesse, et que l'on trouve, par exemple, en grand nombre à la surface des corps des infusoires ciliés (fig. 22). C'était lui encore qui formait la partie active des muscles et des nerfs, voire même des sécrétions.

Les observateurs restés fidèles à l'idée d'une *structure fibrillaire*, concevaient, de leur côté, le plastide sous forme d'un peloton de fil plus ou moins enchevêtré.

En même temps, d'autres investigateurs distinguaient dans le protoplasme des éléments primaires différenciés, et ils étaient conduits à admettre l'existence d'unités organisées, beaucoup plus petites et plus simples que le plastide, jouissant d'une individualité distincte, mais composant le plastide par leur agrégation : on les appela des *plastidules*. C'est ce que l'on désignait autrefois sous les noms de granulations moléculaires ou protoplasmiques, microzymes, etc.

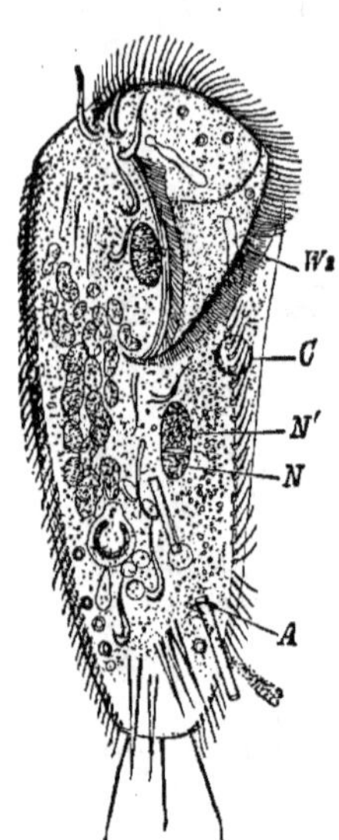

Fig. 22. — *Stylonychia mytilus.* — Wz, zone ciliée adorale ; C, vacuole contractile ; N, noyau ; N', nucléole ; A, anus.

Dans cette dernière théorie, les plastidules sont les derniers éléments organisés dans lesquels puissent être réduits les corps organisés.

En définitive, le protoplasme se composerait donc de *sphérules*, qui seraient elles-mêmes au plastide à peu près ce que celui-ci est au corps d'un organisme polyplastidaire.

Chaque sphérule ou plastidule présente une zone externe plus dense, plus solide, sorte d'ectoplasme plastidulaire renfermant une substance plus fluide, le tout formant, par conséquent, une très petite vésicule. Ces corpuscules, que l'on appelle aussi *microsomes* ou encore *bioblastes*, jouissent, jusqu'à un certain point, d'une existence indépendante et peuvent se multiplier par division, à la manière des plastides. Dans l'*Achromatium oxaliferum* (fig. 26), par exemple, on a constaté l'existence de grains ayant la réaction des albuminoïdes, insolubles dans le suc gastrique et pouvant se diviser par étranglement.

Ces granulations des plastides sont de diverses espèces pouvant se distinguer par les réactifs colorants; les unes ne se colorent qu'avec les liqueurs acides, d'autres avec celles qui sont basiques ou neutres; il en existe encore qui se teintent à la fois par les réactifs acides et basiques, d'où les noms de *granulations basophiles, neutrophiles, amphiphiles.*

Elles sont, en outre, comme les plastides, susceptibles de se différencier au point de vue du travail physiologique, de se spécialiser, comme le montrent les granulations zymogènes dont je vous ai déjà parlé. C'est par là que s'explique la diversité des fonctions que l'on rencontre même chez les êtres les plus inférieurs monoplastidaires; en d'autres termes, on pourrait considérer ceux-ci comme des organismes hétéropolyplastidulaires.

Les plastidules ou microsomes peuvent se gonfler beaucoup et devenir le point de départ des *vacuoles* protoplasmiques, lesquelles sont entourées d'une membrane propre et se comportent comme de véritables organes : les *hydroleucites* sont dans ce cas. Les vacuoles prennent alors le nom de *tonoblastes*, parce qu'elles servent à produire la turgescence ou, tout au moins, la tonicité des tissus. Communes dans les protoplasmes végétaux, les vacuoles sont plus rares chez les animaux : elles

se voient chez les rhizopodes tels que les *Actinophrys* et
les *Orbitolites*, dans certains plastides de cœlentérés, de
polypes hydraires, dans la corde dorsale des embryons
des vertébrés, les plastides du foie et du rein des mollusques ; les vacuoles renferment un liquide qui est acide,
comme le suc cellulaire, par rapport au protoplasme.

De même que les hydroleucites, les leucites, qui jouent
des rôles si variés dans les végétaux, les uns servant à

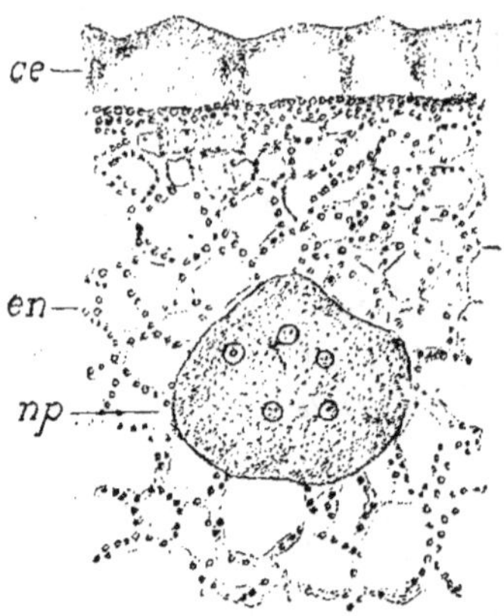

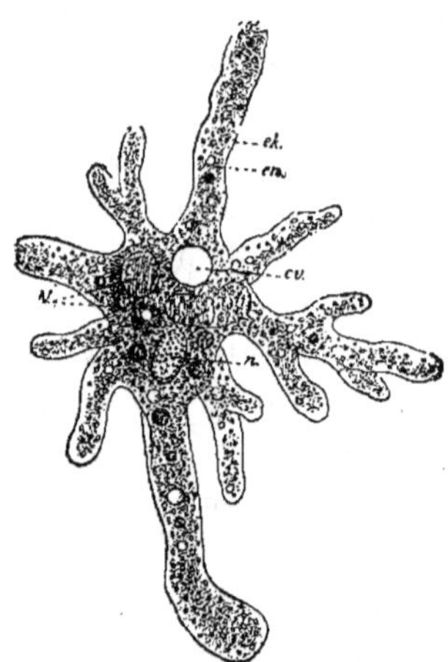

Fig. 23. — Fragment de la masse protoplasmique
d'une myxosporidie, *Sphæromyxa Balbianii* :
ce, ectoplasme ; *en*, endoplasme avec nombreuses granulations ; *np*, amas protoplasmique
homogène renfermant des noyaux.

Fig. 24. — *Amœba proteus* : *n*, noyau ;
cv, vacuole contractile ; N, ingesta ; *en*,
protoplasme granuleux ; *ek*, ectoplasme.

fabriquer de la chlorophylle, les autres de l'aleurone, des
graisses, de l'amidon, de l'inuline, etc., ne sont, en définitive, que des plastidules extraordinairement grossies et
développées, en raison même de leur industrie spéciale et
des produits conservés en réserve. Comme les enzymes,
les diverses inclusions dérivent de plastidules. La structure en couches concentriques, que présentent la plupart
de ces inclusions, montre bien qu'elles se sont formées
par dépôts successifs dans l'intérieur d'une cavité close.
On trouve, d'ailleurs, des leucites et des inclusions de
toutes les dimensions.

Ces éléments primaires sont bien identiques, je le répète, à ceux que j'ai depuis longtemps décrits sous le nom de *vacuolides*.

On doit donc, en définitive, considérer comme des espèces de monades ces granulations dont l'assemblage constitue le plastide : leur nombre peut être énorme dans un même plastide, car beaucoup de ces granulations sont à peine visibles avec les plus forts grossissements, et il est infiniment probable qu'on n'aperçoit que les plus grosses (fig. 23 et 24), celles qui commencent à se gonfler par hydratation ou autrement, car on peut en faire apparaître, par divers artifices, là où l'on n'en voyait pas un instant auparavant (fig. 25). Les plus petites sont donc à l'état de condensation maxima du bioprotéon et l'on est en droit de supposer que leur volume minimum n'est pas éloigné de celui de la molécule. Si on ajoute à ces considérations

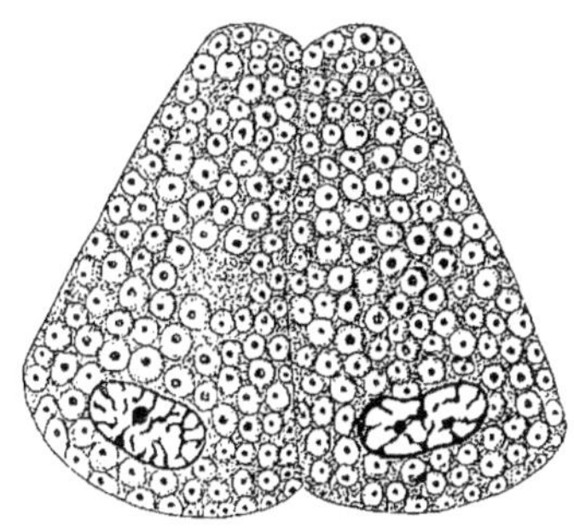

Fig. 25. — Plastides de la glande à venin de la Vipère montrant de nombreuses vacuoles du corps protoplasmique renfermant chacune une granulation.

que les microsomes ont la propriété de se multiplier par divisions successives (fig. 26), on conçoit quelle innombrable quantité de granulations un simple plastide, comme l'œuf, peut contenir, puis engendrer.

Certains savants n'ont pas craint d'assimiler les microsomes aux bactéries ou microbes, dont ils ont nié la nature plastidaire. Jusqu'à un certain point au moins, la comparaison est admissible, car nous avons vu naître et se développer sous nos yeux des zooglées ou agglomérations de microbes, présentant l'aspect extérieur de véritables plastides et où les bactéries étaient réduites à l'état de granulations arrondies (fig. 27).

Les bactériacées, il est vrai, se développent et se multiplient en dehors des zooglées, ce qui ne paraît pas être

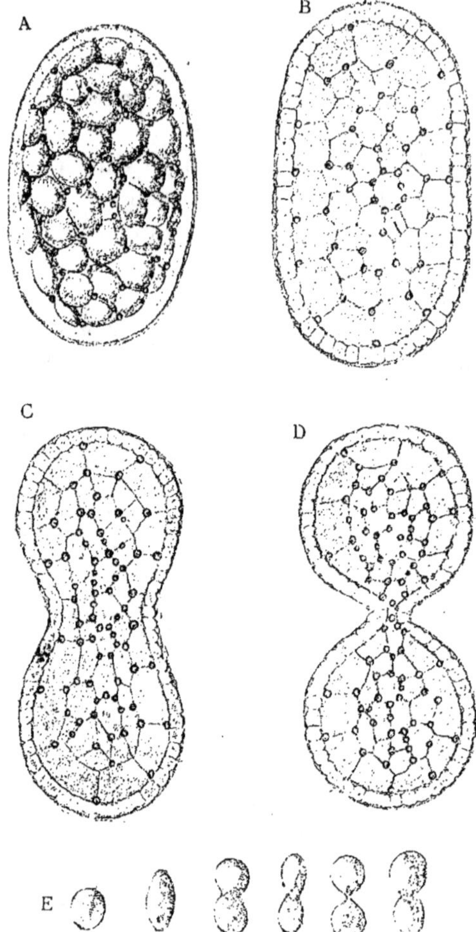

Fig. 26. — A, B, Achromatium oxaliferum; C, D, le même en voie de division. La partie réticulée du protoplasme renferme des granulations se reproduisant également par division; E, états successifs de division.

le cas des microsomes ou plastidules; mais on ne voit pas davantage certains sporozoaires parasites des plastides

se reproduire en dehors de ceux-ci. On pourrait en dire
autant des zoochlorelles ou algues chlorophyliennes sym-
biotiques.

Entre les partisans de la structure spongiaire et ceux
qui pensent que le plastide est composé de sphérules indé-
pendantes plus ou moins agrégées, se placent d'autres
savants, pour lesquels le protoplasme est formé de cham-

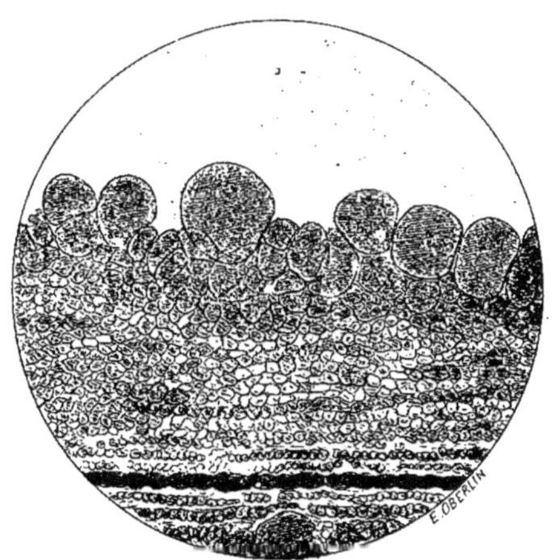

Fig. 27. — Zooglées du photobacterium sarcophilum.

brettes closes de toutes parts et réunies comme les bulles
de mousse de savon. Chaque alvéole aurait une paroi
composée d'une substance plus ou moins visqueuse, renfermant un contenu toujours plus fluide, présentant même,
dans la majorité des cas, la consistance de l'eau. On a
donné à ce liquide le nom d'*enchylima*, alors qu'on aurait
pu parfaitement conserver celui d'hyaloplasme.

Dans cette théorie, il est difficile d'expliquer les déplacements et les mouvements des plastidules, emportées
parfois par de véritables courants. Au fond, il me semble
qu'il n'y a dans tout cela que des subtilités sans importance fondamentale et que ces opinions diverses sont

conciliables. On se fait une idée excellente, à notre avis, de la structure du protoplasme en admettant que les sphérules, microsomes, bioblastes, plastidules ou mieux vacuolides, sont plongés au milieu d'une substance unissante plus ou moins fluide, qui n'est peut-être que celle de leur propre surface plus ou moins hydratée, gonflée et rendue comme mucilagineuse. Cette substance, selon les cas, forme des filaments, des réseaux et même des cloisons circonscrivant des parties plus fluides (fig. 28). Les

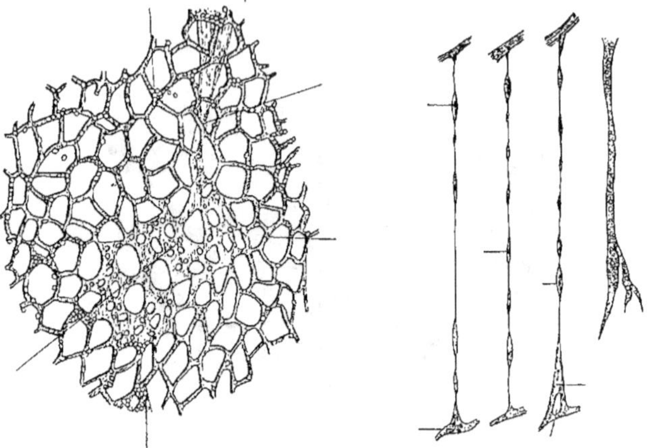

Fig. 28. — Réseaux et filaments protoplasmiques de la Noctiluca miliaris renfermant de nombreuses granulations.

vacuolides elles-mêmes, en s'accolant par leur périphérie, si elles sont gonflées, peuvent constituer une sorte de tissu d'apparence alvéolaire.

Ce qui ressort le plus nettement de tout ceci, c'est que le protoplasme est organisé et qu'il possède une structure très analogue à celle qui a été bien observée dans le noyau. Le plastide constitue donc un système des plus complexes, comme je vous l'ai déjà expliqué. Mais cela ne veut pas dire que le bioprotéon ne jouisse pas d'une foule de propriétés et de caractères physiques appartenant aux colloïdes non vivants et même aux fluides proprement dits. Dans l'explication de ses manifestations, on pourra, par exemple, faire intervenir certaines lois relatives aux tensions de surface, etc.

Par l'analyse chimique immédiate, on extrait du protoplasme une foule de corps, même quand ce sont des plastides de même nature et de même origine ; à plus forte raison aussi quand il s'agit d'espèces différentes. Il n'y a

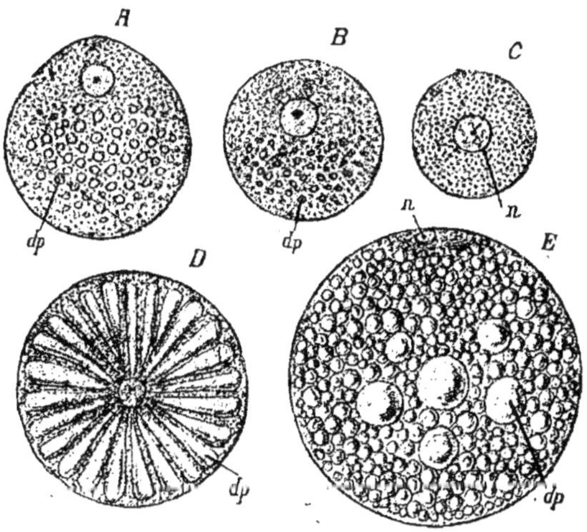

Fig. 29. — Divers types d'œufs : *dp*, deutoplasme ou vitellus nutritif ; *n, n*, noyau ou vésicule germinative.

qu'une seule substance dont la présence y semble constante, c'est un corps protéique, la *plastine*. Elle est insoluble dans les solutions à 10 pour 100 de chlorure de sodium et de sulfate de magnésie, est précipitée par l'acide acétique dilué et se gonfle dans l'acide acétique concentré.

L'acide chlorhydrique fort la précipite, et elle résiste aussi bien à l'action du suc gastrique qu'à la digestion trypsique ou pancréatique.

Elle ne se teinte que peu ou point dans les couleurs

d'aniline basiques, mais se colore bien dans les solutions acides d'éosine et de fuchsine, par exemple.

Le protoplasme vivant est coloré dans son ensemble avec les solutions de cyanine, de Dahlia, de bleu de méthylène, d'hématoxyline, de nigrosine.

Il est à remarquer que la nucléine comme la plastine résistent aux zymoses digestives : on ne peut donc pas

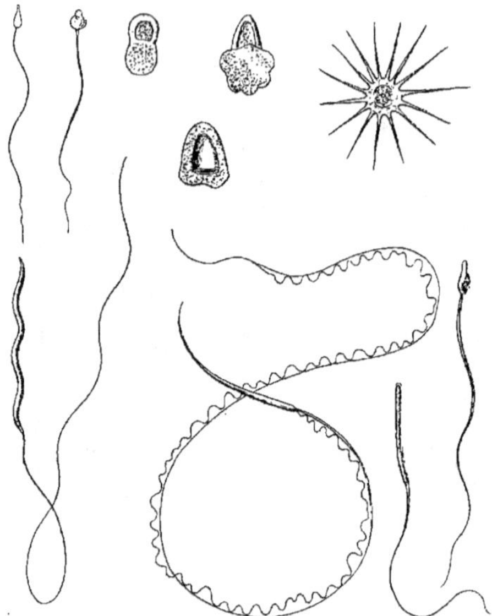

Fig. 30. — Spermatozoïdes ou Zoospermes.

assimiler, par l'intermédiaire de la digestion, précisément ce qui forme le fond de la substance bioprotéonique. J'aurai l'occasion de revenir sur ce point.

En dehors des caractères généraux que je viens de vous indiquer, les plastides offrent des caractères génériques et spécifiques variés à l'infini. Vous avez vu que les uns possèdent une membrane d'enveloppe, tandis que les autres en sont dépourvus. L'œuf ou cellule femelle (fig. 29) se présente d'ordinaire sous la figure d'un petit

corps sphérique, tandis que la cellule mâle, spermatozoïde ou anthérozoïde, a
le plus souvent une forme
allongée, avec une queue
filiforme et mobile (fig. 30
et 31).

D'autres s'étirent en fu-
seaux terminés par des prolongements ramifiés ou en
panaches comme les plastides
psychiques (fig. 32), etc.

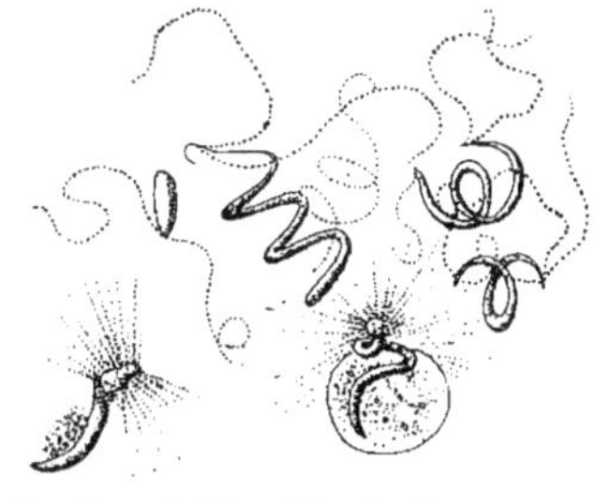

Fig. 31. — Anthérozoïdes des Cryptogames.

Les globules rouges du sang sont d'ordinaire discoïdaux

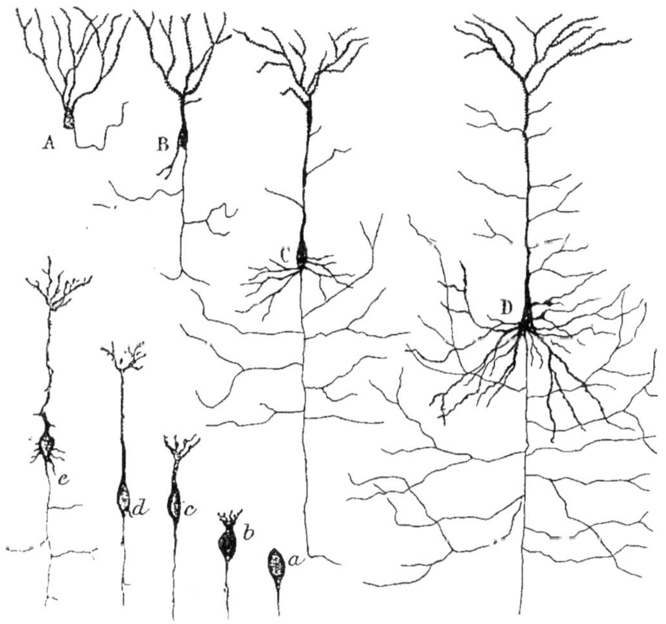

Fig. 32. — Plastides psychiques.

ou ovalaires et conservent des contours définis, ce qui

n'est pas le cas des globules blancs, lesquels se comportent comme des amibes (fig. 33).

Les plastides épithéliaux (fig. 34) affectent des aspects divers et sont souvent munis d'appendices rigides ou mobiles.

Ils peuvent se montrer encore sous forme de petites outres communiquant avec l'extérieur, où elles déversent les produits fabriqués à l'intérieur (fig. 35, 36, 37).

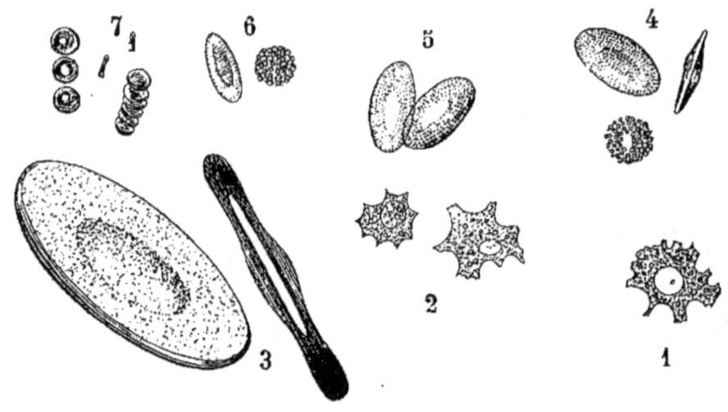

Fig. 33. — Plastides libres du sang : 1, globule incolore de l'Anodonte ; 2, de la Chenille du Sphinx ; 3, globules du Protée ; d, globule rouge, et d', globule lymphatique de la Couleuvre lisse ; 5, globules rouges de la Grenouille ; 6, globule rouge et cellule lymphatique du Pigeon ; 7, globules rouges de l'Homme.

Les plastides sont encore des fibres plus ou moins allongées ou ramifiées (fig. 38 et 39).

D'autres se fusionnent, ainsi que je vous le disais à propos des symplastes, se soudent pour constituer des filaments ininterrompus qui peuvent, comme les tubes nerveux, mettre en communication des éléments situés aux points extrêmes de la périphérie du corps avec les parties les plus profondes de la moelle et du cerveau. Mais il en existe qui dérivent d'une différenciation non précédée de division, de séparation, comme cela a lieu d'ordinaire : ce sont des *plastides mixtes* (fig. 40); ils pourront être épithéliaux par une de leurs parties, musculaires par l'autre, et même nerveux; cette disposition fréquente chez

les organismes inférieurs, se retrouve, comme je l'ai
indiqué depuis longtemps, dans les organes des sens
des êtres supérieurs.

Les cellules myoépi-
théliales et olfactives,
que je vous présentais
tout à l'heure, en sont
des exemples.

Les formes des plas-
tides végétaux sont
peut-être moins va-
riées que celles des
plastides animaux,
cependant elles sont
encore très nom-
breuses (fig. 41).

Mais la plus grande
variété morpholo-
gique, la plus haute
différenciation de
structure se rencontre
surtout chez les plas-
tides libres ou orga-
nismes monoplasti-
daires. Il suffit pour
s'en convaincre de
faire une courte incur-
sion dans le monde des
protozoaires. Parmi
les Sarcodines de la
sous-classe des amœ-
bines (fig. 42), il en

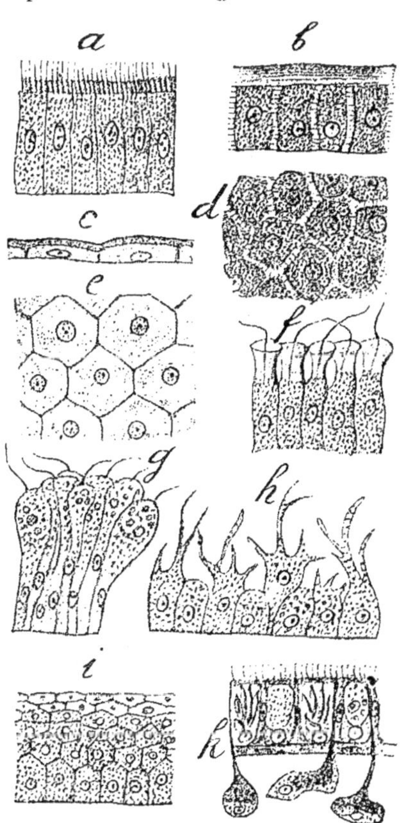

Fig. 34. — Différents types de plastides épithéliaux :
a, épithélium vibratile ; *b*, épithélium cylindrique vu de
profil ; *d*, le même vu de face ; *f*, épithélium formé de
plastides à collerettes avec cils vibratiles (endoderme
d'éponge) ; *g*, épithélium flagellé ; *h*, épithélium digestif
avec prolongements amiboïdes ; *i*, épithélium stratifié ;
k, épithélium externe d'une Planaire marine avec plastides pigmentaires, plastides à bâtonnets et plastides
glandulaires placés sous l'épithélium.

est dont le protoplasme sécrète une enveloppe chitineuse,
souvent calcifiée, affectant des formes variables et ayant
au moins un axe de symétrie.

Les Héliozoaires, avec leur squelette siliceux laissant passer des rhizodopodes au travers des mailles d'une admirable dentelle, ne le cèdent en rien, comme élégance, aux formes les plus mobiles des infusoires, tels que les Stentors (fig. 45) et les Vorticelles (fig. 13 et 81).

Les monoplastides végétaux ou protophytes sont aussi très variés, mais moins que les protozoaires.

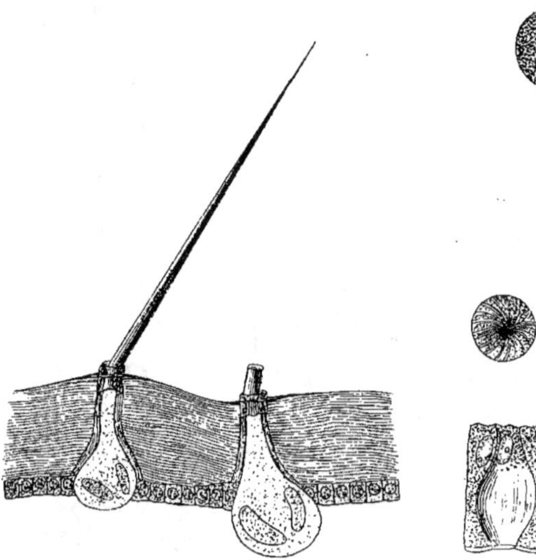

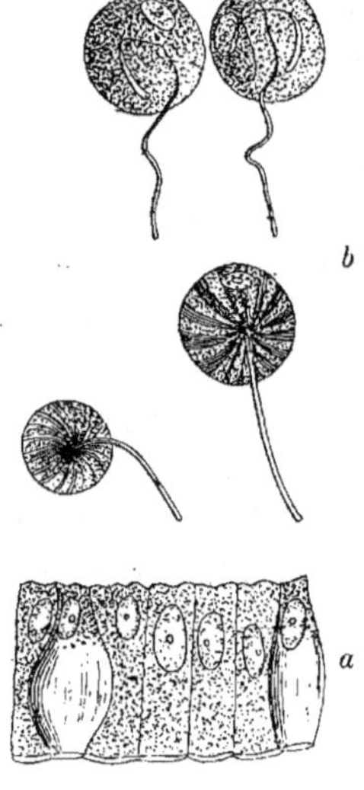

FIG. 35. — Cuticule et hypoderme de la chenille de Gastropacha avec deux glandes à venin surmontées d'un poil rigide.

FIG. 36. — Glandes unicellulaires : *a*, plastides caliciformes de l'intestin grêle des vertébrés ; *b*, glandes cutanées avec canal excréteur des articulés.

Dans les organismes polyhétéroplastidaires, en s'associant entre eux de diverses façons, les plastides forment des *tissus*, et la manière dont ils sont groupés, juxtaposés ou soudés, porte le nom de *texture*. A leur tour, nous voyons les tissus servir à la formation des *organes*, des *appareils* et des *systèmes*, tels que l'organe de la vision, l'appareil locomoteur, le système nerveux, etc.

Si nous analysons un appareil, nous reconnaissons qu'il

se compose d'un certain nombre d'organes concourant
à un but commun, et que ces organes eux-mêmes sont
faits de diverses parties empruntées à des systèmes,

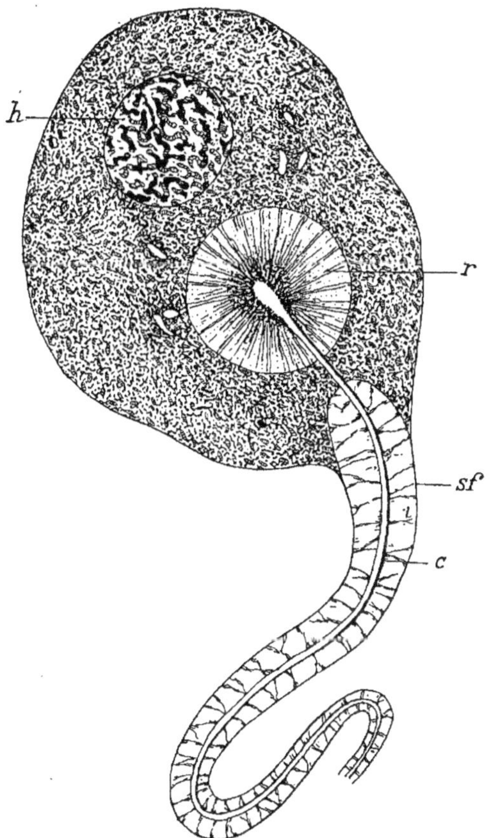

Fig. 37. — Plastide très différencié de l'appareil odorifère du Blaps mortisaga : *h*, noyau ;
r, vésicule radiée ; *c*, conduit excréteur ; *sf*, gaine du conduit excréteur.

c'est-à-dire à des ensembles constitués par un même
tissu ; ainsi le tissu nerveux formera le système nerveux
avec l'aide de quelques *éléments accessoires*, le plastide
avec le tube nerveux restant l'*élément fondamental* ; le sys-

tème nerveux, à son tour, entrera, par exemple, dans la

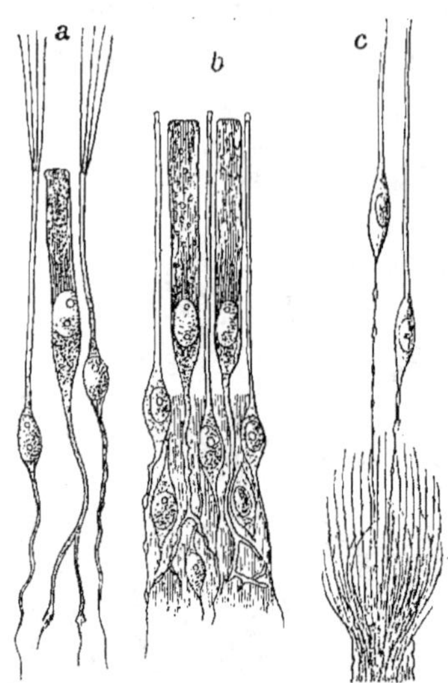

Fig. 38. — Plastides sensoriels de la région olfactive : *a*, de la Grenouille; *b*, de l'Homme; *c*, du Brochet.

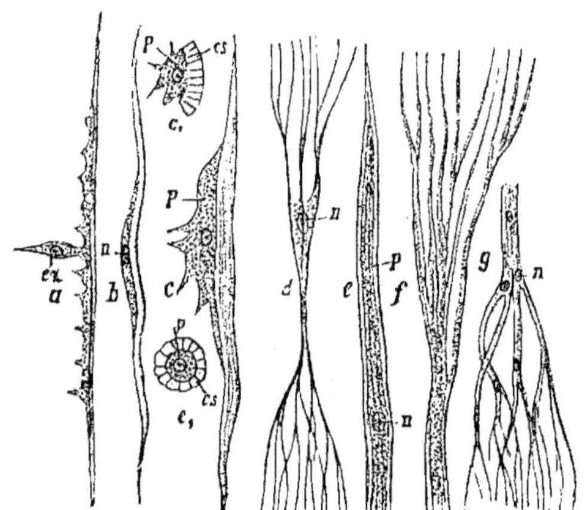

Fig. 39. — *Fibres musculaires* : *a*, plastide épithélio-musculaire avec fibre (*ci*); fibre musculaire sous-épithéliale avec reste de protoplasme (Cnidiaires); *c*, fibre musculaire longitudinale de nématode; *c¹* la même en section transversale; *e*, la même chez une hirudinée; *d*, fibre dorso-ventrale d'une Planaire marine; *f*, la même chez une hirudinée; *g*, fibres musculaires ramifiées contenues dans la gélatine d'un cténophore.

composition de l'appareil digestif, ou ensemble des organes servant à la fonction de digestion.

Chez les organismes supérieurs, les plastides des

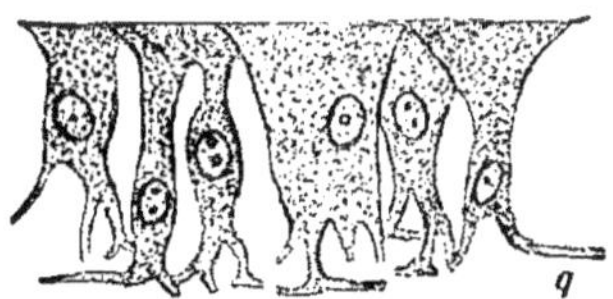

Fig. 40. — Plastides épithélio-musculaires d'*Hydre* : *q*, prolongements musculaires de ces plastides.

divers systèmes : cartilagineux, osseux, musculaire, nerveux, conjonctif, épithélial, ligneux, etc., sont faciles à

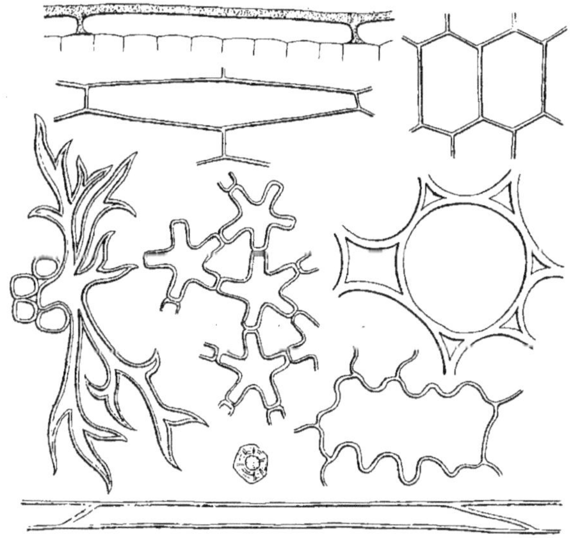

Fig. 41. — Formes diverses des plastides végétaux.

distinguer par leurs formes diverses, car ils se différencient de plus en plus, en même temps que les organes, les appareils et les systèmes qu'ils forment, au fur et à mesure que l'on s'élève dans la série.

6*

On a considéré tous ces éléments comme autant d'individus et on les a comparés à de petits citoyens ayant chacun sa fonction propre, sa profession, pour ainsi dire, et groupés en corps de métiers, mais pouvant se prêter, entre éléments de fonctions différentes, un mutuel concours pour fonder l'industrie des organes, assurer le

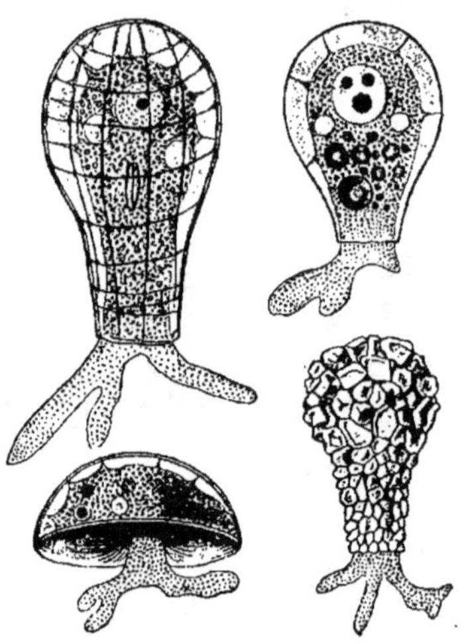

Fig. 42. — *Amœbines.*

bon fonctionnement des appareils, d'où dépend la vitalité de la république, c'est-à-dire de l'organisme tout entier.

Ce dernier possède, dans les degrés supérieurs de l'animalité, un réseau de circulation merveilleusement construit, qui permet des échanges rapides entre tous les points du territoire, et aussi avec les frontières, pour les besoins de l'importation et de l'exportation. Le cerveau gouverne, aidé par le reste du système nerveux, qui administre et possède, sur tous les points extérieurs et intérieurs, des agents pour le renseigner sur la situation économique des citoyens, sur leurs besoins et sur les dangers qui les menacent. Dans ce merveilleux état, les aliments sont distribués à chacun des travailleurs, selon la quantité et la qualité du travail qu'on leur demande. La solidarité est le principe dominateur, indispensable dans un pareil système social. Dès qu'un élément est

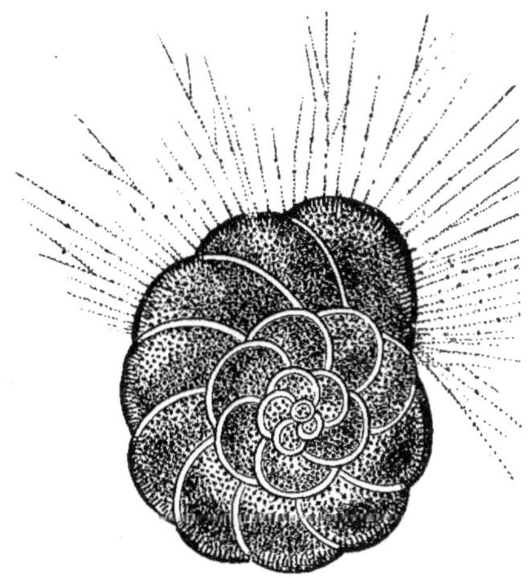

Fig. 43. — *Rotalia*.

menacé ou attaqué, l'organisme tout entier se soulève pour la protestation ou la défense, alors même qu'il ne s'agit que d'une piqûre légère et lointaine. Ceux qui n'observent plus les obligations de la solidarité sont éliminés ou conduits par l'oisiveté à la dégénérescence, à l'atrophie et à la mort. On dirait que l'organisme sait, par instinct, que l'intérêt commun est seulement la résultante des intérêts particuliers. Des éléments étrangers s'introduisent-ils dans la société pour vivre à ses dépens, celle-ci, comme je vous l'ai déjà fait remarquer, s'efforce de les chasser ou de les détruire, en mobilisant et dirigeant vers le point menacé des légions de plastides migrateurs ou phagocytes. Si ceux-ci ne parviennent pas à triompher, l'organisme peut succomber au progrès du parasitisme d'origine soit interne, soit externe.

S'agit-il, au contraire, d'un étranger apportant un concours actif au travail commun, c'est un hôte utile et par

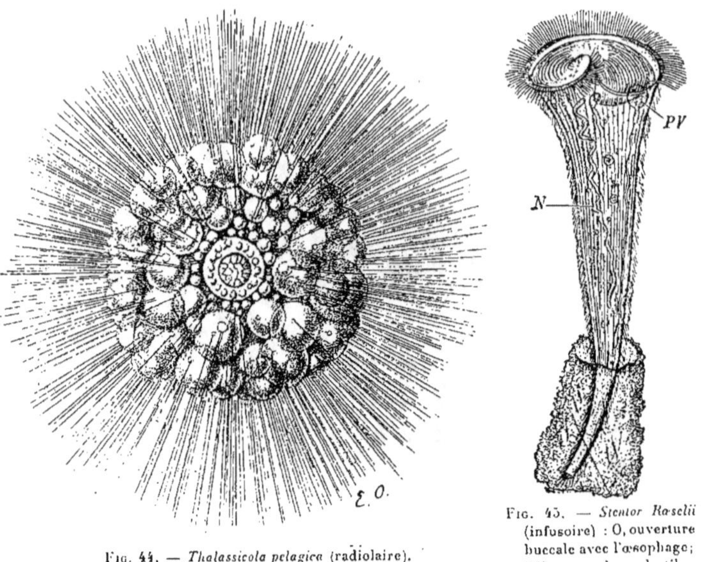

Fig. 44. — *Thalassicola pelagica* (radiolaire).

Fig. 45. — *Stentor Ræselii* (infusoire) : O, ouverture buccale avec l'œsophage; PV, vacuole pulsatile ; N, nucléus.

cela même respecté et protégé ; il n'y a plus *parasitisme*, mais *symbiose*.

Chez les êtres supérieurs, l'intensité des effets produits, et leur perfection, jointes à une admirable économie dans l'utilisation de l'énergie, résultent principalement de la division du travail, de la spécialisation, comme cela se voit, à un degré moins élevé cependant, dans les sociétés humaines et dans quelques sociétés animales.

Pour celles-ci, comme pour les organismes, on recon-

naît des lois spéciales, qui règlent l'exercice des fonctions
et des professions particulières, en même temps que des
lois générales communes à tous les citoyens. Nous verrons plus tard comment se font cette différenciation et
cette division du travail.

Dans d'autres cas, ce ne sont plus seulement les plastides d'un même organisme qui se spécialisent et se
groupent en vue d'une fonction, mais bien des organismes
entiers, d'ailleurs distincts, formant alors une véritable
confédération. On pourra trouver jusqu'à deux ou trois
mille de ces individus simples ou *zoonites* dans le Pyro-

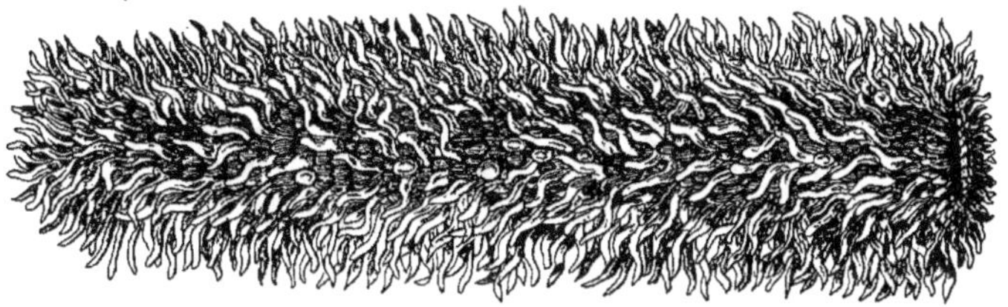

Fig. 46. — Pyrosome.

some (fig. 46), dont j'aurai à vous parler en détail à propos de la production de la lumière.

Ces confédérations, que l'on nomme improprement des
colonies, sont parfois composées d'individus semblables,
comme le Pyrosome, qui est un *polyzoonite homéomorphe*;
en général, dans ce cas, les individus peuvent être séparés
et vivre d'une existence indépendante; mais souvent
chaque confédéré prend un métier spécial : celui-ci
devient pêcheur, celui-là rameur, d'autres sont préposés
à la digestion, à la reproduction (fig. 47).

A mesure que l'organisation générale se perfectionne,
les segments sont plus étroitement unis les uns aux autres
et dans une dépendance réciproque croissante. Plus les
zoonites, encore appelés *métamères*, diffèrent dans leur
forme et plus, par conséquent, le rôle qu'ils jouent dans

l'organisme varie en importance; leur autonomie indivi-
duelle s'affaiblit et ils finissent par revêtir les caractères
d'un simple organe. Les métamères ou zoonites dans les
animaux *polyzoonites hétéromorphes* sont tout à fait analogues
aux segments des animaux supérieurs, qui ne seraient
eux-mêmes que des colonies, ou mieux des confédérations

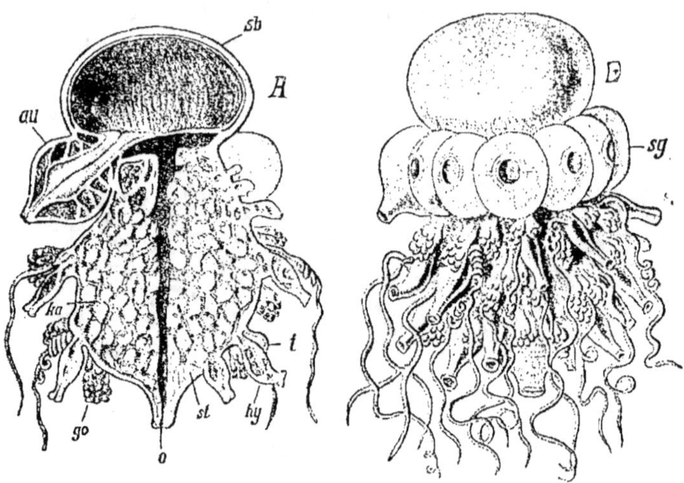

Fig. 47. — Stephalia corona (siphonophore) : A, vésicule natatoire; *sg*, cloches natatoires;
go, organes reproducteurs; *t*, tentacules; *hy*, siphons.

de zoonites. Cette interprétation est surtout séduisante
quand on considère les animaux articulés.

Chez les êtres polyplastidaires inférieurs, où les éléments sont peu différenciés, le cumul des fonctions
entraîne l'imperfection obligatoire. Quant à l'individu
monoplastidaire, obligé de faire pour ainsi dire tous les
métiers, on ne peut guère attendre de lui qu'un travail
rudimentaire, et c'est en effet ce qu'il produit.

Peut-être, après tout, vaudrait-il mieux se servir du
mot complication que du mot perfection. Car, dans son
genre, le travail du microbe ou de l'infusoire est tout

aussi parfait que celui du Chien ou du Cheval, par exemple. La véritable perfection consiste, en effet, dans la complète satisfaction des besoins naturels : si ces derniers sont simples et peu nombreux, l'effort est moindre et le but plus facile à atteindre.

C'est à l'anatomie générale qu'appartient l'étude de la morphologie des tissus et des éléments qui les composent et aussi celle des parties liquides ou *humeurs* entrant dans la constitution des organismes, d'où deux branches de cette science : l'*histologie*, qui s'occupe des éléments solides, et l'*hydrologie*, qui traite des humeurs. Je n'insisterai donc pas sur ces matières et je vous rappellerai seulement que les humeurs peuvent se diviser en trois grandes classes. La première comprend les *humeurs constituantes*, telles que le sang, la lymphe, le chyle, caractérisées par leur richesse en principes albuminoïdes et par les éléments anatomiques qu'elles renferment. Ces humeurs sont contenues dans des cavités ne communiquant jamais directement avec l'extérieur, chez les vertébrés, ainsi que cela se voit chez les mollusques, les échinodermes et d'autres invertébrés. On pourrait, à la rigueur, les considérer comme des tissus, mais moins solidifiés que les autres, car entre le sang et le tissu corné, par exemple, on trouve toutes les consistances possibles. L'humeur vitrée de l'œil n'est, à proprement parler, ni fluide ni solide, et c'est pour cette raison que l'on a donné quelquefois au sang le nom de chair coulante.

Les plastides agrégés sont de tous côtés environnés de sang, de lymphe et de sève comme les plastidules sont eux-mêmes baignés par l'enchylima ou hyaloplasme et par le suc cellulaire ; enfin, vous savez que jusqu'au centre même de ces dernières, on distingue une partie plus fluide. Chez un grand nombre de végétaux, cette disposition s'accentue beaucoup et les plastidules, se gorgeant alors d'un suc acide, atteignent de grandes dimensions pour former les *hydroleucites*. Ceux-ci, vis-à-vis du protoplasme et des éléments qu'il contient : noyau, leucites solides, jouent le rôle de réserves aquifères et sont les agents de la turgescence, voire même, dans certains cas, de l'irritabilité du plastide.

C'est pour cette raison que l'on a comparé à des monoplastides aquatiques tous les éléments anatomiques, et donné le nom de milieu intérieur aux humeurs constituantes, par opposition au milieu extérieur. On pourrait appliquer aux humeurs périplastidulaires la même dénomination.

Le second groupe renferme les *humeurs sécrétées*, qui sont, en totalité, ou en partie, résorbées par l'organisme ; on les désigne sous le nom d'*humeurs recrémentitielles* : tels sont la synovie, le lait, le mucus nasal, buccal, la salive, les sucs gastrique et pancréatique. A ce groupe, peuvent se rattacher les *humeurs recrémento-excrémentitielles*, formées en partie de substances destinées à être éliminées définitivement et de substances résorbables : la bile est dans ce cas, les larmes également.

Les *humeurs excrémentitielles*, formant le troisième groupe, sont des liquides toujours rejetés en totalité de l'organisme, comme l'urine et la sueur.

Dans l'espèce humaine, ce partage de l'organisme en parties solides et liquides a donné naissance à deux grandes doctrines médicales : l'*humorisme* et le *solidisme* : l'une, faisant dépendre toutes les maladies de l'altération des humeurs, et l'autre, uniquement des propriétés vitales des tissus.

Vous savez maintenant combien sont intimes les rapports des solides et des liquides et vous comprenez pourquoi on ne peut modifier l'état des uns sans altérer profondément celui des autres, et inversement.

Une grande partie des propriétés physiques des organismes tient à la présence dans leur sein d'une forte proportion d'eau : ce liquide est de tous les principes immédiats le plus important et par ses proportions et par le rôle physico-chimique et physiologique qui lui est attribué; aussi vous demanderai-je la permission de consacrer à son étude une de nos prochaines leçons.

De l'équilibre entre les solides et les liquides dépendent, en grande partie, surtout là où il n'y a pas de squelette intérieur ou extérieur, ces formes si merveilleusement variées des organismes. Ces derniers, comme les éléments qui les constituent, sont limités par des surfaces courbes, et, malgré leur irrégularité apparente, ils sont toujours composés de parties symétriquement groupées, soit par rapport à un ou plusieurs plans, soit par rapport à un ou plusieurs axes : il n'y a que de très rares exceptions à cette règle.

Leurs dimensions ne sont pas moins variables que leurs contours : la taille de beaucoup de protophytes, comme les bactériacées, ou de protozoaires, comme les coccidies, s'évalue en fractions de millième de millimètre, tandis que parmi les polyplastidaires, on voit le Wellingtonia gigantea, qui croît en Californie, atteindre jusqu'à cent trente mètres de hauteur et la Baleine rivaliser avec des bateaux d'un fort tonnage.

La densité moyenne des substances composant les êtres vivants égale presque celle de l'eau : il en est de même de leur chaleur spécifique. La substance organisée est peu conductrice de la chaleur, de l'électricité, peu compressible; mais elle se laisse pénétrer par beaucoup de substances particulièrement par l'eau : celle-ci peut même s'introduire jusque dans les parties les plus intimes des tissus des organismes entiers sous l'influence des hautes pressions, ainsi que je l'ai montré expérimentalement. Quelques êtres vivants sont transparents, incolores : la plupart sont opaques. Ils peuvent présenter toutes les couleurs de l'arc-en-ciel.

Après cette incursion un peu longue, mais nécessaire, dans le domaine de la morphologie, nous aborderons l'étude des fonctions chez les organismes monoplastidaires et polyplastidaires.

CINQUIÈME LEÇON

Généralités sur les fonctions de nutrition chez les organismes poly-hétéroplastidaires et monoplastidaires.

Pour s'accroître et se reproduire, les organismes mono-plastidaires et polyplastidaires ont besoin d'ajouter au bioprotéon fourni par leurs ascendants, des matériaux puisés dans le milieu ambiant et qu'on nomme des *aliments* : il faut qu'ils se nourrissent, et les phénomènes ou les actes qui concourent à la satisfaction de ce besoin portent le nom de *fonctions de nutrition*.

Si nous analysons ces fonctions chez un être polyhétéro-plastidaire d'un ordre élevé, comme l'homme, nous reconnaissons qu'elles n'ont pas toutes la même importance : aussi, dit-on qu'il y a des fonctions de nutrition accessoires ou de perfectionnement et des fonctions fondamentales. Passons-les rapidement en revue.

L'aliment est saisi et porté à l'entrée des voies digestives par l'acte de la *préhension* : il est divisé par la *mastication*, s'il est solide; en même temps, il subit l'*insalivation*; pendant l'allaitement, le second au moins de ces actes n'existe pas, les deux autres sont rudimentaires. Il n'en est plus ainsi des suivants. L'aliment, qu'il soit liquide ou solide, est introduit dans le tube digestif par l'*ingestion*, qui se fait en grande partie au moyen de la *déglutition*; il est mis en contact avec les zymoses déversées dans l'intestin par *sécrétion*, et, grâce à leur activité, la *digestion* se fait.

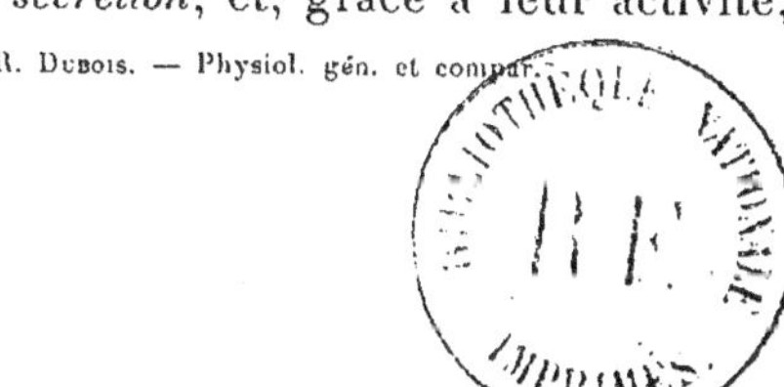

L'aliment est alors devenu apte à subir l'*absorption*, c'est-à-dire à pénétrer dans l'organisme : jusqu'à ce moment, en effet, il était resté en dehors de lui, il n'était pas entré dans l'*économie*, comme on dit. Le corps humain a été comparé souvent, et avec raison, à un sac clos de toutes parts, traversé de haut en bas par un tuyau faisant partie de ses parois et communiquant à ses deux bouts avec l'extérieur. Les aliments qui se trouvent dans ce tuyau, appelé intestin, sont donc, en réalité, toujours à l'extérieur, tant qu'ils ne l'ont pas traversé par absorption.

Tous les corps n'ont pas besoin d'être modifiés par la digestion pour être absorbés : l'eau et le sel, par exemple, mais c'est l'exception ; ils s'ajoutent alors à l'organisme par simple *addition*. L'huile même peut traverser, sous forme de fines gouttelettes, les plastides des villosités intestinales, sans avoir été, au préalable, chimiquement transformée (fig. 48).

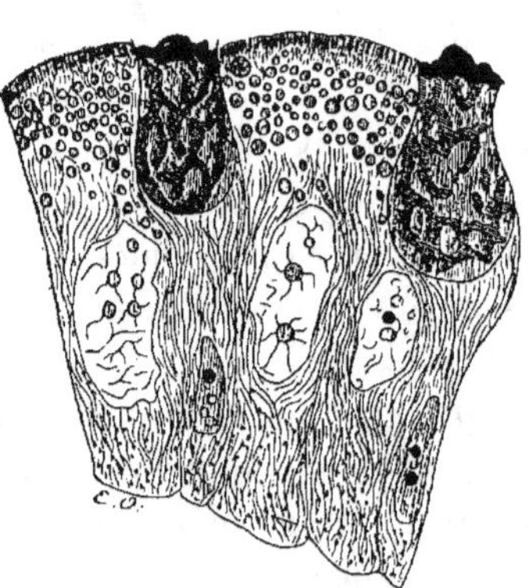

Fig. 48. — **Plastides de l'intestin d'un Triton dont la partie superficielle est remplie de gouttelettes graisseuses provenant des aliments ingérés.**

Les résidus indigestes, ou inabsorbables, sont rejetés par *évacuation*.

Les aliments absorbés font alors partie du milieu intérieur ; ils sont transportés dans les différentes régions de celui-ci par la *circulation*, pour être mis en contact avec les diverses espèces de plastides qui forment les tissus. Ces matériaux peuvent être encore une fois modifiés, comme cela se produit pour les peptones, puis, par un phénomène d'*élection*, ils sont absorbés, suivant les cas, plus spécialement par tel ou tel plastide. Quelquefois ils subissent même une véritable ingestion, comme les gouttelettes huileuses englobées par les leucocytes ou globules blancs du sang.

C'est alors que commence, dans la profondeur des organes et des tissus, dans l'intimité même du plastide, l'*assimilation* : c'est la transformation de l'aliment, qui lui donne pour ainsi dire le droit de cité dans le plastide : autrement ce n'est qu'un corps étranger provisoirement entreposé.

Une fois assimilé, il fait partie intégrante du plastide : c'est ainsi que nous avons vu apparaître dans l'intérieur des plastidules ou microsomes transformés en leucites des inclusions diverses, matières protéiques, amylacées, graisseuses (fig. 49), etc. Les matériaux assimilés sont alors devenus *aliments de réserve*, ou simplement principes d'*accroissement*, comme le phosphate et le carbonate de chaux des os :

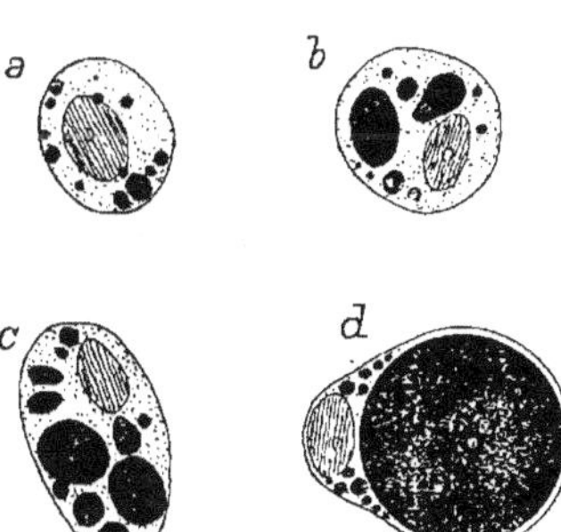

Fig. 49. — Plastides adipeux d'un embryon de Bœuf : *a*, plastide au début de la formation de la graisse ; *b* et *c*, états plus avancés ; *d*, plastide renfermant une boule de graisse, des granulations et le noyau sur la paroi.

ils peuvent encore jouer à la fois l'un et l'autre rôle, ou bien concourir à la formation de composés comme la chlorophylle et l'hémoglobine, qui permettent au plastide de remplir une fonction spéciale, en plus de ses fonctions ordinaires de nutrition.

Le bioprotéon contenu dans le germe peut s'accroître énormément par l'adjonction des aliments puisés dans le milieu ambiant et assimilés, mais, à mon sens, ils doivent toujours en être distingués. Seul le bioprotéon est doué de cette activité formatrice incessante qui permet l'assimilation et à laquelle j'ai donné le non d'*énergie ancestrale et évolutrice*, pour bien marquer son origine et ses tendances.

7*

Dans les organismes animaux et végétaux achlorophylliens, les aliments complexes, ternaires ou quaternaires, après avoir été hydratés, dédoublés, simplifiés par les zymoses digestives, subissent par le fait de l'assimilation des synthèses condensatrices qui permettront, par exemple, le retour d'une peptone à l'état d'albuminoïde naturel.

Dans les végétaux verts, grâce à l'énergie solaire recueillie, modifiée et utilisée par le bioprotéon, à l'aide du pigment chlorophyllien qu'il a fabriqué, les phénomènes de synthèse sont bien autrement considérables. On voit les matériaux minéraux les plus simples, complètement dépourvus de potentiel, comme l'acide carbonique, le phosphate de chaux, l'ammoniaque, se transformer en molécules complexes instables absolument saturées d'énergie latente, si l'on peut s'exprimer ainsi. Ces synthèses supposent nécessairement des réactions endothermiques ou mieux endoénergétiques, c'est-à-dire se faisant avec fixation d'énergie.

Il ne faut point confondre ces dernières avec d'autres qui produisent également des réserves alimentaires, mais par des simplifications de molécules complexes accompagnées de réactions exoénergétiques : que le dégagement de ce potentiel soit peu considérable, très important ou total, je donne à l'ensemble de ces phénomènes-là le nom de *désassimilation*, quand ils ont lieu dans l'intérieur des plastides.

J'ai démontré que pendant le sommeil hivernal de la Marmotte, la graisse se transforme en glycogène par une oxydation légère, superficielle, et qu'une certaine quantité de corps gras pouvait être fournie par le dédoublement des albuminoïdes. Il y a donc, dans ce cas, formation de réserves alimentaires, mais par simplifications moléculaires et avec faible dégagement de potentiel. Comme c'est le principal phénomène nutritif qui se passe dans le sommeil, l'animal reste froid, dans l'immobilité absolue, sauf quelques faibles mouvements respiratoires se produisant à de longs intervalles. Mais, au réveil, ces derniers s'accélèrent considérablement; la Marmotte s'agite, se réchauffe, et bientôt rayonne une forte quantité de calorique : le glycogène accumulé pendant le sommeil se détruit alors rapidement et se trouve transformé en eau et en acide carbonique. Ce qui était un corps gras à potentiel élevé est devenu hydrate de carbone durant le sommeil, puis résidu inerte pendant la veille.

Mais les déchets des molécules détruites, et principalement l'acide carbonique accumulé dans les tissus, entravent le processus destructif, déjà amoindri par l'épuisement progressif des réserves. L'animal éprouve le phénomène de la *fatigue* et s'endort. Il se reforme alors du glycogène pendant que le sommeil continue jusqu'au moment où le sang, trop chargé d'acide carbonique, provoque le réveil, en excitant les centres respiratoires, et ainsi de suite. La fatigue devient dans ce cas une véritable fonction.

Mais, il convient de remarquer que dans tout ceci nous n'avons observé que des phénomènes de désassimilation. La Marmotte est à la diète absolue durant la période d'hivernation et, si elle fait des réserves alimentaires par synthèse, c'est avant d'y entrer, alors qu'elle est fortement nourrie et en pleine activité.

Cela n'empêche pas que le sommeil paraisse favorable à l'accroissement, mais c'est seulement chez les êtres nourris. Dans l'enfance, le sommeil est profond et prolongé, aussi l'assimilation l'emporte-t-elle et il y a croissance; à l'âge adulte, où le sommeil a une durée moyenne, il y a équilibre entre l'assimilation et la désassimilation. Enfin, dans la vieillesse, le sommeil diminue et la désassimilation est plus grande que l'assimilation.

Les véritables phénomènes de synthèse endoénergétiques ont besoin qu'on leur fournisse de l'énergie pour s'accomplir, et ce n'est pas le bioprotéon qui possède le potentiel nécessaire; mais il est transformateur d'énergie, et de même qu'il saura faire dégager celle de l'aliment, de même il en fixera, suivant les circonstances, dans le produit de réserve ou dans l'élément plastique qui sert à l'accroissement : en tout ceci, il joue le rôle d'amorce, d'*énergie excitatrice, transformatrice*; cela vous indique déjà comment le muscle, par exemple, ne peut se développer ou seulement réparer ses pertes par la synthèse d'éléments plastiques qu'en restant actif. Alors, en effet, il dégage du potentiel synthétique de ses aliments, particulièrement du glycogène, en même temps que se produit un milieu carbonique favorable à la formation de ce dernier. Si le muscle est trop actif, il y a exagération des synthèses et hypertrophie; s'il est inactif, il y a atrophie par absence de synthèse réparatrice.

Les végétaux chlorophylliens n'ont pas besoin de détruire leurs réserves alimentaires pour faire des synthèses, puisqu'ils empruntent directement leur énergie au soleil; ce n'est qu'en l'absence de· chlorophylle ou de lumière qu'ils agissent ainsi. Aussi, la proportion d'acide carbonique qu'ils rejettent augmente-t-elle la nuit, tandis que dans le jour ils exhalent de l'oxygène, alors inutile comme libérateur d'énergie.

Il n'en est pas de même avec les végétaux achlorophylliens.

Si nous observons la levure de bière (fig. 50) placée dans un moût sucré, nous voyons qu'elle détruit toujours la molécule sucre, mais de façons diverses, suivant les circonstances. Si le moût renferme peu d'oxygène et beaucoup d'acide carbonique, le sucre se transforme en molécules moins complexes : alcool, glycérine, etc., mais encore riches en potentiel, sauf une petite quantité d'acide carbonique; elle fonctionne alors comme la *levure basse*.

Mais vient-on à ventiler fortement le milieu, à l'aérer convenablement, les phénomènes d'oxydation prennent le dessus, une partie des molécules se trouve complètement transformée en acide carbonique et en eau; grâce à l'énergie fournie ainsi, la levure a considérablement proliféré en produisant, non plus de grandes quantités d'alcool, mais des matières protéiques et de la graisse que l'on retrouve dans ses globules. Le ferment est devenu *levure haute*.

Le Mycoderma aceti, en présence de l'alcool formé dans la première opération, se serait comporté comme la levure haute, seulement il aurait utilisé l'énergie latente de l'alcool au lieu de celle du sucre.

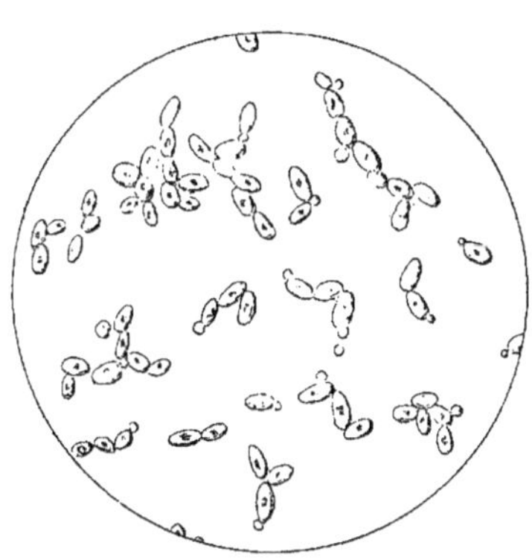

Fig. 50. — Levure de bière.

Cet exemple vous montre, en outre, qu'un plastide peut agir de manières diverses suivant les milieux. Mais il ne faudrait pas croire que les phénomènes d'assimilation et de désassimilation soient fatalement alternatifs, dans un organisme, même monoplastidaire : ils peuvent marcher parallèlement, simultanément, dans le même plastide.

Les physiologistes qui croyaient à l'homogénéité du protoplasme, et le considéraient comme une sorte de produit chimique, étaient fort perplexes en présence de ce double mouvement de composition et de décomposition s'effectuant dans la même parcelle vivante, la plus petite qu'ils connaissaient : le plastide ou *élément* anatomique et par conséquent physiologique. Mais, ce que nous savons aujourd'hui de l'organisation des plastides, qui ne peuvent plus être considérés autrement que comme des systèmes très complexes, nous met fort à l'aise. Les plastidules ou microsomes étant les éléments véritables, nettement différenciés au point de vue morphologique et physiologique, ne peut-on admettre qu'ils fonctionnent côte à côte, chacun se livrant à son industrie particulière, comme les plastides d'un organisme polyhétéroplastidaire? Les granulations zymogènes qui forment la zymose oxydante ou laccase, ne peuvent-elles pas se trouver auprès de celles qui font le philothion ou zymose réductrice? Et ne vous ai-je pas montré une zymose hydratante agissant dans le même milieu qu'une enzyme oxydante sur un même composé?

En tout cas, ce qui reste vrai pour les physico-chimistes les plus exclusifs, comme pour moi-même, c'est qu'on ne rencontre rien en dehors des êtres vivants qui puisse se comparer à l'assimilation et à la désassimilation : ces phénomènes suffiraient, à la rigueur, à caractériser le bioprotéon et à justifier l'existence d'une mécanique vitale ou biomécanique.

Revenons pour un instant aux considérations générales relatives aux fonctions de nutrition ; mais, permettez-moi d'abord de vous mettre encore une fois en garde contre le désir immodéré des généralisations.

Pendant longtemps, chez les plantes, on a cru reconnaître l'analogue d'un estomac dans ces curieuses urnes des Népenthès qui se remplissent d'un liquide acide (fig. 51) : on affirmait que les petits insectes et jusqu'aux Oiseaux-mouches tombés dans cet « estomac végétal » ne tardaient pas à se dissocier et à disparaître, après avoir été digérés et absorbés par cette plante carnivore. Mes expériences sur ce sujet ont prouvé depuis plusieurs années qu'il s'agissait simplement de phénomènes de putréfaction produits par des microorganismes venus du dehors, et non d'une sécrétion de ferments digestifs.

Peut-être en est-il de même pour d'autres végétaux considérés encore comme carnivores, tels que le Rossolis ou Drosera rotundifolia (fig. 52), les Gobe-mouches ou Dionæa muscipula (fig. 53), qui présentent à la surface de leurs feuilles des poils glandulaires sécrétant une liqueur

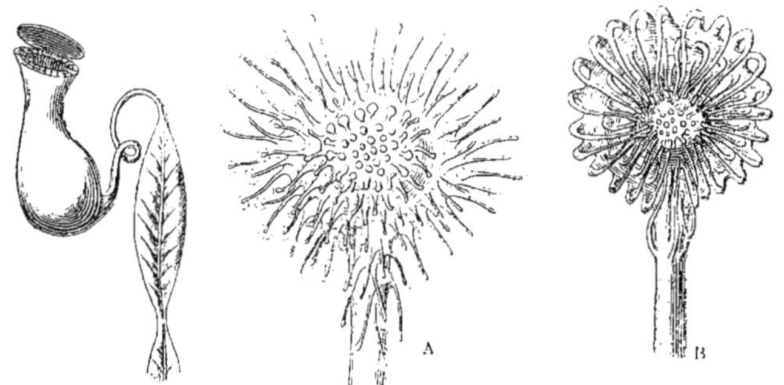

Fig. 51. — Ascidie de Népenthès.

Fig. 52. — Feuille de *Rossolis rotundifolie* ; A, avant l'excitation ; B, après l'excitation.

gluante. Quand un petit insecte se pose sur elles, il est englué et, de plus, les poils du Rossolis et les lobes des feuilles de la Dionée se rabattent sur la proie, dont le

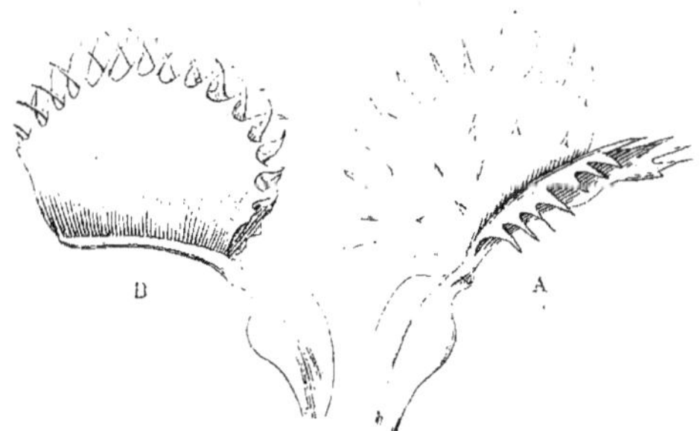

Fig. 53. — Feuille de *Dionée gobe-mouche* : A, ouverte ; B, repliée.

corps ne tarde pas à se désagréger. Il existerait donc chez les plantes de véritables exemples de préhension.

Si les fonctions de digestion et d'absorption restent douteuses pour les feuilles des plantes, dont je viens de parler, on peut affirmer qu'elles se retrouvent dans toutes les racines, dont les poils sécrètent des liquides capables d'agglomérer et de modifier chimiquement les particules organiques, et surtout minérales, avant de les absorber (fig. 54).

Nous allons maintenant rechercher si les grandes fonctions de nutrition, dont je vous ai signalé l'existence chez l'Homme, ne se rencontrent pas dans les organismes monoplastidaires.

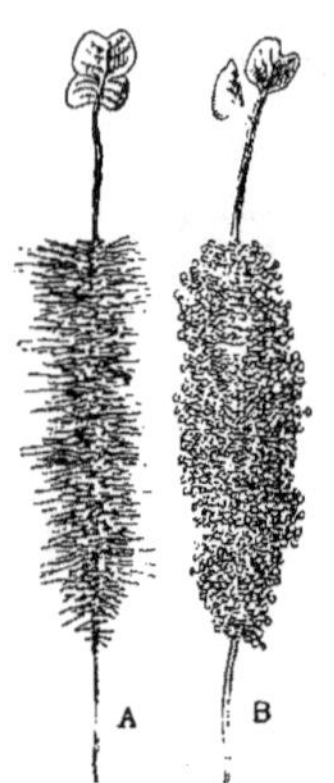

Fig. 54. — Deux plantules de *Moutarde blanche* : A, a été développée dans l'eau ; B, a poussé dans le sable. La sécrétion des poils des racines de cette dernière a agglutiné les grains de sable.

Je sais bien que certains esprits superficiels ne manqueront pas de dire que c'est verser dans une erreur anthropomorphique des plus graves que de vouloir comparer des êtres présentant une organisation aussi dissemblable.

Le physiologiste ne recherche pas les homologies, mais seulement les analogies, et c'est ainsi qu'à propos du mécanisme respiratoire, il sera forcé d'établir des rapprochements entre les organes les plus différents : coquille de l'œuf, area vasculosa, allantoïde, placenta, branchies, poumons, peau, trachées des insectes, rectum, etc. Il étudie la fonction, là où elle se manifeste, et cette dernière se manifeste où elle peut, comme elle peut suivant les espèces et suivant les milieux.

Les fonctions de nutrition sont réduites à leur plus grande simplicité chez les rhizopodes, dont l'ectoplasme possède à peu près la même fluidité que l'eau dans laquelle ils vivent. Ces protozoaires très élémentaires émettent de grêles prolongements rhizopodiques, susceptibles de s'anastomoser et d'enlacer aisément les corpuscules qui viennent à leur contact (fig. 55). Les corpuscules étant mouillés par l'eau, et la tension de surface au contact de ce liquide étant peu considérable du côté de l'ectoplasme, la

pénétration est facile,
et, bientôt, le corps
étranger est englué
dans le protoplasme
du rhizopode. Si c'est
une substance ali-
mentaire qui doit être
modifiée avant d'être
absorbée et assimilée
par les plastidules,
les zymoses la digè-
rent. Dans le cas con-
traire, elle peut s'a-
jouter simplement au
bioprotéon du mono-
plastide, comme l'eau
et le sel à notre sub-
stance.

Mais, dans d'autres
cas, la matière en-
gluée a une consti-
tution et une com-
position identiques
ou très voisines de
celles du monoplas-
tide, et il se produit
alors un phénomène
fort analogue à celui
que nous étudierons
dans la prochaine
leçon, sous le nom
de conjugaison, et à
ceux dont j'ai déjà
parlé à propos de la

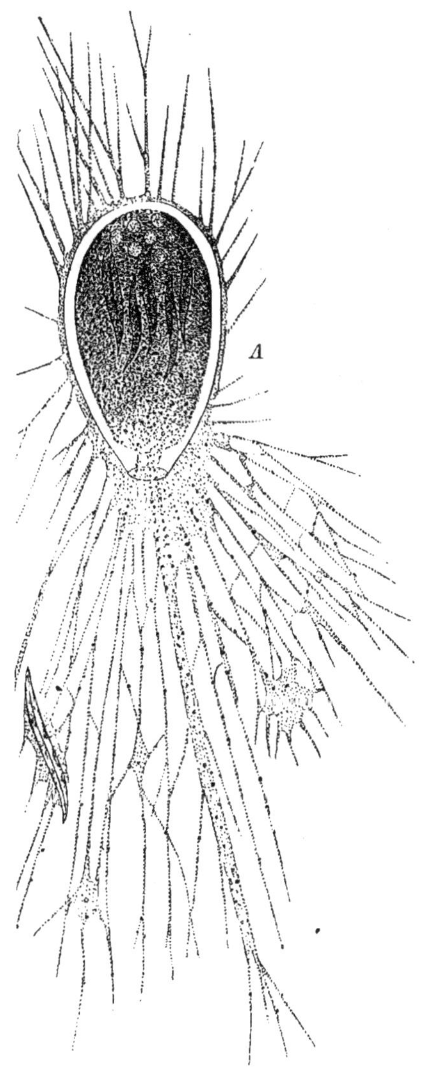

Fig. 55. — *Gromia o:iformis* montrant ses nombreux rhizopodes. Dans l'intérieur, en A, on voit plusieurs diatomées qui ont été englobées ; en *a*, une diatomée est saisie
par les rhizopodes.

formation des symplastes : d'ailleurs, on a admis que

cette dernière, chez les myxomycètes, représentait une véritable conjugaison; il ne s'agit plus, évidemment, de quelque chose de comparable à l'addition de l'eau ou du sel à un plastide.

Les Protomyxes et les Protomonades se présentent au sortir de la spore, sous forme d'un corps amœboïde qui se fixe sur les plantes aquatiques et notamment sur les algues, percent l'enveloppe des plastides et s'en adjoignent le contenu. Mais, rien ne prouve que le protoplasme conquis soit détruit, totalement transformé, et qu'il ne reste pas à l'état de bioprotéon annexé. De même, quand un Acinète perce avec sa trompe un plastide végétal pour en humer le contenu : il double alors de volume et ne tarde pas à se diviser. S'ils ne sont pas identiques à la conjugaison, ces faits s'en rapprochent beaucoup; j'aurai l'occasion de revenir sur ce point.

Chez les Amœbes, où l'ectoplasme est déjà plus solide et la différence avec le milieu aqueux plus grande, on comprend que quelques substances dissoutes puissent encore pénétrer facilement, par osmose. Mais il n'en est pas de même pour les particules solides. En tenant compte des notions que la physique nous fournit sur la question des tensions de surfaces, on peut, jusqu'à un certain point, expliquer comment, à un moment donné, le corpuscule, toujours enveloppé d'une atmosphère aqueuse, se trouvera d'abord englobé par les pseudopodes et plus tard enfermé dans une véritable vacuole. Que l'explication physique soit exacte ou non, il n'en est pas moins vrai que les parois de cette vacuole seront formées par l'ectoplasme, et qu'entre le corpuscule et ces parois, il y aura une couche d'eau. Celle-ci ne tardera pas à devenir acide, probablement par dédoublement dialytique des sels alcalins du protoplasme, dont les bases diffusent plus lentement. Encore, ceci n'est-il guère caractéristique, car le suc plastidaire et le liquide des vacuoles non digestives sont également acides. D'autre part, le protoplasme des rhizopodes, au contact direct duquel les digestions se font très bien, est nettement alcalin. Ce qu'il y a de particulier, c'est que, si le corpuscule est alimentaire ou seulement digestible, il soit digéré, c'est-à-dire modifié et dissous par un liquide acide et qu'ensuite son absorption se produise au travers de la paroi ectoplasmique de la vacuole. Si une partie de ce corps, qui a subi une véritable ingestion, est indigeste ou inutile, comme serait la coquille calcaire ou siliceuse d'un radiolaire ou d'un foraminifère, elle se trouvera bientôt rejetée au dehors : il y aura alors *évacuation*. A ce propos, je vous dirai que les inventeurs d'hypothèses physicochimiques ne nous ont pas encore expliqué mathématiquement l'évacuation chez l'Amœbe. S'ils ont négligé de nous en donner la formule, c'est sans doute faute d'y avoir réfléchi un instant : je leur signale en passant cette petite lacune.

Il y a donc non seulement analogie entre ce qui se passe dans la vacuole ectoplasmique de l'Amœbe et dans le tube digestif ectodermique du vertébré, mais encore homologie vraie. On est même forcé d'admettre que dans le premier cas, comme dans le second, il y a *sécrétion* de zymoses, car celles-ci ne dialysent pas ou fort peu. Et surtout qu'on ne vienne pas nous dire que la fonction de sécrétion suppose un système nerveux! Ce serait prouver qu'on ignore au moins la physiologie des végétaux. Ne sait-on pas, entre autres choses, que la levure de bière sécrète par son ectoplasme, pour la verser à l'extérieur, une zymose typique qui est l'invertine, et n'avons-nous pas rencontré des exemples remarquables de sécrétions dans les plantes dites carnivores?

Il ne faut pas confondre la fonction de sécrétion avec celle de l'*excrétion* qui se manifeste aussi chez tous les êtres vivants, animaux ou végétaux, et qui consiste à éliminer définitivement des organismes des produits de désassimilation qui ne peuvent plus êtres utiles, et deviendraient dangereux par leur accumulation dans les plastides ou dans leur milieu. Chez les organismes polyhétéroplastidaires, les excrétions se font du plastide vers le milieu intérieur, et de celui-ci vers le milieu extérieur au moyen des organes excréteurs.

Chez les infusoires, dépourvus de pseudopodes, et dont l'ectoplasme est plus dense encore que celui de l'Amœbe, les organes de préhension sont souvent représentés par des filaments pêcheurs, des harpons venimeux, des cils vibratiles : ces derniers, par le tourbillonnement qu'ils impriment à l'eau, attirent le corps alimentaire vers un véritable orifice buccal appelé microstome. Cette ouverture peut être suivie d'un tube représentant un pharynx ou un œsophage : l'aliment est alors soumis à une sorte de *déglutition*, suivie d'ingestion dans une vacuole digestive. Il y a ensuite évacuation, *défécation* par un anus également ménagé dans un point déterminé de l'ectoplasme : c'est ainsi que les choses se passent chez les flagellés supérieurs. Je vous ai déjà parlé du mode de préhension des Acinètes qui, avec leurs trompes, percent les enveloppes des plastides et sucent le protoplasme de celles-ci, pour se l'annexer (fig. 56).

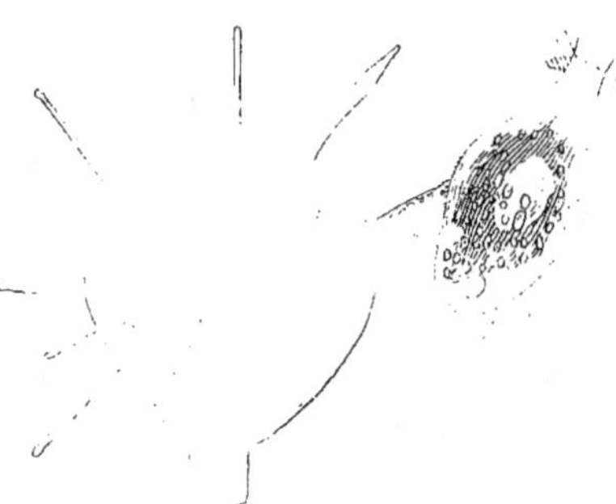

Fig. 56. — ... saisissant un petit infusoire.

En quoi ces rapprochements légitimes peuvent-ils constituer de graves erreurs anthropomorphiques ? Et comment s'expliquer l'obstination de certains physicochimistes à ne pas voir dans les plastides des systèmes complexes, comme ceux des organismes polyhétéroplastidaires? Les expériences de mérotomie sont cependant assez démonstratives, et viennent suffisamment corroborer les indications fournies par l'histologie.

La *mérotomie* est l'opération qui consiste à couper en un certain nombre de morceaux les organismes monoplastidaires vivants. Les fragments ainsi produits constituent des *mérozoïtes*. C'est, comme vous voyez, la vivisection des infiniment petits. Elle a permis de déterminer,

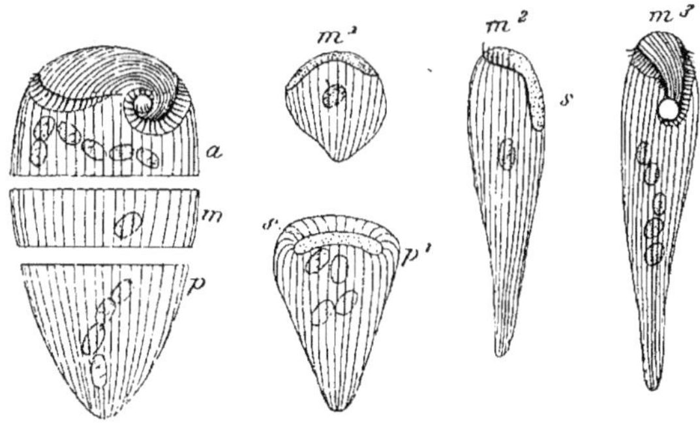

Fig. 57. — *Stentor* coupé en 3 mérozoïtes, *a, m, p*, renfermant chacun des articles nucléaires ; *m¹, p¹, m²* représentent ces mêmes mérozoïtes en voie de régénération ; *m²* et *m²* plus développés et renfermant déjà 5 articles nucléaires.

en grande partie, les différenciations fonctionnelles les plus générales du protoplasme et du noyau.

Si l'on divise un infusoire ou une algue, de manière à obtenir un mérozoïte contenant le noyau, ou seulement un grain nucléaire, et un autre mérozoïte sans traces de noyau, on observe, à la suite de l'opération, des divergences remarquables, bien que les deux segments soient restés dans le même milieu (fig. 57).

Le mérozoïte nucléé pourra continuer à ingérer, à digérer et absorber les aliments. De plus, il sera capable de sécréter, ce qui prouvera qu'il a assimilé : c'est ainsi que cet amputé fermera sa plaie de section par une cicatrice, et, s'il est porteur d'une coquille, reconstituera, sur le plan primitif, le fragment calcaire, siliceux ou cellulosique qui lui manque. En réalité, grâce à la conservation de l'assimilation, il retrouvera la forme et le volume primitif de l'être dont il provenait, et même en reproduira de semblables, comme si rien ne lui était arrivé : après l'opération, il jouit de ses mouvements, avec leur indépendance, au moins apparente. Le mérozoïte anucléé, fût-il plus gros que le premier, ne sé comporte pas de même. Dans les premiers temps, il peut encore ingérer, digérer et absorber, mais il est incapable de réparer ses pertes de substance, de s'accroître et de vieillir. Finalement, ce fragment deshérité meurt et se désagrège sans avoir su ni assimiler, ni sécréter, ni réparer. Pourtant on a vu quelquefois de l'amidon se former dans des algues énucléées, mais alors elles renfermaient encore de la chlorophylle. Les mouvements des vacuoles contractiles, s'il en existait, persistent assez longtemps et ceux de la locomotion continuent à se faire, après la section, dans la même direction qu'ils avaient avant.

En résumé, vous voyez que les fonctions du protoplasme et du noyau sont assez différentes; cependant, l'un ne peut vivre sans l'autre, et le noyau doit toujours être accompagné d'une certaine quantité de protoplasme. Les fonctions de relation, mouvement et sensibilité, échoient au protoplasme; les fonctions de nutrition, de direction, de reproduction sont exercées concurremment par le protoplasme et par le noyau; mais, il semble que l'utilité de ce dernier prédomine pour assurer particulièrement l'assimilation et conserver la forme spécifique du plastide, ainsi que la constance de sa constitution.

Il est remarquable qu'un seul grain contienne les propriétés du noyau tout entier : il faut admettre, puisque ces propriétés sont multiples, que ce grain renferme des éléments au moins aussi différenciés que les plastidules du protoplasme; ce que les uns ne peuvent faire, les autres le font. C'est par le concours de toutes ces fonctions élémentaires que se trouvent assurées les fonctions générales du plastide.

Pour vous donner une idée plus précise de la façon dont se comportent, au point de vue nutritif, ces systèmes transformateurs qu'on appelle des plastides, je vais maintenant avoir recours aux organismes monocellulaires, qu'on nomme *ferments figurés*.

Voici d'abord le *Mycoderma aceti* (fig. 58), qui se nourrit presque d'un seul aliment, l'alcool : avec celui-ci, quelques sels et matériaux azotés rencontrés dans le vin, qu'il transforme en vinaigre, il a tout ce qui est nécessaire à son développement. Ce mycoderme respire en absorbant rapidement l'oxygène et l'alcool, tout en dégageant une faible proportion d'acide carbonique. Il excrète

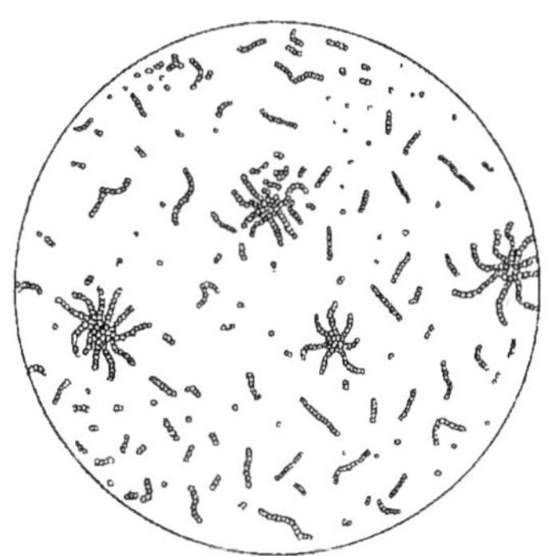

Fig. 58. — *Mycoderma aceti.*

presque uniquement de l'acide acétique, produit de l'oxydation de l'alcool absorbé. Grâce à cette sorte de combustion interne, il vit et se développe en transformant le potentiel du système alcool-oxygène en chaleur, électricité, actions chimiques, ou en toute autre forme de l'énergie propre à être employée par lui à organiser la matière inerte, pour s'accroître et se reproduire.

Le Mycoderma aceti fournit à peine un volume d'acide carbonique égal à la dix-huitième partie de l'oxygène qu'il consomme; le reste se retrouve dans l'acide acétique excrété. Il ne faudrait donc pas croire que l'acide carbonique produit soit toujours en rapport avec l'activité des phénomènes dont l'ensemble est désigné sous le nom de fonction de la *respiration*.

Le *Mycoderma vini* ou *fleurs de vin* (fig. 59) rejette sous forme d'acide carbonique les deux tiers de l'oxygène qu'il respire. L'eau qu'il fabrique dans le même temps, en brûlant l'alcool, contient l'excédent de l'oxygène disparu. Ce

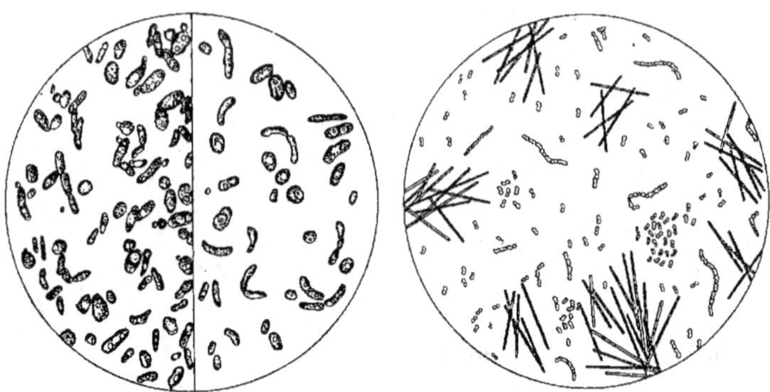

Fig. 59. — *Mycoderma vini.*   Fig. 60. — *Ferment lactique.*

sont les seuls produits extérieurs de son activité. Mais la reproduction du mycoderme est active, rapide; une partie de l'énergie latente de l'alcool, lequel lui a servi d'aliment, a été emmagasinée par de nouveaux plastides sous forme de substances combustibles diverses, produites de toutes pièces : albuminoïdes, corps gras, hydrocarbures, etc. La plus grande part du résultat final peut s'exprimer par l'équation suivante :

$$C^2H^6O + O^6 = 2\,CO^2 + 3\,H^2O$$

Si nous nous adressons maintenant au *ferment lactique* (fig. 60), nous voyons que celui-ci n'absorbe pas d'oxygène libre en proportion sensible et ne dégage pas d'acide carbonique : il transforme les sucres en quantités presque égales, poids pour poids, d'acide lactique :

$$C^6H^{12}O^6 = 2C^3H^6O^3$$

Dans ce changement, une partie de l'énergie potentielle est passée du sucre, où elle était emmagasinée, dans les produits fabriqués par les nouvelles cellules de ferment. Avec quelques aliments minéraux, le phosphate d'ammoniaque entre autres, et l'énergie du sucre, il a fait des albuminoïdes, des corps gras, des hydrates de carbone : il a pu organiser la matière inerte, fonctionner et se reproduire par l'action de son énergie ancestrale ou évolutrice.

Une molécule de glucose donne, en effet, en brûlant au calorimètre 1355 calories : les deux nouvelles molécules ne fournissent plus, quand on les brûle, que 1318 calories : ce sont les 37 calories disparues, ou plutôt l'énergie qu'elles représentent, qui ont été utilisées pour former et organiser la substance des êtres nouveaux.

On voit, très nettement, par les trois exemples que je viens de vous citer :

1° Que la nutrition, quand elle s'effectue à l'aide d'aliments renfermant du potentiel, a pour résultat de fournir aux plastides de l'énergie se transfusant, pour ainsi dire, à la matière nouvelle qui se forme;

2° Que les transformations des principes nutritifs, leur modification intime de structure chimique, provoquées et entretenues par l'énergie évolutrice, peuvent, en dehors de l'oxygène, suffire à organiser la matière et à fournir à l'être nouveau l'énergie nécessaire à son fonctionnement. Même chez les animaux supérieurs, ces phénomènes de dédoublement de matériaux nutritifs, sans intervention de l'oxygène, sont une source importante de calorification et d'activité.

La levure de bière basse ou elliptique consomme à

peine un centimètre cube d'oxygène par heure et par gramme de levure fraîche vers 20 degrés : cette quantité peut même devenir presque impondérable, si on prend les précautions voulues.

Pour une molécule ou 180 grammes de glucose transformé dans le système nouveau, alcool + acide carbonique

$$C^6H^{12}O^6 = 2CO^2 + 2C^2H^6O$$

il eût dû se produire 71 calories. Les faits démontrent que la quantité de chaleur apparue et dissipée pendant la fermentation est très inférieure à celle qui a servi à fabriquer d'autres produits, et en particulier les albuminoïdes destinés aux nouveaux plastides, avec le concours des sels ammoniacaux, ou autres, du milieu fermentescible.

Quand la levure vit en présence d'un milieu sans cesse aéré, il ne se forme presque plus d'alcool, mais il se développe beaucoup de paquets vivaces, rameux, bourgeonnant activement ; elle consomme, alors, par heure presque le huitième de son poids d'oxygène, c'est-à-dire 284 fois plus environ qu'un homme éveillé, au repos, dans le même temps et pour le même poids. J'ai déjà appelé votre attention sur ces faits, et j'y insiste à dessein.

Dans ce second cas, elle absorbe assez d'oxygène pour brûler les trois quarts du sucre et transporter une grande partie de cette énergie sur la fabrication de la matière organisée. Mais, dans le premier cas, où elle a peu d'air, elle ne peut utiliser de la même manière le potentiel chimique du sucre : par un mécanisme tout différent, elle se borne alors à dédoubler 90 pour 100 environ du poids du glucose primitif, en alcool et en acide carbonique. Une petite quantité seulement du sucre qu'elle décompose devient disponible. Elle en profite pour construire des plastides nouveaux, mais alors dans une bien moindre proportion, en relation avec le faible potentiel disparu. La reproduction est donc ici, comme partout, en relation très directe avec la nutrition.

La rapidité et le développement du plastide sont bien plus en rapport avec la quantité d'énergie devenue disponible qu'avec la nature même de l'aliment.

Le fonctionnement se modifie suivant que l'air est plus ou moins abondant. Dans ce dernier cas, il se produit surtout des matériaux combustibles, réserves hydrocarbonées, alcool, glycérine, et même des ptomaïnes. Avec l'air en excès, au contraire, il ne se forme que des matériaux inertes, incombustibles : eau et acide carbonique.

Les glandes, et d'une manière générale les tissus des animaux, comme ceux des végétaux, peuvent présenter ces deux modes de fonctionnement. Je vous ai montré qu'il en est ainsi chez la Marmotte, suivant qu'elle se trouve ou non en état de torpeur hivernale.

L'énergie dont dispose le plastide de levure de bière au cours de la fermentation, provient de deux origines : l'hydratation du saccharose d'une part, de l'autre le dédoublement des sucres correspondant à $6^6 H^{12} O^6$ en alcool et acide carbonique. Ces deux processus sont successifs et indépendants : l'oxydation n'intervient dans aucun des deux cas, pour produire la chaleur de ces transformations.

1000 grammes de saccharose, ou les 1055 grammes de glycose correspondants, fournissent 1048 grammes de composés divers : alcool, graisses, cellulose, hydrates de carbone, glycérine, acide succinique, acide carbonique. L'oxygène consommé s'élève à 0 gr. 15 à peine. Il y a donc eu fixation d'eau sur le sucre, mais inversement déshydratation partielle des glycoses $C^6 H^{12} O^6$ d'abord produits ; cette déshydratation correspond surtout à la formation de matières protéiques.

Tous les êtres que nous venons d'étudier consomment, même en très petite quantité, de l'oxygène, et meurent dans l'acide carbonique pur, tous sont *aérobies*, comme on dit; mais vous allez voir qu'il n'en est pas toujours ainsi.

Le *ferment butyrique* (fig. 61) est, au contraire, un type d'*anaérobie*. Il apparaît sous forme de bâtonnets mobiles dans le lait, après la fermentation lactique, alors que tout l'oxygène a disparu.

Ordinairement, il transforme, par hydratation, le lactate de chaux en butyrate de chaux, avec dégagement d'hydrogène et d'acide carbonique.

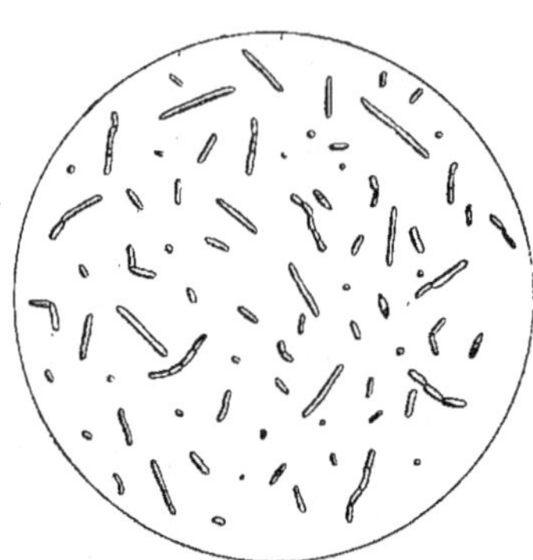

Fig. 61. — *Ferment butyrique.*

La présence de l'oxygène suffit pour suspendre la fermentation, le bâtonnet passe à l'état de spore : il reste en cet état tant que la présence de l'air se fait sentir, pour reprendre toute son activité, en redevenant bâtonnet mobile, quand les dernières traces d'oxygène disparaissent.

En somme, le vibrion butyrique s'empare d'une molécule à trois atomes de carbone, l'acide lactique, et construit avec elle une molécule plus complexe contenant quatre atomes du même élément : il fait de la synthèse organique.

Le système final contient plus d'énergie (729 calories) que le système initial (632 calories environ). Il faut donc que le vibrion ait la propriété, non seulement de construire des molécules plus complexes que celles dont il part, mais encore d'*emmagasiner la chaleur sensible ambiante.*

L'étude de ce ferment est doublement importante, parce qu'elle nous montre, d'une part, que l'oxygène n'est pas l'excitant indispensable du mouvement, de la nutrition et de la multiplication et que, d'autre part, les organismes peuvent emprunter au milieu ambiant de l'énergie libre, autre que l'énergie solaire. Il est vrai que dans le cas considéré, il ne s'agit pas, comme dans les végétaux chlorophylliens, de la fixer sur de la matière minérale, mais bien sur des matériaux organiques.

L'exemple du Tyrothrix urocephalum du lait gâté est encore très intéressant. A la façon de la levure de bière, il peut s'accommoder de l'oxygène, auquel cas il brûle en partie les matériaux azotés dont il dispose et se fait une atmosphère favorable d'acide carbonique. Agissant alors dans un milieu qui lui convient mieux, il sécrète une pepsine qui peptonise les albuminoïdes. Il ne touche qu'à ces dernières substances et les change en les mêmes produits que ceux qui résultent des transformations des tissus animaux : amides, acides gras, leucine, tyrosine, urée, corps gras, et cela sans aucune intervention de l'oxygène libre. Cette formation de l'urée sans oxygène n'est pas propre à cette seule bactérie : on l'observe encore avec les Tyrothrix tenuis, tenuior, tenuissimus, filiformis, etc.

Supposons que l'on ait à la fois ensemencé du lait exposé à l'air avec les principaux microbes que l'on vient d'étudier : levure de bière, Mycoderma vini, ferment lactique, Tyrothrix urocephalum. Ce dernier, sans toucher aux sucres, ni aux graisses, va par sa pepsine changer la caséine en peptone, leucine, tyrosine, urée. La levure de bière se développant aux dépens des matières salines du lait et des produits ammoniacaux formés par le Tyrothrix, changera, par son invertine, le lactose de ce lait en glucoses qui se dédoubleront en donnant de l'alcool et de l'acide carbonique, non sans que le ferment lactique, agissant en même temps, forme aux dépens de ces sucres un peu d'acide lactique. A son tour, si l'air intervient, le Mycoderma vini s'emparera de l'alcool formé par la levure, l'oxydera et le transformera en acide carbonique et en eau, avec élévation sensible de la température générale de la liqueur qui fermente.

Tout se passe donc ici comme dans les organes complexes des organismes polyhétéroplastidaires, où, tout en jouissant d'une vie autonome, chaque plastide travaille pour la collectivité. Sous l'influence de leur action simultanée et progressive, la matière s'organise en produits tantôt passagers : peptones, glycogène, acides amidés, etc., que d'autres plastides transformeront à leur tour en produits de fonctionnement propres, par leur combustion, à fournir de la force et de la chaleur : sucres, corps gras; puis en corps inertes incapables de s'oxyder ultérieurement : eau, acide carbonique, urée, sulfates, phosphates, etc.

Dans l'immense majorité des cas, les principes de nos tissus ne sont pas empruntés à l'aliment directement : pour devenir chair humaine, celle du Bœuf ou du Mouton doit être très profondément modifiée, comme le prouvent surabondamment mes recherches sur les Marmottes. Le glycogène du foie et du sang, qui dérive directement des graisses, peut aussi résulter d'une alimentation purement composée d'albuminoïdes, parce que ces derniers donnent de la graisse par dédoublement; les hydrates de carbone sont certainement changés en graisses chez l'animal, et les principes gras ne proviennent pas chez l'herbivore de l'emmagasinement des graisses végétales, car ils diffèrent beaucoup de celles-ci par leur constitution. Une partie des principes gras semble avoir pour origine le dédoublement fermentatif des sucres aussi bien que la désintégration des matières albuminoïdes dont je vous parlais il y a un instant.

L'aliment complexe, l'albuminoïde, chez l'animal supérieur, se transforme en molécules de plus en plus simples par hydratations successives. Dans l'estomac déjà, il se fait de l'acide albumine ou syntonine, premier terme du dédoublement, et tandis que l'albumine, qui lui donne naissance, possède un poids moléculaire de 6000 environ, la syntonine ne répond plus qu'au poids moléculaire de 2950. Elle devient, par ces hydratations successives, de plus en plus dialysable et acquiert, simultanément, la propriété de saturer plus d'alcali que l'albuminoïde primitif. Une partie passe même déjà à l'état d'acides amidés par la digestion gastrique, et la pepsine se conduit alors comme du bioprotéon.

Les graisses sont modifiées aussitôt après l'absorption par les globules blancs; il en est de même des peptones : aussi, dans la veine porte, ne rencontre-t-on plus à la place de ces dernières qu'un corps toxique qu'arrête le foie, le carbamate d'ammoniaque, composé apte, en perdant les éléments de l'eau, à donner de l'urée.

En traversant le foie, les aliments protéiques non dédoublés en corps gras se transforment peu à peu en urée, cholestérine, glycogène, glycocolle, taurine et tyrosine :

$$\underbrace{C^{72}\,H^{112}\,Az^{18}\,SO^{22}}_{\text{Mat. albuminoïde}} + 20\,H^2O = \underbrace{7\,CO\,Az^2\,H^4}_{\text{urée}} + \underbrace{5\,C^6\,H^{10}\,O^5}_{\text{glycogène}} +$$

$$\underbrace{C^{27}\,H^{46}\,O}_{\text{cholestérine}} + \underbrace{3\,C^2\,H^5\,Az\,O^2}_{\text{glycocolle}} + \underbrace{C^2\,H^7\,Az\,SO^3}_{\text{taurine}} + 6\,H.$$

Ici, comme avec le Tyrothrix, la formation de l'urée n'a pas besoin d'oxygène, elle se fait par simple hydratation des albuminoïdes. Il s'établit dans le foie, par l'hydrogène, un milieu en partie réducteur qui devient un foyer de chaleur actif quand on lui fournit assez d'oxygène, comme cela a lieu au moment du réveil de la Marmotte, en état de torpeur hivernale, le sang de la veine porte étant à ce moment plus chargé d'oxygène, et lancé en abondance dans l'organe hépatique.

Le bioprotéon de la plupart des plastides de l'économie

est essentiellement réducteur; il édifie, sécrète et organise d'abord ses produits spéciaux, à l'abri de toute intervention d'oxygène, et c'est seulement plus tard que celui-ci se fixe pour former des composés instables, comparables à des explosifs renfermant, en eux-mêmes, la quantité d'oxygène nécessaire à leur combustion, et susceptibles de déflagrer sous l'influence d'excitations internes et externes, au fur et à mesure de leur formation ou autrement; ceci constitue la phase désassimilatrice, principalement productrice d'énergie sensible.

Beaucoup de corps sont réduits en traversant l'organisme : les iodates et les bromates sont transformés en bromures et en iodures. L'indigo bleu s'hydrogénise et se change en indigo blanc. La bilirubine s'hydrate et s'hydrogénise, et, à l'état normal, nos urines contiennent toujours des produits divers très oxydables : indigotine, créatinine, ptomaïnes, etc.

Par l'alcool faible et froid, on extrait de nos tissus une substance qui, broyée avec du soufre, donne de l'hydrogène sulfuré et que l'on a pour cette raison appelée philothion. Je vous l'ai déjà présentée comme une zymose; mais, de même que le bioprotéon très divisé, elle se détruit spontanément, malgré toutes les précautions possibles.

Enfin, en injectant, à l'état de sels de soude solubles, du bleu d'alizarine ou celui de céruléine, la disparition de la couleur bleue permet, à simple vue, de constater le pouvoir réducteur de chaque tissu : les parties blanches du cerveau, de la moelle, des nerfs, les muscles, les cartilages, le foie, la partie corticale des reins, le parenchyme pulmonaire sont, pendant la vie, des milieux essentiellement réducteurs. La réduction se manifeste surtout au centre du plastide, tandis que les parties superficielles paraissent être, au contraire, le siège des oxydations : il est vrai que le noyau a une réaction acide et que celle du protoplasme est alcaline ; or les oxydations lentes se font de préférence en milieu alcalin.

La quantité de l'oxygène que l'on trouve dans la totalité de nos excrétions dépasse de 19 pour 100 environ, c'est-à-dire de presque un cinquième, celle qui est empruntée à l'air inspiré : le cinquième, à peu près, des produits excrétés résulterait donc de simples dédoublements fermentatifs, sans intervention de l'oxygène de l'air.

Les corps gras et le glycogène peuvent se former également au moyen de l'albumine, par dédoublement comme l'urée :

$$\underbrace{4\,C^{72}\,H^{112}\,Az^{18}\,SO^{22}}_{\text{Albumine}} + 68\,H^2O = \underbrace{36\,CO\,Az^2\,H^4}_{\text{urée}} + \underbrace{3\,C^{35}\,H^{104}\,O^6}_{\text{oléo-stéaro-margarine}}$$

$$+ \underbrace{12\,C^6\,H^{10}\,O^5}_{\text{glycogène}} + 4\,SO^3\,H^2 + 15\,CO^2.$$

En général, les acides amidés, tels que la leucine, se transforment en urée, avec hydratation, par union de leur azote ammoniacal avec le groupement cyanique $CO\,AzH$, qui fait partie de la constitution de la molécule albuminoïde.

Les hydrates de carbone, les acides gras et lactiques, les corps gras subissent des oxydations successives. *Les graisses forment la plus grande partie du glycogène*, et, dans certaines conditions, elles peuvent éprouver une sorte de fermentation avec départ d'acide carbonique, ou bien elles sont saponifiées ; alors, d'une part, la glycérine, de l'autre, les acides gras dissous, en vertu d'une légère alcalinité du sang, sont peu à peu brûlés et finalement transformés en acide carbonique et en eau, avec production considérable de chaleur.

Les phénomènes d'oxydation qui se passent dans le

milieu intérieur ne sont pas directs. Les sucres, les aldéhydes mélangés au sang ne s'oxydent presque pas. Ils absorbent, au contraire, rapidement l'oxygène, si l'on ajoute à ce sang une petite quantité de pulpe de divers organes : poumons, muscles, etc. Les tissus renferment donc de véritables ferments d'oxydation solubles dans l'eau, insolubles dans l'alcool et paralysés par une chaleur de 70 à 80 degrés : l'un d'eux a été isolé chez les végétaux sous le nom de laccase, comme vous le savez déjà.

En résumé, les molécules protéiques se dissocient sous l'influence des ferments et de l'eau qui les hydrate. Du premier degré de ces dédoublements résultent diverses urées composées ou corps uréiques, de la tyrosine, des leucines, des leucéines complexes.

Par leur hydratation ultérieure, les urées composées et les uréides donnent de l'urée, des corps uréiques plus simples, de l'acide oxalique, de l'acide carbonique, de l'ammoniaque. La tyrosine est oxydée, puis éliminée, surtout à l'état d'acide hippurique. Les corps amidés sont ultérieurement changés en urée, en acides gras et oxygras, disparaissant à leur tour par une série d'oxydations graduées ou bien rencontrant dans l'économie des éléments de la glycérine, ils s'unissent avec elle pour former des réserves de principes gras naturels.

Les leucomaïnes, ou bases animales, prennent naissance par un simple phénomène d'hydratation, au cours de dédoublements fermentatifs anaérobies des albuminoïdes.

Pendant l'acte de la respiration, le plastide règle lui-même la valeur de sa consommation d'oxygène et cette dernière dépend de son activité fonctionnelle. Dans une large mesure, son absorption est indépendante de la pression partielle de l'oxygène, et d'ailleurs puisqu'elle existe dans les organismes, quand ils sont à l'état de repos, de sommeil ou d'hypothermie, on ne peut véritablement comparer la respiration à cette fixation directe et brutale qui caractérise la combustion.

Quand on place des tissus dans une cloche pour étudier la respiration élémentaire et que tout l'oxygène est absorbé, ils continuent néanmoins à dégager de l'acide carbonique : il ne s'agit pas ici d'un phénomène anormal de décomposition, car, en abandonnant dans le vide, des graines en germination, ou des bulbes, le même phénomène se produit. Il semble que l'acide carbonique vienne du dédoublement de molécules préalablement oxygénées et que, dans les organismes aérobies, l'oxygène n'intervienne que pour remplacer celui qui est parti entraînant avec lui une partie du carbone.

La présence du soufre dans un certain nombre de principes immédiats animaux et végétaux, où il occupe dans la molécule la même place que l'oxygène, a permis de penser que ce métalloïde pouvait jouer un rôle respiratoire, et par conséquent servir également au dégagement du potentiel alimentaire; comme il existe dans nos tissus sous forme oxydable, il peut, en outre, en présence de l'oxygène, constituer une source d'énergie utilisable.

En dehors des aliments organiques ou du soufre, les substances naturelles que nous rencontrons dans le milieu biogénique sont incapables par elles-mêmes de fournir de l'énergie : leurs affinités étant satisfaites, leur potentiel est nul. Ce sont des sulfates, des carbonates, des phosphates, en général, des acides combinés à des métaux éteints, des sels ammoniacaux, de l'eau.

Mais, le bioprotéon, par un artifice particulier, peut accroître son pouvoir réducteur momentanément, pendant le jour, et séparer, pour le rendre à l'atmosphère, l'oxygène fixé. Puis, prenant ainsi du carbone, et autre part de l'azote, de l'hydrogène, du phosphore, du soufre, etc., il élèvera les atomes depuis les combinaisons simples, inférieures, minérales, jusqu'à la hauteur de molécules organiques supérieures, complexes, instables, riches en potentiel facile à mettre en activité par le moindre ébranlement susceptible d'amener leur écroulement.

Pour cela, comme vous le savez, dans le monde des végétaux verts, apparaît la chlorophylle invitant les radiations solaires au grand travail de synthèse alimentaire sous la direction de l'énergie évolutrice ancestrale.

Pourtant, il semble résulter de recherches récentes que sans le secours direct de l'énergie solaire, dans l'obscurité la plus profonde, des légions de microbes s'emparant de l'azote de l'air le forceraient à se combiner à l'hydrogène, faisant ainsi un premier pas vers l'albuminoïde.

D'autres, plus singuliers encore, n'exigeraient pour se développer et se multiplier, dans la nuit, c'est-à-dire pour fabriquer les produits immédiats complexes des plastides des bactériacées, exclusivement que de la matière minérale, une nourriture organique leur étant plus nuisible qu'utile. Le carbone, noyau de toute molécule organique, leur serait fourni par les carbonates qu'ils auraient, par conséquent, la propriété de désoxygéner. Où ces microorganismes puisent-ils l'énergie suffisante pour accomplir un semblable travail? on ne le dit point. Tels seraient cependant les bactériacés qui font les nitrites et les nitrates, et sont les artisans du salpêtre naturel.

Mais, ce n'est pas la grande industrie synthétique : elle est représentée par la *fonction chlorophyllienne*.

Lorsqu'une graine, un haricot, si vous le voulez, vient de germer sous terre, et par conséquent à l'obscurité, la jeune plantule a une couleur uniformément jaunâtre, mais vient-on à l'exposer au jour, ne fût-ce que quelques instants, pour la reporter ensuite à l'obscurité, cela aura suffi pour que dans certains leucites (fig. 62) se développe un pigment vert : la chlorophylle.

Jusqu'alors, la graine en germination et la jeune plantule avaient vécu comme les ferments et les tissus animaux, en simplifiant de plus en plus les molécules organiques par des hydratations, des déshydratations, des dédoublements précédés ou non d'oxydations. Mais, à partir du moment où apparaît la chlorophylle, et qu'une quantité suffisante de radiations rouges du spectre solaire se trouve à sa disposition, un travail inverse s'effectue. Le phénomène nutritif consiste alors, principalement, dans la fixation de l'acide carbonique du milieu extérieur, avec dégagement concomitant d'un volume à peu près égal d'oxygène : il se fait pendant ce temps, dans les leucites à chlorophylle, un travail qui aboutit à la formation d'hydrates de carbone, probablement par l'adjonction des éléments de l'eau à ceux de l'acide carbonique, avec accumulation de potentiel. Mais, on ignore encore quel est le premier hydrate de carbone qui se produit dans ces conditions, s'il est saccharose, maltose, glucose, ou simplement dextrine : ce que l'on sait bien, c'est qu'une partie se met en réserve sous forme d'amidon dans les chloroleucites, peut-être par suite de déshydratation et polymérisation des sucres.

Fig. 62. — Corps chlorophylliens ou chloroleucites au repos et en voie de division dans la feuille de la Funaria hydrometrica.

On a dit que l'amidon pouvait se montrer dans le Polystoma uvella, espèce de flagellé incolore, quand on la place dans des macérations de chair de Morue dans l'eau, mais cette formation est sans doute de même nature que celle de l'amidon animal ou glycogène dans notre foie.

Pour que l'amidon se constitue au moyen de l'acide carbonique et de l'eau, il est de toute nécessité que le bioprotéon ait fabriqué la chlorophylle ou bien un pigment rouge, la *bactério-purpurine*, qui se rencontre dans les Bacterium rubescens et photometricum, le Micrococcus vinosus, et le Clathrocystis rosco-persicina, et qu'ensuite, tout cet ensemble soit exposé aux radiations solaires.

Par quelles séries de transformations les synthèses des composés ternaires et quaternaires s'opèrent-elles ? On ne peut guère faire, à ce sujet, que des hypothèses. L'azote ne se fixe que secondairement, le plastide continuant son travail d'assimilation, mais il est indifférent, pour cela, qu'il renferme ou non du pigment. Les matériaux premiers sont, à ce moment, l'acide nitrique et les sels ammoniacaux : pour former des albuminoïdes, les hydrates de carbone doivent s'unir avec ces composés. L'acide nitrique subit probablement une réduction et perd de l'oxygène. Celui-ci ne se dégage pas à l'état libre et concourt peut-être alors à la formation des acides organiques. Il est vraisemblable qu'il se produit d'abord des amides, comme l'asparagine, la leucine, la tyrosine, et que c'est aux dépens de ces derniers que s'édifient ultérieurement les matières albuminoïdes : mais, je le répète, la marche progressive de cette synthèse est encore inconnue.

Comme vous le savez déjà, la chlorophylle se rencontre également chez les animaux : on a signalé sa présence à l'état diffus dans le protoplasme de certaines Vorticelles, qui, exposées à la lumière, dégagent de l'oxygène : le plus souvent, elle est contenue dans des corpuscules arrondis, considérés, par les uns, comme de véritables chloroleucites, et par d'autres, comme de petites algues monoplastidaires vivant en symbiose au milieu du protoplasme animal. Les partisans de cette dernière opinion leur ont donné le nom de *Zoochlorelles* : on les distingue facilement dans l'Hydre verte, dans certains vers marins (fig. 63) ou lacustres, chez des infusoires, etc. Dans le monde végétal, par leur symbiose avec des champignons inférieurs, ces zoochlorelles forment les lichens.

On est parvenu à cultiver isolément les grains verts en question et on a même réussi, paraît-il, à inoculer ceux du Frontonia vernalis à une espèce voisine achlorophyllienne, le Frontonia leucas ; les zoochlorelles du Paramœ-

cium bursaria, après avoir été ingérées par le Paramœcium putrinum, s'y seraient, dit-on, multipliées.

Il résulte de ces associations un système économique des
plus parfaits, où l'industrie de l'analyse s'opère à côté de
celle de la synthèse. Rien n'est plus curieux que de voir, par
exemple, les petites Planaria roscoffensis, communes sur
les côtes de Bretagne, se diriger en masses vers les parties
éclairées du bocal d'eau de mer, où on les a placées. Elles
vont là pour condenser plus aisément l'énergie solaire et
conduisent vers cette source de vie leurs zoochlorelles,

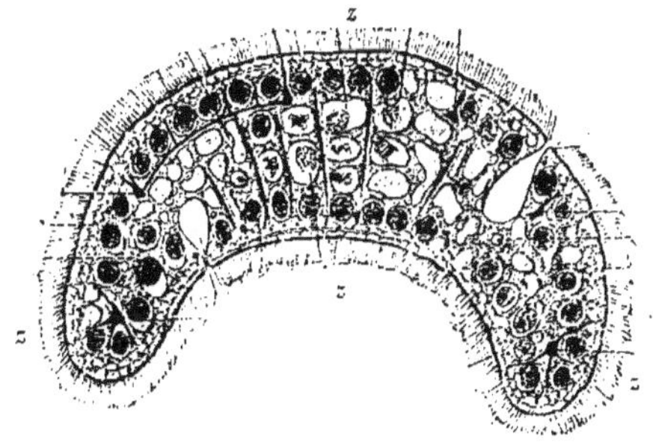

FIG. 63. — Zoochlorelles de la Planaria roscoffensis. (Coupe transversale.) z, z, z, zoochorelles.

comme un pâtre mène ses Moutons dans un pré vert. Je ne
dis pas qu'il existe dans notre Planaire un cerveau comparable à celui d'un berger, capable de raisonnement, de discernement, de conscience, de volonté, etc. Je me contente
de faire remarquer que les choses se passent comme si cela
était. Je suis, d'ailleurs, tout prêt à déclarer à ceux qui
usent et abusent du *spectre anthropomorphique*, que je ne
tiens pas plus à élever la Planaire au même degré que
l'Homme qu'à faire descendre ce dernier au niveau d'un
ver plat, mais on est forcé d'admettre, au point de vue
physiologique, beaucoup de côtés communs entre tous
les êtres vivants, voilà tout, et c'est la seule raison d'être
de la physiologie comparée et générale.

R. Dubois. — Physiol. gén. et compar.   9

En somme, dans la plante verte, la force vive ou énergie cinétique, fournie par la lumière solaire, se change en potentiel dans le leucite chlorophyllien ou chloroleucite ; chez l'animal, il y a transformation de l'énergie potentielle, en énergie cinétique ; mais ce n'est que très approximativement, en gros, que l'on peut dire que la plante consomme de la force vive et met de la tension en réserve, tandis que l'animal épuise de la tension, et produit de la force vive.

Cette ébauche des fonctions de la nutrition, forcément très imparfaite, vous permet cependant de reconnaître déjà qu'il n'existe pas plus de limites absolues entre les êtres monoplastidaires et polyhétéroplastidaires qu'entre les animaux et les végétaux.

Chez les plantes vertes la fonction chlorophyllienne est nécessairement intermittente. Le protoplasme végétal, comme le protoplasme animal, respire toujours ; seulement, pendant le jour, les phénomènes réducteurs de synthèse masquent en grande partie les autres.

C'est en vue de sa propre existence que le végétal fabrique, consciemment ou inconsciemment, peu importe, ses aliments de réserve et non dans l'intérêt de l'herbivore qui s'en empare cependant, en attendant qu'il devienne lui-même la proie du carnivore. Mais soyez bien convaincus que le glycogène du foie du Mouton n'est pas plus destiné à nourrir le Loup ou l'Homme que l'amidon du végétal n'est fait pour nourrir l'herbivore, au point de vue de la physiologie des organismes ; il n'en est pas moins vrai que sans végétaux verts, il n'y aurait ni herbivores, ni carnivores : c'est une simple constatation qui n'a rien de téléologique ou de finaliste.

Ainsi donc, dans les phénomènes de nutrition, nous voyons l'énergie sensible apparaître, en même temps que le potentiel disparaît proportionnellement, ou c'est l'inverse qui se produit. Ceci, direz-vous, s'applique aussi bien à la substance vivante qu'à la matière inerte à laquelle on aura fourni du potentiel, et qui aura été excitée à le restituer. Mais, avec les objets non vivants, grâce au principe de l'équivalence des forces, on peut faire rendre, par la matière brute, toute l'énergie qu'on lui a prêtée, cela théoriquement au moins, et obtenir un cycle fermé ; tandis qu'avec le bioprotéon, on est fatalement conduit à admettre, puisqu'il fonctionne par lui-même, d'une manière interrompue, qu'une partie d'énergie acquise par héritage sera toujours dépensée. Cette dernière viendra s'ajouter à celle qui a été empruntée au milieu et, si petite qu'elle soit, elle devra être extériorisée avec cette dernière. Sous quelle forme ? Si elle est différente des formes de l'énergie qui nous sont connues, elle doit échapper à nos instruments de recherche, et même à nos sens. Dans le cas où elle se métamorphoserait en une forme que nous connaissons, elle serait alors en quantité tellement petite qu'elle passerait inaperçue. Il est vrai que nous ne savons constater ni sa nature spéciale, ni ses transformations, si elles existent, mais nous ne pouvons raisonnablement nier son existence en présence des effets qu'elle produit ; ce doit être par la dépense extrêmement lente de cette sorte d'énergie que bien des races s'éteignent sous nos yeux et que des espèces disparaissent sans en engendrer de nouvelles.

Dans celles qui ont survécu, quand l'assimilation l'emporte sur la désassimilation, il y a croissance de l'organisme et, dans la prochaine leçon, je vous montrerai comment dérive directement de ce phénomène de nutrition, celui de reproduction et celui de multiplication.

SIXIÈME LEÇON

Fonctions de reproduction des plastides, des êtres monoplastidaires,
et des organismes polyplastidaires.

Quand l'assimilation l'emporte sur la désassimilation,
il y a d'abord croissance des individus, puis multiplication : dans le cas contraire, c'est la mort de l'individu et
de sa lignée qui se produit dans un espace plus ou moins
long, si la *misère physiologique* persiste.

L'accroissement des plastides se fait par pénétration et
fixation dans leur intérieur de matériaux venus du dehors.
On a donné le nom d'*intussusception* à ce mode de croissance, pour le distinguer de celui des cristaux, qui se fait
par juxtaposition de molécules à l'extérieur, et non par
assimilation interne.

Mais vous savez que les monoplastides, et tous les
plastides d'ailleurs, n'augmentent pas de volume indéfiniment : il y a une limite maxima, variable avec les espèces,
qu'ils ne dépassent pas sans se diviser en plusieurs
autres plastides distincts.

Il ne peut guère en être autrement, car les masses
croissant selon le cube du rayon, tandis que les surfaces
s'étendent seulement proportionnellement au carré de ce
même rayon, il doit y avoir un moment où les échanges
sont entravés, parce que la surface d'absorption n'est pas
suffisante ; d'où nécessité d'une division qui se montre,
d'ailleurs, dans les éléments sphériques, de préférence à

ceux qui sont disposés en fibres ou cylindres de petit rayon.

La division peut être compensée par l'aplatissement, comme dans les algues siphonées à thalle mince et à structure continue, par exemple, dans les *Caulerpa* et dans les *Acetabularia*, ou par l'allongement dans les longs tubes de *Vaucheria*. Enfin, chez les végétaux, les plastides sont susceptibles encore de prendre de grandes dimensions quand le protoplasme est étiré, divisé et baigné dans une grande quantité du suc intérieur. Il y a lieu aussi de considérer les changements incessants de forme des amœbes et des myxomycètes comme une cause de multiplication des surfaces; il n'en est pas moins vrai que ce n'est qu'exceptionnellement, chez les animaux et chez les végétaux, que le noyau se divise sans que le protoplasme en fasse autant : les exemples de plastides polynucléés sont relativement rares.

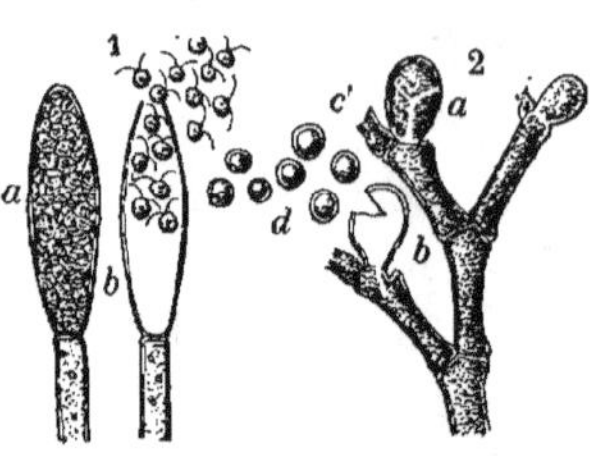

Fig. 64. — Formation et émission des spores : 1, dans un champignon à structure continue : *a*, cloisonnement local autour de chaque noyau; *b*, dissociation et sortie des plastides devenus des zoospores à deux cils *c*; *d*, zoospores revêtues de cellulose et devenues immobiles. — 2, dans une algue à structure cellulaire : *a*, cloisonnement local; *b*, dissociation et sortie des plastides, qui sont des spores munies de cellulose et immobiles *c'*.

Je vous ferai remarquer, d'ailleurs, que chez les plantes à structure continue, il arrive un moment où s'opère, en un point, un cloisonnement avec dissociation, ou mieux séparation d'une partie du protoplasme et de la substance nucléaire (fig. 64); c'est ce qui formera le *plastide reproducteur*, par rapport au végétal ancien, et le *plastide primordial*, par rapport au végétal nouveau. On lui donne en général le nom de *spore*, s'il est immobile, et celui de *zoospore* quand il est mobile. La reproduction se fait au moyen de ce plastide unique, qui se développe, et d'où sort par *hérédité complète* un nouvel individu : c'est la reproduction *mono-*

mère qui n'est qu'une continuation directe. Mais, il ne faut pas oublier que les végétaux à structure continue renferment plusieurs noyaux, et peuvent être considérés comme formés d'organismes distincts associés en symplastes.

L'élément reproducteur peut être successivement zoospore ou spore (fig. 65) : c'est ce qui s'observe chez les Œdogonium. A un moment donné, toute la masse protoplasmique d'un plastide ordinaire appartenant à un filament d'Œdogonium se détache de la membrane de cellulose et se contracte en expulsant une partie de son suc cellulaire qui s'accumule entre elle et la membrane. Sur le côté de cette masse protoplasmique, apparaît une tache claire dépourvue de chlorophylle, autour de laquelle se développent des cils vibratiles. Bientôt, la membrane cellulosique plastidaire se rompt en deux moitiés inégales, par une fente circulaire, et la masse protoplasmique allongée est mise en liberté. Au moment de sa sortie, elle se déforme et s'allonge perpendiculairement à sa direction primitive, de telle sorte que la

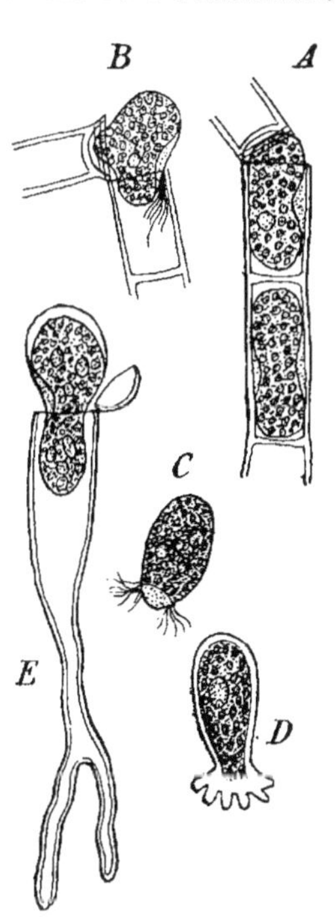

Fig. 65. — Formation des zoospores de l'Œdogonium par rénovation totale ; A, formation des zoospores ; B, sortie de la zoospore ; C, la même en mouvement avec sa couronne de cils ; D, la même fixée par un crampon et germant ; E, rénovation totale d'un jeune Œdogonium tout entier, sous forme d'une zoospore.

tache claire occupe maintenant l'extrémité antérieure du grand axe. Après s'être déplacée durant quelque temps dans l'eau, la couronne ciliaire étant dirigée en avant pendant le mouvement, la zoospore se fixe par sa partie claire, qui perd ses cils et émet des pseudopodes, jouant le rôle de crampons, puis s'entoure d'une membrane de cellulose. Plus tard, cette zoospore ainsi fixée donnera naissance, par une série de divisions successives et perpendiculaires à son grand axe, à un nouveau filament d'Œdogonium.

D'une manière générale, qu'il s'agisse de plastides libres ou associés, le noyau et le protoplasme se divisent par un procédé plus ou moins compliqué, pour fournir deux éléments, libres ou non, mais de même espèce que celui qui s'est divisé.

Souvent, il se fait un simple étranglement vers l'équateur du noyau, et celui-ci se sépare en deux parties emportant chacune une égale portion de protoplasme.

La division est le seul procédé de multiplication que l'on connaisse actuellement pour beaucoup de protozoaires et de protophytes inférieurs, tels que les monériens, les amœbes, les schizomycètes, comme la levure de bière, et quantité d'algues monoplastidaires, telles que les bactériacées, ou même polyplastidaires comme les Characées. On a signalé encore ce mode de multiplication pour les rhizopodes, particulièrement pour les Acinètes : il a été observé jusque dans les éléments des organismes polyhétéroplastidaires animaux : corpuscules lymphatiques de Grenouille, plastides épithéliaux de crustacés; enfin, je vous ai dit que l'on n'en connaissait pas d'autre pour les plastidules et pour les leucites.

Ce n'est que très rarement que l'on a constaté la multiplication endogène des noyaux; dans ce cas, chacun de ceux qui se sont formés par segmentation du noyau primitif émigre vers une région de la masse protoplasmique et devient un centre d'attraction pour une partie de celle-ci. Chaque nouveau groupe se sépare ensuite des autres. Ce mode s'observe, par exemple, chez les Thalassicoles, de l'ordre des radiolaires (fig. 66).

Dans l'immense majorité des cas, la division plastidaire

qui assure la croissance de l'individu et sa multiplication,
c'est-à-dire la conservation de l'espèce, est précédée d'un
travail physiologique intérieur fort complexe se traduisant
par des métamorphoses, des déplacements| des éléments
constituants du noyau et du protoplasme. L'ensemble [de
ces phénomènes porte le nom de *karyokinèse*; dans [un

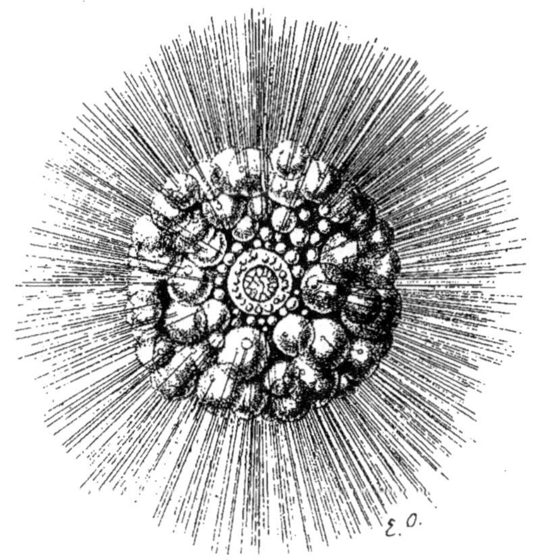

Fig. 66. — *Thalassicole pélagique.*

instant, je vous en esquisserai la marche, à grands traits.

Quand la reproduction a lieu uniquement par division
pure et simple, elle porte les noms de *reproduction asexuelle,
agame* ou *monogène* : elle se fait par *scission* ou *scissiparité*, c'est-à-dire par division proprement dite, ou encore
par *bourgeonnement* ou bien *sporulation*.

Le bourgeonnement ou *gemmation* se distingue de la
division par l'accroissement préalable irrégulier d'un point
du corps et, en conséquence, par le développement excentrique d'une partie qui, n'étant pas absolument nécessaire

à l'organisme mère, se transforme en un nouvel être, lequel, en se détachant plus tard de l'organisme souche, acquiert une individualité propre ; cela se voit chez les ascidies, les polypes, les polypoméduses, les cestodes et aussi chez beaucoup de végétaux. Les acinétiens Podophrya gemmipara et Hemiophrya se multiplient par bourgeonnement, et dans chaque bourgeon du protoplasme pénètre un bourgeon nucléaire, destiné à former le noyau du nouvel être (fig. 67).

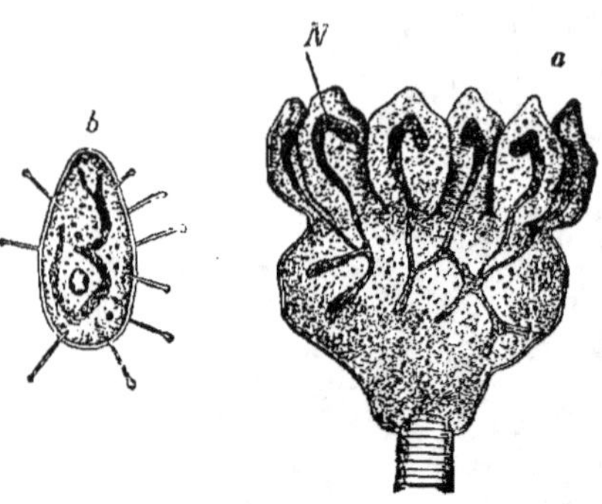

Fig. 67. — Noyau (N) ramifié, dont les branches pénètrent dans les bourgeons d'une *Podophrya gemmipara*, destinés à former de jeunes individus libres, *b*.

Ce mode de reproduction se montre aussi bien sur des monoplastidaires indépendants, tels que les Acinètes ou même la levure de bière, que chez des organismes polyplastidaires ; dans ce dernier cas, un grand nombre de plastides peuvent prendre part à la formation du bourgeon, sans que pour cela chacun d'eux soit obligé de se multiplier par bourgeonnement.

Chez les Salpes, le bourgeonnement se fait dans un organe spécial nommé *organe germigène*, et il rappelle alors la formation des spores dans les plantes. D'ailleurs, la sporulation existe parmi les protozoaires, chez les Grégarines, et, à la rigueur, l'*œuf parthénogénétique* peut être considéré comme un plastide germe ou spore.

Tous ces procédés de multiplication ou de reproduction, de même que ceux des végétaux qui se font par *bouture, gemme, bulbille, tubercule*, etc., ne représentent que la continuation directe du même individu. Dans l'immense majorité des cas, ils ne sont pas suffisants pour assurer à la lignée une très longue trajectoire et disparaissent tout à fait chez les animaux bien différenciés. Entre ces derniers et les organismes relativement inférieurs, on peut voir la génération agame alterner dans la même lignée avec ce que nous allons appeler *génération sexuée*.

Pendant longtemps, on a cru que les infusoires pouvaient se reproduire indéfiniment par voie agame, mais en observant attentivement ce qui se passe chez les flagellates, il devient évident qu'il n'en est pas ainsi. Le *Stylonychia pustulata* peut fournir jusqu'à 230 générations d'individus robustes bien conformés, par simple bipartition continue; mais, à partir de ce moment jusqu'à la 316e série de bipartition continue, les infusoires dégénèrent et finissent par mourir d'une dégénérescence sénile nommée *senescence*. Celle-ci se reconnaît à ce que la taille des individus diminue de plus en plus et tombe de 160 millièmes de millimètre à 120, 80 et même 40. Plus tard, surviennent des dégradations plus profondes et même des atrophies complètes de leurs organes. C'est d'abord l'appareil buccal qui disparaît en partie, puis apparaissent des modifications importantes des macronucléus et micronucléus. Chez les individus des dernières générations le corps se réduit et se ratatine de plus en plus, prend des formes anormales; après cette série de dégradations, ils deviennent finalement d'informes et monstrueux avortons incapables de s'alimenter, de vivre, de se reproduire, et dont la dissolution intégrale sert de couronnement à cette œuvre de désorganisation.

Cette extinction finale par senescence se produit suivant les espèces après 215, 319, 330 générations et, chez la *Leucophrys patula*, après 660 seulement.

Ces faits montrent qu'à un certain moment la nutrition languit et devient insuffisante, d'ailleurs, on voit s'accélérer beaucoup la dégénérescence sénile chez les êtres qui vivent dans un milieu misérable.

Lès uns et les autres n'échappent à la destruction de l'espèce qu'à la faveur de deux nouvelles fonctions : l'*accouplement* et la *fécondation*.

Voici comment elles se manifestent chez ces infusoires : deux individus se rapprochent l'un de l'autre, s'accolent par leur surface ventrale. A ce moment, ils possèdent chacun deux noyaux. Peu après, dans chacun d'eux, un des noyaux se mobilise et il y a échange de ces noyaux migrateurs entre les deux conjoints. Le noyau migrateur de l'un pénètre dans la substance de l'autre, se dirige vers celui qui est resté immobile et sédentaire, s'y accole et bientôt se fusionne avec lui. Lorsque cette fusion s'est opérée des deux côtés, les infusoires se sont fécondés réciproquement ; ils se séparent alors et, à partir de ce moment, ils peuvent se multiplier par division, comme avant, un grand nombre de fois, sans le secours d'un de leurs congénères, puis le cycle générateur recommence.

C'est là un mode particulier de reproduction auquel on a donné le nom de *karyogamie* ou mariage de noyaux, mais il n'en constitue pas moins un procédé de *reproduction dimère*, c'est-à-dire nécessitant l'intervention de deux individus distincts. Pourtant, ce n'est pas encore la *reproduction sexuée*. Nous verrons tout à l'heure en quoi elle consiste. Vous savez que certains êtres, animaux ou végétaux, peuvent se reproduire à l'aide de spores, c'est-à-dire d'une partie différenciée de leur substance, sans aucun concours étranger. C'est là un recommencement, mais non un rajeunissement.

Dans le cas de karyogamie, il y a rajeunissement de chacun des deux organismes qui se sont accouplés : il n'en est pas ainsi dans la véritable génération sexuée. Il n'y a ni continuation directe, ni recommencement, ni même rajeunissement des individus qui se sont accouplés plus ou moins directement, il y a *naissance* d'individus nouveaux.

Au moment de la reproduction, on trouve dans le même organisme des plastides qui forment la masse du corps de l'individu, ce sont les éléments somatiques destinés à périr avec lui, puis, à côté de ceux-ci, d'autres plastides issus des premiers, qui sont des éléments reproducteurs appelés à continuer la lignée. Si l'élément reproducteur n'arrive pas à se fusionner par annexion directe de bioprotéon avec un second élément, plus ou moins semblable, issu d'un autre individu ou très rarement du même, il meurt et se désagrège bien plus vite qu'une spore, beaucoup plus rapidement même que les plastides somatiques. Ces derniers continuant à se multiplier par divi-

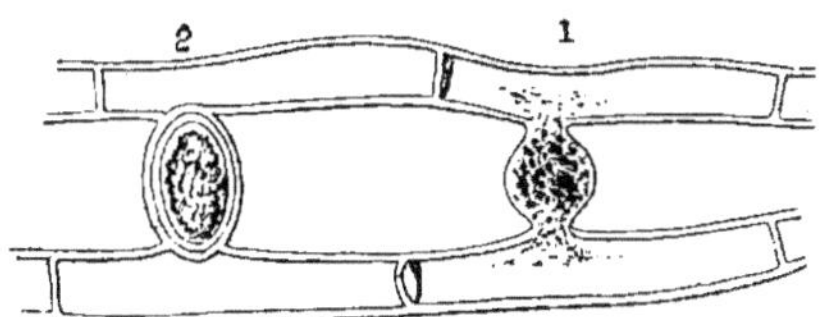

Fig. 68. — Conjugaison chez le *Mesocarpus parvulus.*

sion, peuvent encore fournir d'autres éléments reproducteurs, mais sont incapables de se fusionner pour donner naissance à un nouvel individu indépendant du ou des premiers. Cette fusion se rapproche beaucoup de ce procédé de nutrition que je vous ai décrit sous le nom d'*annexion* protoplasmique directe. Examinons d'abord les cas les plus simples.

Pour constituer un être nouveau, il arrive qu'au lieu d'une spore il en faut deux qui doivent se fusionner. Si les deux éléments qui s'unissent sont semblables, au moins en apparence, on les appelle des *gamètes* et leur accouplement constitue une *conjugaison isogame.*

Le *Mesocarpus parvulus* (fig. 68) nous offre un exemple de ce mode de reproduction. Chez cette algue, deux plastides semblables, appartenant à des filaments voisins, poussent chacun une protubérance. Les deux saillies qui en résultent se dirigent l'une vers l'autre. Lorsqu'elles se touchent, la cloison intermédiaire, qui les sépare, se détruit,

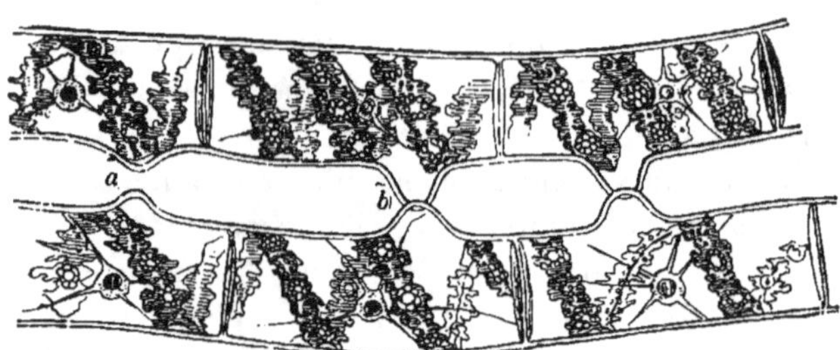

Fig. 69. — Quelques plastides de deux filaments de *Spirogyra* se préparant à la conjugaison : On voit les rubans chlorophylliens enroulés en spirale et dans lesquels sont plongés des grains d'amidon disposés en cercle; on y voit aussi de petites gouttes d'huile disséminées. Dans chaque cellule, le noyau est entouré d'une couche de protoplasme, de laquelle partent des filaments protoplasmiques qui se rendent à la paroi plastidaire; en *a* et *b*, la paroi se soulève pour aller au-devant d'un renflement semblable d'une cellule voisine et s'y accoler.

les deux corps protoplasmiques se fusionnent, et un individu nouveau est *né* : c'est l'*œuf fécondé*. Les deux cellules qui sont venues se confondre pour constituer ce nouvel être ont fait chacune la moitié du chemin.

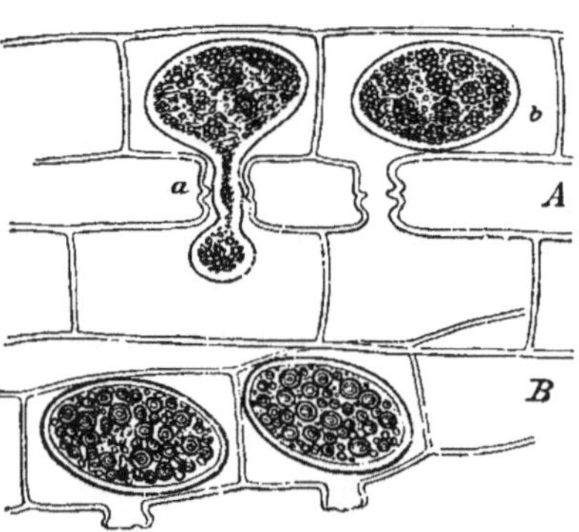

Fig. 70. — Conjugaison du *Spirogyra* en voie d'accomplissement : *A* en *a*, le corps protoplasmique d'un plastide pénètre dans l'autre; en *b*, les deux plastides sont déjà fusionnés; en *B*, les grosses zygotes ou œufs fécondés sont revêtues d'une membrane.

Dans le genre voisin *Spirogyra*, le contenu d'un des plastides reste en place et l'autre va au-devant de lui, par un canal dit de conjugaison, qui s'est formé entre les deux cellules (fig. 69 et 70).

Il y a là un commencement de différenciation, non pas morphologique, mais physiologique, et l'on est convenu de désigner sous le nom de *mâle* le gamète mobile, et de *femelle* celui qui est resté immobile. C'est ici seulement que commence la *conjugaison hétérogame* ou *union sexuée*.

Au fur et à mesure que la différenciation s'accentuera, nous verrons l'œuf non fécondé, toujours immobile, dépasser en volume par accumulation de réserves alimentaires, l'élément mâle, lequel deviendra de plus en plus mobile et dépourvu, à cet effet, de bagage nutritif; il prendra le nom d'*anthérozoïde* ou de *spermatozoïde*, selon qu'il s'agira d'un végétal ou d'un animal.

La motilité n'est cependant pas un indice certain du caractère masculin : nous l'avons rencontrée chez les zoospores asexuées, et elle se trouve encore à un égal degré développée chez certaines Volvocinées qui se reproduisent par des gamètes égaux, mais libres, pourvus de deux cils à l'aide desquels ils nagent librement dans le liquide. Lorsqu'ils se rencontrent, ils se conjugent deux à deux, puis leurs cils disparaissent et l'œuf fécondé, ainsi formé, s'entoure d'une membrane résistante (fig. 71).

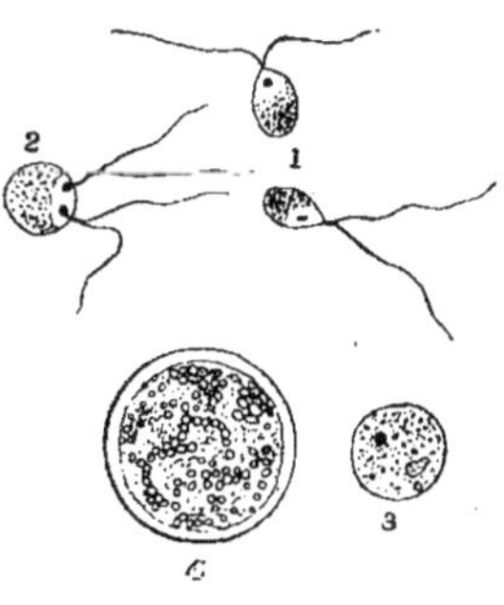

Fig. 71. — Conjugaison de *Volvocinées.*
1. Zoospores asexuées ; 2. Deux zoospores conjuguées; 3. Les mêmes après perte de leurs cils ; 4. Œuf fécondé.

Ainsi donc les deux gamètes, ou bien l'œuf non fécondé et le spermatozoïde, sont incapables de se développer isolément : ils possèdent une énergie évolutrice qui ne se manifeste que quand ils sont combinés, fusionnés. Chacun se trouve dans la situation d'un mérozoïte privé de noyau, mais ce n'est pas une raison pour dire qu'ils ne vivent pas avant la conjugaison et la fécondation et que la vie commence seulement à ce moment : si l'ovule et le spermatozoïde étaient morts, ou seulement en état de vie latente, d'anesthésie, ils ne se fusionneraient pas. Toutes les causes qui entravent, excitent, ralentissent ou exagèrent l'activité vitale, toutes celles qui la suspendent ou la détruisent agissent d'une manière évidente sur l'ovule et sur le sper-matozoïde.

Les particularités qui distinguent l'œuf des autres plastides somatiques tiennent à des modifications que nous allons bientôt étudier et qui, à un moment donné, se passent dans un plastide prédestiné à devenir œuf et que l'on nomme *ovule* pour cette raison.

L'ovule est un plastide normal avec enveloppe, protoplasme et noyau constitués comme d'habitude : seulement, on donne au noyau le nom de *vésicule germinative*. Les ovules sont plus gros que les plastides somatiques ordinaires et se distinguent encore par leur protoplasme chargé de matières nutritives, granuleuses constituant le *vitellus*.

Ils se forment à côté d'autres éléments qui ne seront jamais des œufs, par le même procédé de divisions répétées, ou *karyokinèse*. Ces derniers sont les *plastides somatiques* d'un organe qui porte le nom d'*ovaire*.

Suivons, si vous le voulez, parallèlement, les modifications qui vont se produire dans deux plastides nouvellement formés, dont l'un seulement est destiné à devenir un œuf et l'autre un simple plastide somatique ovarien. Nous verrons que, jusqu'à un certain moment, dans l'un et dans l'autre, les modifications sont identiques.

Les trabécules ou granulations de chromatine qui étaient dispersées sans ordre (*a*) se régularisent, s'organisent pour former un filament chromatique plus ou moins contourné (*b*). Ce dernier ne tarde pas à se diviser en un nombre variable de segments appelés chromosomes, 24, 16, 4, suivant l'espèce (*c*); choisissons, pour plus de clarté, un exemple où le nombre des segments sera de quatre : nous le trouvons dans l'Ascaris megalocephala.

Les segments, d'abord en bâtonnets plus ou moins

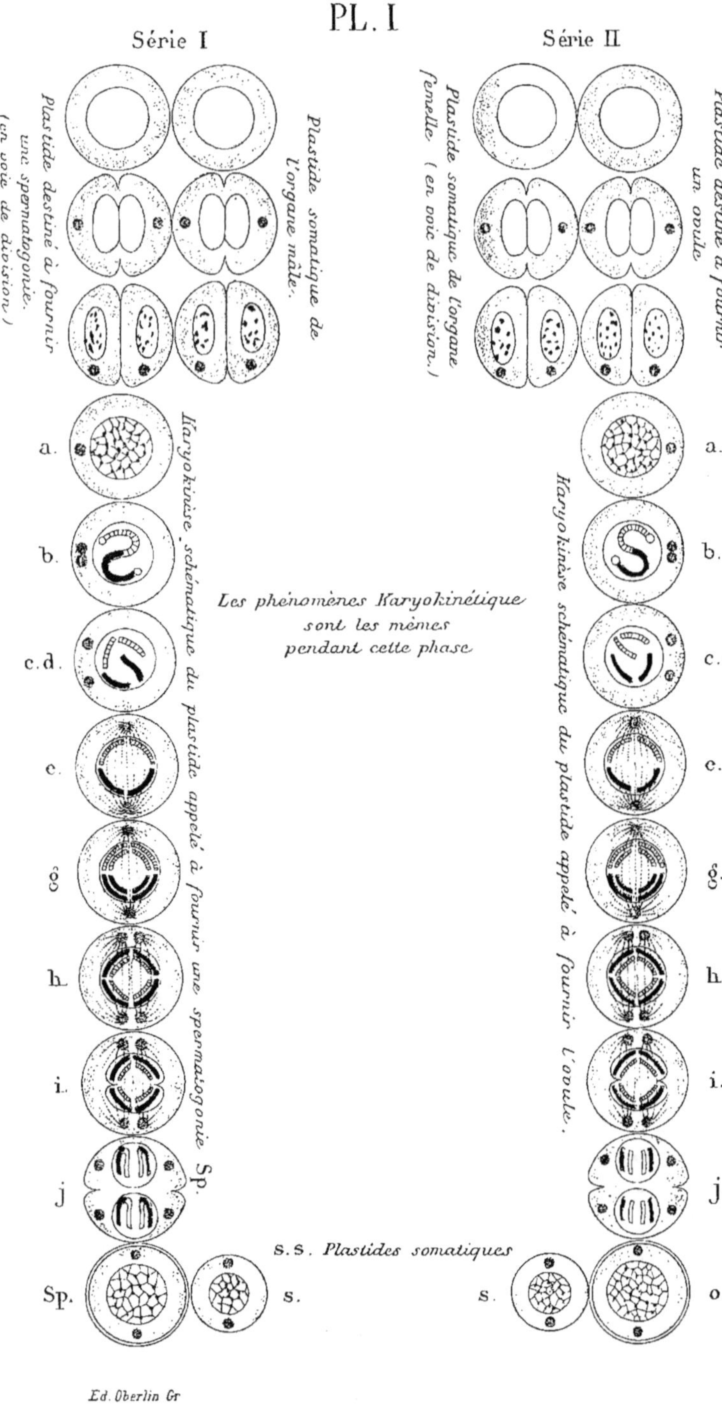

PL. I
Série I
Série II
Plastide destiné à fournir un ovule
Plastide somatique de l'organe femelle (en voie de division.)
Plastide somatique de l'organe mâle.
Plastide destiné à fournir un spermatogonie. (en voie de division.)
Karyokinèse schématique du plastide appelé à fournir une spermatogonie Sp.
Karyokinèse schématique du plastide appelé à fournir l'ovule.
Les phénomènes Karyokinétique sont les mêmes pendant cette phase
a.
b.
c.d.
e.
g.
h.
i.
j.
Sp.
s.
s.
o.
s.s. Plastides somatiques
Ed. Oberlin Gr
E. Tapiément imp.

PL. II

En a, b, c, les phénomènes internes sont les mêmes pour les plastides mâle et femelle.

Série I

Série II

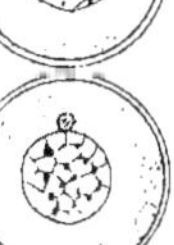
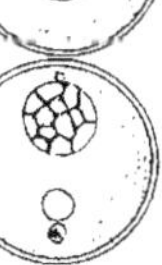
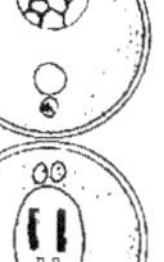

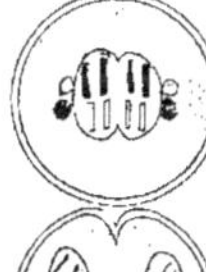

E. Cassoment imp.

réguliers, se recourbent en U et se disposent deux à deux, comme des aimants en fer à cheval présentant symétriquement leurs pôles au plan équatorial ; ils peuvent même se disposer de façon à figurer une sorte de *disque équatorial*.

Mais, pour plus de simplicité, supposons qu'ils ont conservé la forme de bâtonnets quadrangulaires (*d*).

A ce moment, se montrent dans le noyau des stries ou filaments ne renfermant pas de chromatine. On les voit converger vers deux *corpuscules radiés* ou *asters* qui viennent d'apparaître aux deux pôles du noyau (*e*). Les contours de celui-ci commencent à s'effacer et il s'allonge en prenant une forme ovoïde (*f*). Les chromosomes se dédoublent longitudinalement, par une sorte de clivage, de façon à en constituer chacun deux autres, mais d'épaisseur moindre de moitié (*g*). Alors, deux des quatre nouveaux segments ou chromosomes formés au-dessus du plan équatorial passent au-dessous et inversement ou, en d'autres termes, deux segments de l'hémisphère supérieure passent dans l'hémisphère inférieure et réciproquement (*h*). Chaque hémisphère contiendra donc, à ce moment, deux segments venus de l'autre et deux lui ayant toujours appartenus, en tout quatre segments ou chromosomes pour chaque hémisphère, et huit pour le noyau tout entier. Les choses se passent de telle façon que chacun des segments se trouve avoir, vis-à-vis de lui, de l'autre côté du plan équatorial, son frère jumeau.

Lorsque les quatre segments de chaque hémisphère sont encore rapprochés par leurs extrémités, ils forment une plaque équatoriale unique, mais en glissant le long des filaments achromatiques, chaque quatuor de segments est entraîné vers son aster respectif et il y a bientôt deux plaques au lieu d'une seule (*i*). Arrivés aux pôles opposés du noyau, les quatre segments de chaque plaque se soudent entre eux bout à bout pour former un peloton chromatique (*j*) qui grossit et s'entoure d'une membrane : il y a désormais deux noyaux nouveaux renfermant exactement le même nombre de chromosomes du noyau primitif. L'étranglement du noyau s'étend à tout le protoplasme et il existe bientôt deux plastides distincts. Puis, le même phénomène se reproduit, toujours identique à lui-même, s'il s'agit d'un plastide somatique.

Le nouveau plastide est-il un ovule ? alors il entre dans une période de repos pendant laquelle son volume augmente et quand sa taille a atteint ses limites définitives, il est mis en liberté. Mais, pour que ce plastide soit apte à la reproduction, il lui faudra subir de nouveaux changements, qui, d'un ovule stérile, feront un œuf fécondable.

Les contours du noyau de l'ovule, appelé maintenant *vésicule germinative*, disparaissent (*a*) et à sa place naît un corps fusiforme formé de filaments présentant à chaque extrémité un système de rayons figurant un soleil ou *aster* : ce sont les filaments non chromatiques et les corpuscules radiés des plastides en voie de division qui reparaissent (*b*), puis, en sortant de la période de repos, l'ovule de l'Ascaris mégalocéphale, puisque c'est lui que nous avons pris pour exemple, comme tout autre plastide retrouve ses quatre segments ou chromosomes (*c*). Ils se dédoublent encore comme précédemment, mais tout le système équatorial se porte ici vers la périphérie et les quatre segments les plus près de celle-ci sortent du noyau, entraînant avec eux la moitié du fuseau (*d*). Sur les filaments restés dans le noyau se disposent parallèlement, deux par deux, les quatre chromosomes restants (*e*). La paire périphérique sort encore du noyau (*f*).

Les parties ainsi éliminées successivement portent le nom de *globules polaires*, se fixent dans un point de l'ovule, à l'écart du noyau, et ne tardent pas à s'atrophier. Ce sont des *œufs avortés*; mais avant, le premier globule polaire, qui renfermait quatre chromosomes, s'était divisé en deux : de sorte qu'à un moment, il existait quatre œufs ayant chacun deux chromosomes, mais dont trois étaient stériles et destinés à disparaître. L'ovule, devenu œuf par cette épuration, est apte à être fécondé par son union avec l'élément mâle qui se forme d'une façon assez analogue.

Les spermatozoïdes viennent de *cellules-mères* qui se divisent un grand nombre de fois dans la glande mâle et sont appelées *spermatogonies*. Ces plastides, comparables aux ovules, sont souvent appelés *ovules mâles*. Le nombre des chromosomes dans l'élément mâle reste identique à celui des ovules de la même espèce.

Dans la spermatogonie, il se produit successivement des divisions de chromosomes, comme dans l'ovule. Chez l'*Ascaris*, il y aura donc, dans la spermatogonie, formation de quatre éléments renfermant chacun deux chromosomes. Seulement ce qu'il y a de particulier, c'est qu'aucun d'eux ne s'atrophiera, et ils formeront quatre *spermatocytes*, tous susceptibles de passer à l'état d'activité, c'est-à-dire de *spermatozoïdes*. Pour un même nombre d'ovules et de spermatogonies, il y aura donc davantage de spermatozoïdes que d'œufs.

Mais, qu'il s'agisse de l'œuf ou du spermatozoïde, on voit que ces éléments ont, l'un et l'autre, subi une diminution de moitié du nombre des chromosomes que l'on rencontre dans les plastides non reproducteurs de la même espèce : c'est ce qu'on nomme la *réduction karyogamique*. Étant incomplets, ces éléments ne peuvent se développer seuls; ce ne sont que des demi-plastides, produits à la fin d'une série de transformations de plastides entiers normaux. On avait proposé, pour ces plastides, aussi bien mâles que femelles, le nom de *gonocytes* (noyaux-semence). Les globules polaires n'étant que des gonocytes femelles avortés, on pourrait appeler *oogemme* le groupement qu'ils forment avec l'œuf, de même que l'on nomme *spermatogemme* le groupement des quatre spermatocytes nés d'une même spermatogonie.

Si l'on veut observer les phénomènes qui accompagnent la fécondation, c'est-à-dire la fusion des gonocytes mâle et femelle, on s'adressera de préférence aux œufs et aux spermatozoïdes de l'Oursin, qui, grâce à leur transparence, les laisse voir facilement sous le microscope, dans un porte-objet rempli d'eau de mer.

On constatera alors que plusieurs spermatozoïdes s'approchent de la couche périphérique de l'œuf non fécondé

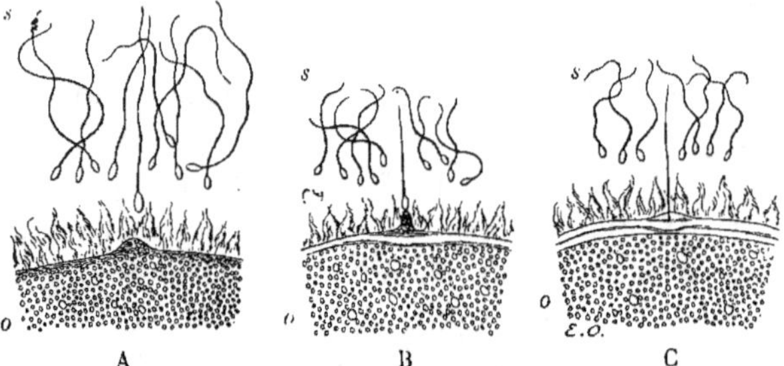

Fig. 72. — Fécondation de l'ovule ou œuf non fécondé d'*Oursin* : *s, s, s,* spermatozoïdes; *o, o, o,* ovules.

ou ovule (A, fig. 72) qui, au niveau du plus rapproché d'entre eux, se soulève en un petit cône muqueux où le spermatozoïde enfonce sa tête (B). Celle-ci disparaît d'abord (C), puis ensuite la queue, qui cesse de se mouvoir dès que le spermatozoïde est entré dans l'œuf. Aussitôt après, la couche externe de ce dernier se gonfle et s'épaissit de sorte qu'aucun autre élément mâle ne peut pénétrer.

La tête du spermatozoïde, enfoncée dans la substance de l'œuf, s'y transforme bientôt en un petit corpuscule sphérique, clair, entouré de stries radiaires : c'est le *pronucleus mâle* qui va s'engager avec lenteur, de plus en plus profondément dans l'œuf, à la rencontre du *pronucleus femelle*, constitué par le seul des deux asters de

l'ovule qui soit resté dans l'œuf après la réduction karyogamique. Ils s'accoleront et se fusionneront intimement
pour former un noyau unique, le *noyau de l'œuf*, lequel
entrera immédiatement en division.

Pourtant cette fusion n'est pas comparable au mélange
de deux liquides.

Chaque pronucléus, à un moment donné, renferme un
globule de chromatine qui, en se diffusant dans une certaine quantité de protoplasme ambiant, reforme un noyau.
La chromatine, d'abord diffuse, se groupe en réseau, puis
en chromosomes, à l'instant où les pronucléus vont se
conjuguer.

Après la conjugaison, ces nouveaux chromosomes ne
se confondent ni ne se fusionnent.

A ce moment, dans le noyau de l'œuf, la fécondation
est opérée, le premier plastide de l'embryon est constitué; il va subir un nombre considérable de divisions
karyokinétiques, d'où résulteront les éléments somatiques
et les éléments reproducteurs d'un seul sexe, si l'individu est unisexué, des deux sexes s'il est hermaphrodite,
comme l'Escargot, la Sangsue et un nombre considérable
de végétaux et d'animaux; ou bien, encore, naîtront à la
fois ou successivement des éléments reproducteurs sexués
et d'autres asexués pouvant, ainsi que les spores, engendrer sans fécondation des individus de même espèce,
comme c'est le cas dans la *parthénogenèse*.

N'oublions pas que dans chaque plastide-œuf, après
fécondation, il y a une égale quantité de chromatine
paternelle et de chromatine maternelle, mais elles ne
seraient pas de même qualité.

Dans le noyau de tout plastide, on trouve une matière
que l'on a nommée cyanophile et qui est avide de matières
colorantes bleues, de vert de méthyle, de bleu de méthylène et d'hématoxyline : à côté de celle-ci, il en existe une
autre, appelée érythrophile, se colorant par la fuchsine,

l'éosine, l'aurantia, le carmin. Ces deux substances existent à peu près en parties égales dans les noyaux ordinaires, qui seraient alors hermaphrodites; en effet la substance cyanophile serait propre à l'élément mâle et l'érythrophile à l'élément femelle.

Cependant, tous les phénomènes de la fécondation ne se passent pas exclusivement dans le noyau, comme vous pourriez le croire d'après ce que je viens de vous dire.

L'œuf, ainsi que le spermatozoïde, possède, en dehors du noyau, des globules accompagnant les pronucléus au moment de la conjugaison. On leur a donné le nom de *sphères directrices*. Celle qui accompagne le pronucléus mâle est plus spécialement désignée sous le nom de *spermocentre* et celle du pronucléus femelle sous celui d'*ovocentre*.

Pendant la conjugaison des pronucléus, ils se placent dans le protoplasme, en dehors du nouveau noyau, à chacun de ses pôles, dans le plan de la division future, et c'est par eux que cette dernière commence.

En effet, chacun se coupe en deux et chacune des moitiés situées aux deux pôles décrit un demi-cercle en sens opposé, de façon à se rapprocher du plan équatorial : il en résulte qu'à un certain moment, à chaque extrémité d'un même diamètre équatorial, se trouvent deux moitiés de sphère directrice venues de deux pôles opposés. On a donné à ces évolutions le nom de *quadrille des centres*.

Comme chacune des deux moitiés qui se sont rapprochées se trouvent maintenant, non plus dans le plan de division, mais de part et d'autre de celui-ci, il arrive qu'après la segmentation les deux nouveaux plastides formés posséderont également une moitié de l'ovocentre et une moitié du spermocentre. Ces deux moitiés, en se fusionnant, deviennent d'abord l'*astrocentre*, puis la *sphère directrice* du plastide-fille correspondant, lui fournissant ainsi une égale quantité de substance protoplasmique paternelle et maternelle.

De l'orientation de ces astrocentres dépend celle du *plan de division*, car elle commande à celle des chromosomes : c'est à elle qu'est due la première division, d'où résultera la moitié gauche et la moitié droite de l'embryon.

La fécondation n'est donc pas un phénomène purement nucléaire consistant dans le remplacement, par un pronucléus mâle, de la chromatine perdue par l'ovule pour former les globules polaires, car cet achèvement, cette reconstitution, s'accompagnent également de l'apport d'éléments différenciés dans le protoplasme.

Toutes ces transformations ont été observées chez les végétaux, aussi bien que chez les animaux, et leur ensemble fournit un des chapitres les plus intéressants des phénomènes de la vie communs aux animaux et aux végétaux, qui sont les fondements mêmes de la physiologie générale.

La parthénogenèse vraie, fréquente chez les animaux, constitue, comme je vous l'ai dit, une succession de reproduction asexuée et de reproduction sexuée : elle peut être considérée comme un retour partiel incomplet à l'état primitif ou de sporulation, comme une sorte de dégénérescence. Elle s'observe principalement chez les animaux métamériques, chez les arthropodes et particulièrement chez les insectes et les crustacés; les cas les plus connus sont ceux des Pucerons et du Phylloxera.

De petits crustacés communs, les Daphnies, en offrent un exemple bien remarquable. Dans la belle saison, ils se reproduisent par des œufs parthénogénétiques, non fécondés, par conséquent. Leur développement est si rapide que l'eau des mares en est obscurcie. Puis, quand arrivent les froids, les mâles font leur apparition et fécondent les femelles. Chacune d'elles pond alors un, deux ou trois œufs d'hiver, entourés d'une coque épaisse, et qui passent l'hiver sans changements. C'est seulement au printemps qu'éclosent les jeunes Daphnies parthénogénétiques, et le cycle recommence.

L'ovule parthénogénétique est ici caractérisé par ce fait qu'il n'expulse qu'un globule polaire pour devenir un œuf, tandis que l'ovule qui fournira un œuf fécondable en expulse deux. Il en résulte que le noyau de l'œuf parthénogénétique reste, après cette réduction karyogamique incomplète, un élément complet, car il renferme le même nombre de chromosomes qu'avant celle-ci : il n'a donc pas besoin d'être complété, comme doit l'être le demi-noyau que représente le pronucléus femelle après une double élimination. Il se passe ici une sorte de fécondation passive : en retenant le second pronucléus, l'œuf se féconde lui-même.

Mais les œufs parthénogénétiques ne produisent pas toujours successivement des mâles et des femelles; ainsi chez le *Liparis dispar* et chez les Abeilles, les œufs fécondés donnent exclusivement naissance à des femelles et les œufs non fécondés à des mâles.

Il se peut que les œufs parthénogénétiques résultent d'une sorte d'*autofécondation,* mais il est un fait incontestable, c'est que les caractères de race, imprimés aux animaux domestiques par une union première, se retrouvent dans toutes les autres portées, alors que le mâle qui les a donnés n'a eu qu'un seul contact avec la femelle. L'action de la fécondation dépasse donc l'œuf, quand celle-ci bien entendu s'est effectuée au sein de l'organisme femelle, pour se répercuter sur ce dernier. La transmission par la grossesse de certaines affections virulentes comme la tuberculose et la syphilis ne semblent-elles pas suivre parfois la même voie?

Quoi qu'il en soit, ce qu'il importe de ne pas perdre de vue, c'est que le plastide qui formera l'individu nouveau dérive directement de deux pronucléus et de deux centrosomes, l'un mâle et l'autre femelle, ou, plus exactement, l'un d'origine paternelle et l'autre d'origine maternelle.

Mais, il convient de faire remarquer que si ces organismes reproducteurs ne représentent respectivement, au point de vue matériel, que des moitiés de plastides, il ne s'en suit nullement qu'il en soit de même, sous le rapport du potentiel ou énergie évolutrice latente, et l'on peut admettre logiquement que ce dernier s'est concentré, par exemple, sur les chromosomes restant dans l'œuf, le pronucléus femelle ayant hérité de celui des globules polaires, éliminés ensuite parce qu'ils étaient devenus inertes. Ce demi-noyau posséderait donc la valeur énergétique d'un noyau entier, avec la faculté de se combiner avec une fraction d'énergie ancestrale d'un autre noyau, dont la valeur serait représentée par un quart dans le cas qui nous occupe.

La valeur totale de l'œuf fécondé deviendrait donc, par ce fait, supérieure à celle d'un autre élément arrivé au même degré d'évolution. Mais il est bien certain que l'énergie évolutrice agit beaucoup plus par sa qualité propre, c'est-à-dire par la forme spéciale de son mouvement que par sa quantité. Pourtant, le potentiel ancestral, destiné à la lignée, s'épuise comme celui que l'individu reçoit pour transmettre à d'autres l'héritage des ascendants, et les races vieillissent comme les individus.

Il est bien probable, en outre, que les granulations de matière cyanophile, et de substance érytrophile jouissent de propriétés différentes, et que les dernières ne font que remplacer ce qui a été éliminé du plastide hermaphrodite, après usure, par les globules polaires.

Par les unions successives, les bioprotéons représentant le substratum du potentiel évolutif se trouvent, avec une grande rapidité, singulièrement mélangés, car, si on admet qu'aucun n'est éliminé, le nombre des composants à la onzième génération ne sera pas inférieur à 1024.

Il n'est pas impossible que quelques-unes disparaissent, mais ce qu'il y a d'évident, c'est que certains caractères ancestraux deviennent latents définitivement, et d'autres seulement accidentellement. Dans ce dernier cas, ils s'effacent momentanément de la trajectoire de la lignée pour reparaître plus tard, comme si, à la manière des radiations lumineuses mélangées, certaines ondulations individuelles de la trajectoire ancestrale subissaient des interférences.

Malgré cela, les caractères héréditaires spécifiques présentent une remarquable ténacité, car la plupart des espèces croisées restent stériles, et pour ce qui est des variétés et des races, elles ne tardent pas, en général, à revenir au type primitif, quand elles sont abandonnées à elles-mêmes. Les caractères acquis par les croisements sont donc peu stables par rapport aux caractères spécifiques vrais. Les pronucléus et les centrosomes paraissent ainsi avoir un potentiel spécifique capable d'engendrer un travail différent, non seulement par la forme du mouvement, mais aussi par son intensité et sa durée.

Les conditions de milieu peuvent exercer encore une influence sur la modalité de l'énergie ancestrale et imprimer également certains caractères acquis, c'est-à-dire que ne possédaient pas les ascendants, comme lorsque certaines harmoniques viennent se greffer sur les ondes du son fondamental pour en modifier le timbre. Les caractères spécifiques ne disparaissent pas pour cela, ce qui arrive pour les autres, par la suppression des causes qui les avaient déterminés.

Dans le moment actuel, nous voyons finir des espèces anciennes, mais nous n'en voyons pas naître de nouvelles et quand un bioprotéon étranger s'introduit dans une espèce, il paraît destiné à être tôt ou tard éliminé ou à disparaître avec les métis, comme il arrive souvent, d'ailleurs, pour les peuples envahisseurs lorsque les dissemblanches sont profondes par rapport à la population indigène.

La vie de la lignée, comme tout phénomène continu, de même que celle des individus qui en sont les composantes, peut être représentée par une trajectoire, mais il semble, au moins dans les temps présents, que celle-ci ne se répète pas, même en se modifiant spécifiquement. Il y a évolution pendant la vie d'une espèce qui peut passer, comme celle de l'individu, par une période de jeunesse, d'état adulte et de vieillesse, mais le transformisme physiologique ne me semble pas pouvoir aller au delà. Quant au transformisme paléontologique, il n'en reste pas moins, pour le moment, la plus séduisante et la plus spécieuse des doctrines relatives à l'évolution préhistorique des êtres, malgré ses nombreux points faibles ; pour le reste, les anatomistes n'ont guère fait que consolider le vieil adage : *natura non facit saltum.*

On peut tout expliquer avec des hypothèses, même la raison d'être de la fécondation. Si l'on suppose qu'à l'origine, comme cela se voit encore aujourd'hui chez les êtres inférieurs, les individus sont nés par division successive, il se peut que la répartition des modalités de l'énergie destinées à assurer la conservation de l'espèce se soit effectuée d'une manière inégale, et que les individus devenus incomplets par ce fait, aient cherché plus tard à se compléter par des unions entre membres d'une même espèce paraissant étrangers mais ayant, en réalité, une même origine, un ancêtre commun.

Ce qui tendrait à faire supposer qu'il en est ainsi : c'est que chez les individus hermaphrodites l'autofécondation, qui déjà n'est pas générale chez le végétal, devient tout à fait exceptionnelle chez l'animal : on ne connaît que quelques rares exemples, comme celui d'un cténophore, le *Chrysaora*, et de quelques ascidies androgynes qui peuvent se suffire à eux-mêmes pour engendrer leur descendance. Chez la grande majorité des hermaphrodites, l'accouplement est rendu inévitable parce que les produits mâles et femelles, comme cela arrive pour l'Escargot, ne mûrissent pas à la même époque dans le même individu.

Je vous disais, au commencement de cette leçon, que la multiplication par scissiparité n'était qu'un résultat particulier de la croissance, un des aboutissants de la nutrition, le principal sans doute. Cela est si vrai, que s'il arrive aux infusoires ciliés d'être mal nourris, ils cessent de se diviser et s'accouplent pour échapper à la destruction finale, totale. Il est remarquable que dans l'espèce humaine, chez les êtres malingres, souffreteux, particulièrement chez les phtisiques, l'instinct sexuel s'éveille de très bonne heure, et garde une grande vivacité.

La fécondation semble donc intervenir pour suppléer à une nutrition qui, devenue insuffisante, ne permet plus à l'individu de s'accroître par prolifération de ses éléments somatiques, c'est, d'ailleurs, quand approche la fin de la croissance que l'union des sexes a le plus de tendances à s'effectuer. La fusion de deux éléments mâle et femelle est suivie d'une reprise extrêmement active de la nutrition, et consécutivement de la prolifération par scissiparition ou segmentation, aussi bien chez les infusoires ciliés que dans les plastides somatiques des organismes polyhétéroplastidaires. Cette reprise n'a pas toujours lieu de suite et l'énergie nécessaire peut rester latente à l'état potentiel pendant longtemps, comme dans l'œuf d'hiver d'une foule d'animaux, même pendant des années, dans les graines des végétaux; il ne lui manque pour se manifester que des conditions convenables de milieu, peu de choses, qu'il ne faut pas confondre avec l'énergie évolutrice : une goutte d'eau et un peu de chaleur; quelquefois c'est seulement par le manque de l'un ou de l'autre de ces *excitants* que se perd l'énorme déploiement d'activité que

peut nous montrer pendant des siècles, le chêne après sa
sortie du gland !

Il serait bien intéressant de chercher sur des animaux
plus élevés en organisation que les infusoires, à modifier,
à volonté, par la nutrition, la *génération alternante régulière,*

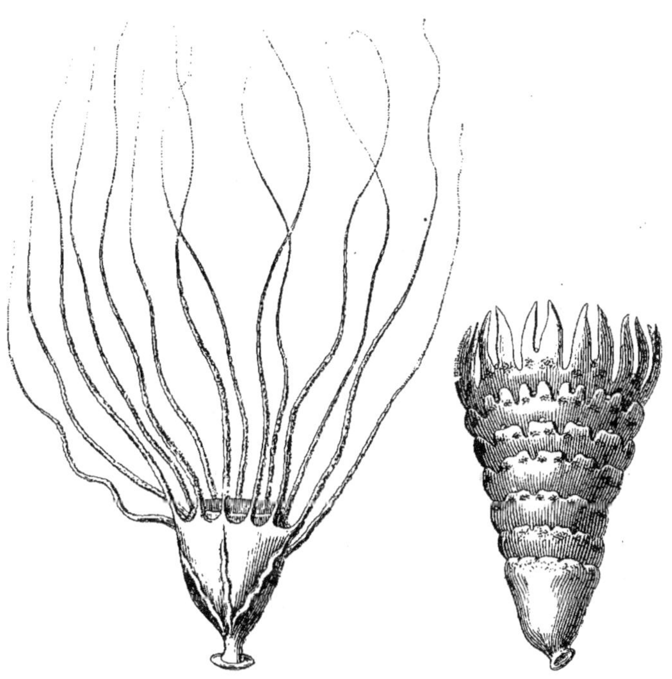

Fig. 73. — *Scyphistome.*   Fig. 74. — *Strobila.*

successivement agame et sexuée, que l'on observe, par
exemple, chez les Méduses.

Vous savez que chez les méduses discophores, la larve,
à la sortie de l'œuf, est d'abord mobile, puis qu'elle se
fixe, prend des tentacules et passe à l'état de scyphistome
(fig. 73). Celui-ci ne tarde pas à subir la *strobilation* (fig. 74),
c'est-à-dire la division en un certain nombre de segments

qui ne tarderont pas à se séparer pour devenir autant d'individus libres sexués, appelés *Ephyra*.

Ce qui est bien établi, c'est que la nutrition a sur le sexe, chez les Abeilles, une influence radicale.

Le rajeunissement qui résulte de la fécondation est dû, avant tout, à la reprise intensive de la faculté d'assimilation devenue languissante, et nous savons que c'est surtout du noyau que dépend cette fonction dans le plastide ordinaire.

Existe-t-il des noyaux mâles et des noyaux femelles, dans tous les cas? Chez les noctiluques et les desmidiacées, par exemple, les deux individus qui s'accouplent pour se fusionner complètement, ne sont pas différents l'un de l'autre, morphologiquement au moins; chez beaucoup d'algues inférieures, les gamètes qui se conjuguent ne se distinguent pas davantage, ni par leur taille, ni par leurs mouvements, ni par des caractères quelconques : tels sont les *Ulothrix*, *Bryopsis*, *Botrydium*, *Acétabularia*, etc. Le rajeunissement naîtrait donc uniquement de l'union de deux masses de même nature, mais rien ne prouve que la constitution intime des deux gamètes contractantes soit identique, tant au point de vue moléculaire que sous le rapport des modalités de l'énergie. Rien ne ressemble autant à un être vivant que son cadavre, et pourtant, entre les deux, il y a un abîme : la mort!

En général, les futurs conjoints ne sont pas pareils, quant à la forme, et encore moins sous le rapport des manifestations extérieures. L'œuf semble présenter le caractère de la femelle; le spermatozoïde ou l'anthérozoïde, les qualités du mâle. La femelle ne se fait-elle pas remarquer par son immobilité relative, son peu d'activité, ses habitudes d'intériorité, de concentration, de calme apathique, par ses réserves nutritives et la prépondérance des organes de nutrition destinés au jeune? N'en est-il pas de même de l'œuf avec ses formes arrondies, son abondant protoplasme et ses nombreuses granulations vitellines?

Le mâle, au contraire, comme le spermatozoïde, est trapu, condensé, agile, résistant, mobile, chercheur, centrifuge, sa vie est active, voyageuse, c'est l'extériorité personnifiée.

Ces plastides incomplets, comme le sont, d'ailleurs, les individus sexués, pris isolément, rappellent, en vérité, de petits organismes. Et l'on a eu bien tort de dire que la vie ne commençait qu'après la conjugaison ou la fécondation : elle est bien continue et sans interruption possible, car ces phénomènes ne sauraient se produire entre des plastides morts, ou seulement en état de vie ralentie.

Toutefois, l'assimilation, chez l'un comme chez l'autre, ne peut se faire longtemps, parce que leurs noyaux sont incomplets, les plastidules cyanophiles étant d'un côté et les érythrophiles de l'autre. En tous cas, il est bien évident que le plastide femelle possède ce que le plastide mâle n'a pas et réciproquement; nous admettrons que ce sont surtout les micronucléosomes ou plastidules du noyau hermaphrodite ordinaire qui se trouvent momentanément séparés. Cette séparation provisoire a pour but de permettre aux nouveaux microsomes, qui vont entrer en action, de se développer : ils préexistaient, mais n'étaient pas parvenus à la maturité. Ce n'est là qu'une hypothèse, mais elle me semble préférable à celles qui ont été proposées jusqu'à présent. Il me paraît, en particulier, impossible d'admettre que le noyau mâle et le noyau femelle possèdent les mêmes qualités, et que tout dépende uniquement d'une question de quantité de substance chimique.

La solution de toutes ces questions, si palpitantes, des phénomènes intimes de la fécondation vous paraît peut-être hors de portée des moyens d'investigation de la physiologie, et principalement de l'expérimentation; mais

il ne faut pas vous laisser décourager, car déjà l'on a
entrevu une partie, au moins, des causes physiques
proximales qui attirent le spermatozoïde vers l'œuf et l'y
font pénétrer.

L'œuf des Fougères, des sélaginées et particulièrement
celui de l'Adiantum capillus Veneris repose au fond d'une
cavité fermée, jusqu'au moment de la fécondation, par des
plastides qui se résolvent en une substance muqueuse,
laquelle, sous l'influence de l'humidité extérieure,
s'hydrate, se gonfle de dehors en dedans et diffuse en
partie dans le liquide ambiant.

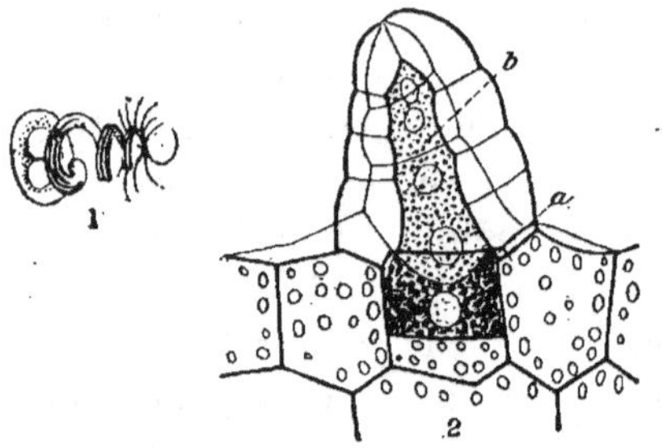

L'élément mâle est représenté par un cône précédé d'un filament
enroulé en spirale conique et terminé en avant par une sorte
d'hélice formée de cils moteurs. Quand cet anthérozoïde (fig.75,1),
qui se mouvait en divers sens, arrive dans une sphère de diffusion de la
substance muqueuse dont je vous parlais tout à l'heure,
il se place normalement à la surface de celle-ci, et, désormais, la direction de sa progression est déterminée :
elle se fera suivant l'un des rayons de la sphère de
diffusion ; l'élément mâle se trouvera ainsi amené vers
le centre de la sphère, qui correspond précisément à
l'ouverture de la cavité contenant l'œuf. La substance
qui sort en diffusant et en formant, par conséquent, des
zones de plus en plus diluées, à mesure qu'on se rapproche de la périphérie, renferme de l'acide malique
et des malates : or, on prouve, au moyen d'une expérience très simple, que c'est à la présence de ce

Fig. 75. — Fécondation de l'ovule de l'*Adiantum capillus
Veneris* : 1, anthérozoïde; 2, organe femelle (*a*, ovule;
b, plastides muqueux).

composé, en quantité progressivement croissante de la périphérie au centre, qu'est dû le mouvement si particulier de l'anthérozoïde vers ce point. Il suffit, en effet, d'immerger dans l'eau où se trouvent les éléments mâles, au lieu des cavités renfermant les œufs, des tubes de verre capillaires remplis de solutions d'acide malique ou de malates, pour voir les éléments mâles se diriger vers leur orifice et y pénétrer. La dilution produite par diffusion est encore active à $\frac{1}{100.000}$; on a calculé que pour que le mouvement de pénétration d'une couche dans une autre soit possible, il fallait que la zone intérieure fût seulement trente fois plus concentrée que l'extérieure.

Pour qu'il y ait pénétration dans le tube, il faut qu'il y ait toujours entre le liquide qu'il contient et celui qui diffuse en dehors une des relations suivantes :

La solution extérieure au tube étant de	Celle de l'intérieur doit être de
0,0005 pour 100	0,015 pour 100.
0,001 —	0,03 —
0,01 —	0,3 —
0,5 —	1,5 —

Ces relations entre les progressions des termes des deux dilutions font penser à celles qui existent entre l'accroissement de la sensation par rapport à celle de l'excitation, dont j'aurai l'occasion de vous parler dans la prochaine leçon.

Chez les Mousses, le mouvement de pénétration s'opère de la même manière, avec cette différence que l'acide malique est remplacé par la saccharose; la nature chimique du corps dissous peut donc être variable, l'effet restant le même. Mais, dans le dernier cas, au lieu de trente fois, la solution de la zone interne doit être cinquante fois plus concentrée que celle de l'extérieur.

Ce phénomène rentre dans le cas plus général de ceux

que nous étudierons sous le nom de chimiotropisme, expression assez impropre d'ailleurs, car il s'agit ici d'effets d'osmose, d'ordre purement physique.

Il en est de même pour les mouvements exécutés par les spermatozoïdes de la Blatte. Si on examine ces éléments dans l'eau salée, on les voit s'accumuler au bout d'un certain temps près de la plaque du couvre-objet ou du porte-objet, et ils ne tardent pas à y prendre un mouvement de rotation dirigé en sens inverse de celui des aiguilles d'une montre. S'ils sont enfermés dans une goutte d'eau, ils viennent exécuter ces mouvements à la limite de séparation de l'eau et de l'air parce que là, en raison de l'action moléculaire que produit la tension de surface, il existe une résistance. On s'explique ainsi pourquoi on les voit s'accoler sur la coque dure de l'œuf et s'y mouvoir jusqu'à ce que l'un d'eux ait rencontré le micropyle.

De même que les anthérozoïdes des Fougères et des Mousses, les spermatozoïdes de la Grenouille pénètrent dans l'œuf, grâce aux différences de degré d'imbibition qui, à un moment donné, existent dans les diverses couches de mucus enveloppant l'œuf; mais cette imbibition devient bientôt uniforme, et c'est pourquoi les œufs de Grenouille cessent d'être fécondables une demi-heure après leur ponte. La progression semble se faire par exosmose : le spermatozoïde qui a le plus d'aptitude à arriver sera donc celui qui se trouvera le plus fortement hydraté. En remplaçant les œufs par de simples pépins de Coings ou des graines de Lin, gonflés d'eau, on peut facilement imiter ce phénomène.

L'étude de ces faits nous conduit naturellement à celle de l'irritabilité et de la motilité, c'est-à-dire des fonctions de relation.

SEPTIÈME LEÇON

Des fonctions de relation. — Motilité et irritabilité chez les plastides, les organismes monoplastidaires et les végétaux polyplastidaires.

Nous allons nous occuper aujourd'hui de deux importantes propriétés des êtres vivants : la *motilité* et l'*irritabilité* : c'est grâce à elles que peuvent s'exercer les *fonctions de relation*, c'est-à-dire celles qui permettent aux organismes, ou seulement aux plastides composants, de varier leurs rapports avec ce qui les entoure, dans l'intérêt de la conservation de l'espèce ou de l'individu.

Passons d'abord en revue les diverses variétés de mouvements que l'on observe chez les plastides et chez les organismes monoplastidaires.

Je ne vous parlerai pas des mouvements moléculaires résultant de l'activité chimique du bioprotéon, des dédoublements produits par les zymoses, etc., mais seulement des déplacements que l'on peut constater, soit à l'œil nu, soit à l'aide du microscope.

Les mouvements externes, comme ceux des pseudopodes de l'Amibe, qui servent à la progression, s'accompagnent de *mouvements internes* : on voit se précipiter dans le diverticulum ectoplasmique, en même temps que l'endoplasme, une multitude de fines granulations donnant au rhyzopode, ou au pseudopode, l'apparence d'un filet d'eau trouble pénétrant dans l'eau pure où vit l'organisme considéré. Il est difficile de décider si les granulations sont mobiles par elles-mêmes, ou si elles sont simplement entraînées : dans certains cas, j'ai pu observer dans des plastides des déplacements de granulations qui paraissaient indépendants de ceux des courants intra-plastidaires.

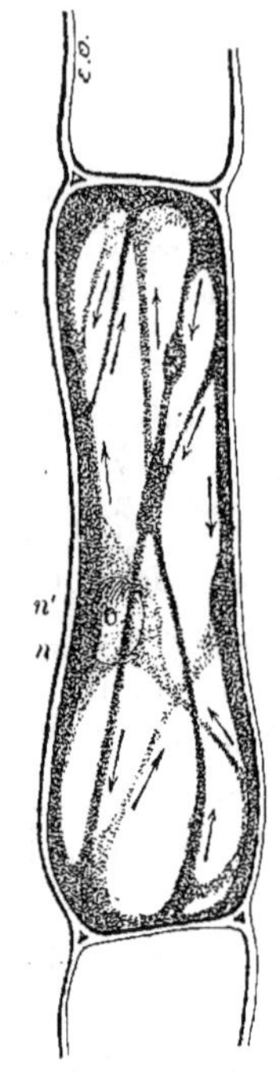

Fig. 76. — Plastide d'un poil de *Chélidoine*. Les flèches indiquent le sens du mouvement des granulations dans les bandelettes et dans la couche pariétale : *n*, noyau; *n'*, nucléole.

Les plasmodies des Myxomycètes, dont il a déjà été question plus d'une fois, sont parcourues par des courants centripètes et centrifuges entraînant des particules solides, des granulations plastidulaires, sans doute. Cela se voit également dans les poils staminaux des Tradescantia et dans les jeunes poils d'Ortie, de Chélidoine (fig. 76). Des courants de rotation s'observent chez les Hydrocharis morsus ranæ, Trionea bagotensis, Wallisneria spiralis.

En général, le protoplasme pariétal appliqué contre la paroi cellulosique est divisé en deux couches : l'une, l'externe, reste immobile, tandis que l'interne se meut en charriant des granulations chlorophylliennes ou autres. Dans les poils des Cucurbita, ces courants sont souvent en sens inverse et parallèles au grand axe du plastide, tandis que chez les Characées, petites plantes aquatiques formées de plastides à enveloppes cylindriques, placées bout à bout, la partie fluide du protoplasme se déplace suivant une spirale, entraînant des corpuscules qui tournent sur eux-mêmes.

Au sein de beaucoup de plastides, on voit encore les plus fines granulations souvent animées de mouvements

oscillatoires plus ou moins réguliers : ceci se produit en
dehors du bioprotéon, dans beaucoup de liquides renfermant des particules inertes : celles-ci paraissent obéir, en
raison de leurs faibles dimensions, aux multiples impul-
sions des molécules du liquide ambiant, sans cesse agitées, comme vous le savez. C'est alors ce qu'on appelle le
mouvement brownien, qu'il ne faut pas confondre avec
le mouvement propre des granulations bioprotéoniques.

Dans la lumière diffuse, les granulations protoplasmiques chlorophylliennes des feuilles s'accumulent der-
rière la paroi externe du plastide : mais, dès que celle-ci
est vivement éclairée, elles
se réfugient dans les points
les plus reculés, là où elles
peuvent retrouver un éclairage plus modéré. Il se passe
dans les plastides pigmentaires destinés à la vision
oculaire, des déplacements
de granulations très ana-
logues à ceux dont je viens
de parler.

Fig. 77. — Vésicule germinative d'un œuf
d'*Epeira diadema*, montrant les changements de forme successifs du nucléole.

Dans le plastide, le noyau
peut se mouvoir comme le
plastide dans l'eau : souvent alors sa forme varie comme
celle d'un amibe (fig. 77).

Enfin, à propos des phénomènes de multiplication plastidaire et de reproduction, vous avez vu combien sont
nombreux et variés les mouvements intraplastidaires
accompagnant la karyokinèse, la conjugaison et la fécondation ; ceux qui suivent cette dernière sont encore bien
plus complexes. Je ne pourrai pas vous les signaler tous
jusqu'à l'éclosion de l'œuf, et je me contenterai de vous
dire quelques mots des premiers qui se manifestent, à
propos de la différenciation physiologique.

11.

Pour le moment, revenons aux plastides et aux organismes monoplastidaires.

Dans leur intérieur, on observe encore des mouvements d'une autre nature que ceux dont il vient d'être question. Les vacuoles du protoplasme des infusoires flagellates, des amibes et des rhizopodes sont souvent animées de contractions et de dilatations. Ces vacuoles peuvent être en communication avec des canaux afférents parfois disposés en étoile autour de la vacuole. Ceux-ci se gonflent de liquide absorbé par l'infusoire et le conduisent dans les lacunes provisoires ou « vacuoles de formation » qui le déversent, à leur tour, dans des vacuoles contractiles d'où l'eau est chassée au dehors.

Pour les uns, ces cavités sont tapissées d'une membrane contractile; elles apparaissent toujours à la même place et en même nombre. Pour d'autres, elles se forment au sein du protoplasme et n'ont qu'une existence éphémère; n'y a-t-il pas là comme l'ébauche d'une véritable circulation? Et pense-t-on sérieusement que de semblables phénomènes puissent se passer dans une substance homogène? On pourrait multiplier ces exemples : jusque dans les plastides glandulaires, on a signalé des *mouvements vacuolaires*. Chez les Oursins, dans la vésicule germinative, il existe deux sortes de nucléoles : des nucléoles accessoires, et un nucléole principal. Dans ce dernier, il y a une grande vacuole centrale et de petites vacuoles périphériques. Les deux sortes de vacuoles sont le siège d'un mouvement rythmé périodique. Pendant la diastole de la vacuole centrale, on voit les vacuoles périphériques diminuer de nombre et de volume; durant la systole, les vacuoles périphériques augmentent.

Sur le nucléole de la tache germinative de l'œuf du *Phalangium opilio* (fig. 78) se forment des vacuoles ou pustules qui grossissent et se crèvent. On voit, aussi constamment, une série de cavités prendre naissance dans le nucléole,

se remplir de liquide et venir expulser celui-ci à la surface, dans l'intérieur de la vésicule germinative. Chez les
Actinophrys, les Araignées et les Géophiles, la vacuole
contractile s'ouvre à la périphérie par un petit canal, et le
nucléole serait ici une sorte d'organe central de la circulation, de cœur du plastide.

J'ajouterai qu'on a constaté des mouvements amiboïdes
dans les taches germinatives du Brochet, du Silurus
glanis, de la Blatte, de la Libellule et dans les nucléoles

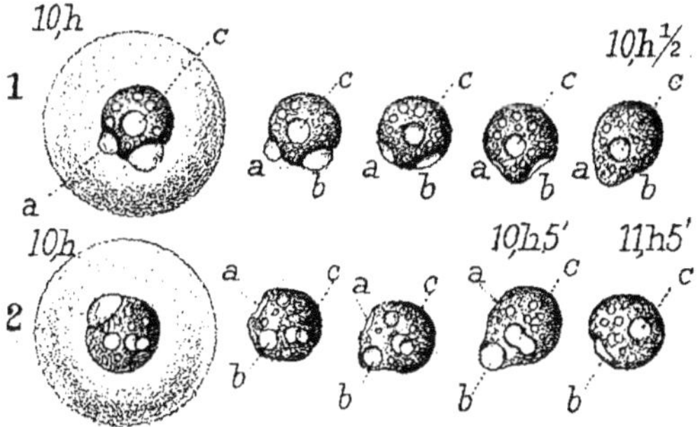

Fig. 78. — Vésicules et taches germinatives du phalangium opilio montrant les transformations
des vacuoles *a*, *b*, *c*, qui se sont effectuées, dans la série 1, en l'espace d'une demi-heure; dans
la série 2, en l'espace d'une heure et cinq minutes.

des plastides salivaires de la Fourmi, ainsi que dans les
plastides épithéliaux buccaux de la Grenouille. Enfin, des
mouvements divers du protoplasme sont faciles à voir
dans la Noctiluque, dont je vous parlerai à propos de la
production de la lumière par les êtres vivants.

Les *mouvements externes* chez les organismes monoplastidaires et chez les plastides sont fréquents et variés. Grâce
aux expansions protoplasmiques mobiles des rhizopodes
et des pseudopodes, quantité de protistes peuvent se
mouvoir et saisir les aliments. Ces *mouvements amiboïdes,*
comme on les appelle, se retrouvent même au sein
des organismes polyhétéroplastidaires, dans les globules
blancs du sang ou leucocytes. Ces éléments libres s'en

11**

vont rampant tout le long des vaisseaux; souvent ils traversent les parois, en s'étirant pour passer en dehors d'eux, entre les plastides endothéliaux : c'est ce qu'on a nommé la *diapédèse*. Ils arrivent même ainsi, cheminant entre les plastides fixes des tissus, jusqu'aux muqueuses ou jusqu'aux surfaces dénudées du tégument. Si des microbes menacent d'envahir ces régions, ils sont englobés et digérés par les leucocytes ou par des plastides migrateurs analogues; on a donné le nom de *phagocytose* à cette lutte et celui de *phagocytes* aux éléments en question : ces derniers peuvent encore s'attaquer à des plastides destinés à disparaître, par exemple, dans les organes en voie de régression physiologique ou pathologique.

Chez les végétaux, les plasmodies des champignons myxomycètes, comme celles de l'Œthalium septicum, présentent exactement les mêmes mouvements internes et externes que les Amibes.

Le protoplasme, qui passe au travers des orifices ménagés dans les coquilles calcaires ou siliceuses d'une foule de radiolaires ou de foraminifères, pour former des rhizopodes, prend chez d'autres êtres une forme plus fixe et mieux définie. On le voit traverser l'ectoplasme de certains plastides, et celui-ci se hérisse de petites expansions de dimensions déterminées, ordinairement d'égale grandeur, qui s'agitent dans divers sens d'une manière continue, à peu près comme les épis d'un champ de blé ondulant sous la brise. On a appelé ces appendices *cils vibratiles*. Leurs *mouvements vibratiles* sont susceptibles de coordination et ils agissent très efficacement dans quelques canaux, comme ceux des voies aériennes, pour chasser, de proche en proche, les corpuscules étrangers qui s'y introduisent.

Voici un œsophage de Grenouille, fendu suivant sa longueur, fixé et étalé au moyen d'épingles et présentant la face interne; j'y dépose de très petits grains de plomb, et vous les voyez s'acheminer dans un certain sens, poussés par les ondulations des cils vibratiles. Pour la même raison, en enfilant cet organe, non fendu, avec une baguette de verre fixée horizontalement, comme on l'a fait ici, la membrane formant manchon se met bientôt en marche le long du support. On a même pu construire de petits appareils assez délicats pour enregistrer les mouvements vibratiles et étudier les causes qui les modifient.

Chez les infusoires ciliés, les expansions protoplasmiques jouent un rôle très important, non seulement dans la locomotion, mais aussi dans la préhension, parce qu'ils provoquent dans l'eau des tourbillons dirigeant vers la bouche les particules alimentaires. Les cils sont parfois extrêmement nombreux à la surface d'un même infusoire : on en a compté sur la Paramœcium aurelia environ 2500 (fig. 79).

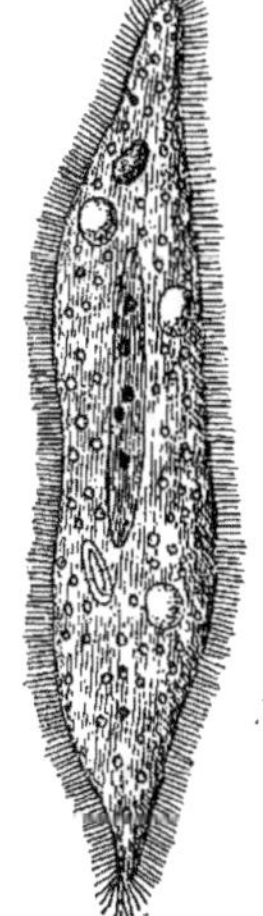

Fig. 79.
Paramœcium aurelia.

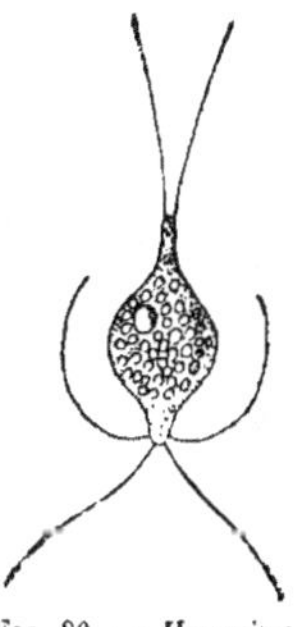

Fig. 80. — *Hexamitus inflatus* présentant six flagellums.

Bien que leurs mouvements soient coordonnés, ils peuvent se mouvoir isolément. Après la mérotomie, dans le mérozoïte sans noyau, ils restent longtemps coordonnés, puis, un peu avant la désagrégation, ils deviennent désordonnés. Le noyau n'a donc pas sur la motilité une grande influence, si ce n'est d'une manière indirecte, par la nutrition.

La locomotion peut encore être assurée chez les infusoires par des cirrhes, des flagellums (fig. 80), des membranes ondulantes, etc.

Les organes locomoteurs paraissent, dans certains cas,

soumis à la volonté de l'être qui les porte et qui les meut à son gré. Ce phénomène est surtout facile à constater chez les infusoires hypotriches, tels que les stylonychiés, dont les cirrhes ventraux se conduisent à la façon de véritables pieds permettant à l'organisme, en quête de nourriture, de se promener sur les algues.

Un gros infusoire cilié, le Didinium nasutum, pourvu seulement de deux couronnes ciliaires, l'une antérieure et l'autre postérieure, peut avancer en mouvant simultanément ses cils en arrière ; il recule s'il les porte en avant et tourne, au contraire, rapidement sur place, en produisant un véritable mouvement hélicoïdal lorsqu'il agite, en sens inverse, ses cils antérieurs et ses cils postérieurs.

Les infusoires peuvent aussi lancer des harpons venimeux, dans la direction de la proie, par un mécanisme analogue à celui des nématocystes, des Méduses et des cœlentérés en général : ces éléments urticants se nomment trichocystes chez les infusoires ; on en rencontre même dans les spores des myxosporidies.

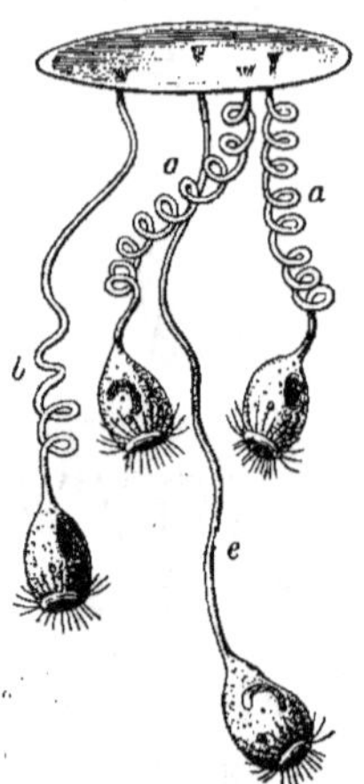

Fig. 81. — *Vorticelles* fixées à la face inférieure d'une feuille de *Lentille d'eau* : en *a, a*, le pédicule est roulé en spirale ; en *e*, il s'est déroulé en s'étendant ; en *b*, position intermédiaire.

La Vorticelle (fig. 81) a des *mouvements de détente* qui se rapprochent de ces derniers. Le corps de cet infusoire est supporté par un pédicule grêle qui se fixe au sol ou aux objets immergés. Cet organe est tout entier formé de substance contractile qui donne naissance à des bandes claires qui se croisent dans l'ectoplasme. Les éléments moteurs sont ici des fibres d'une structure fort compliquée, appelées myonèmes, logées dans des canaux remplis d'une masse fluide : chaque myonème est constitué par un filament clair finement strié, présentant des zones alternativement sombres et claires, comme les fibres musculaires striées des organismes polyhétéroplastidaires. Dans l'état ordinaire, le pédicule est roulé en une spirale dont les tours sont rapprochés ; mais il se déroule, en se détendant brusquement, si l'on vient à toucher l'animal. Ce mouvement peut aussi se produire spontanément lorsque la Vorticelle s'élance sur une proie. Partout, comme vous le voyez, s'observe une merveilleuse adaptation au but à remplir et dans les cas que je viens de vous citer, on ne peut s'empêcher de remarquer la grande analogie fonctionnelle existant entre les phénomènes que je vous signale et ce qu'on appelle, chez les organismes supérieurs, *mouvements réflexes* et *mouvements volontaires*.

De ces derniers encore se rapprochent les mouvements de la Vampyrelle du Spirogyre.

Celle-ci n'est qu'un monoplastide nu, mais il distingue parfaitement parmi les plantes une algue spéciale, le Spirogyre, dont il compose exclusivement sa nourriture : il se fixe à la paroi de cellulose d'un de ses plastides, et, après l'avoir percée et en avoir sucé le contenu, il émigre sur un autre, pour recommencer bientôt la même manœuvre. Il n'assimile que la substance de ces algues et ne s'attaque jamais à d'autres espèces.

Une Monère, la *Colpodella pugnax*, se nourrit seulement de Chlamydomonades ; elle en suce le protoplasme chlorophyllien et abandonne l'enveloppe.

On croirait volontiers qu'il s'agit d'actes véritablement conscients, si l'on ne savait comment les anthérozoïdes et les spermatozoïdes sont attirés vers l'œuf. Après tout, on ne connaît pas bien le mécanisme intime des phénomènes de volonté, de conscience, etc. ; ils peuvent être beaucoup plus simples qu'on ne le pense communément, et se trouver en rapport direct avec l'irritabilité et la motilité protoplasmiques.

En dehors de la sphère d'attraction de l'œuf, ce sont plutôt des mouvements spontanés automatiques que l'on observe chez les anthérozoïdes et les spermatozoïdes ; ils se meuvent alors avec rapidité, mais dans un sens quelconque, en apparence au moins, au sein d'un liquide homogène, grâce à des appendices agités d'une façon complexe. Tantôt le plastide est poussé en avant par les ondulations d'un appendice postérieur et tantôt il est remorqué, entraîné par les flagella dirigés en avant comme dans les anthérozoïdes des mousses, des fougères, des équisétacées, ainsi que dans les zoospores des champignons et des algues.

Le corps plastidaire peut aussi subir des oscillations diverses, des mouvements héliçoïdaux, avec rotation de gauche à droite, ou de droite à gauche, ou bien alternativement dans les deux sens. Enfin, il ne marche pas toujours en ligne droite et décrit alors des trajectoires spéciales qui tiennent à ce que le centre de gravité correspond à un centre géométrique asymétrique (fig. 82).

A ces mouvements qui peuvent encore nous paraître spontanés, il faut ajouter ceux qui sont déterminés par les excitations venues du dehors. Le bioprotéon est, en effet, excitable ; on dit aussi qu'il est irritable parce qu'il accuse sa sensibilité aux excitants soit par la production de mouvements ou l'émission de lumière, soit par une manifestation quelconque de l'énergie consécutive à l'action de ces agents.

Les excitants peuvent se diviser en quatre catégories :

1° Les excitants mécaniques ;

2° Les excitants physiques ;

3° Les excitants chimiques ;

4° Les excitants physiologiques.

Le contact d'un corps dur quelconque, les piqûres, coupures, pinçures, chocs, etc., sont des excitants mécaniques, c'est-à-dire indépendants de l'état physique ou chimique du corps employé. Les pseudopodes des globules blancs, des amibes, ou des êtres analogues chez les végétaux, comme les myxomycètes, réagissent en se rétractant, quand on les touche avec la pointe d'une aiguille. Je vous parlais tout à l'heure de la détente du pédicule-ressort de la Vorticelle au contact d'un corps étranger, mais sous l'influence d'un choc, la fibre muscu-

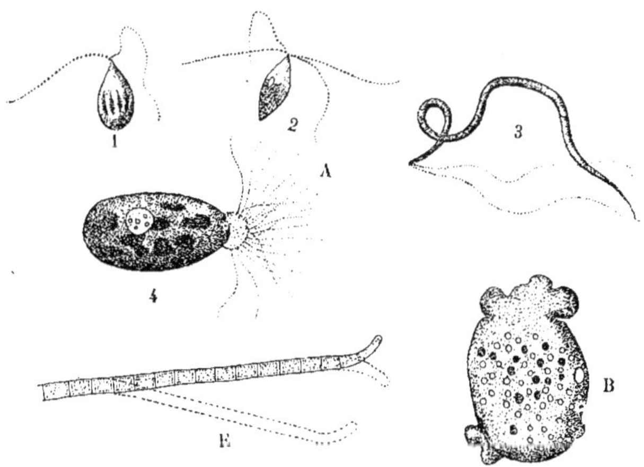

Fig. 82. — Divers mouvements chez des végétaux. — A, mouvement ciliaire : 1, zoospore de *Cladophora glomerata*; 2, de l'*Ulothrix rorida*; 3, *Œdogonium vesicatum*; 4, anthérozoïde du *Pellia epiphylla*; B, jeune myxoambe de *Didymium leucopus*, mouvement de contractilité générale : E, filament d'*Oscillaire*.

laire se raccourcit en se gonflant : elle est donc aussi mécaniquement irritable. On dit plutôt qu'elle se contracte, qu'elle est contractile, quand le même phénomène est le résultat d'une excitation venue des centres nerveux et communiquée par les nerfs : il s'agit alors d'un *excitant physiologique*.

Les *excitants physiques*, particulièrement la lumière, jouent un grand rôle dans les manifestations provoquées du bioprotéon.

Les plasmodies de l'Œthalium ou Fleur de tan ne s'étalent qu'à l'obscurité et fuient la lumière, laquelle provoque leur rétraction.

Le Pelomyxa palustris, organisme amiboïde, exécute des mouvements pseudopodiques énergiques dans l'ombre; mais, quand on projette sur lui un rayon d'intensité moyenne, il rétracte subitement ses pseudopodes et prend une forme sphéroïdale. Ce n'est qu'après un séjour assez prolongé à la lumière qu'il retrouve ses mouvements. Chose remarquable, on peut éviter la réaction en augmentant lentement l'éclairage, et si, après une exposition assez longue à la lumière, on supprime celle-ci brusquement, il ne se produit aucun effet apparent.

J'ai observé des faits du même ordre chez un mollusque marin, la Pholade dactyle, dans la région qui est le siège de la vision dermatoptique.

Une foule d'organismes monoplastidaires fuient ou recherchent la lumière : dans le premier cas, on les dit *photophobes* ou *nyctalophiles*; dans le second, *photophiles*, et, si c'est la lumière blanche qu'ils préfèrent, *leucophiles*.

Fig. 83. — *Euglena viridis* : *n*, noyau; *c*, vésicule contractile; *o*, tache oculiforme.

Quand on examine les Euglènes (fig. 83) au microscope, on les voit se réunir dans la partie la plus éclairée du porte-objet.

Leur point sensible paraît être la tache rouge qu'elles présentent à leur extrémité antérieure, car le mouvement se ralentit lorsqu'on éclaire la partie verte qui forme le reste du corps de ces organismes.

Certaines spores d'algues, munies d'un flagellum, présentent une moitié incolore hyaline et une autre postérieure colorée en vert par la chlorophylle. Dans l'ombre, elles se meuvent de gauche à droite et de droite à gauche, sans direction bien déterminée; mais un rayon de lumière vient-il à tomber dans le liquide qui les contient, aussitôt elles marchent en ligne droite vers le foyer éclairant.

Les phénomènes les plus intéressants, sous ce rapport, sont ceux que présentent les Bactéries sulfureuses, encore appelées Bactéries pourprées, à cause de la matière rouge diffuse dans leur protoplasme et connue sous le nom de bactério-purpurine. A l'obscurité, les Bactéries tombent en état de repos, d'autant plus rapidement que le milieu est moins oxygéné : ce gaz a d'ailleurs, en général, une grande influence sur la mobilité du bioprotéon. Quand on éclaire les Bactéries pourprées, elles se meuvent au bout d'un temps plus ou moins long, que l'on nomme stade d'induction photocinétique. Après un nouvel obscurcissement, les mouvements peuvent continuer pendant quelque temps ; mais, au contraire, si l'action de la lumière est trop longtemps maintenue, ils cessent par épuisement.

En faisant décroître rapidement l'éclairage, il y a comme une impression de frayeur : les Bactéries se jettent tout à fait en arrière, et le recul peut atteindre jusqu'à vingt fois leur longueur. C'est surtout à la brusquerie de la diminution de la lumière qu'il faut attribuer ce phénomène, car bientôt elles reprennent leur progression habituelle. L'accroissement subit de l'éclairage l'accélère, en général ; il en résulte que si les Bactéries se trouvent en présence d'une partie de goutte d'eau bien éclairée, elles y entrent facilement, mais reculent vers les bords obscurs et sont ainsi prises comme dans un piège.

Tous ces microorganismes distinguent de l'obscurité, non seulement l'ensemble des rayons que l'œil humain perçoit comme lumineux, mais en outre, et cela avec une grande netteté, certaines radiations ultra-rouges qui sont invisibles pour nous. Dans le microspectre de la lumière électrique par incandescence, elles s'accumulent dans l'ultra-rouge, se rassemblent, en moindre quantité, dans le rouge-orangé, surtout dans le vert, dans le bleu et l'ultra-violet.

Les radiations calorifiques accompagnant les rayons éclairants peuvent combiner leur action avec celle de ces derniers, mais il n'en est pas moins vrai que ceux-ci exercent une action propre manifeste sur les déplacements des Bactéries.

Quand on élève la température, la motilité s'accroît, et si celle-ci, d'autre part, peut être excitée par la lumière, on conçoit que la sensibilité photocinétique soit ainsi augmentée, de sorte qu'un éclairage qui seul serait insuffisant pour provoquer un mouvement, à un moment donné, le déterminera lorsque la température du corps excitable s'élèvera de quelques degrés, ou seulement s'il emmagasine un peu de chaleur latente.

Le calorique joue ici le rôle d'énergie compensatrice.

Sur les spores mobiles, il n'y a guère que les rayons les plus réfrangibles, bleus, indigos, violets, qui agissent comme excitants : c'est-à-dire ceux qui renferment le plus de radiations chimiques.

Beaucoup de rhizopodes et de ciliés ne sont pas influencés par la lumière dans le sens qui nous occupe : on dit alors que ces plastides ne sont pas *phototactiques* : ceux qui se laissent attirer sont dits *positivement phototactiques* et ceux qui se trouvent repoussés *négativement phototactiques*.

Vous savez que dans l'intérieur même des plastides, la lumière provoque des mouvements, puisque je vous ai parlé des déplacements des granulations protoplasmiques chlorophylliennes, suivant les modifications de l'éclairage. Cette action de la lumière est toujours directrice et en rapport avec la direction des radiations, mais dans le sens de cette lumière, ou en sens inverse.

La chaleur, de même que la lumière, est un excitant puissant de toutes les espèces de mouvements ; ainsi, pour que la plante sorte de la graine et le jeune organisme de l'œuf, une certaine température est nécessaire.

Si l'on approche un corps très chaud, une pointe de fer rougie au feu, par exemple, des pseudopodes des êtres amiboïdes, ils se rétractent aussitôt.

On peut facilement mettre en évidence l'action de la chaleur sur le bioprotéon, dans son état le plus simple.

Pour cela, on étale une plasmodie d'Œthalium sur une feuille de papier humide, et on dispose celle-ci entre deux vases, de façon à ce que l'extrémité de la bande trempe dans chacun d'eux. La plasmodie se mettra bientôt en mouvement et sa migration se fera de l'eau à 70° vers celle qui est à 30°; inversement, en hiver, quand la température s'abaisse trop, elle s'enfonce dans le tan pour hiverner et n'en sort qu'au printemps.

L'*électricité* fait contracter le bioprotéon végétal, comme celui qui est animal. On s'en assure en plaçant une des électrodes d'un appareil inducteur à chacune des extrémités d'une plasmodie : elle se comportera alors comme un muscle. On peut d'ailleurs composer une sorte de fibre musculaire demi-artificielle en introduisant de la plasmodie de myxomycète dans un intestin d'insecte; le petit cylindre se contractera très bien sous l'influence de l'électricité.

Les excitations galvaniques ont encore la propriété de suspendre les mouvements des poils staminaux des Tradescantia, des Chara, des Amibes et des corpuscules lymphatiques.

Dans certains cas, les courants électriques déterminent des mouvements de translation. Le Paramæcium aurelia se précipite sur le cathode, dans l'eau traversée par un courant, pour l'abandonner dès que celui-ci est interrompu.

Beaucoup d'infusoires : Stentor, Colpoda, Halteria, Coleps, Urocentrum, et des flagellates : Trachelomonas,

Peridinium, se comportent de même et, pour cette raison, sont dits *galvanotropiques*.

Les Amibes sont aussi dans ce cas.

Le *galvanotropisme* ne s'exerce pas toujours dans le même sens : il est négatif quand l'attraction se produit vers le pôle négatif, et positif si elle se fait vers le pôle positif. Les Opalina ranarum, certaines bactériacées et les flagellates, tels que les Cryptomonas et les Chilomonas, sont *positivement galvanotropiques*. Lorsqu'on fait traverser par un courant constant une goutte d'eau contenant à la fois des ciliés et des flagellates, au moment de la fermeture, les organismes se précipitent en sens inverse, de sorte que finalement ils sont répartis en deux groupes : les flagellates à l'anode, les ciliés au cathode. Si alors on renverse le courant, ils se jettent les uns sur les autres, comme des ennemis, jusqu'à ce qu'ils soient de nouveau accumulés aux pôles opposés : c'est un moyen de séparer certaines espèces différentes.

J'ai signalé, autrefois, l'influence des aimants sur la forme des colonies microbiennes. Dans mes expériences, les taches du Bacterium prodigiosum, qui, d'habitude, s'agrandissent en rond, s'allongeaient en ovale, quand on les faisait développer dans un puissant champ magnétique. Le grand axe était dirigé du pôle est au pôle ouest et le développement était plus rapide de ce côté ; mais ces expériences auraient besoin d'être reprises, dans la crainte que toutes les causes d'erreurs n'aient pas été éliminées.

Les excitants chimiques provoquent des phénomènes de *chimiotactisme* dont les plus fréquents sont ceux de *chimiotropisme*.

L'eau joue dans ceux-ci un rôle important que nous étudierons plus tard spécialement ; mais, je puis vous dire déjà qu'il est facile de démontrer que les plasmodies des myxomycètes sont attirées par l'humidité. Ce phénomène pourrait être appelé *hydrotropisme* pour le distinguer d'un autre, désigné sous le nom de *rhéotropisme,* que l'on fait naître en laissant couler un courant d'eau sur le porte-objet supportant des plasmodies. Dans ces conditions, il se fait un transport de granulations du protoplasme vers l'ectoplasme; sur certains points de celui-ci poussent alors des pseudopodes qui entraînent la masse en sens inverse du courant.

L'oxygène est ordinairement indispensable à la production des mouvements. On a pu suspendre pendant vingt-quatre heures ceux des rhizopodes et les faire reparaître de nouveau en réoxygénant le milieu. Ce phénomène a reçu le nom d'*anabiose.* On supprime de la même manière les mouvements amiboïdes proprement dits D'autres fois, cependant, ce gaz produit le résultat inverse : vous savez, en effet, qu'il supprime les mouvements vibrioniens du ferment butyrique.

L'oxygène a encore la propriété d'attirer vivement les plasmodies des myxomycètes, ainsi que les bactéries, les infusoires, etc. Une plasmodie étant placée dans un cylindre rempli d'eau privée d'oxygène par l'ébullition, et fermé par un bouchon de liège perforé, si on renverse le cylindre dans une assiette pleine d'eau fraîche, bientôt on voit la plasmodie passer par l'orifice du bouchon pour gagner le milieu oxygéné.

De même, quand on dépose une petite algue verte ou une diatomée dans un liquide contenant certaines bactéries, celles-ci forment rapidement une couche épaisse tout alentour, étant attirées par l'oxygène que met en liberté la fonction chlorophyllienne. L'oxygène joue aussi un grand rôle dans l'équilibre des mérozoïtes, comme je vous l'ai déjà indiqué.

En général, grâce au chimiotactisme positif, les organismes sont entraînés vers les substances qui leur sont utiles, tandis que par le chimiotropisme négatif, ils peuvent éviter les subtances nuisibles. Il y a cependant des corps qui tuent immédiatement les organismes qu'ils attirent, comme le salicylate de soude, le nitrate de strychnine, la morphine. Inversement, les bactéries ne sont pas attirées par la glycérine, bien que ce corps ait pour elles une grande valeur alimentaire.

On pense que les phagocytes sont appelés et excités à la phagocytose par les sécrétions microbiennes.

Dans la précédente leçon, à propos des mouvements des anthérozoïdes, nous avons vu qu'il est indispensable que le milieu ne soit pas homogène pour qu'ils se produisent dans une certaine direction. Il en doit être vraisemblablement de même dans une foule d'autres cas; mais on a eu tort d'affirmer que non seulement le mouvement, mais encore sa direction elle-même, étaient le résultat de l'inégale distribution de l'oxygène dans les milieux aquatiques : l'exemple du ferment butyrique, que je vous citais tout à l'heure, prouve le contraire.

En revanche, on n'a rien expliqué en disant que le mouvement résultait de réactions chimiques et physiques entre le milieu et le plastide; ou bien que dans ce dernier, il se passe une si grande quantité de réactions qu'il n'est pas étonnant qu'il y ait du mouvement, etc. ; tout cela est pur verbiage et n'a d'autre but que de masquer l'ignorance de ceux qui veulent démontrer aux autres des choses qu'ils ne voient pas bien nettement eux-mêmes.

La sensibilité chimiotactique à de certaines solutions disparaît peu à peu en faisant agir des solutions de même nature, mais de moins en moins diluées : le plastide se sature, et devient indifférent. Il s'est adapté au milieu, il est mithridaté pour ce corps : étant saturé autant que le milieu, les échanges ne se font plus et le mouvement chimiotropique est supprimé; en réalité, il s'agit d'un autre plastide qui peut être tué si on le plonge brusquement dans le milieu primitif.

C'est probablement aussi par un phénomène de saturation que l'œuf ne laisse plus pénétrer de spermatozoïdes quand l'un d'eux y est entré.

Je ne voudrais pas terminer cette rapide revue sans vous rappeler encore un fait. Chez les Étoiles de mer et les Oursins, l'œuf est entouré d'une enveloppe munie d'une matière gélatineuse. Dès qu'un spermatozoïde frais, de la même espèce, s'approche de la surface de l'enveloppe gélatineuse, il exerce, à distance, sur l'œuf une action très marquée. La couche corticale hyaline se soulève en un petit prolongement s'étirant vers le spermatozoïde et constituant le *cône d'attraction* ou de *conception*. Tantôt celui-ci est délicat et effilé, tantôt il est large et court. Lorsque le spermatozoïde s'est mis en contact avec lui, il se rétracte. N'y aurait-il pas lieu de désigner ce phénomène sous le nom d'*androtropisme*, en réservant celui de *gamotropisme* pour le mouvement chimiotropique concomitant du spermatozoïde vers l'œuf?

On a essayé de baser sur l'existence ou sur l'absence de motilité, à de certaines périodes, une séparation entre les animaux et les végétaux. On a dit qu'il y avait lieu de reconnaître deux phases distinctes dans la vie des êtres, une phase végétative de nutrition et une phase de reproduction. En effet, en observant beaucoup d'êtres inférieurs, considérés comme animaux, on voit qu'ils s'enkystent, cessent de se mouvoir et de se nourrir pendant la période de reproduction, tandis qu'ils sont très actifs dans la période végétative : les infusoires et beaucoup de protistes se trouvent dans ce cas; au contraire les végétaux, comme les algues, sont surtout mobiles au moment de la reproduction et enkystés dans une enveloppe plastidaire dans la période végétative. Malheureusement pour cette théorie, il existe des êtres intermédiaires qui ne permettent pas plus sous ce rapport que sous d'autres une division absolue.

Nous avons vu que les organismes monoplastidaires, qu'ils soient considérés comme des animaux ou comme des végétaux, peuvent jouir également de la motilité et de l'irritabilité. Je vais vous montrer qu'il en est de même chez les organismes polyplastidaires.

Quelques esprits paradoxaux s'obstineront peut-être à soutenir qu'entre les organismes monoplastidaires et les autres, il n'y a aucune comparaison possible : cela est évidemment faux, attendu que les mouvements plus ou moins généralisés des organismes polyplastidaires ne sont que la résultante des mouvements des plastides composant les organes de mouvement.

Chez les végétaux polyhétéroplastidaires, nous allons retrouver, ainsi que cela s'est produit pour les protistes, tous les genres de mouvements que nous avons coutume de considérer comme automatiques, spontanés, volontaires, conscients, provoqués, réflexes, etc., chez les animaux supérieurs.

Je vais vous en citer quelques exemples : commençons par les mouvements manifestement provoqués par des excitants.

L'action des excitants mécaniques est facile à mettre en évidence. Je vous ai déjà parlé de ces plantes considérées comme carnivores, lesquelles capturent au moyen de poils gluants et mobiles ou, encore, en fermant leurs folioles, les imprudents insectes qui viennent s'y poser : mais il y a bien d'autres cas du même genre.

Si l'on touche les renflements situés à la base des filets staminaux du Berberis, ces derniers se recourbent en s'inclinant vers le centre de la fleur, de façon à ce que l'étamine vienne s'appliquer sur le stigmate du pistil.

Ce mouvement se fait aussi spontanément, au moment de la fécondation; il est parfaitement coordonné et adapté à un but bien déterminé. Mais, quand l'excitation est souvent répétée, comme cela arrive par un temps de vent, les étamines cessent de réagir, sans être pour cela épuisées par la fatigue : elles s'habituent même à ne plus se déranger quand les insectes visitent les fleurs, alors qu'elles sont mises en mouvement par d'autres contacts : c'est là un *phénomène d'accoutumance*, pour ainsi dire de *discernement*, des plus curieux.

Les étamines de la Rue se comportent à la manière de celles du Berberis et, de plus, on peut observer sur cette autre plante un phénomène de *transmission de l'excitation* extrêmement intéressant.

Il suffit de toucher une des étamines de la Rue pour voir toutes les autres se déplacer, et cela dans l'ordre où elles sont nées. Des faits de ce genre se montrent encore dans les étamines des scrofulariées, des bignoniacées. Chez les Spermania, une seule irritation peut être suivie de plusieurs mouvements successifs. Évidemment, l'excitation mécanique, qui a agi sur le point touché, est remplacée en dehors de celui-ci et même du plastide, par une excitation d'ordre physiologique, comme celle d'une terminaison nerveuse sensitive peut l'être, quand elle fait naître une excitation motrice réflexe.

Dans le cas de la Spermania, il y a dissociation d'une excitation unique en plusieurs autres, ainsi que cela arrive chez les animaux supérieurs, dans les réflexes généralisés ou dans les convulsions tétaniques.

J'ajouterai encore que les stigmates des Catalpa syringifolia sont formés de deux lamelles qui, au repos, restent écartées l'une de l'autre. Vient-on à titiller leur face interne? elles se rapprochent et s'accolent rapidement. Si après avoir sectionné transversalement vers son milieu une des lamelles, on excite le centre de la section, l'autre lamelle se meut comme par un *phénomène réflexe*.

Vous trouverez encore de ces mouvements provoqués par l'excitant mécanique chez d'autres plantes, telles que l'Oxalis sensitiva et diverses espèces de Robinia, de Mimosa, de Desmanthus, d'Aschynomène, mais rien n'est plus démonstratif que les phénomènes que l'on observe

chez la Sensitive ou Mimosa pudica. Dès que l'on touche
un point quelconque de ce végétal, les folioles se ferment
en s'appliquant l'une contre l'autre par leur face supérieure, tandis que les pétioles s'abaissent. Des voyageurs
racontent que dans leur pays d'origine, au Brésil, des
milliers de Sensitives se mettent en mouvement par le
seul ébranlement du sol causé par le galop d'un cheval
traversant la savane. C'est chez cette curieuse plante que
se constate le mieux la *propagation de l'excitation* qui, partie
de l'extrémité d'une feuille, se transmet successivement
à chacune de ses folioles et même aux autres feuilles,
pour se répandre finalement dans la plante entière quand
l'ébranlement a été assez fort. Dans les muscles, en
dehors de toute action nerveuse, l'excitation se communique aussi de proche en proche, le mouvement exécuté
par la première fibre jouant vis-à-vis de ses voisines le
rôle d'excitant mécanique.

La décharge électrique et la chaleur provoquent les
mêmes mouvements que le toucher : il suffit d'approcher
d'une foliole une allumette enflammée pour voir toutes
les autres se fermer, tandis qu'une douce chaleur fait
ouvrir les Crocus. Mais, ce qu'il y a d'extrêmement remarquable, c'est que les anesthésiques généraux, y compris
l'acide carbonique, qui suspendent les mouvements amiboïdes, vibratiles, etc., agissent de la même manière sur
la Sensitive et la rendent inexcitable. On peut donc anesthésier un Amibe et une Sensitive, comme on endort un
Homme, en les privant de sensibilité et de mouvement,
sans les tuer. Nous verrons plus tard, en étudiant le rôle
de l'eau dans les phénomènes de la vie, que cela s'explique facilement.

Je voudrais encore vous signaler, en passant, des faits
bien curieux qui se rapportent jusqu'à un certain point aux
mouvements provoqués. Il s'agit des *fleurs cataleptiques.*
Plusieurs labiées de l'Amérique boréale appartenant aux

genres Physostegia, Brazania, Macbridéa, ont des inflo-
rescences en branches lâches et compactes : leurs pédoncules courbés, relevés, portés à droite ou à gauche, à l'aide
du doigt, ne reprennent qu'au bout d'un temps plus ou
moins long leur position normale. Quelques-unes de ces
plantes ne sont pas cataleptiques en Amérique, mais elles
le deviennent chez nous par la culture, comme d'autres
plantes, dans les mêmes conditions, perdent la faculté de
grimper.

L'excitant physique lumière exerce aussi chez les végétaux polyhétéroplastidaires, comme chez les organismes
monoplastidaires, une grande influence sur les mouvements.

Ceux qui sont provoqués par l'excitation mécanique,
comme chez la Sensitive, ne sont pas les seuls qui
se manifestent dans les plantes de nos climats : les
feuilles sont animées de mouvements périodiques, très
accentués à l'entrée de la nuit et au lever du jour. Les
folioles s'abaissent, s'appliquent l'une contre l'autre, mais
elles n'atteignent pas brusquement, comme lorsqu'on
les excite par le tact, leur position de déplacement
maximum, ce qui n'a lieu que vers huit heures du matin.

Une remarque bien curieuse, prouvant que les plantes
peuvent contracter des *habitudes*, c'est que si on laisse
la Sensitive plusieurs jours et plusieurs nuits dans l'obscurité, elle continue pendant un certain temps ses mêmes
évolutions ordinaires, en vertu d'une sorte de force
acquise.

La lumière est cependant bien la cause plus ou moins
directe de ces mouvements, puisque dans les régions de
la Norvège, où le jour est continuel, les Sensitives que
l'on garde dans les serres conservent toujours la même
attitude, en dehors de toute excitation.

Des mouvements de cette nature s'observent dans
beaucoup de végétaux dits sommeillants et particulière-

-ment chez les légumineuses. On désigne ce *sommeil des plantes*, ou plutôt les changements d'attitude qu'il provoque, sous le nom de *nyctotropisme* (fig. 84).

Peut-être n'est-il qu'une exagération d'un autre phénomène appelé circumnutation et qui me paraît dû, comme le précédent, aux variations de la quantité d'acide carbonique et d'eau contenus dans la plante, variations produites par l'action de la lumière.

Les *mouvements de circumnutation* se montrent surtout chez les plantes supérieures : ils sont souvent fort étendus et assez complexes. Pendant la croissance,

Fig. 84. — Feuille de *Lupin poilu* : 1, vu d'en haut le jour; 2, vu de côté la nuit.

l'extrémité de la tige décrit ordinairement une courbe telle qu'à une certaine heure de la journée, sa pointe est tournée au nord, plus tard vers l'est, puis vers le sud et l'ouest, pour revenir ensuite à son point de départ. La lumière joue là un rôle manifeste, mais ce qu'il y a de singulier, c'est que la radicule subisse un déplacement de même ordre, qui lui sert à se frayer plus aisément son chemin dans le sol.

L'*héliotropisme* diffère du nyctotropisme, dont il était question tout à l'heure, en ce qu'il dépend, non pas, comme ce dernier, de l'intensité de la lumière reçue à des moments déterminés, mais de sa direction : il cesse aussitôt qu'on supprime l'éclairage. La sensibilité héliotro-pique de certaines plantes est considérable. C'est ainsi que la position des cotylédons des Phalaris canariensis se trouve influencée par une lumière à peine assez forte pour agir sur l'œil humain.

Lorsqu'on plante des Haricots ou du Houblon dans un local obscur, dont la paroi présente, à quelque hauteur, une très petite fenêtre, on voit la pointe des tiges se diriger de loin vers l'ouverture, même si elle est vitrée. C'est là ce qu'on appelle de l'*héliotropisme positif*. Au contraire, les vrilles du Bignonia caprcolata s'enfoncent dans les anfractuosités sombres pour s'y accrocher et alors il y a *héliotropisme négatif*. Rien n'est plus curieux que de suivre au moment de la fructification, les mouvements des pédoncules de la Linaria cymbalaria, cette jolie petite plante des murailles. Si elle laissait simplement tomber son fruit, les graines qu'il renferme rencontreraient le sol et non pas leur terrain favori, qui est le mur où elles sont nées. Alors on voit les pédoncules, portant à leur extrémité la graine, se mettre, en tâtonnant, à la recherche d'un trou de la muraille, auquel elles puissent confier les jeunes semences pour leur permettre d'attendre avec sécurité le moment de la germination, et qui renfermera en même temps la substance nécessaire à leur développement. Cette manifestation d'*amour maternel* est tout simplement un phénomène héliotropique.

Ordinairement, sous l'influence de la lumière du jour, les feuilles tournent vers le ciel leur face supérieure et interceptent par des déplacements latéraux le plus possible de radiations. On a donné à ces mouvements le nom de *diahéliotropisme*. Mais, dans d'autres cas, le végétal a intérêt à diminuer la quantité de lumière qu'il reçoit : aussi, les folioles du Robinier s'élèvent-elles alors de manière que leurs bords soient tournés du côté du soleil; les feuilles de l'Oxalis acetosella s'inclinent fortement vers le sol, pour la même raison : c'est le *sommeil diurne* ou *parhéliotropisme*.

Vous citerai-je encore les mouvements de la corolle du Mélampyre, du calice du Colchique, du Safran, des étamines du Plantain, des ovaires de l'Épilobe, qui s'inclinent vers la lumière?

Les exemples des plantes regardant le matin vers l'orient, à midi vers le sud et le soir à l'occident ne sont pas rares. Le grand Soleil ou Tournesol, le Coquelicot, la Renoncule des champs, sont bien connus sous ce rapport.

Le calice de la Belle-de-nuit se ferme dans le milieu de la journée, entre dix heures du matin et cinq heures du soir, pour s'ouvrir et rester épanoui toute la nuit et toute la matinée, tandis que la Dame-de-onze-heures s'ouvre vers le milieu du jour et se ferme le soir, etc., etc.

Dans quelques cas, l'action de la pesanteur, agissant comme excitant, a été mise en évidence : c'est elle qui permet à la radicule, dans son mouvement de croissance, de se diriger en sens inverse de celui de la tige, vers la profondeur du sol. On a donné à ce phénomène le nom de *géotropisme*.

Si l'on place une graine de telle façon que la radicule sorte horizontalement, cette dernière ne tardera pas à se recourber en tournant sa pointe vers le centre de la terre, mais, en la détruisant de bonne heure, le phénomène du géotropisme sera entravé ou même aboli. Il en est autrement quand la pointe de la radicule n'est supprimée qu'au bout d'un temps suffisant pour que l'impression ait été assez complète et profonde. La courbure se fait encore bien, seulement elle est, pourrait-on dire, inconsciente.

En effet, après avoir remis la graine dans une position telle que l'origine de la radicule soit dirigée suivant la verticale, la courbure n'en persistera pas moins, et la pointe lésée se développera définitivement dans le sens horizontal.

Ce sont là des faits extrêmement curieux, et très analogues à ceux qu'on peut remarquer chez des animaux déjà élevés en organisation. Quand on pique le ganglion cérébroïde de certains coléoptères, ceux-ci se mettent à tourner en sens inverse de la lésion ; mais, à ce moment, si on leur enlève prestement la tête, ils n'en continuent pas moins leur mouvement de rotation dans la même direction.

La radicule semble donc posséder une sorte de tact, lui permettant de se diriger du côté le plus favorable à la nutrition, vers les régions humides, friables, et d'éviter les matériaux nuisibles. Il y a parfois une véritable transmission de la sensation produite par l'extrémité libre de la radicule : après une violente excitation, au moyen d'un caustique, par exemple, on voit, alors même que l'excitant a cessé d'agir, la radicule se courber, mais à quelque distance du point excité. Ces résultats, en apparence merveilleux, peuvent encore s'expliquer assez facilement si on fait intervenir les phénomènes chimiotropiques.

On aurait même constaté chez les végétaux élevés un cas bien singulier de *mouvement de translation*. Il existe dans l'Inde une plante parasite appelée Loranthus globulosus, qui porte des baies analogues à celles de notre Gui. Lorsque ces baies tombent sur des branches d'arbre, elles s'y fixent au moyen de la substance gélatineuse qui les entoure, et bientôt sort une radicule munie d'un disque, laquelle s'applique à une certaine distance de la graine.

Celle-ci ne tarde pas à être attirée vers le disque, qui lui-même est ensuite projeté en avant, et ainsi de suite, jusqu'à ce que ce disque palpeur ait pu découvrir un endroit propice à la pénétration de la radicule.

Voilà donc une graine qui se promène, comme le font d'ailleurs les champignons myxomycètes. Je ne dis pas pour cela qu'on puisse comparer ce disque palpeur à un pseudopode, mais peu importe, puisque nous voulons établir avant tout, non des homologies, mais bien des analogies. C'est pour obéir à cette méthode que nous étudierons, dans la prochaine séance, la motilité, l'irritabilité et la sensibilité chez les organismes polyhétéroplastidaires, ainsi que la différenciation physiologique, d'où dérivent la séparation et la localisation de ces diverses fonctions, plus ou moins confondues dans les organismes monoplastidaires.

HUITIÈME LEÇON

Différenciation fonctionnelle ou physiologique. Motilité, irritabilité, sensibilité chez les organismes polyhétéroplastidaires. Nouvelle théorie du mécanisme des sensations et des fonctions psychiques.

Vous savez qu'il n'existe pas de plastides formés de substance homogène : on distingue toujours au moins un ectoplasme, un endoplasme et des granulations de diverses espèces. Dans l'immense majorité des cas, on y rencontre, en plus, un noyau, sorte d'organe très complexe, avec ses nucléoles, etc. A ces différences morphologiques correspondent déjà des différences fonctionnelles et vous avez vu comment, par la mérotomie ou vivisection des protistes, on avait pu attribuer au noyau des propriétés, des fonctions n'appartenant pas au protoplasme, ou inversement, et démontrer l'existence d'une véritable et étroite solidarité entre ces deux parties complexes du système plastidaire.

Entre autres choses, nous avons reconnu que l'ectoplasme devenait plus particulièrement le siège de l'irritabilité, la région la plus impressionnable par les excitations venues du dehors, tandis que la motilité semblait appartenir, plus spécialement, à l'endoplasme, dans les cils vibratiles par exemple, qui n'en sont que des expansions traversant l'ectoplasme. De plus, de nombreux mouvements s'exécutent dans l'intérieur des plastides et parfois jusque dans celui des nucléoles : enfin, chez la Vorticelle, la motilité paraît se localiser dans de petites fibres à striations transversales, nommées myonèmes, et fort analogues aux fibres musculaires striées.

Dans les végétaux polyhétéroplastidaires, on ne rencontre de plastides véritablement irritables et mobiles localisées dans certaines parties, que chez quelques plantes relativement rares. Au contraire, chez les animaux polyhétéroplastidaires, la localisation est beaucoup plus nette et plus générale. La différenciation physiologique ou fonctionnelle marche de pair avec la différenciation morphologique. Ceci ne veut pas dire que l'on pourra juger de la fonction par la forme; mais, comme aux variations de cette dernière correspondent des différences de composition, il n'y a rien d'extraordinaire à ce qu'il existe des rapports entre la forme et la fonction.

Dans une certaine mesure, on peut se rendre compte du mécanisme de la différenciation morphologico-physiologique.

Après la fécondation que nous avons sommairement étudiée, l'œuf renferme, dans les premiers moments, en même temps que le bioprotéon proprement dit, des réserves physiologiques, comme cela se présente ordinairement pour tout plastide. Le bioprotéon porte, dans l'œuf, le nom de *vitellus formatif*; il est destiné à la multiplication par segmentation des plastides du futur organisme polyplastidaire et les réserves constituent le *vitellus nutritif* ou *végétatif*.

Le premier s'accumule vers l'un des pôles de l'œuf, que l'on nomme pour cette raison *pôle animal* : c'est souvent celui qui correspond au point de pénétration du spermatozoïde. Le second se localise vers l'autre extrémité, au *pôle végétatif*.

Dans les œufs de certaines espèces, il arrive que les réserves alimentaires n'existent qu'en très petite quantité. Alors l'œuf se divise d'abord en deux plastides semblables entre eux et à l'œuf lui-même. On les nomme des *blasto-mères*. Chacun se segmente ensuite, par bipartitions successives ; il y en a bientôt quatre, puis huit, puis seize, etc., mais tous les blastomères sont égaux. Finalement, ils se disposent de manière à former une sphère creuse composée d'une seule couche de plastides, d'égale épaisseur et limitant une cavité dite *cavité de segmentation*.

Dans le cas où les réserves sont abondantes vers le pôle végétatif, les blastomères qui prennent naissance dans cette région les englobent, aussi sont-ils plus gros ; en revanche, ils se segmentent bien plus lentement, de sorte qu'au bout de peu de temps, il y a beaucoup de petits plastides qu'on nomme *micromères*, et seulement quelques grands appelés *macromères*.

Voilà le premier degré de différenciation, et il est dû, certainement, à l'inégale distribution des réserves physiologiques entre les plastides primitifs ou blastomères.

Mais, revenons à l'œuf dépourvu de matières nutritives de réserve, et dont les blastomères sont primitivement égaux ou à peu près. Ceux du pôle animal se multiplieront plus vite que les autres ; il en résultera d'abord, du côté du pôle végétatif, un aplatissement suivi bientôt d'une dépression progressive en cupule, due à la résorption du liquide de la cavité de segmentation ; l'œuf a alors la forme d'un ballon de caoutchouc, à moitié dégonflé.

La nouvelle cavité, à laquelle on a donné le nom de *gastrula* par invagination ou *cavité digestive primitive*, ainsi formée, communique avec l'extérieur par une ouverture appelée *blastopore*, qui se rétrécira plus tard. La cavité de segmentation s'efface et les deux feuillets de la gastrula s'accolent par leur face interne, mais la face externe de l'un sera tournée vers la cavité et celle de l'autre vers l'extérieur : il résultera de cette disposition un feuillet externe appelé *ectoderme* et un interne nommé *endoderme*. On conçoit facilement que les conditions des plastides, et même des diverses parties d'un plastide, soient très différentes dans les deux feuillets : leur nutrition ne sera plus identique et elles ne se trouveront plus semblablement en contact avec les excitants mécaniques, chimiques et physiques du milieu, ne supporteront pas les mêmes pressions, etc. Chaque couche s'adaptera alors à son nouveau milieu et il en résultera bientôt une segmentation transversale, c'est-à-dire s'effectuant dans les plastides des deux feuillets suivant une surface parallèle à celle de la sphère. On peut expliquer ce phénomène en admettant que certains microsomes sont de préférence attirés vers la surface et d'autres vers la partie profonde. Nous avons bien vu, en effet, dans les plastides végétaux, les granulations chlorophylliennes se déplacer sous l'influence de la lumière, pour aller s'accumuler tantôt sur la face superficielle et tantôt sur la face profonde du plastide, suivant la nature de l'éclairage.

Pour les deux feuillets de la gastrula, les différences d'excitation des faces interne et externe étant permanentes, la distribution inégale de certains microsomes entraîne la division transversale des blastomères, par rupture d'équilibre du système plastidaire.

Les deux nouveaux plastides formés en un point, par *segmentation transversale*, ne posséderont pas la même composition et n'auront pas par conséquent les mêmes propriétés. En outre, par rapport au blastomère primitif dont ils sont issus, chacun d'eux sera forcément incomplet au point de vue de la variété des espèces de microsomes, ce qui le privera de la possibilité de vivre d'une manière indépendante, autrement qu'en association.

Si les conditions du développement permettent à certains plastides de rester embryonnaires en échappant à cette différenciation, la répartition des microsomes de toutes les espèces se fera entre eux d'une manière égale, proportionnelle, et chacun des nouveaux éléments formera un plastide complet, comme les organismes monoplastidaires : ils n'auront pas besoin de l'accouplement, au moins pendant un certain temps, pour se compléter, c'est-à-dire pour se rajeunir et se multiplier : l'œuf parthénogénésique et le leucocyte me paraissent être dans ce cas.

La segmentation transversale se produit à la fois sur les plastides de l'ectoderme et sur ceux de l'endoderme ; il en résulte la formation d'une couche intermédiaire qui est le *mésoderme*.

Il peut arriver que la séparation transversale entre deux des plastides de l'ectoderme, par exemple, ne soit pas complète : elles restent alors réunies par un pont protoplasmique plus ou moins allongé, mais il y a cependant dans les deux segments inégale distribution des microsomes ; certaines espèces restent cantonnées dans le segment profond et les autres dans le segment ectodermique ou épidermique. C'est ainsi que prennent naissance les plas-

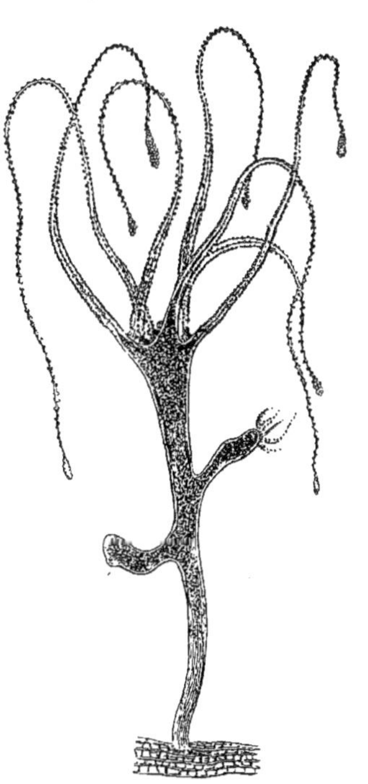

Fig. 85. — *Hydre d'eau douce.*

tides mixtes myo-épithéliaux (fig. 86) que l'on trouve dans les parois du corps de l'Hydre d'eau douce (fig. 85), en particulier, dont la partie profonde seulement est contractile. Les plastides épithélio-musculaires se retrouvent chez d'autres cœlentérés et chez des vers.

Il s'agit si bien dans ces phénomènes de différenciation d'une question d'adaptation au milieu extérieur, qu'en retournant une Hydre d'eau douce, ce qui était ectodermique devient endodermique, et réciproquement.

Dans son ensemble, le plastide avec son prolongement contractile constitue bien un élément irritable mécaniquement, mais l'irritabilité ne se manifeste par du mouvement que dans la partie profonde : on a supposé que la partie superficielle était seulement sensible, d'où le nom d'élément neuro-musculaire, donné parfois à ces plastides mixtes. Cette interprétation me parait inexacte, et le segment épithélial est plutôt simplement destiné à transmettre l'ébranlement extérieur au protoplasme irritable,

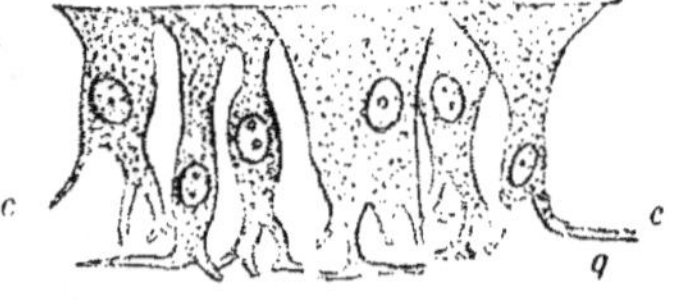

Fig. 86. — Plastides épithélio-musculaires, dont les prolongements contractiles (*c, c, c*) sont en rapport les uns avec les autres.

à la manière d'un corps inerte, dans beaucoup de cas. On le voit souvent, en effet, devenir rigide et s'étirer extérieurement en prolongements insensibles par eux-mêmes : cils, poils, etc.

Le plastide épithélial moteur, c'est-à-dire muni de cils vibratiles, peut se transformer en plastide cilio-épithélio-musculaire, comme dans les tentacules du Sagastia parasitica, qui sont des organes sensoriels (fig. 87).

Mais les éléments myo-épithéliaux de l'Hydre sont aussi sensoriels, car c'est par eux que s'établissent les principales relations entre les excitants extérieurs et le reste de l'organisme.

. Ces prolongements contractiles (fig. 87) se trouvent généralement en contact avec ceux des plastides voisins, et par leurs propres mouvements sont capables à leur tour d'exciter mécaniquement ces derniers : on conçoit très bien alors qu'une excitation locale, assez forte, puisse se généraliser en se communiquant de proche en proche par *irradiation*.

Ces segments peuvent même contracter entre eux et avec d'autres éléments des rapports morphologiques : ils se soudent, dans ce cas, pour constituer une forme plastidaire nouvelle composée de plusieurs éléments

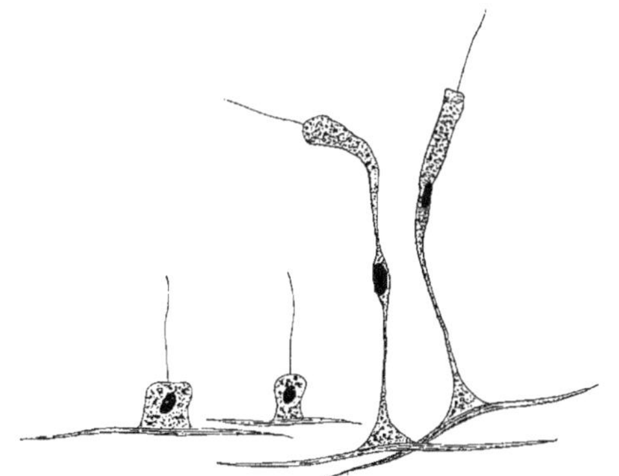

Fig. 87. — Filaments cilio-épithélio-musculaires du Sagastia parasitica.

agrégés et réalisent alors l'aspect que l'on rencontre dans les muscles des cloisons mésentériques des actiniaires.

Chez certaines Méduses, on voit très nettement les prolongements contractiles entrer en communication avec des plastides nerveux ganglionnaires et, vers la périphérie, se différencier de ce qui est resté purement épithélial, c'est-à-dire peu ou pas irritable (fig. 88).

Dans un semblable système, qui mérite la qualification de *neuro-myo-épithélial*, il arrive que si les prolongements musculaires se contractent sous l'influence d'une excitation extérieure, ils exercent des tractions sur le segment nerveux relié à un plastide sensitif. Celui-ci peut être en communication avec un plastide nerveux moteur, et on verra se produire alors un véritable phénomène réflexe, de

13*

sorte que ce qui aura débuté par un mouvement externe, puis interne, se terminera par un mouvement d'abord interne, puis externe. Il n'est pas même nécessaire qu'il existe deux plastides unis par *continuité* de substance pour que le phénomène réflexe se manifeste, car les éléments nerveux peuvent avoir des rapports physiologiques simplement par *contiguïté* ou par contact, comme je vous le montrerai plus tard.

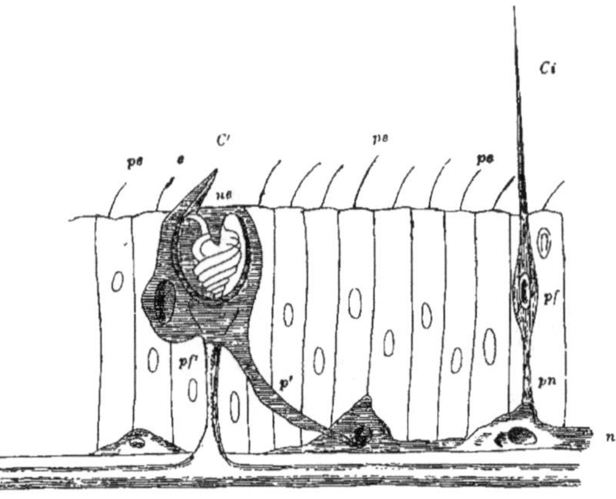

Fig. 88. — Coupe schématique de la peau d'un cœlentéré montrant un plastide à nématocyste ou cnidoblaste *pn*, dans ses rapports avec les autres éléments.
pe, pe, plastides épithéliaux ciliés ; *Ci,* cil tactile ou palpocil ; *pf,* plastide sensoriel fusiforme ; *pn,* plastide nerveux ganglionnaire ; *n,* fibre nerveuse.
c', cnidocil ; *pf',* masse protoplasmique contractile avec son prolongement *p',* homologue du plastide fusiforme *pf,* se continuant avec un plastide ganglionnaire nerveux.
ne, nématocyste.

Le plus souvent, le segment ou le plastide contractile est relié par continuité avec le pied du segment au plastide épithélial, mais il peut n'y avoir qu'un simple contact par des extrémités effilées, ou par un renflement creusé en calice dans lequel s'introduit l'extrémité du segment contractile. Cette disposition a été décrite chez plusieurs vers annelés et chez des arthropodes.

Si on laisse de côté la question de structure pour ne considérer que le mécanisme physiologique, on voit qu'il est au fond le même que dans l'exercice du sens musculaire. Dans les muscles et dans les tendons existent des terminaisons nerveuses sensibles, qui sont mécaniquement excitées par les contractions des muscles; il en résulte un phénomène réflexe ayant, entre autres avantages, celui de maintenir la tonicité musculaire et, par là, l'équilibre du corps.

C'est sur ces considérations générales et principalement sur mes recherches

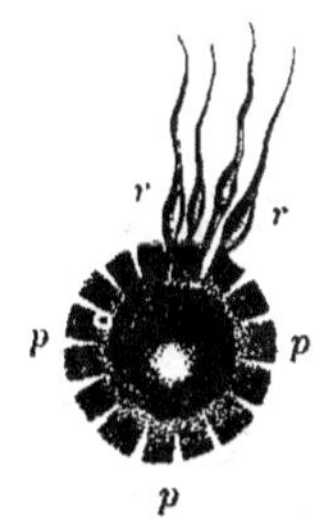

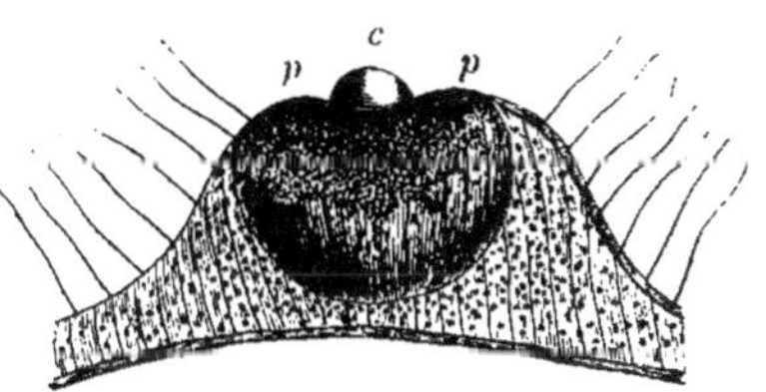

Fig. 89. — Œil de Lizzia vu de profil et de face. — *c*, cristallin; *p*, segments pigmentaires; *r*, cônes rétiniens ou éléments sensoriels fusiformes.

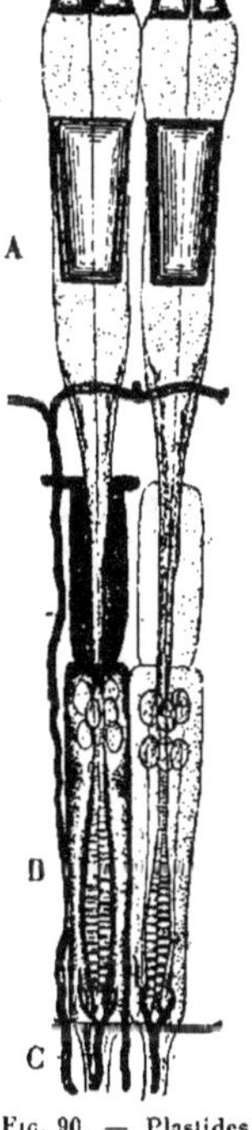

Fig. 90. — Plastides composés de la vision chez un articulé : A, segments épithéliaux; B, segments musculaires striés; C, segments nerveux embrassant la pointe inférieure du fuseau contractile.

expérimentales sur la Pholade dactyle que j'ai basé ma nouvelle théorie du mécanisme des sensations, que je vous exposerai sommairement tout à l'heure. Il est véritablement extraordinaire que l'on n'ait pas remarqué avant moi que le système neuro-myo-épithélial, dont je viens de vous parler, se trouve représenté dans tous les organes des sens de tous les animaux. Cette découverte donne à l'irritabilité une importance énorme que l'on ne soupçonnait guère chez les animaux supérieurs, puisqu'on attribuait tout à la sensibilité.

Vous reconnaîtrez le système en question, particulièrement dans l'œil de la Lizzia (fig. 89), dans celui des crustacés (fig. 90), dans la rétine des Vertébrés (fig. 91 et 92) et aussi dans les cellules olfactives (fig. 38, page 86),

Fig. 91. — Photographie d'une coupe de rétine de *Lamproie* : CP, couche des plastides pigmentaires ; CC, couche des cônes contractiles ; NN, couche neurale.

les éléments gustatifs (fig. 93), les fibres ciliées auditives de l'organe de l'ouïe (fig. 94) et jusque dans le poil tactile de l'insecte (fig. 95).

Que l'union des trois segments épithélial, musculaire et nerveux soit primitive ou secondaire, qu'elle soit produite par contact ou par continuité, peu importe, pourvu qu'elle existe.

Le segment contractile pourra, d'ailleurs, être d'origine ectodermique, mésodermique ou endodermique, ou bien encore dériver d'éléments migrateurs conjonctifs qui, au lieu de mettre à profit leur irritabilité pour se déplacer, se fixent sous forme d'éléments contractiles.

Quand la terminaison nerveuse sensitive est destinée à recevoir des impressions tactiles, c'est-à-dire à subir l'action directe de l'excitant mécanique extérieur, on conçoit facilement que la substance nerveuse seule suffise et

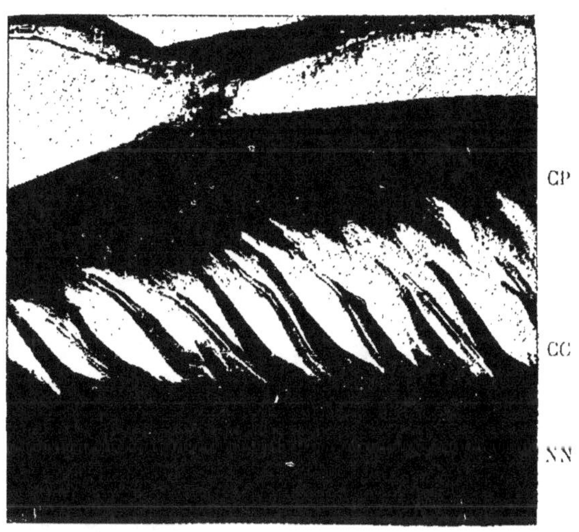

Fig. 92. — Photographie d'une rétine de *Caméléon* : CP, zone épithéliale pigmentaire; CC, zone contractile des cônes et des bâtonnets; NN, zone nerveuse.

que les segments épithélial et contractile disparaissent.

On constatera donc chez les animaux polyhétéroplastidaires, chez l'Homme, par exemple, diverses espèces de mouvements. Il possède dans ses voies respiratoires un épithélium moteur, c'est-à-dire garni de cils vibratiles; dans son sang, les leucocytes montrent des mouvements amiboïdes et on a observé dans les cellules glandulaires des mouvements vacuolaires. Mais les véritables éléments moteurs sont les fibres musculaires lisses ou striées. Celles-

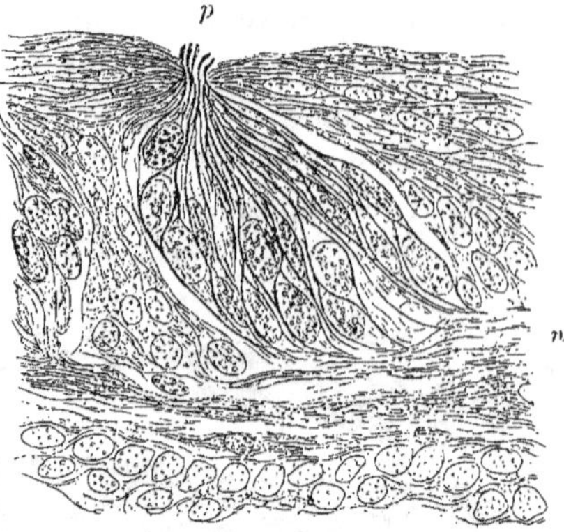

Fig. 93. — Bourgeon du *Goût* : *p*, plastides sensoriels fusiformes ; *n*, nerf de la gustation.

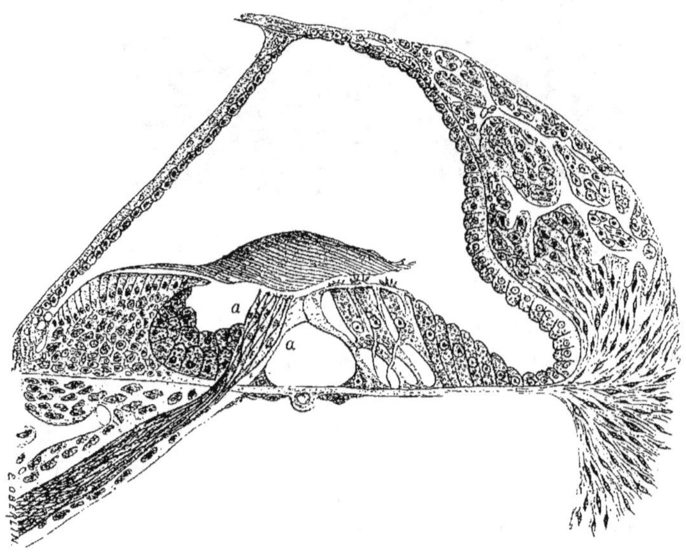

Fig. 94. — *Organe de l'ouïe* : *a*, *a*, plastides sensoriels fusiformes ciliés ; *b*, *b*, fibres du nerf acoustique.

ci se montrent directement irritables par les divers excitants et répondent à l'excitation par des mouvements qui peuvent se propager de proche en proche, soit sous forme d'*ondes musculaires*, soit autrement, mais, de plus, elles se contractent sous l'influence de l'excitant physiologique qu'on appelle *influx nerveux* faute de connaître exactement sa nature. Pour cela, il faut qu'elles soient reliées à un plastide nerveux moteur par une expansion qui est d'or-

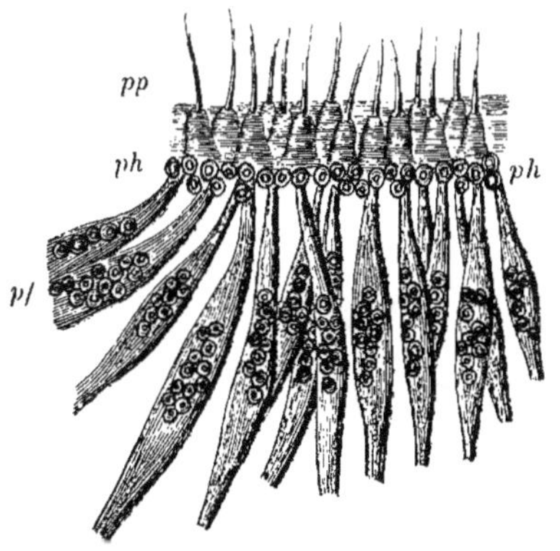

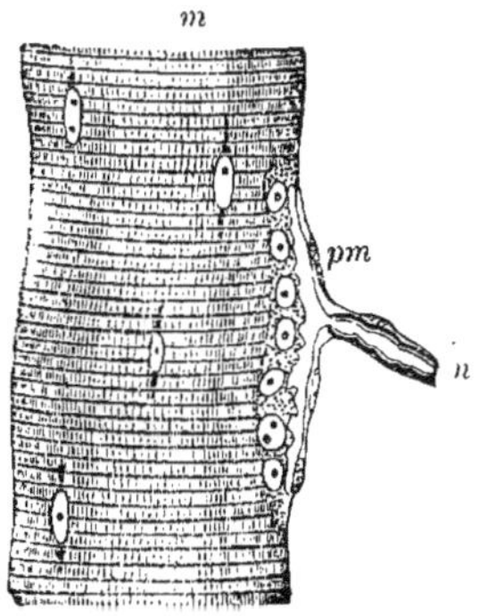

Fig. 95. — Poils tactiles du palpe maxillaire du Gryllotalpa vulgaris : *pp*, poils tactiles traversant l'épiderme; *pf*, plastides fusiformes sensoriels; *ph*, *ph*, plastides hypodermiques.

Fig. 96. — Fibre musculaire striée : *n*, fibre nerveuse; *pm*, plaque motrice; *m*, fibre musculaire.

dinaire le cylindre-axe très allongé de l'élément moteur, terminé par une plaque motrice (fig. 98). Nous nous retrouvons donc ici encore en présence d'un système neuro-musculaire.

Les constatations morphologiques nous engagent d'autant plus à considérer les éléments sensoriels, auxquels je reviens maintenant, comme des systèmes neuro-myoépithéliaux, que le segment contractile ne se comporte pas comme le segment nerveux vis-à-vis des réactifs; c'est ainsi que les cônes et les bâtonnets de la rétine ne se colorent pas à la manière des plastides nerveux, quand on injecte du bleu de méthylène dans le sang des animaux vivants : il en est de même des plastides gustatifs.

Mais, tout cela ne suffit pas à prouver que les éléments sensoriels sont contractiles et qu'ils agissent par leur contraction sur l'élément nerveux. La nouvelle théorie du mécanisme des sensations, que j'ai proposée, ne pouvait se soutenir qu'après mes recherches expérimentales sur l'olfaction chez l'Escargot, et surtout, sur les fonctions tactile, gustative et photodermatique chez la Pholade dac-

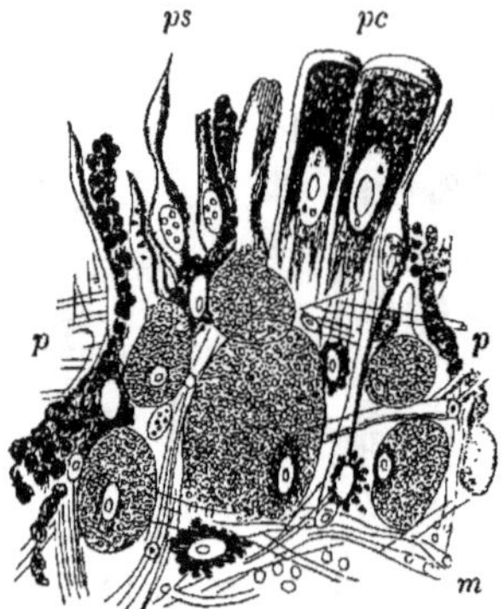

Fig. 97. — Coupe des téguments de l'*Helix vigneronne* : *pr*, plastides cylindriques de l'épiderme ; *ps*, plastides sensoriels fusiformes se continuant avec les fibrilles musculaires ; *m*, faisceaux musculaires ; *pp*, gros plastides.

tyle. On a constaté en plus des résultats fournis par ces recherches, et dont je vous parlerai tout à l'heure, qu'il existe dans la muqueuse olfactive de la Grenouille des mouvements qu'il ne faut pas confondre avec ceux des cils vibratiles ; on les voit très bien après avoir arraché cette membrane et l'avoir repliée de façon à examiner le bord du repli sous le microscope. Enfin, on connaissait depuis longtemps les déplacements des franges des cellules pigmentaires de la rétine et, au moment où je publiais mes premières recherches sur la Pholade, on découvrait les mouvements contractiles des cônes et des bâtonnets, mais on ne donnait pas l'explication de leur rôle.

Je vais maintenant vous exposer succinctement les expériences et les observations sur lesquelles s'appuie ma théorie.

Si l'on fait une coupe dans le tégument de l'Helix vigneronne (fig. 98) on ne distingue dans la couche tégumentaire externe que deux espèces d'éléments : des cellules épithéliales de protection et des bâtonnets suivis de renflements fusiformes aboutissant à des cellules ganglionnaires. Or, ces téguments, comme ceux de l'Hydre, sont sensibles aux divers excitants, et, ainsi que chez ce dernier

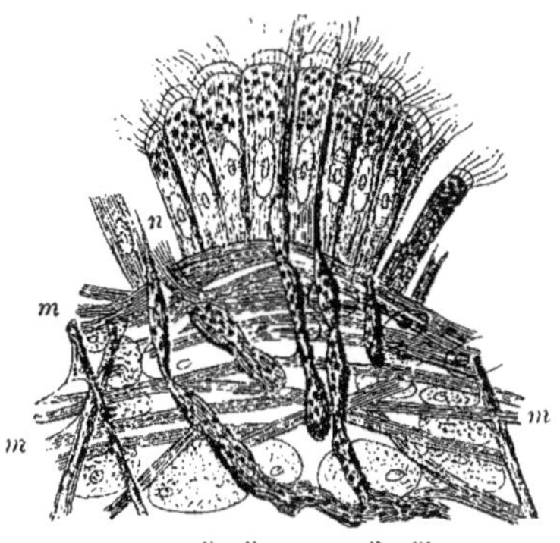

Fig. 98. — Coupe des téguments du manteau de la *Moule* : P, P, grosses plastides sous-jacentes à l'épiderme ; m, m, m, faisceaux de fibres musculaires ; n, plastides sensoriels se continuant en dehors, avec les bâtonnets compris entre les cellules ciliées de l'épiderme et, en dedans, avec les nerfs cutanés.

animal, l'irritation peut s'étendre de proche en proche par irradiation. L'irritabilité tégumentaire de l'Escargot est mise en jeu particulièrement par certains excitants olfactifs ou composés odorants.

En plaçant dans une petite chambre humide un fragment des tentacules olfactifs séparé du ganglion olfactif, et en l'observant avec un faible grossissement, on ne voit, quelques instants après la section, aucun mouvement ; mais, vient-on à introduire entre la lame couvre-objet et les bords de la cuvette, sans toucher le fragment tentaculaire, un petit morceau de papier imbibé de substance

odorante, telle qu'essence de térébenthine ou sulfure
de carbone, on voit aussitôt se manifester des mouvements fibrillaires superficiels, qui cessent quand on retire
le papier. Ces mouvements se font manifestement dans
les fuseaux dérivant de l'épithélium : ils doivent avoir
pour effet d'exciter les éléments nerveux sous-jacents et,
par là, les ganglions sensoriels.

Sur une coupe pratiquée dans l'antenne d'une Guêpe
(fig. 99), on distingue facilement les trois segments formant l'élément olfactif et de plus, sur la figure que je projette sur le tableau, vous voyez qu'il est manifestement le

Fig. 99. — Coupe transversale d'une antenne de *Guêpe* (*Vespa vulgaris*).

siège de mouvements, car le segment externe y a été
immobilisé dans des positions différentes par le réactif
fixateur.

Mais, c'est surtout chez la Pholade dactyle que l'importance sensorielle de l'irritabilité est facile à mettre en évidence. Cet intéressant mollusque marin (fig. 100) est pourvu
d'un long siphon, construit aux dépens du manteau replié
en forme de canon double de fusil de chasse. Ce siphon
sert à aspirer l'eau et les aliments, à rejeter les excréments, et remplit ainsi diverses fonctions relatives à la
respiration, à l'alimentation, même à la reproduction et
à la locomotion : mais ce ne sont pas les plus remarquables. Outre que cet organe est photogène, c'est-à-dire

producteur de lumière, il réagit très énergiquement, et de façon très diverse, sous l'influence de la plupart des excitants.

Si l'on touche très délicatement avec une pointe fine le

Fig. 100. — *Pholade dactyle* dans son trou : la coquille entr'ouverte laisse passer un long siphon terminé en haut par l'extrémité recourbée du canal expirateur, à gauche, et par l'orifice du canal aspirateur, garni de tentacules, à droite de la figure.

tégument du siphon, quand il est étendu, on voit, en ce point, se former une petite dépression résultant de la contraction des éléments superficiels. L'excitation est-elle un peu plus forte, non seulement l'irritation locale s'étendra rapidement de proche en proche, mais encore ce petit mouvement superficiel pourra être suivi d'une rétrac-

tion brusque du siphon tout entier. Ces deux phénomènes sont très distincts : j'ai donné à la partie superficielle irritable le nom de *système avertisseur,* parce que c'est
elle qui excite mécaniquement, par sa contraction, le

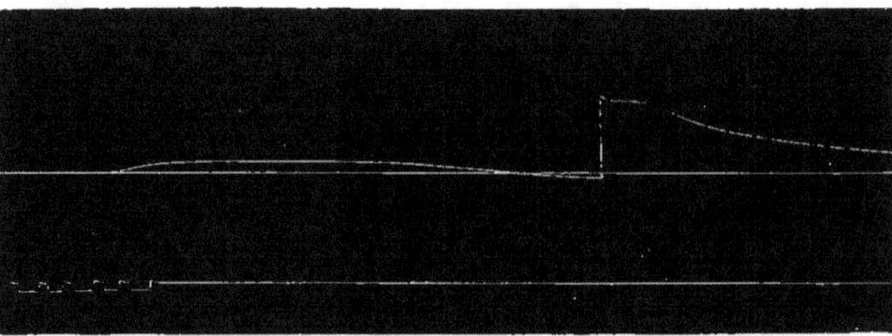

Fig. 101. — Résultat de l'excitation galvanique d'une *Pholade* entière. La première courbe
résulte de la contraction des fibres superficielles et la seconde de celle des muscles longitudinaux profonds.

système nerveux central et provoque, par un phénomène
réflexe, la seconde contraction.

Ces deux effets sont faciles à dissocier en excitant élec-
triquement, en un point, le siphon d'une Pholade entière,

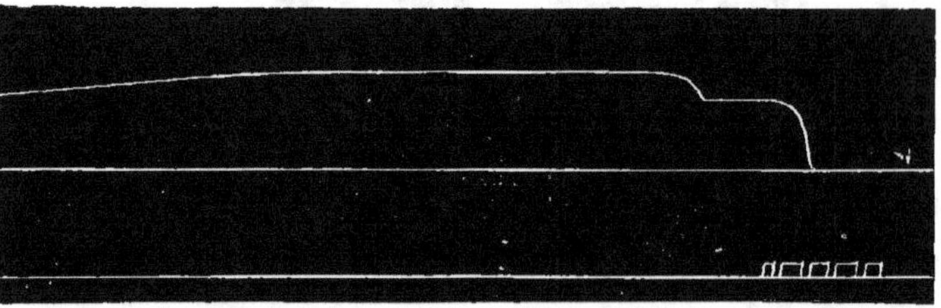

Fig. 102. — Résultat de l'excitation galvanique des muscles longitudinaux d'un siphon isolé.

fatiguée ou refroidie ; on obtient alors la courbe suivante
très caractéristique (fig. 101).

Si on excite directement, ou par l'intermédiaire du nerf
moteur, les grands muscles longitudinaux, l'ordre des
contractions est renversé (fig. 102).

L'amplitude, la durée, la rapidité d'ascension de ces

courbes varient avec l'intensité et la qualité de l'excitant,
il est facile de s'en convaincre en employant les excitants gustatifs : on dispose pour cela l'expérience de la
façon suivante. La Pholade, placée dans la position
naturelle, est à moitié enfoncée, de manière cependant à
laisser émerger le siphon S, dans l'argile garnissant le
fond d'un vase de verre E, rempli d'eau de mer
(fig. 103).

On réunit l'extrémité du siphon à celle du levier d'un

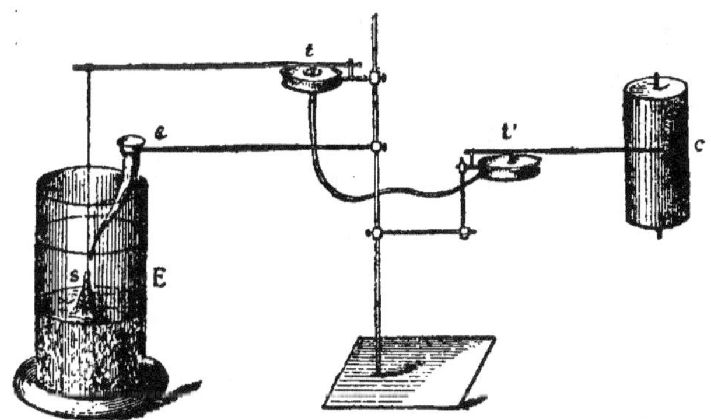

Fig. 103. — Appareil pour enregistrer les sensations gustatives de la *Pholade dactyle.*

tambour t, conjugué avec un autre tambour t' dont le stylet
inscrira les mouvements du siphon sur un cylindre tournant c, enduit de noir de fumée. Un petit entonnoir e
permet de conduire jusqu'à l'orifice du siphon les substances sapides. Quand l'animal éprouve une sensation
gustative, il réagit toujours différemment selon la saveur
de l'excitant employé et selon les divers degrés de concentration de la solution.

Le tracé (fig. 104) obtenu avec du Quassia amara se rapproche beaucoup des tracés (fig. 105 et 106) résultant de
l'action de deux autres substances amères : l'extrait de

Gentiane et le chlorhydrate de strychnine. La forme géné-

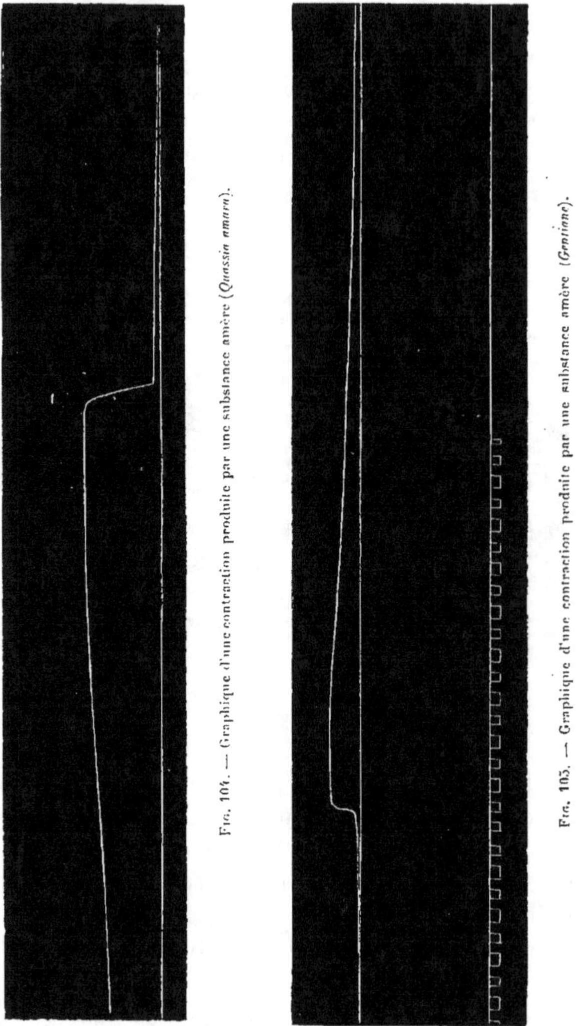

rale de ces trois courbes diffère de celle-ci qui nous a été fournie par une substance sucrée (fig. 107) et de ces

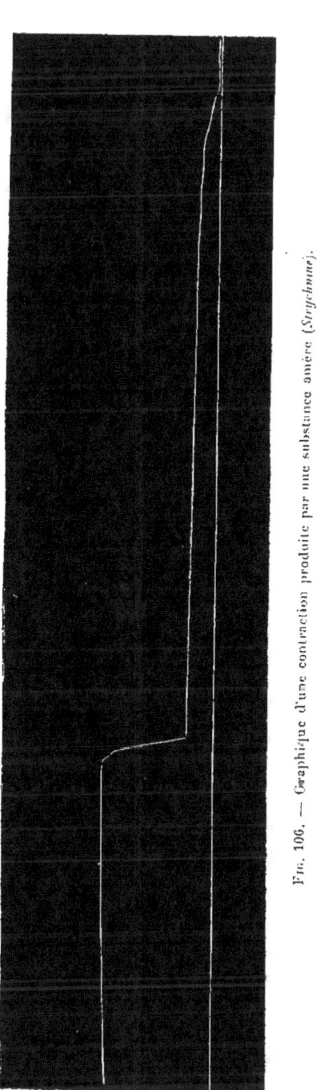

Fig. 106. — Graphique d'une contraction produite par une substance amère (Strychnine).

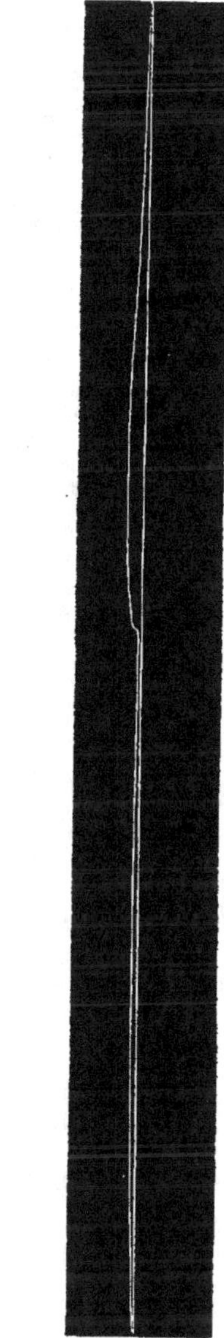

Fig. 107. — Graphique d'une contraction provoquée par une substance sucrée.

deux autres (fig. 108 et 109), dont l'une a été provoquée

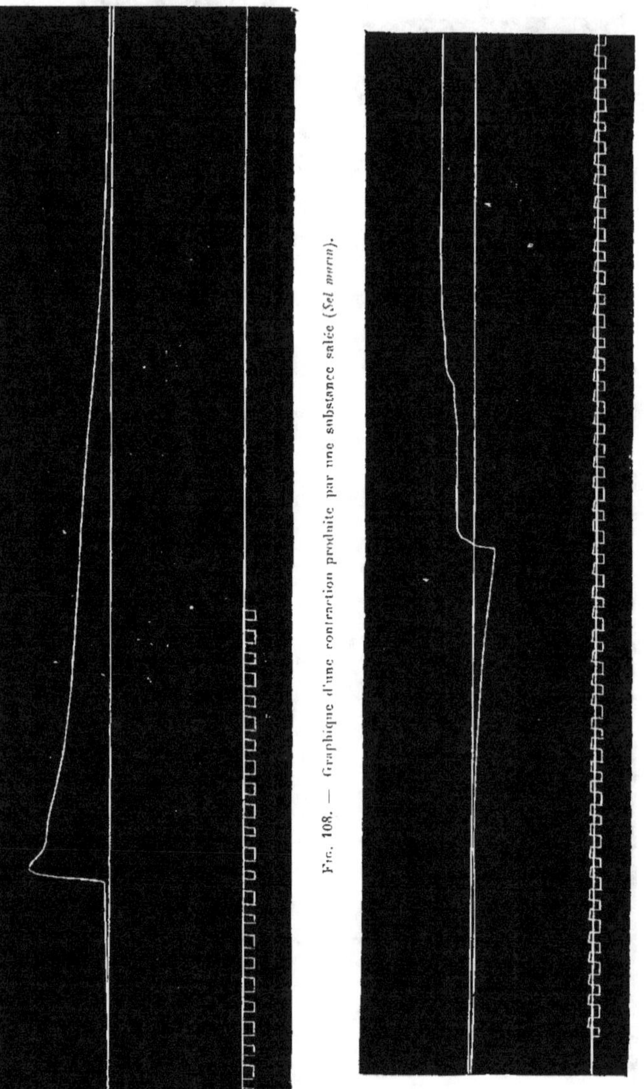

Fig. 108. — Graphique d'une contraction produite par une substance salée (Sel marin).

Fig. 109. — Graphique d'une contraction produite par une substance acide (Acide acétique).

par une solution concentrée de sel marin et la seconde

par une solution très diluée d'acide végétal, tartrique ou
acétique, peu importe.

Les réactions que l'on excite en faisant agir la lumière
sur la surface externe du siphon sont encore plus
remarquables et plus précises.

La Pholade n'a pas, à proprement parler, d'yeux. Tout au plus

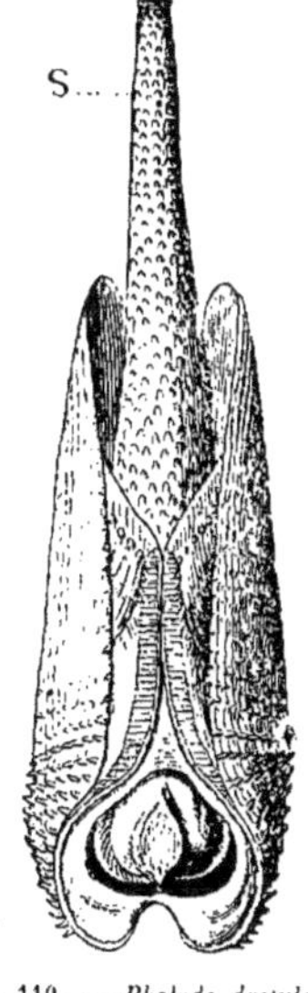

Fig. 110. — *Pholade dactyle* ré-
tractée par l'alcool et dont le
siphon S montre les papilles en
saillie.

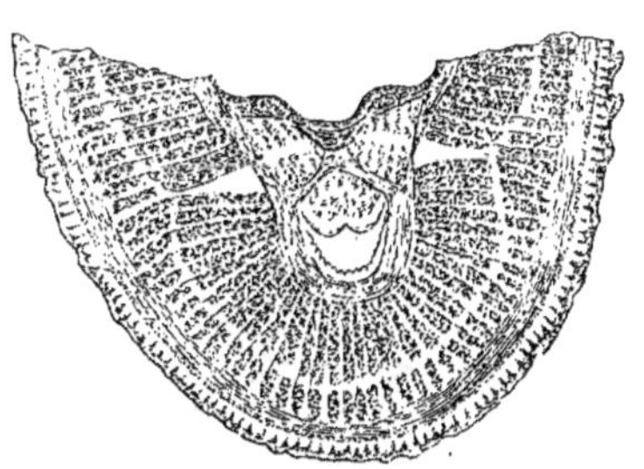

Fig. 111. — *Coupe transversale de la moitié d'un siphon de
Pholade.* — On rencontre de dehors en dedans : *a*, couche
épithéliale pigmentaire avec ses papilles ; *b*, couche de
fibres contractiles superficielles transversales ; *c*, couche
de fibres contractiles superficielles longitudinales ;
d, couche neuro-conjonctive ; *e*, fibres musculaires circulaires ; *g*, première zone des grands muscles longitudinaux ; *h*, seconde zone ou zone profonde de la
couche des grands muscles longitudinaux. Voir pour les
détails et la position des lettres la figure 112.

pourrait-on considérer comme tels les petites papilles
dont la surface du siphon est couverte (fig. 110), et encore
présentent-elles fondamentalement la même structure que
les parties du tégument qui les séparent. Extérieurement,
on rencontre une couche de cellules pigmentaires se continuant vers la profondeur avec des fibres musculaires, qui
vont se perdre dans une couche neuro-conjonctive sous-
jacente à celle des fibres musculaires (fig. 112, 114, 115) :
dans la première, la plus externe, je n'ai pu distinguer
aucune terminaison nerveuse. Telle est la constitution de
ce que j'ai appelé le système avertisseur dermatoptique.

Dans le milieu de l'épaisseur de la paroi se trouvent les grands muscles longitudinaux, commandés par des nerfs venant des ganglions palléaux : ce sont ces muscles qui par leur contraction fournissent le second mouvement ou contraction réflexe, que l'on peut provoquer aussi par l'action de la lumière sur une Pholade entière.

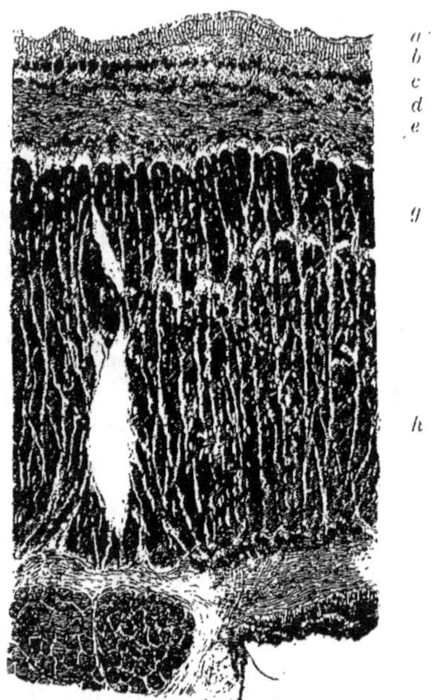

Fig. 112. — Photographie d'un secteur de la coupe de la fig. 111.
(Les lettres ont la même signification.)

Permettez-moi de vous faire remarquer immédiatement sur les coupes microscopiques que je vous présente, l'analogie de structure de la peau de notre Mollusque, dans sa partie superficielle externe, avec la couche des cellules pigmentaires et des cônes d'une rétine de Lamproie et d'une rétine de Caméléon (fig. 91 et 92).

En plein jour, il suffit d'un nuage de fumée de cigarette passant au-dessus d'une cuvette pleine d'eau de mer renfermant une Pholade, dont le siphon est étendu, pour en provoquer la rétraction. Il en est de même quand on fait éclater la lueur d'une allumette dans l'obscurité ou qu'on approche avec une bougie allumée.

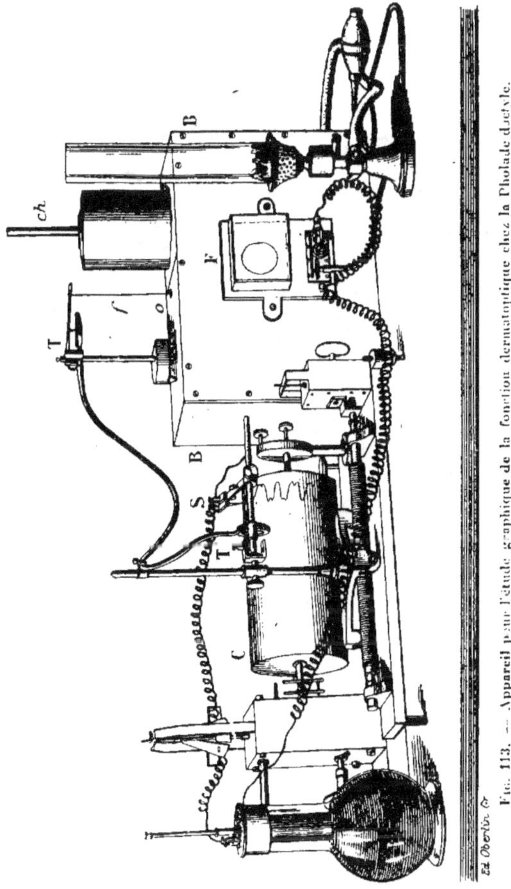

Fig. 113. — Appareil pour l'étude graphique de la fonction dermatoptique chez la Pholade dactyle.

Le siphon est donc très sensible aux alternatives de clarté et d'obscurité; mais, j'ai remarqué que les Pholades de l'Océan sont beaucoup plus sensibles aux variations d'éclairage que celles de la Méditerranée.

Pour se rendre bien exactement compte du mécanisme intime de cette vision par la peau, ou fonction dermatoptique, il est indispensable de recourir à une analyse physiologique expérimentale plus complète.

L'animal, placé dans une cuve, est enfermé dans une

Fig. 114. — Coupe d'une papille cutanée du siphon, très grossie et reproduite par la photographie microscopique : C. P, couche épithéliale pigmentaire ; C, C, couche de fibres contractiles.

petite chambre noire B (fig. 113) percée seulement d'une fenêtre F et d'un petit orifice supérieur *o* pour laisser passer le fil *f*, qui rattache le bout du siphon au stylet du tambour récepteur T.

La petite fenêtre se trouve juste en face du siphon dont on veut explorer la sensibilité à la lumière. Elle peut être ouverte ou fermée, pendant un temps plus ou moins long, au moyen d'un obturateur.

Celui-ci est construit de telle sorte qu'au moment précis où la fenêtre s'ouvre, un circuit électrique, dans lequel est interposé un signal S, se ferme. Pendant tout le temps

que la fenêtre reste ouverte, le signal inscrit, en fractions
de seconde, la durée précise de l'éclairage du siphon.

La Pholade en expérience est fixée sur une planchette
par son extrémité inférieure : ce support est immergé avec
l'animal dans une cuvette pleine d'eau de mer, à faces
planes parallèles, de manière que l'extrémité du siphon

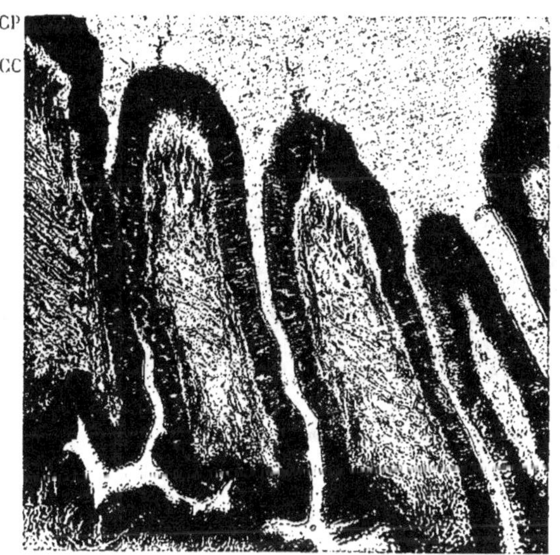

Fig. 115. — Coupe un peu oblique de plusieurs papilles montrant la couche épithéliale
pigmentaire et les fibres contractiles sous-jacentes.

soit dirigée vers la surface du liquide. L'extrémité libre
du siphon est reliée au stylet d'un tambour récepteur T,
qui transmettra à un tambour semblable enregistreur
les moindres mouvements de cet organe. Ce second tambour T' est muni d'un stylet inscrivant tous les mouvements transmis par le récepteur sur un cylindre C revêtu
d'un papier enduit de noir de fumée.

Une petite cheminée en tôle, chauffée par un bec de
gaz à régulateur, permet de donner à la chambre noire la
température voulue.

Les expériences se font dans une pièce obscure où l'éclairage du siphon peut être fourni, soit par le soleil, au moyen d'un héliostat, soit par la lumière électrique, ou mieux par une lampe à gaz munie d'un régulateur.

Cette lampe, dont l'intensité doit être réglée une fois pour toutes, peut glisser sur une longue planchette graduée placée devant la fenêtre. Ce dispositif est très avantageux pour la détermination de l'influence des excitations par des intensités lumineuses différentes.

Devant la petite fenêtre, on peut disposer soit des cuves à faces parallèles, renfermant des solutions colorées ou

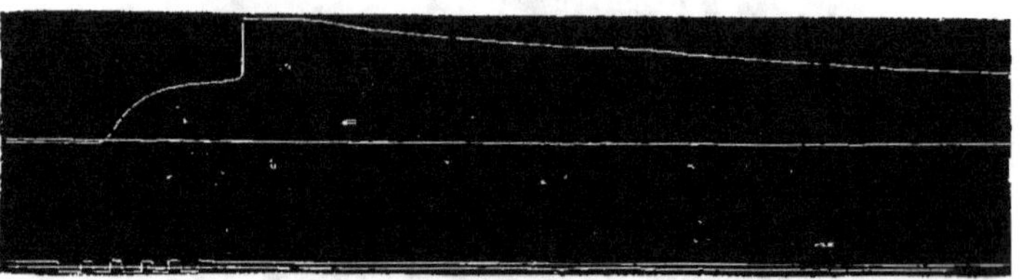

Fig. 116. — Courbe produite par l'excitation lumineuse [du siphon d'une Pholade entière : la première courbe est fournie par la contraction des fibres du système avertisseur et la seconde par la contraction reflexe des grands muscles longitudinaux.

athermanes, soit des verres colorés, des prismes, etc. L'expérience étant ainsi préparée, la Pholade va pouvoir écrire elle-même les sensations qu'elle éprouve sous l'influence de l'excitation lumineuse (fig. 116). Bien plus, si ce que nous avons dit de l'autonomie du système avertisseur est exact, le siphon seul, détaché du corps de l'animal et séparé, par conséquent, des ganglions situés à la racine des canaux, aura la faculté de se contracter, et cette contraction dissociée pourra être inscrite sur le cylindre de l'appareil enregistreur (fig. 117, 118, 119).

Enfin, si, après avoir laissé un siphon, sectionné à sa base, reposer pendant un temps suffisant à l'obscurité, on l'excite par la lumière, il se contracte encore et l'on peut répéter l'expérience un grand nombre de fois, pendant

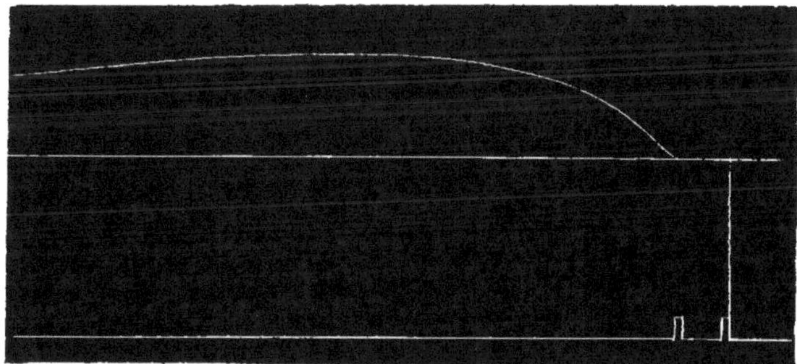

Fig. 117. — Courbe obtenue avec un éclairage de 2 secondes et une lampe de 10 bougies placée à 0,60 centimètres (siphon isolé).

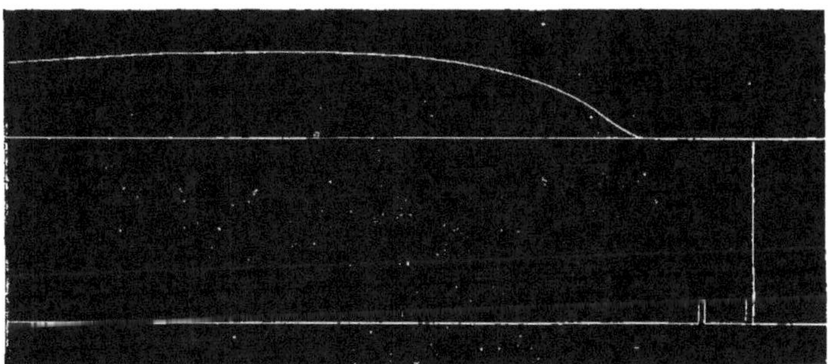

Fig. 118. — Courbe obtenue avec un éclairage de deux secondes et une lampe de 10 bougies placée à 0,80 centimètres.

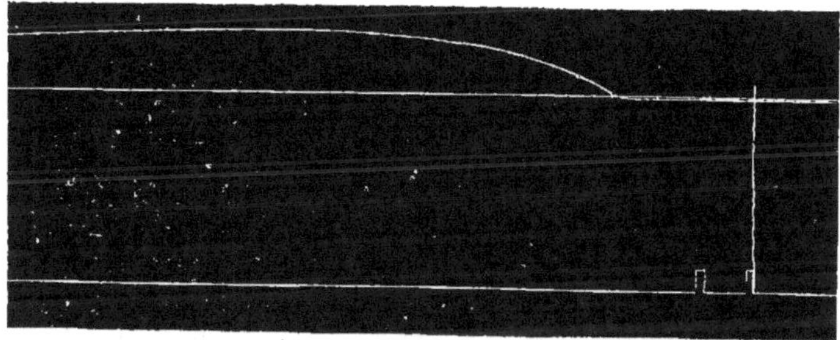

Fig. 119. — Courbe obtenue avec un éclairage de 2 secondes et une lampe de 10 bougies placée à 1 mètre de distance

plusieurs jours consécutifs, quand on s'est placé dans des conditions favorables.

Pour faire écrire ce lambeau détaché du corps de l'animal, il suffit de le fixer avec une épingle, par son extrémité inférieure, sur la planchette immergée dans la cuve à faces parallèles et d'accrocher avec un hameçon son extrémité terminale au fil du tambour récepteur.

C'est ainsi qu'avec un éclairage d'une durée de deux secondes, fourni par une lampe de dix bougies, placée à 0 m. 60 de l'obturateur, j'ai obtenu le tracé que voici (fig. 117).

Cette courbe montre que le raccourcissement du siphon isolé est le résultat d'une contraction unique, régulière, lente, progressive, comme celle que l'on provoque par une légère excitation localisée de sa surface sur une Pholade entière. Elle est bien manifestement produite par la contraction tétanique du système avertisseur. Est-ce à dire pour cela que les grands muscles longitudinaux, qui permettent à l'animal entier de grands mouvements volontaires, aient perdu toute contractilité? En aucune façon, et il est facile de démontrer que cette propriété est restée intacte. Ce qui manque, c'est l'excitation motrice, dont le point de départ est dans les ganglions restés dans le tronc de la Pholade.

Prenons un autre siphon détaché et excitons-le d'abord par la lumière, nous obtenons un tracé en tout semblable au précédent par ses caractéristiques.

Remplaçons maintenant l'excitation réflexe absente par une courte excitation galvanique, sans faire intervenir la lumière, nous enregistrons une courbe absolument différente de la première. Cette fois, le retrait du siphon s'est manifestement produit en deux temps, il y a eu deux contractions successives : la première, brusque, énergique, est celle des muscles longitudinaux centraux; la seconde, superposée à celle-ci, est, au contraire, plus faible, plus lente, régulièrement progressive : c'est celle du système avertisseur (fig. 102).

Bien plus, si l'on fatigue une Pholade entière dans l'obscurité par des décharges électriques successives, le pouvoir réflexe du ganglion nerveux et la contraction des grands muscles centraux s'épuisent : on n'obtient plus alors, malgré l'intégrité anatomique de l'animal, par l'excitation lumineuse même intense, que la contraction du système avertisseur, qui se fatigue moins vite dans ces conditions. Inversement, si on excite par l'électricité un siphon *détaché* et exposé à la lumière, on provoque une contraction unique, celle des grands muscles longitudinaux, le système avertisseur étant contracté d'avance ou épuisé par l'action prolongée de la lumière. Au lieu d'un siphon détaché, quand on excitera par la lumière une Pholade entière, on pourra obtenir à la place d'une contraction unique, deux contractions successives nettement accusées dans le tracé de la figure 116.

Mais, on remarquera immédiatement que, à l'inverse de ce que nous observons dans le tracé de la figure 102, la double contraction commence par celle du système avertisseur, dont je vous ai indiqué déjà les caractères.

Ces faits expérimentaux démontrent de la manière la plus nette le mécanisme fonctionnel des mouvements produits par l'excitation lumineuse : nous avions déjà donné son explication en nous basant sur l'observation anatomique et physiologique.

La Pholade est donc réellement capable d'écrire ses impressions visuelles par un mécanisme réflexe rappelant celui qui préside à la contraction de l'iris, quand un rayon lumineux vient frapper le fond de l'œil.

Je ne veux pas parler ici des contractions que l'on obtient en éclairant directement l'iris détaché de l'œil de certains animaux à sang froid, comme l'Anguille; ces dernières sont comparables à celles du système avertisseur.

Mais, on peut pousser beaucoup plus loin la comparaison, en recherchant jusqu'à quel point l'irritabilité de la peau d'un mollusque peut se rapprocher de celle de notre rétine.

Malgré son état d'imperfection, la Pholade, grâce à l'irritabilité de son tégument, peut-elle saisir le passage d'un éclair, comme nous avec nos yeux? Quelle est la durée minima nécessaire pour produire chez elle une sensation lumineuse? Aussi bien que nous, distingue-t-elle de faibles clartés? Sait-elle percevoir les intensités diverses d'une lumière qui s'éloigne ou se rapproche et mesurer la valeur de ces intensités? Enfin, cet aveugle, cet être sans yeux sait-il discerner les couleurs? Son spectre visible est-il plus restreint ou plus étendu que le nôtre? Est-il, de même que pour nous, continu, passant sans transition sensible d'une teinte à une autre? C'est encore la Pholade qui va répondre en écrivant ce qu'elle ressent, grâce à l'irritabilité de son système avertisseur.

Occupons-nous d'abord de la durée de l'éclairage. D'un grand nombre d'expériences faites avec un obturateur photographique convenable, on peut conclure que dans de bonnes conditions, avec une lampe de dix bougies, placée à 0 m. 30, la durée minima de la clarté sensible n'excède par $\frac{2}{100}$ de seconde. Mais, à cette limite inférieure, il est très probable que le mouvement provoqué dans la rétine dermatoptique n'est pas *perçu* par les centres nerveux ganglionnaires de la Pholade, car on observe seulement la contraction du système avertisseur.

Pour étudier l'influence des diverses intensités lumineuses, je procède de la manière suivante : une lampe de dix bougies étant placée à une distance de 0 m. 60 de l'obturateur, par exemple, si l'on fait deux excitations lumineuses d'une même durée de deux secondes, à une heure d'intervalle, on aura deux tracés identiques avec un siphon isolé. Mais, si on éloigne de plus en plus la lampe, on voit peu à peu augmenter la durée de la période latente et diminuer l'amplitude de la courbe (v. fig. 117, 118, 119).

Pour éviter les perturbations produites par la fatigue dans les expériences en séries, il est préférable de placer alternativement la lampe à 100 centimètres et à 10 centimètres. Dans ces conditions, nous avons trouvé que lorsque l'éclairage était cent fois plus faible, l'amplitude de la courbe devenait dix fois moindre et la durée de la période latente environ deux fois plus longue.

Le minimum d'intensité perceptible montre combien est grande l'impressionnabilité ou irritabilité de la rétine dermatoptique. On trouve, en éloignant la lampe jusqu'à ce que la lumière ne donne plus qu'une contraction imperceptible, que la lueur la plus faible, capable de provoquer une sensation, est égale à $\frac{1}{400}$ de bougie.

La Pholade peut donc, comme nous, distinguer de faibles clartés et apprécier, avec une grande précision, la valeur des intensités lumineuses.

L'irritabilité chromatique également est mise expérimentalement en évidence dans la vision dermatoptique.

Si l'on fait tomber sur l'ouverture de l'obturateur successivement les différentes zones du spectre solaire, on constate que l'on provoque des contractions du siphon isolé ou de la Pholade entière, avec toutes les radiations colorées que notre œil peut *voir*. La Pholade *voit* donc les mêmes couleurs que nous. Comme nous, elle est insensible aux radiations ultra-violettes et infra-rouges, ce qui démontre que les contractions observées ne sont dues ni à des radiations chimiques, ni à des radiations calorifiques. Il est facile, d'ailleurs, de s'assurer que ces dernières n'ont aucune influence sur les phénomènes en question en interposant sur le trajet des radiations lumineuses actives une cuve remplie d'eau ou d'une solution concen-

trée d'alun. On obtiendra, avec la même radiation, avant
et après l'interposition de la solution athermane, la même
courbe. Au contraire, le plus léger déplacement du prisme,

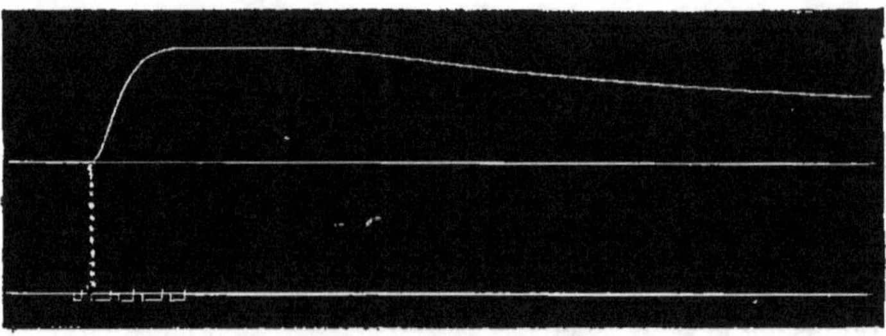

Fig. 120. — Action de la lumière jaune sur un siphon détaché.

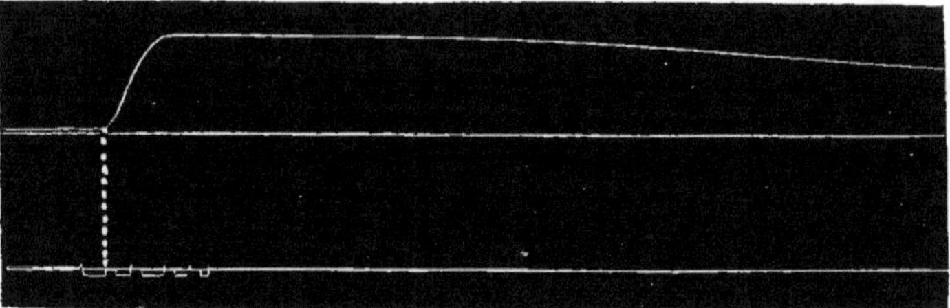

Fig. 121. — Action de la lumière verte.

Fig. 122. — Action de la lumière bleue.

lorsque la Pholade est éclairée par des radiations franchement vertes, par exemple, suffira pour provoquer une contraction dans le jaune-vert. Notre mollusque voit donc bien
les couleurs, puisqu'il sait distinguer jusqu'aux nuances.

S'agit-il d'une différence d'intensité lumineuse ou d'une véritable sensation chromatique ? En examinant les courbes des figures 120, 121, 122, 123, 124, obtenues avec une même source lumineuse et des verres de différentes couleurs, au moyen d'un siphon isolé, si on ne tient compte que de

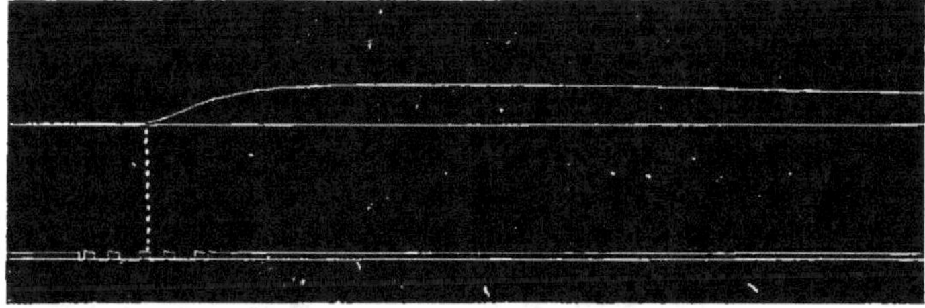

Fig. 123. — Action de la lumière violette.

l'amplitude et de la durée de la période latente, on peut être tenté de croire que l'intensité lumineuse entre seule en jeu. Mais, on remarque immédiatement que la

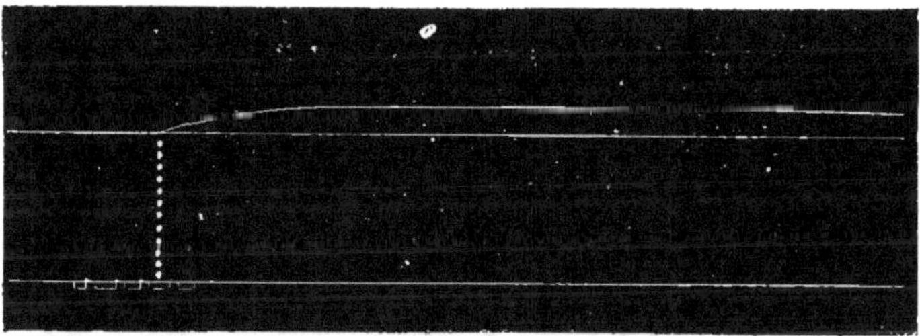

Fig. 124. — Action de la lumière rouge.

forme de ces contractions n'est pas semblable à celle des tracés 117, 118, 119.

Avec les radiations colorées, la différence caractéristique porte sur la rapidité de la contraction, qui diminue progressivement du jaune au vert, au bleu, au rouge et au violet.

Ce simple changement dans le jeu du système avertisseur suffit pour modifier profondément le phénomène réflexe, qui prend naissance dans les ganglions sensoriels de la Pholade entière, et aussi dans la contraction des muscles centraux qui nous en révèle l'existence. Pour chaque radiation colorée, la Pholade entière m'a donné

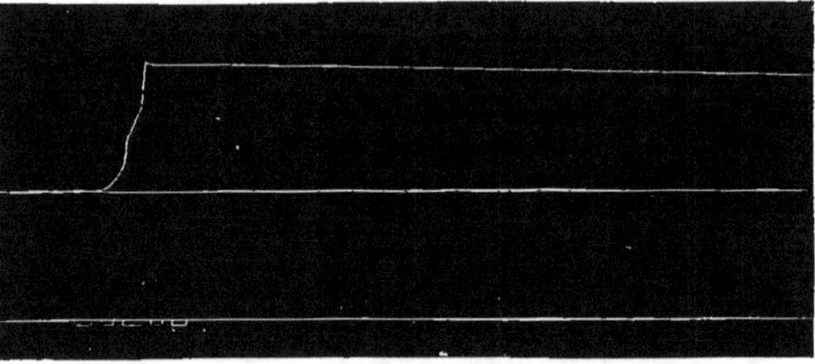

Fig. 125. — Action de la lumière jaune sur une Pholade entière.

une courbe spéciale, résultant de l'action combinée du système avertisseur et du système moteur central du siphon (fig. 125, 126, 128). Dans les courbes qui expri-

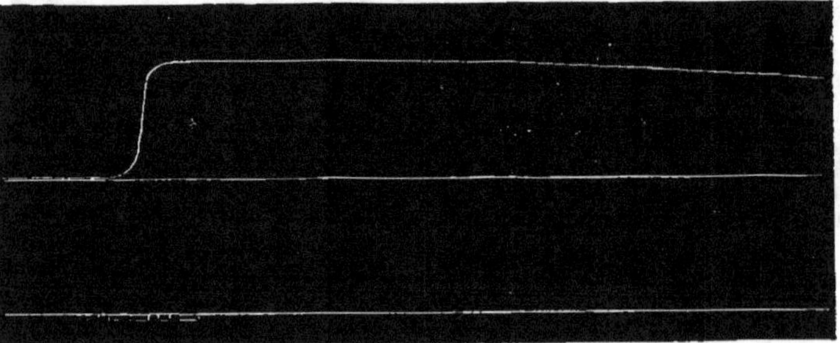

Fig. 126. — Action de la lumière verte.

ment la sensibilité au jaune, au vert, au bleu (fig. 125, 126, 127), la contraction de l'avertisseur se confond presque avec la contraction réflexe qui la suit de très près, sauf pour les radiations rouges (fig. 128). Il est possible aussi qu'une radiation, comme celle du violet, provoque seulement le mouvement du système avertisseur : dans ce cas, il y a sensation, mais non perception.

De ces expériences, il résulte que la notion d'intensité est fonction, pour un même individu, de l'amplitude du mouvement de l'avertisseur et que la sensation de couleur

Fig. 127. — Action de la lumière bleue.

est déterminée surtout par la rapidité de ce mouvement, comme dans l'audition la hauteur d'un son est fonction de la rapidité des vibrations sonores, et son intensité de

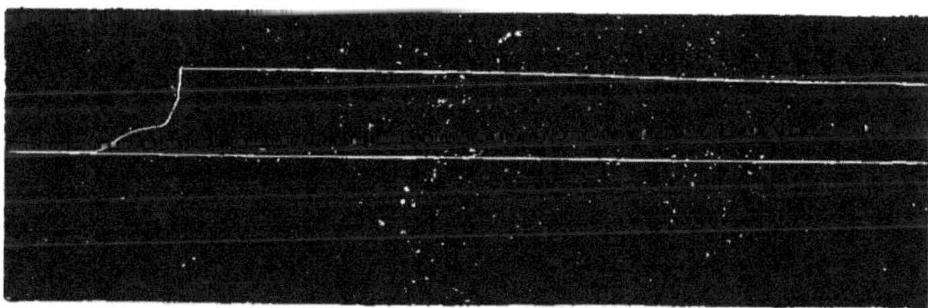

Fig. 128. — Action de la lumière rouge.

l'amplitude de celles-ci. Il en est de même, très certainement, pour les sensations olfactives et gustatives, et c'est ainsi qu'avec ces deux seuls modes de l'irritabilité nous pouvons discerner à la fois, dans une sensation, la *quantité* et la *qualité*.

Il faut, nécessairement, pour que nous puissions utiliser les sensations dues aux manifestations de l'irritabilité sous l'influence des divers excitants, que celles-ci soient communiquées puis interprétées par les centres nerveux et deviennent, soit des perceptions inconscientes dans des ganglions ou dans la moelle, soit des perceptions conscientes ou aperceptions dans le cerveau.

Je ne voudrais pas abandonner cette question de la vision dermatoptique sans vous montrer comment la théorie mécanique de la vision, à laquelle j'ai été conduit par mes expériences sur la Pholade, permet d'expliquer certains faits restés jusque-là incompréhensibles. Vous avez vu que si l'on excite un point limité de la surface du siphon on provoque en ce point la contraction des fibres musculaires superficielles, mais que les fibres situées en dehors de ce point se contractent également par un phénomène de propagation, de voisinage, par l'ébranlement mécanique parti des premières : le phénomène *d'irradiation visuelle* n'est pas dû à une autre cause. Ma théorie fait comprendre encore le mécanisme des images complémentaires, car il n'est pas surprenant que la sensation du blanc résulte d'une contraction de moyenne vitesse provoquée par l'action simultanée des couleurs rapides et lentes, qui se partagent le spectre par moitié. Aussi aura-t-on également la sensation de la lumière blanche avec deux seulement d'entre elles : le jaune et le bleu ou bien le vert et le rouge.

Les sensations d'oscillation qui succèdent à l'impression visuelle produite par certaines décharges dans les tubes à gaz raréfiés, à matière radiante, ne peuvent être expliquées que par ma théorie. J'en dirai autant du ressaut lumineux que l'on éprouve en regardant une lumière vive au travers d'un obturateur dont la durée d'ouverture est assez courte, ou encore des cannelures que laisse sur son passage un petit carré de papier blanc fixé sur un disque noir animé d'une certaine vitesse de rotation, quand l'œil est immobilisé dans une direction bien fixe, etc.

Ainsi donc, chez la Pholade, les sensations gustatives, olfactives, visuelles et tactiles se produisent par un mécanisme très analogue. Ce ne sont pas ici les terminaisons nerveuses qui sont primitivement excitées. Entre celles-ci et l'excitant extérieur : corps sapide ou odorant, radiation lumineuse, se place un intermédiaire qui transforme en des excitations mécaniques proprement dites les impressions produites par les agents chimiques ou physiques, susceptibles de faire naître des sensations. Ce transformateur, cet interprète des influences étrangères réagit par son irritabilité; celle-ci se manifeste toujours par une contraction, c'est-à-dire par un mouvement. Ce mouvement interne excite *mécaniquement* la terminaison nerveuse *comme si on la touchait* ; il a son siège dans ce que j'ai appelé le système avertisseur.

Chez la Pholade, le tact s'exerce par le même mécanisme que celui qui préside aux sensations ayant chez beaucoup d'autres animaux leur origine dans les organes sensoriels différenciés, dont notre Mollusque est dépourvu. Mais, on conçoit facilement que la présence d'un intermédiaire contractile devienne inutile quand l'excitant extérieur agit lui-même mécaniquement, soit par traction, soit par pression.

Les terminaisons tactiles très superficiellement situées dans la peau, les muqueuses, la cornée, chez l'homme, peuvent être excitées directement.

On retrouve au contraire un mécanisme tactile analogue à celui de la Pholade quand ces terminaisons sont situées au-dessous de téguments résistants comme ceux des insectes, ou bien dans la profondeur des organes : tel est, par exemple, celui qui assure l'exercice du sens musculaire et probablement aussi de diverses autres sensations internes, comme la faim. Pour des raisons que je ne puis développer ici, je pense aussi que les sensations que nous fait éprouver le cours du sang du côté des petits vaisseaux, lorsqu'il est modifié, celle du fourmillement, en particulier, n'ont pas d'autre origine que la mise en jeu de l'irritabilité contractile des parois vasculaires. Il arrive même que l'on rencontre à la périphérie de notre propre organisme des dispositions morphologiques et des réactions physiologiques, qui rappellent absolument celles de la peau de la Pholade. J'ai démontré, depuis longtemps, que le thélotisme n'est pas toujours un acte réflexe, mais seulement, dans certains cas, le résultat de l'irritabilité des fibres musculaires sous-cutanées du mamelon.

L'analogie morphologique que j'ai établie entre les éléments fondamentaux des rétines dermatoptique et oculaire d'une part, et la cellule visuelle neuro-myo-épithéliale de l'œil de la Lizzia Kollikeri d'autre part, peut être étendue à tous les éléments anatomiques fondamentaux des organes des sens spéciaux.

En résumé, vous voyez que sous l'influence des modificateurs ou excitants externes de nature physique, chimique ou mécanique, l'irritabilité du segment moyen est mise en jeu, qu'il se contracte et actionne mécaniquement la terminaison nerveuse. Il en résulte un premier phénomène complexe que j'appellerai *impression-sensation*.

L'*impression* reste localisée dans les segments externes et moyens. Dans la rétine, elle est représentée par les modifications moléculaires, qui se produisent dans le segment épithélial pigmentaire sous l'influence de la lumière, et par la contraction des cônes et des bâtonnets. Elle dépend entièrement de l'*irritabilité*.

La *sensation* se compose exclusivement de l'ébranlement de la terminaison nerveuse provoqué par l'impression : elle est due uniquement à la *sensibilité neurale* qui n'existe que dans le système nerveux.

L'impression et la sensation ainsi définies ont leur siège dans les organes des sens, quelle que soit d'ailleurs leur nature.

La sensation est *latente* ou bien elle est *perçue*. Dans ce dernier cas, l'ébranlement nerveux périphérique se transmet de proche en proche, le long des nerfs qui se rendent aux centres percepteurs et il y éveille la perception.

Cette *perception* peut être *inconsciente*, son existence ne nous est, dans ce cas, révélée que par une de ces manifestations automatiques ou involontaires que l'on désigne communément sous le nom d'*actes réflexes*.

D'autres fois, la perception est consciente : elle se traduit alors par un acte volontaire ou par une pensée résultant de la répercussion d'une perception primitivement inconsciente sur les centres nerveux supérieurs, qui sont le siège de l'intelligence : il y a, dans ce cas, *aperception*.

Quand nous *percevons* ou *apercevons* une odeur, une saveur ou une lumière, il ne faut pas dire qu'il y a sensation olfactive, gustative ou visuelle : cela ne peut que jeter la confusion dans les idées précises que l'on doit avoir, en psychophysiologie, de la nature et de l'ordre de succession des phénomènes.

Dans ma théorie, qui repose à la fois sur l'expérimentation, sur l'observation et sur le raisonnement, la sensation résulte donc d'un mouvement interne ou impression, transformant en excitations mécaniques toutes celles qui viennent du dehors, qu'elles soient physiques ou chimiques.

Si l'excitant arrive à mettre directement en jeu la sensibilité, quand la terminaison nerveuse est très superficielle, l'impression, qui n'a plus besoin d'intermédiaire, se confond avec la sensation. Des excitants de nature physique comme la chaleur, le froid, l'électricité peuvent, ainsi que l'excitant mécanique, agir directement sur les terminaisons libres des nerfs, mais leurs effets se confondent avec les phénomènes tactiles de la sensibilité générale, dont ils ne sont que des variétés. Pour cette catégorie, il n'y a pas d'*organes sensoriels spéciaux* qui soient connus.

Tous les phénomènes sensoriels se trouvent ainsi réduits à des phénomènes tactiles, tantôt intérieurs et tantôt extérieurs : « ergo non debet poni alter sensus præter tactum ».

La notion de sensation se simplifie alors considérablement, car il n'y a plus, *dans les organes des sens*, à tenir compte que d'un seul excitant : l'excitant mécanique.

Or, celui-ci ne peut varier, comme tout autre mouvement, que de deux manières, en quantité et en qualité : il sera caractérisé par son amplitude et par sa vitesse qui, dans notre système avertisseur, sont celles de la contraction du segment contractile.

Avec ces deux variables, que fournit toujours l'irritabilité manifestée, on peut distinguer toutes les sensations, ainsi que cela ressort nettement de l'examen des graphiques inscrits par la Pholade réagissant sous l'influence des excitants les plus divers.

Quant aux perceptions, il est bien entendu qu'elles ne se font pas dans les organes des sens, mais bien dans des centres nerveux spécialisés. Elles seront donc distinctes suivant la nature de ces centres. Que la sensation soit provoquée par le jeu du système avertisseur de la rétine, ou bien par le pincement du nerf optique, on n'obtiendra qu'une perception optique ou lumineuse, mais on la fera varier en modifiant, soit en grandeur, soit en rapidité, l'impression qui provoque la sensation dans l'organe des sens.

On peut en dire autant des autres perceptions.

Il arrive qu'une sensation auditive donne naissance à une perception gustative en même temps qu'à une perception auditive, ou encore qu'une sensation auditive provoque simultanément la perception d'un son et d'une couleur. Mais, ce sont là des répercussions d'un centre sur un autre, qui se font à la manière des mouvements réflexes généralisés, et prouvent que tous les points du système nerveux sont plus ou moins étroitement reliés les uns aux autres.

Comment se transmet la sensation, telle que nous l'avons définie, de l'organe des sens ou de la terminaison sensitive aux centres de perception ? Évidemment, elle chemine le long d'un nerf, mais de quelle façon ? Ici commence le domaine de l'hypothèse. On a imaginé l'influx nerveux, sorte de fluide analogue à l'électricité ; on a aussi pensé que c'était l'électricité elle-même. Le nerf peut, en effet, comme vous le verrez plus tard, être parcouru par un courant électrique, qu'on nomme courant d'action parce qu'il se manifeste au moment de l'excitation. Il est donc possible que la fibre nerveuse se comporte comme un fil téléphonique, l'organe des sens, ou mieux son système avertisseur, représentant l'appareil expéditeur, et le centre de perception l'appareil récepteur. En dehors du point excité, où prend naissance le courant par un changement de potentiel dû à l'excitation, le nerf se comporte comme un simple conducteur et ne se fatigue pas.

Mais, l'influx nerveux ne parcourant que 25 à 30 mètres par seconde, on a pensé qu'il y avait plutôt transport de l'excitation par une suite de chocs des granulations composant le cylindre-axe, se transmettant de l'une à l'autre, de proche en proche, comme s'il s'agissait d'une série linéaire de billes d'ivoire se touchant presque : le choc imprimé à la première est transmis à la dernière, après avoir seulement déterminé de légères oscillations dans celles qui sont intermédiaires. Cette explication, purement mécanique, me semble préférable aux théories chimiques qui supposent une destruction et une reconstitution immédiate des molécules, ainsi que cela paraît avoir lieu entre les électrodes d'un voltamètre.

Quand on excite par un choc certains plastides, on les

voit devenir troubles par l'apparition de granulations qui prennent, dans leur intérieur, des mouvements oscillatoires, pouvant parfaitement se transmettre de proche en proche et avec rapidité.

Cette interprétation est plus conforme à ce que nous savons de l'irritabilité; il est vrai que celle-ci ne se manifeste pas toujours par du mouvement proprement dit, ainsi que le prouve la production de la lumière et de l'électricité par les êtres vivants.

On n'est guère plus avancé en ce qui concerne les modifications s'opérant dans les centres de perception quand ils passent de l'état de repos à celui d'activité et ici, encore, on est obligé de se contenter d'hypothèses. Malheureusement, on a tort de les présenter comme des vérités scientifiques démontrées, soit par l'expérimentation, soit par l'observation, alors qu'elles sont purement imaginaires.

Comme pour faire suite à ma théorie du mécanisme des sensations, qui accorde déjà à l'irritabilité une si grande part, on a admis qu'il existe aussi des mouvements dans les centres nerveux et que, grâce à ceux-ci, on peut expliquer le mécanisme intime de toutes les opérations psychiques.

Le seul fait d'observation directe de ces prétendus mouvements psychiques a été recueilli sur un petit crustacé transparent du lac de Constance, le Leptodora hyalina : ils auraient été vus dans un point voisin du ganglion optique, *près de celui où les fibres venues de la rétine pénètrent dans le cerveau.* En tout cas, ils seraient plutôt situés dans la zone de l'organe sensoriel que dans celle du centre percepteur. Enfin, chez les crustacés, il y a de nombreuses causes d'erreur, tant à cause des mouvements amiboïdes des globules du sang, que par suite de l'existence possible de fibres myo-épithéliales dans le tégument.

D'autre part, les récentes recherches sur l'histologie

du système nerveux ayant montré que les plastides nerveux n'étaient pas toujours soudés les uns aux autres par leurs prolongements protoplasmiques, comme on le pensait autrefois, mais seulement en relation de contiguïté ou de contact, on leur a accordé une individualité plus grande. L'ensemble du plastide nerveux, avec son chevelu, et son cylindre-axe, porte aujourd'hui le nom de neurone et ce sont les prolongements de ce neurone qui jouiraient, au dire de quelques personnes, de mouvements amiboïdes (v. fig. 32).

Les actes réflexes, les associations d'idées, et, d'une manière générale, tout ce qui exige l'exercice collectif de l'activité des neurones, ne pourrait se faire que par le contact ou le rapprochement de leurs expansions amiboïdes. Inversement, la suppression de l'activité correspondrait à la rétraction de ces dernières.

En d'autres termes, il y aurait passage d'un fluide ou influx nerveux pouvant se faire quand il y a contact ou simplement rapprochement, ou bien se trouver interrompu par éloignement ou suppression du contact : les choses, en résumé, se passeraient dans le cerveau à peu près comme dans les appareils télégraphiques, ou mieux téléphoniques. Pendant le sommeil, par exemple, les expansions seraient rétractées.

On a même profité de la découverte, que je venais de faire de la cause du sommeil naturel, c'est-à-dire de l'autonarcose carbonique, pour essayer de donner quelqu'apparente solidité à l'hypothèse des mouvements neuro-amiboïdes. On a dit que l'acide carbonique devait agir en paralysant les mouvements des prolongements neuraux, comme il paralyse ceux des Amibes.

Cette hypothèse n'est pas en opposition avec ma théorie de l'autonarcose carbonique, elle la compléterait plutôt.

Mais, l'existence des mouvements amiboïdes des neurones est loin d'être admise, même à titre d'hypothèse rationnelle, par tous les savants : les uns nient formellement ces mouvements et même l'isolement des neurones, d'autres ne refusent la motilité aux neurones que pour l'attribuer aux plastides de la névroglie, qui sont interposés entre eux, et n'ont été considérés jusqu'ici que comme des éléments de soutien : du dernier rang, ceux-ci passent au premier; ils deviennent irritables, et sous des influences mal définies, se rétractent ou émettent des prolongements capables de rompre ou bien de rétablir soit le contact, soit la contiguïté des neurones, en s'interposant plus ou moins complètement entre eux.

Tout cela est très ingénieux, mais absolument dépourvu de preuves scientifiques.

En ce qui concerne le sommeil, j'ai bien démontré expérimentalement, et d'une manière que je crois irréfutable, qu'il est le résultat d'une autonarcose carbonique, mais je n'ai pas voulu, tout d'abord, aller plus loin dans la crainte de nuire à une théorie exacte en la grevant d'hypothèses, si je puis m'exprimer ainsi.

Mais, puisqu'on semble désirer absolument une explication plus intime du mécanisme du sommeil, je vous dirai que je crois que le neurone et le plastide névroglique prennent tous deux part aux phénomènes d'activité et de repos des centres nerveux, et que tous deux subissent des changements de volume et de forme. Malheureusement, on n'en peut pas facilement fixer la preuve histologique, parce que ces changements tiennent seulement à des déplacements de l'eau de constitution des plastides s'effectuant sous l'influence d'un agent anesthésique, l'acide carbonique.

Dans la prochaine leçon, je vous exposerai, en détail, le mécanisme intime des anesthésiques, à propos du rôle de l'eau dans les organismes vivants, et vous comprendrez alors aisément ce qui peut vous paraître encore obscur, en ce moment.

NEUVIÈME LEÇON

Du rôle de l'eau dans les fonctions de nutrition,
de reproduction et de relation.

L'eau joue un rôle tellement prépondérant dans les phénomènes généraux de la vie, qu'il m'a paru indispensable de consacrer une leçon à son étude physiologique qui, ainsi que vous le savez, m'a si longtemps captivé.

Répandue à profusion dans la nature et toujours en mouvement à la surface du globe, l'eau paraît communiquer à la terre elle-même comme une sorte de vie. Changée par la chaleur solaire en vapeurs invisibles et légères, elle va former au-dessus de nous des nuages qui retombent en pluie, grêle ou neige, ou bien elle se condense dans les glaciers des hautes montagnes d'où s'échappent des milliers de torrents et de cascades. Finalement, après avoir été recueillie par les fleuves, elle s'écoule dans l'immense réservoir marin qui recouvre les deux tiers du globe. Partout sur son passage, l'eau excite la vie, le sol se couvre de bois, de pâturages et les oasis surgissent du désert : sans eau pas de végétaux, sans végétaux pas d'animaux. Pour des myriades d'organismes des deux règnes, l'eau est un milieu biogénique, comme est pour d'autres l'air atmosphérique. Mais, de plus, l'eau est l'élément fondamental de ce que nous appelons le milieu intérieur, aussi pénètre-t-elle jusqu'au centre des dernières particules organisées de la matière vivante.

Sans humidité, il n'y a d'activité possible ni pour les plastides différenciés, ni pour les organismes monoplastidaires comme les ferments figurés, pas même pour les zymoses. L'eau doit être partout en nous, et en dehors de nous, pour que la vie subsiste. C'est peut-être parce que nous en sommes environnés de toutes parts, et intimement pénétrés que ce corps échappe, comme l'air, si facilement à nos sens. L'un et l'autre nous paraissent insipides, inodores, incolores et n'agissent guère sur notre sensibilité générale que par des propriétés d'emprunt, comme la température. L'homme a pendant longtemps ignoré l'air; de même le poisson des abîmes doit ignorer l'eau, mais il ne la connaîtra sans doute jamais, parce qu'il en est imprégné au dedans comme au dehors et qu'il n'en sort jamais que mort.

L'énorme quantité d'eau que renferment les organismes suffirait à elle seule pour prouver **son** importance physiologique. Elle entre dans la constitution de tous nos tissus et de toutes nos humeurs, en quantité tellement considérable, que nous ne sommes, pour ainsi dire, que des gelées aqueuses en mouvement.

Chez les mammifères, elle ne représente pas moins des trois quarts du poids du corps, et les grosses Méduses des côtes de l'Océan ne laissent, en se desséchant, qu'une mince et légère pellicule. C'est donc surtout à mettre de l'eau en mouvement que s'épuise le potentiel des aliments, avec l'énergie ancestrale et évolutrice qui l'accumule d'une part et le dégage de l'autre : l'énergie solaire ne peut se fixer dans le végétal qu'avec le concours de l'eau.

Dans un même organisme, l'eau n'est pas uniformément distribuée : elle ne l'est pas davantage dans les différents organismes.

Vous remarquerez sur ce tableau que le squelette et le tissu adipeux, où le travail physiologique et les échanges sont peu actifs, ne contiennent qu'une faible proportion d'eau, et que c'est le contraire pour la substance **cérébrale** et les muscles, dont l'activité est beaucoup plus grande. Pour la même raison, la substance grise du cerveau renfermera plus d'eau que celle du cervelet, et celle-ci plus encore que la substance blanche du cerveau et de la moelle.

Tableau des quantités d'eau pour 1000 contenues dans divers organes et tissus du corps humain :

Email	2
Graisse	299
Squelette	486
Cartilages	550
Foie	693
Cerveau (substance blanche)	697
Peau	700
Muscles	720
Sang	757
Cœur	793
Reins	827
Cerveau (substance grise)	858

On pourrait faire des remarques analogues chez les végétaux.

Avec l'âge, dans une même espèce, la quantité d'eau varie. Chez les mammifères, depuis un stade jeune du développement embryonnaire, jusqu'à la naissance, l'eau diminue assez rapidement, et elle continue à décroître jusqu'à la vieillesse. Certains tissus, chez le vieillard, peuvent paraître cependant plus hydratés que chez l'adulte : le cerveau et les muscles sont dans ce cas, mais il s'agit ici d'une sorte d'infiltration cachectique, comme celle qui s'observe chez les animaux morts d'inanition après un long jeûne.

Les proportions relatives d'eau et de matières solides ne sont pas les mêmes quand on passe d'une classe d'animaux à une autre : la Chauve-souris, sous ce rapport, tient le milieu entre le mammifère et l'oiseau. Les organismes inférieurs ne sont presque formés que d'eau.

La teneur en eau varie aussi suivant les métamorphoses : la larve paraît contenir plus d'eau que l'œuf et moins que l'Insecte adulte; mais, je n'ai fait, à ce sujet, que quelques recherches sur le papillon Vanesse. Lorsqu'elle est jeune, la chenille perd plus d'eau, 82 pour 100 environ, et quand elle est plus âgée de dix jours, 79 pour 100 seulement. Immédiatement après sa formation, la chrysalide renferme plus d'eau que la chenille, ce qui indiquerait qu'à ce moment, comme après la fécondation, il se fait une sorte de rajeunissement de l'animal : sa proportion peut s'élever alors à 86 pour 100. Dix jours plus tard, elle n'en fournit plus que 78 pour 100. Mais, le papillon, chez lequel il y a eu formation de parties dures telles que les ailes, les pattes, etc., ne possède plus que 60 pour 100 d'eau. Cette perte ne se fait pas uniquement par évaporation pendant l'état de chrysalide, car, au moment de l'éclosion, le papillon rejette toujours par le tube digestif une certaine quantité de liquide.

Le milieu a une grande influence sur l'état d'hydratation du sang; dans certains cas, la quantité d'eau augmente considérablement chez les crabes placés dans l'eau de mer diluée d'eau douce et, normalement, les tissus de l'Écrevisse ont 6 pour 100 d'eau en plus que ceux des Cloportes.

Mais, en somme, ce qu'il y a de plus important à retenir, c'est que le protoplasme animal se dessèche en vieillissant. Si certains tissus peuvent cependant paraître plus hydratés, ils se comportent alors comme des tissus malades dégénérés. J'ai trouvé dans des muscles envahis par un fibrome des quantités d'eau bien plus grandes que dans ces mêmes muscles sains, mais ils ne se défendaient pas, comme ces derniers, contre le desséchement. Il fallut, en effet, trois fois moins de temps pour les dessécher que les muscles sains du même individu, placés dans le même milieu.

D'une manière générale, il ne suffit pas qu'un tissu soit bien hydraté pour être très vivace, il faut encore qu'il retienne l'eau avec énergie.

Le desséchement sénile est surtout évident chez les végétaux (fig. 132). L'eau est intimement unie au protoplasme

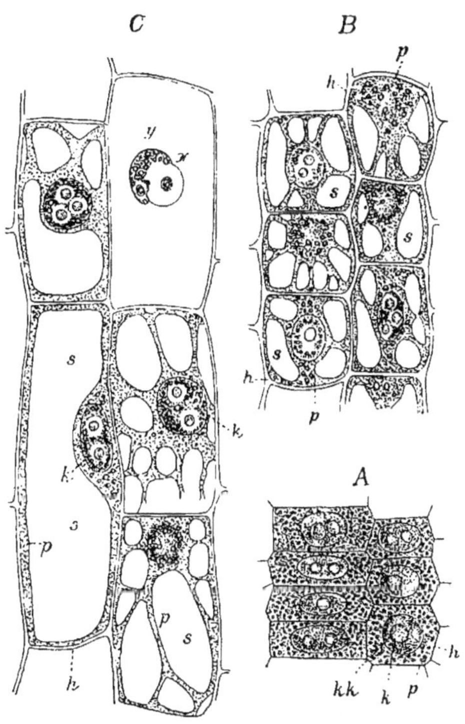

Fɪɢ. 129. — A, Plastides végétaux jeunes; B, Plastides végétaux plus âgés avec lacunes aquifères; C, Plastides végétaux âgés avec de vastes espaces remplis de suc plastidaire.

dans les plastides des sommets végétatifs, tandis qu'elle se met à part dans les cellules qui vieillissent; c'est un fait de même nature que celui que je vous signalais tout à l'heure chez les vieillards. Chacun de vous sait déjà que les jeunes bourgeons sont plus succulents que les autres parties plus anciennes. L'âge des organes d'un même végétal a une influence facile à mettre en évidence. Chez certains arbres, le pommier, par exemple, on observe dans une même saison trois pousses successives de feuilles. En desséchant les feuilles de ces diverses pousses, alors qu'elles sont encore les unes et les autres très verdoyantes, on trouve que les plus vieilles sont toujours les plus pauvres en eau.

La graine aussi, comme la partie active de l'œuf fécondé d'ailleurs, est peu riche en eau, mais il y a une énorme différence entre cet état de condensation et le racornissement sénile. C'est que la graine et l'œuf ont acquis par la fécondation la propriété de se réhydrater considérablement, de telle façon que le rajeunissement ne serait, en somme, que l'aptitude à l'hydratation rendue au protoplasme par l'agent fécondant, ou plus exactement résultant de l'union du plastide mâle et du plastide femelle, de même que, dans la digestion, les zymoses préparent les aliments, en les hydratant, à faire partie intégrante de l'organisme vivant. Nous verrons prochainement, en effet, que les œufs fécondés ne se dessèchent pas de la même manière que ceux qui ne l'ont pas été. Je reviendrai bientôt sur ce point important.

S'il est vrai que lorsqu'un infusoire meurt au sein de l'eau, son corps ne tarde pas à se gonfler et à éclater, par suite d'une imbibition forcée à laquelle il résistait étant vivant, il n'en est pas moins certain que les organismes morts échappent beaucoup moins facilement au dessèchement que les mêmes individus vivants, et c'est après la mort que la *tension de dissociation* de l'eau et des tissus atteint son maximum.

J'ai appliqué à la faculté que possède l'eau du bioprotéon de se séparer de celui-ci, sous diverses influences, l'expression de tension de dissociation, usitée, en chimie, pour exprimer le même phénomène se montrant dans les hydrates des composés chimiques, mais cela ne veut pas dire que je considère la matière vivante comme un produit chimique.

Qui ne sait que pour forcer certains végétaux, comme les crassulacées ou les orchidées, à se dessécher dans les herbiers, il est nécessaire de les tuer par la chaleur ou les poisons?

Des chrysalides de papillon, des larves et quantité d'animaux inférieurs se déshydratent rapidement dès que la vie a cessé, tandis qu'à côté d'eux, des êtres de même nature, quoique privés d'aliments, continuent à vivre sans subir d'autre perte que celle qui résulte du vieillissement et de la respiration.

Dans certains cas, ce n'est pas sous forme de vapeurs que l'eau s'échappe des tissus, mais bien à l'état liquide, ainsi que cela se voit chez les Méduses qui viennent de mourir; et, chose curieuse, cette dissociation se produit au sein même de l'eau, contrairement à ce que l'on observe chez les infusoires.

Pour ces raisons et pour d'autres qu'il serait trop long de développer ici, on doit admettre que la tension de dissociation de l'eau et des tissus diminue par la fécondation, qu'elle est faible pendant le jeune âge et chez l'adulte en état de santé, pour s'exagérer au contraire dans les tissus malades, la vieillesse et certains empoisonnements.

J'ai été depuis longtemps conduit à penser que la diarrhée, les vomissements, les sueurs profuses et d'autres manifestations du même genre, comme la diurèse, n'ont pas d'autre origine que l'augmentation de tension de dissociation de l'eau et des tissus, ainsi que cela se voit dans le choléra. C'est de cette manière qu'il convient d'expliquer l'action de la plupart des agents toxiques, qui provoquent précisément les symptômes que je viens d'indiquer. D'ailleurs, aujourd'hui on tend de plus en plus à considérer les maladies comme des intoxications, déterminées par des poisons formés par les éléments de l'organisme lui-même ou bien par des plastides microbiens parasites.

Il faut cependant reconnaître que tous les agents de déshydratation du protoplasme ne traduisent pas leur activité par les mêmes symptômes.

L'alcool est un agent déshydratant énergique des substances colloïdales, car il suffit d'une très petite quantité de ce liquide organique neutre pour en chasser, en s'y substituant, une grande quantité d'eau. Si on le fait agir sur une gelée minérale d'hydrate d'alumine ou de silice constituant une hydrogèle, l'alcool remplace l'eau pour former un alcoogèle, sans détruire pourtant la forme colloïdale : l'alcool pourra, à son tour, être éliminé par l'éther et l'on obtiendra ainsi un éthérogèle.

Si l'on fait agir ces corps sur la substance vivante, ils se comportent à peu près de la même manière, en la déshydratant, avec cette différence cependant qu'il n'est pas nécessaire, comme pour les colloïdes, que ces corps soient à l'état liquide. Il leur suffira d'être vaporisés dans un espace clos. Cette particularité démontre assez clairement que le bioprotéon n'est pas identique à une gelée colloïdale homogène quelconque et que sa déshydratation, dans ce cas, n'est pas non plus réductible à un simple phénomène de diffusion entre liquides : il faut qu'il y ait structure.

Le Mesembryantemum cristallinum est une charmante plante de nos jardins dont l'épiderme est parsemé de poils glanduleux, transparents, gorgés de sucs, brillants comme de petits boutons de cristal. Si l'on enferme un rameau de cette plante dans un bocal contenant une petite quantité d'éther, on est surpris de voir, au bout d'un certain temps, l'eau protoplasmique s'échapper des plastides pour se répandre au dehors et dans les interstices des cellules, alors que les poils glandulaires conservent leur turgescence. Un phénomène semblable se produit avec les oranges soumises à l'action des vapeurs d'éther, en vase clos. Tandis que les plastides à essence de l'épicarpe restent gonflés d'essence, les grands plastides charnus de l'endocarpe laissent échapper en abondance le suc aqueux dont leur protoplasme est abondamment pourvu : elles ressemblent alors à des oranges *gelées*. J'ajouterai qu'il se fait dans les tissus ou dans les éléments qui les composent une véritable élection. Les vapeurs anesthé-

Fig. 130 — A, *Echéveria* avant l'action des vapeurs d'éther ; B, le même après l'action de l'anesthésique.

siques traversent la coque et le blanc de l'œuf pour se fixer principalement dans le jaune qui offre plus d'affinité ; il semble en être de même pour le système nerveux par rapport aux autres tissus.

Pour bien mettre en évidence cette déshydratation du protoplasme par les vapeurs d'éther, il suffit de placer dans une cloche de verre, à bords rodés et convenablement suifés, un Echévéria, petite crassulacée très commune dans nos jardins, à côté d'une capsule remplie du liquide vaporisable (fig. 130).

Au bout d'un temps variable avec la température extérieure, on verra l'eau suinter sous forme de grosses gouttelettes à la surface des feuilles qui ne tarderont pas à se flétrir, comme si elles avaient été cuites ou

16*

gelées, et à incliner vers le sol leur pointe antérieurement dressée, ainsi que ferait une Sensitive dans les mêmes conditions.

C'est un des faits les plus curieux de la physiologie générale que les mouvements et l'irritabilité de la Sensitive, dus à des déplacements d'eau protoplasmique dans les renflements des pétioles, se trouvent précisément supprimés par des vapeurs ayant pour caractéristique de dépouiller ce protoplasme de son eau; chez la Sensitive, il est vrai, celle-ci ne s'écoule pas au dehors, comme dans l'Echévéria, mais bien dans les vaisseaux aériens, dans les interstices cellulaires et les lacunes.

Beaucoup de composés organiques neutres partagent avec l'éther et le chloroforme la propriété de dépouiller par substitution le protoplasme de son eau, et pourtant ils sont loin d'appartenir aux mêmes groupes chimiques : ce sont des alcools, des éthers simples ou composés; des aldéhydes, des produits chlorés, des carbures d'hydrogène ou hydrocarbures. Malgré leurs structures moléculaires particulières, ils n'en possèdent pas moins un ensemble de propriétés physiques et organoleptiques, qui leur donne comme un air de famille. Ils sont incolores et odorants, possèdent une saveur piquante et produisent, quand on les applique sur les muqueuses, une sensation de chaleur plus ou moins brûlante. Ce sont des liquides neutres, mobiles, volatils, doués, en général, d'une tension de vapeur et d'un poids atomique d'autant plus grands, avec une solubilité dans l'eau d'autant faible qu'ils sont plus déshydratants. Leur chaleur spécifique est petite, beaucoup inférieure à celle de l'eau; ils sont, en outre, disosmotiques, c'est-à-dire qu'ils traversent difficilement les membranes.

Si l'on veut se rendre compte de la façon dont ces vapeurs peuvent agir sur les plastides et les plastidules, il suffit de suspendre dans un vase bien fermé, contenant au fond une petite quantité d'éther, une vessie pleine d'eau. Peu à peu, on voit celle-ci se dégonfler par un phénomène d'exosmose.

Ces composés sont susceptibles d'insensibiliser, d'anesthésier, non seulement des végétaux, comme la Sensitive, mais encore des animaux, enfin toute substance vivante irritable ou sensible : pour cette raison, on les appelle *anesthésiques généraux*. Les mouvements pseudopodiques des amibes, des globules blancs, sont suspendus, les ondulations des cils vibratiles, des fouets des infusoires, des appendices mobiles des spermatozoïdes, des anthérozoïdes, des spores, etc., s'arrêtent. Sous leur influence l'homme perd successivement toutes ses facultés depuis les plus élevées jusqu'aux plus végétatives, hiérarchiquement. L'intelligence, la volonté, la sensibilité et le mouvement disparaissent : le corps tout entier tombe dans un sommeil profond accompagné d'une flaccidité complète, qui peut, sans transition brusque, conduire à la mort. Celle-ci se produit, comme l'anesthésie, en vertu des propriétés physiques que je vous ai signalées, et, depuis longtemps déjà, j'ai démontré que le pouvoir toxique comparé des divers alcools, qui sont des anesthésiques généraux, était en raison inverse de leur chaleur spécifique, de leur pouvoir osmotique et en raison directe de leur poids atomique. Or, on sait que la chaleur spécifique d'un liquide est en raison directe de son pouvoir osmotique et en raison inverse de son poids atomique. C'est pour cette même raison que l'eau, qui, de tous les liquides, a la chaleur spécifique la plus élevée, est le fluide biogénique par excellence.

Le bioprotéon peut abandonner une certaine quantité d'eau sans paraître incommodé; s'il en perd davantage, il tombe dans un état de vie ralentie et, au delà, se trouve un degré de dessèchement qui n'est pas compatible avec la vie. Les réceptacles fructifères de l'Œthalium septicum perdent par dessiccation 71,6 p. 100 d'eau et par pression 66,7 seulement, ce qui prouve bien que l'eau s'y rencontre sous des états différents. L'eau facultative sert surtout à conserver aux tissus leur souplesse, leur consistance, leur élasticité, leur transparence, ce qui est fort important dans certains cas, entre autres pour le bon fonctionnement des milieux de l'œil; le cristallin des Grenouilles déshydratées par le chlorure de sodium devient opaque, sans qu'elles meurent pour cela.

Un exemple vous fera bien comprendre les limites dans lesquelles les organismes élevés peuvent se passer d'eau. Deux chiens de même race, pesant chacun 16 500 grammes, furent soumis à la diète, l'un sans eau et l'autre avec eau. Le vingtième jour, le chien sans eau mourait pesant 2000 grammes, tandis que le second pesait 9500 grammes. Au quarantième jour, le poids de ce dernier s'élevait encore à 7500 : il avait bu 3500 grammes d'eau en 40 jours. Quand on le rendit à la liberté, il dévora 1200 grammes de soupe et 1000 grammes de viande, sans accidents.

On ne peut pas dire, cependant, que l'eau soit un aliment, qu'elle nourrisse, car elle n'introduit aucune tension nouvelle dans l'organisme, puisque c'est une combinaison saturée, dont les affinités sont satisfaites.

Elle joue donc un rôle très spécial, mais absolument capital, dans les phénomènes de nutrition, comme dans les autres.

C'est de l'état d'hydratation du protoplasme que dépend, en premier lieu, l'activité des phénomènes vitaux.

Quand on eut découvert l'oxygène et constaté ses rapports avec la vie, on proclama que c'était le véritable principe vital, l'élément biogénique par excellence, l'animal n'étant qu'un foyer où s'effectuaient des combustions, une sorte de flambeau qui brûle et se consume.

Mais, si on observe ce qui se passe dans une graine sèche, qui peut supporter l'état de vie latente pendant un grand nombre d'années, on voit qu'elle ne respire véritablement qu'après avoir fixé une certaine quantité d'eau; d'ailleurs, il en est de même de toute spore, de tout germe. La vie ne recommence réellement dans le jeune embryon que lorsqu'il est convenablement hydraté.

L'affinité, l'avidité, peut-on dire, de la graine pour l'eau, dans les conditions favorables à la germination, est considérable : en s'hydratant, les haricots se gonflent et augmentent de volume de façon à briser les obstacles, même très résistants, qui s'opposeraient à leur expansion et à soulever une colonne de mercure d'un poids élevé. On a également remarqué que les phénomènes respiratoires étaient exagérés, quand après avoir fait perdre une certaine quantité d'eau à un organisme on le réhydratait rapidement. L'oxygénation marche, en général, avec l'hydratation.

Inversement, on peut amener à l'état de vie latente, imperceptible, un être en pleine activité en lui enlevant de l'eau, non plus au moyen d'un anesthésique général, mais par simple dessèchement à l'air libre, c'est-à-dire en présence d'une grande quantité d'oxygène.

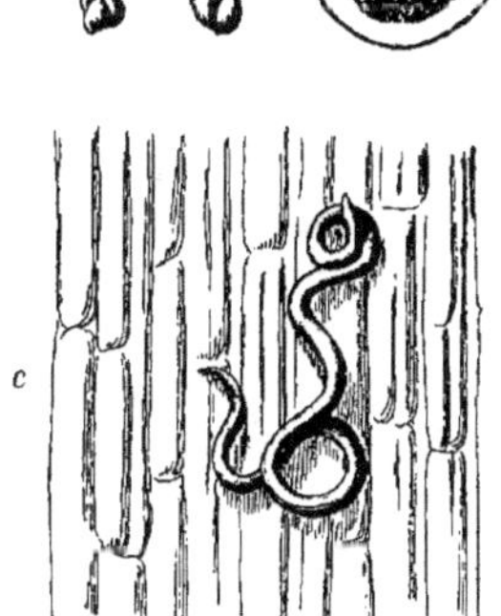

Fig. 131. — *a*, grain de blé niellé de grandeur naturelle; *b*, coupe d'un grain grossi quatre fois et contenant des *Anguillules* adultes; *c*, larve d'Anguillule sur une jeune tige de blé.

Qui ne connaît les phénomènes si curieux de la reviviscence des Anguillules du blé niellé? Ces petits animaux (fig. 131) s'enkystent dans le grain de blé qui va se dessécher et y séjournent tant qu'il ne tombe pas dans la terre humide : ils sont alors inertes et secs. Mais, dès que l'humidité les a pénétrés, ils retrouvent toute leur activité, se reproduisent et finalement s'enkystent de nouveau.

On a pu les conserver ainsi, desséchés, pendant vingt-sept années consécutives sans leur faire perdre leur vitalité, qu'une goutte d'eau pouvait réveiller presque instantanément!

Les Rotifères (fig. 132 et 133) qui habitent les Mousses de nos toits, subissent les mêmes fluctuations, les mêmes vicissitudes que ces petits végétaux : l'eau vient-elle à manquer? aussitôt la vie se ralentit, ils semblent morts

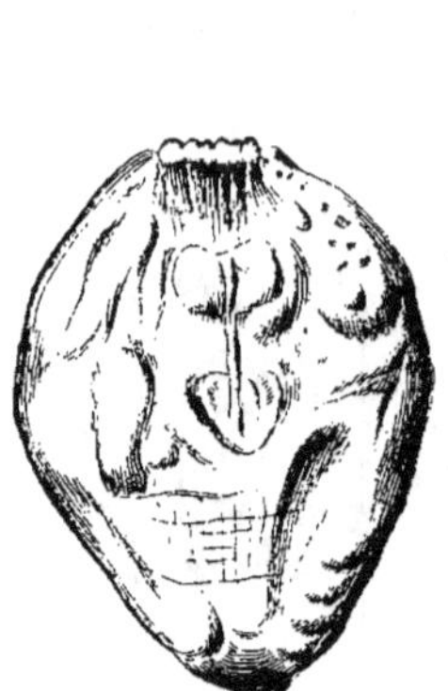

Fig. 132. — *Rotifère* déshydraté en état de vie latente. Fig. 133. — *Rotifère* des toits à l'état de vie active. Fig. 134. — *Tardigrade.*

jusqu'à ce qu'une pluie bienfaisante les ressuscite. Il en résulte pour ces êtres ce que l'on a appelé encore une vie oscillante, tantôt *latente*, tantôt active, selon la volonté de l'expérimentateur ou les vicissitudes du climat : c'est ainsi qu'on a pu jusqu'à seize fois consécutivement dessécher et revivifier les Anguillules du blé niellé. D'autres animaux relativement élevés en organisation, des tardigrades (fig. 134), des arachnides, des acariens possèdent la même propriété, qui se rencontre d'ailleurs, quoique à un degré beaucoup moins accentué, chez tous les animaux et chez tous les végétaux, dont l'activité vitale se ralentit toujours quand l'eau vient à manquer.

Dans certains cours d'eau qui se dessèchent pendant la saison chaude, des animaux voisins des poissons, les dipnoïques (fig. 135), tombent pendant plusieurs mois dans un état de vie ralentie. Quelques-uns d'entre vous ont pu voir, dans ce laboratoire, des *Protopterus annectens*, qui nous avaient été envoyés des bords du fleuve de Gambie. Ils étaient enfermés dans des blocs d'argile durcie, complètement immobilisés dans une sorte de gaine ou de cocon de mucus desséché, respirant très faiblement à l'aide de leurs poumons rudimentaires. Dès que l'eau revient

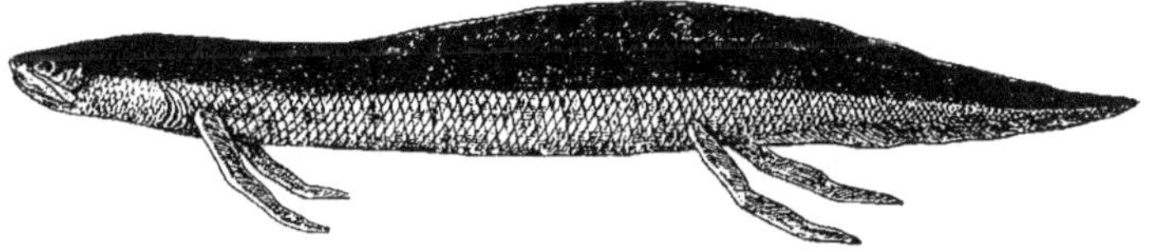

Fig. 135. — *Protopterus annectens.*

au lit du fleuve, désagrège l'argile et mouille l'animal, aussitôt il reprend toute son activité et respire par ses branchies. Mais, si la vie active reparaît au contact de l'eau, ce n'est point parce que celle-ci ranime la circulation et la respiration, ainsi qu'on pourrait le croire; nous avons vu, en effet, des Protoptères complètement vidés, auxquels il ne restait plus que des nerfs ou des muscles soutenus par un squelette, s'agiter vivement au bout de quelques instants d'immersion dans l'eau et retrouver toutes les apparences de la vie active; mais pour un temps très court, il est vrai. S'agit-il d'un phénomène réflexe ou bien d'une provocation de l'irritabilité musculaire par l'hydratation? Cette dernière interprétation peut être la vraie, puisque par une injection intravasculaire d'eau dans un muscle exsangue, on peut faire reparaître certains mouvements.

D'autres exemples de vie oscillante ne sont pas rares. Qui ne sait que l'Escargot tombe en état de torpeur et s'enferme dans sa coquille quand l'air est sec, pour ne sortir de sa léthargie que si une pluie, même légère, a augmenté le degré hygrométrique de l'air? On a vu des mollusques terrestres se réveiller au bout de plusieurs années et des mollusques aquatiques, l'*Ampullaria globosa*, la *Vivipara bengalensis*, envoyés secs de Cochinchine et de Siam, reprendre leur vitalité dans l'eau en Europe.

On peut facilement faire tomber en torpeur des Grenouilles par déshydratation, soit en les plaçant sous une cloche au-dessus de l'acide sulfurique, soit en faisant plonger leurs pattes dans une solution de sel marin; elles présentent alors certaines analogies avec ce qui se passe dans le choléra où le sang perd son eau et ses sels, se charge de graisse, s'épaissit, devient inapte à circuler, à remplir ses fonctions d'hématose, de nutrition, de calorification. Les animaux à sang chaud peuvent être anhydrisés par la privation de boissons.

Dans l'anhydrisation expérimentale, le sang devenu peu à peu épais, concentré, poisseux, ne pourra plus circuler ou ne coulera que lentement, les capillaires seront obstrués. On observera de la gêne de l'hématose avec diminution des mouvements respiratoires, fixation d'une quantité moindre d'oxygène, enfin asphyxie par accumulation d'acide carbonique, hypothermie. Les sécrétions seront ralenties ou taries, les tissus céderont une partie de l'eau au sang qui n'en deviendra pas moins poisseux et, circulant en cet état dans le cerveau, amènera un ralentissement de toutes les fonctions.

Chez les Grenouilles anhydrisées, l'intestin est toujours agglutiné par une lymphe épaisse filamenteuse; les animaux perdent de leur vivacité, la respiration d'abord ralentie finit par ne plus être visible. Il y a affaiblissement de la contractilité musculaire et de l'irritabilité; la circulation est arrêtée dans les membres postérieurs. Le sang est noir dans les oreillettes et ne s'écoule pas à la section de la fémorale. Les cœurs lymphatiques ne battent plus, le ventricule est arrêté en systole après la mort.

On observe souvent des contractions fibrillaires comme celles que l'on obtient en plongeant un stylet dans le canal rachidien d'une Grenouille qui vient d'être décapitée, et l'animal, avant de perdre la sensibilité et de tomber en résolution musculaire générale, éprouve de l'agitation, des convulsions toniques et cloniques, allant parfois jusqu'à un véritable tétanos, que l'on peut provoquer par l'excitation. Tout cela ne se présente-t-il pas dans le cours de l'anesthésie chirurgicale ?

Mais l'anhydrisation semble porter principalement sur les centres nerveux, car les muscles des animaux anhydrisés, et même les nerfs, conservent en grande partie leurs propriétés.

Dans ces phénomènes, l'accumulation d'acide carbonique doit jouer un rôle, car j'ai remarqué souvent que celle-ci accompagnait l'anhydrisation, comme l'oxygénation accompagne l'hydratation.

Dans nos climats, la plupart des animaux et des végétaux hivernent, et c'est seulement parce qu'on accorde, en général, une attention trop exclusive aux animaux à température fixe que l'on n'a pas été plus tôt frappé de ce fait. Or, il est certain que les végétaux qui hivernent perdent une grande partie de leur eau et se dessèchent : il en est de même sans doute pour beaucoup d'animaux. Chez les Mammifères hivernants, ainsi que je m'en suis assuré, une partie de l'eau, sans quitter l'organisme, se déplace pendant la torpeur hivernale et vient principalement s'accumuler dans le péritoine, au détriment du sang et de certains tissus.

Le sommeil ou torpeur périodique des plantes nous est révélé par des positions particulières de leurs pétioles, de leurs feuilles et par des changements d'attitude : or, ceux-ci ne peuvent se produire que grâce à des déplacements d'eau, qui se font par déshydratation dans certaines parties et par hydratation dans d'autres.

Ces modifications, d'ailleurs, sont de même ordre que celles qui se passent soit dans la fibre musculaire, soit **dans toute autre** substance contractile, sous l'influence de la volonté ou d'une excitation **quelconque** plus ou moins directe.

Ainsi, quand on excite la Sensitive ou Mimosa pudica, on voit les renflements situés à la base des pétioles se flétrir au moment où ceux-ci s'abaissent, et se gonfler de suc quand ils se relèvent.

On peut aussi, en faisant passer un courant électrique continu au travers de deux couches d'eau séparées par une cloison perméable, provoquer un courant de liquide du pôle positif vers le pôle négatif. Maintenant, si au lieu d'opérer avec ce dispositif purement physique, on répète l'expérience sur un faisceau musculaire, l'extrémité où est appliquée l'électrode positive diminue, tandis que l'autre augmente de volume, au pôle négatif. On s'explique ainsi comment, au moment de la fermeture du courant électrique, il se fait un mouvement d'ondulation et peut-être aussi pourquoi, inversement, il se produit dans le muscle un courant propre par la contraction.

Ces considérations permettent de penser que s'il se produit dans les cerveaux et dans les centres nerveux des mouvements correspondant à l'état d'activité ou de repos de ces organes, comme on le prétend; ils peuvent très bien s'expliquer par des déplacements d'eau se faisant de l'élément neural vers la névroglie, ou inversement. Dans le sommeil normal ou autonarcose carbonique, ces déplacements pourraient être provoqués par l'acide carbonique, bien qu'il ne soit pas un anesthésique absolument général, mais parce qu'il endort la Sensitive, ainsi que je l'ai démontré récemment, aussi bien que l'Amibe ou l'Homme.

A propos du rôle de l'eau dans les phénomènes de mouvement et d'irritabilité, je dois vous signaler encore certains faits qui ont conduit à admettre l'existence de l'hydrotropisme positif et négatif.

Quand une plasmodie de fleur de tan, autrement dit d'Œthalium septicum, se trouve uniformément étalée sur une bande de papier à filtrer mouillée et que cette dernière commence à se dessécher, elle se retire toujours vers les points restés les plus humides.

Si, pendant que la dessiccation s'effectue, on place perpendiculairement au papier, et à deux millimètres de lui, un porte-objet enduit de gélatine, on voit alors, en ce point, se soulever verticalement des ramifications du réseau protoplasmique attiré par la vapeur d'eau qui se dégage de la gélatine, et bientôt toute la plasmodie a émigré vers celle-ci.

C'est le contraire qui se produit à l'époque où la plasmodie cherche à former ses réceptacles fructifères. Au lieu de cet hydrotropisme positif, il y en a un autre qui est négatif : les plasmodies s'éloignent alors des fragments de gélatine ou de papier humide. On constate également que plus elles sont riches en eau et plus énergiques sont leurs mouvements, tandis qu'à la période de concentration fructifère, elles tendent de plus en plus vers l'immobilité.

Chez les Characées et autres Cryptogames, l'activité des mouvements protoplasmiques est aussi en rapport avec la richesse en eau : il y a également une concentration préparatoire à la reproduction. A ce moment, chez beaucoup d'Algues, et en particulier chez les Œdogoniums, tout le corps protoplasmique se détache de la paroi cellulosique, expulse le liquide qu'il renferme et le ramène à un volume moindre. Quantité de végétaux et d'animaux s'enkystent avant de se reproduire et subissent les mêmes modifications : ce sont là des faits très généraux.

Enfin, dans l'œuf animal, ne voit-on pas se produire, au début de la fécondation, une concentration du vitellus, avec séparation d'un liquide qui permet au spermatozoïde de se gonfler jusqu'à dix ou vingt fois de son volume primitif? A partir de ce moment, l'œuf acquiert non seulement le pouvoir de fixer beaucoup d'eau, mais encore de la retenir avec énergie.

Cette avidité des œufs fécondés pour l'eau est facile à constater : ceux du Ver luisant et d'autres insectes augmentent de volume, très notablement, après la ponte, ce qui ne se produit pas pour les œufs non fécondés, qui diminuent au contraire.

Dans l'œuf de l'Oursin, la segmentation est empêchée en entravant l'hydratation, par l'addition de 2 p. 100 de sel à l'eau de mer. Si la segmentation a déjà commencé, elle s'arrête dans un milieu trop fortement salé; mais, vient-on à rajouter de l'eau pure, elle reprend immédiatement son cours, et, chose curieuse, marche alors avec une plus grande rapidité, comme pour rattraper le temps perdu. En n'ajoutant pas d'eau, il peut se produire également une segmentation incomplète portant sur le noyau seulement, sans doute parce qu'il est plus hydrophile que le protoplasme environnant et le dépouille à son profit.

D'ailleurs, le sel marin, dont la molécule entre dans l'organisme et en sort, comme celle de l'eau, sans avoir été modifiée, semble servir de régulateur à l'hydratation et, comme l'alcool, le sel en excès provoque la soif.

Les mouvements des spermatozoïdes sont arrêtés ou plutôt suspendus par une salure trop forte du milieu. On sait qu'il en est de même pour une foule de plastides ou d'êtres inférieurs se mouvant à l'aide de pseudopodes et de cils vibratiles, pour des organes tels que le cœur des Ascidies, des Crustacés, des Vertébrés embryonnaires ou adultes. Tous ces mouvements reparaissent par l'addition d'eau, quand on opère convenablement. Je vous rappellerai, en passant, combien grande est l'importance de l'état relatif de dilution des diverses couches liquides que l'élément mâle doit traverser pour arriver à l'œuf et s'y introduire.

Quand on anesthésie des œufs d'Oursin, ils peuvent, à un moment donné, se laisser surféconder, c'est-à-dire que la membrane vitelline, qui s'oppose normalement à l'entrée de nouveaux spermatozoïdes dès que l'un d'eux a pénétré, ne se ferme plus aussi facilement. On dirait que la présence de plusieurs spermatozoïdes est devenue nécessaire pour ranimer cette matière déshydratée et inerte. Si la fécondation a commencé, on peut suspendre le mouvement de segmentation avec les anesthésiques, comme par l'addition de sel marin dans l'eau de mer.

Les anesthésiques généraux, ainsi que le froid et la dessiccation, suspendent la germination.

Si on place des semences de Cresson alenois sur du coton humecté d'eau et sous une cloche renfermant des vapeurs d'éther, elles ne germent pas, malgré la présence de l'eau, de l'oxygène et d'une température convenable, mais vient-on à débarrasser le milieu de ces vapeurs, la germination commence bientôt.

Ce qui est vrai pour la graine l'est aussi pour la plus petite spore. Or, on sait que tout germe a besoin d'absorber de l'eau pour se développer; donc, si vous le mettez en présence de corps déshydratants, il ne pourra accomplir cette fonction fondamentale de l'hydratation, qui tient toutes les autres dans sa dépendance.

C'est de cette façon que l'on peut s'expliquer les propriétés antiseptiques des anesthésiques généraux, qui paralysent d'une manière passagère, ou définitive, le développement ou la multiplication des germes.

Ils arrêtent également l'action des ferments figurés. Quand on verse une assez grande quantité d'alcool, ou bien un peu d'éther ou de chloroforme dans un liquide en pleine fermentation alcoolique, celle-ci se suspendra pour reprendre dès que l'agent anesthésique aura été éliminé ou dilué dans une suffisante quantité d'eau.

On a pu, sans la tuer, conserver pendant des semaines de la levure de bière dans l'alcool, et les brasseurs savent, depuis longtemps, que pour la garder à l'état de pâte humide, il est bon qu'elle soit engourdie par un liquide alcoolisé.

Je vous rappellerai aussi que dans un liquide pourtant très riche en principes nutritifs, la fermentation s'arrête d'elle-même dès qu'une certaine quantité d'alcool est formée, pour reprendre si on ajoute de l'eau.

J'ai pu mettre à profit cette double propriété que possèdent les anesthésiques généraux, d'être à la fois antiseptiques et déshydratants, pour momifier le corps humain, à l'air libre. Il suffit pour cela de faire des injections interstitielles dans divers points du corps, d'un liquide tel que l'alcool amylique ou l'éther nitrique. Ce procédé est surtout avantageux pour conserver des parties de cadavres, ou des sujets auxquels on ne peut pratiquer l'injection intravasculaire. C'est aussi une bonne manière de leur permettre d'attendre la crémation, qui alors est très simplifiée, peu coûteuse, et cesse d'être un obstacle aux recherches médico-légales. On peut remplacer ces agents par l'aldéhyde formique, qui agit d'une manière un peu différente.

Cet antagonisme de l'eau et des anesthésiques généraux est véritablement remarquable. Il est vrai que ces derniers sont tous doués d'une chaleur spécifique d'autant plus faible qu'ils sont plus actifs, tandis que l'eau est, de tous les liquides neutres, celui qui possède la chaleur spécifique la plus élevée, avec le pouvoir vivifiant le plus considérable.

La déshydratation est le phénomène capital dans l'action

des anesthésiques généraux, mais il n'y a pas que l'eau qui soit éliminée; d'autres cristalloïdes l'accompagnent ordinairement; c'est ainsi que l'hémoglobine abandonne, en présence de l'éther, le globule sanguin, pour aller cristalliser dans un milieu où elle n'est pourtant pas soluble. Mais, n'obtient-on pas le même résultat avec la congélation? D'ailleurs, vous savez bien que le froid est un déshydratant; rien ne ressemble davantage à une orange gelée qu'une autre orange que vous aurez laissée séjourner sous une cloche renfermant des vapeurs d'éther : la gelée ne brise pas les plastides végétaux; elle chasse seulement l'eau du protoplasme et celle-ci vient s'accumuler dans leurs interstices.

Et, inversement, qui ne sait que le froid obtenu avec un mélange de glace pilée et de sel, ou bien à l'aide de liquides rapidement vaporisables, est un anesthésique local des plus précieux? Le froid et la dessiccation ne partagent-ils pas avec les anesthésiques le privilège d'empêcher les décompositions, d'être des antiseptiques?

On pourrait multiplier les exemples qui prouvent que la déshydratation agit de la même manière que le froid et, inversement, que l'hydratation provoque les mêmes effets que la chaleur, peut-être en favorisant les mouvements des molécules. Quoi qu'il en soit, dans beaucoup de cas, l'addition d'eau équivaut à une augmentation de température.

Non seulement les œufs fécondés fixent plus d'eau que ceux qui ne le sont pas, ce dont on peut s'assurer facilement en desséchant parallèlement les uns et les autres, mais ils la retiennent avec une énergie particulière.

Si l'on place dans le vide sulfurique un même poids d'œufs stériles et d'œufs fécondés de ver à soie, et que l'on établisse les courbes respectives de leurs pertes de poids, on constate que ces courbes présentent des caractères bien différents. Alors que les œufs stériles se des-

17*

sèchent comme un corps quelconque imbibé d'eau, on observe, chez les œufs fécondés, au début, un desséchement assez rapide, qui va bientôt en se ralentissant, pour cesser ensuite complètement, une certaine quantité d'eau se trouvant retenue avec une énergie invincible dans les conditions indiquées.

On ne saurait attribuer ce résultat à une différence de structure de la coque, puisqu'au début le desséchement des œufs fécondés marche très vite.

Le desséchement brusque est suivi d'une accélération du développement, par exemple, quand on plonge pour un instant les œufs de ver à soie dans l'acide sulfurique. Mais, on obtient aussi des éclosions précoces en les soumettant à l'action soutenue du froid : ici, encore, le froid agit comme la déshydratation.

Dans certains cas la fixation de l'eau par l'œuf se fait, comme dans la graine, avec augmentation manifeste de la pression intérieure.

Des œufs mûrs de *Rana temporaria* engagés dans l'oviducte et entourés d'une membrane gélatineuse sont piqués avec précaution à l'aide d'une pointe de verre effilée. Après l'opération, la blessure n'est pas visible extérieurement, mais quand ces œufs arrivent à être fécondés, le vitellus ne tarde pas à faire hernie et forme entre la membrane ovulaire et la membrane vitelline une tubérosité plus ou moins forte.

Enfin, vous savez que la fécondation des végétaux ne saurait pas plus se produire sans eau que la germination. N'est-ce pas, en effet, l'imbibition qui fait sortir du grain de pollen la matière fécondante et la fait arriver jusqu'à l'œuf végétal ?

Ces quelques exemples sont, je pense, suffisants pour vous montrer l'importance du rôle de l'eau dans les phénomènes de reproduction : j'ajouterai que, dans certains cas, l'hydratation peut avoir une influence marquée sur le sexe.

Les daphnidés des bourbiers se desséchant aisément, ne produisent qu'une seule ou un petit nombre de générations de femelles, qui se multiplient par voie asexuelle : puis il se forme des œufs fécondables de telle sorte que, dans le courant d'une même année, se succèdent plusieurs cycles de générations consistant en femelles parthénogénétiques et en animaux sexués. Au contraire, les espèces qui vivent dans les lacs ou dans la mer, engendrent vers la fin de la saison chaude de l'année, quand le froid arrive, une longue série de femelles parthénogénétiques, avant de pondre des œufs d'hiver fécondables. Un seul cycle de fécondation dure alors une année entière. Les différences existant entre les espèces polycycliques et celles qui sont monocycliques ne peuvent guère s'expliquer autrement que par la constance ou la variabilité de l'eau du milieu, et il est curieux de remarquer encore dans ce cas que le froid agit dans le même sens que le desséchement.

Des variations de même ordre du milieu peuvent amener également de curieuses modifications chez des organismes supérieurs; ainsi, l'on a remarqué que dans un milieu sec, les vipères privées d'eau devenaient ovipares. La Salamandra atra dans les conditions ordinaires est vivipare et les petits naissent tout pulmonés; mais, vient-on à les forcer de vivre dans l'eau, les petits naissent alors avec des branchies. L'Amblyostome pulmoné pour la vie aérienne, reprend ses branchies d'Axoloth, quand on le force à vivre dans l'eau : maintenu dans l'air, il redevient Amblyostome.

Les déplacements d'eau jouent un rôle important dans la calorification, chez les cholériques, les mammifères hivernants et les animaux à sang chaud anesthésiés : la déshydratation agit encore ici comme le froid extérieur ou, plus exactement, elle empêche la production de calorique. Les tissus pauvres en eau, comme le tissu fibreux, les cartilages, les os, ne concourent pas sensiblement à la calorification. L'évaporation qui se fait à la surface des organismes a une importance pour l'équilibre de la température sur laquelle il est inutile d'insister, et la chaleur spécifique élevée de l'eau, dont les organismes vivants sont gorgés, contribue à les mettre à l'abri des fluctuations thermiques brusques.

S'il peut se produire des variations assez considérables de la teneur en eau des organismes, il ne s'en suit pas que ce fluide y entre en proportions quelconques.

Les infusoires, qui se gonflent d'eau et éclatent après leur mort, résistent aussi parfaitement à l'invasion de l'eau qui les baigne extérieurement qu'aux courants intenses qui les traversent de leur vivant : on a calculé que le Paramœcium aurelia éliminait en quarante-six minutes, à la température de 27 degrés centigrades, un volume d'eau égal au volume de son propre corps.

Si l'on injecte doucement dans le sang du sérum artificiel, de l'eau légèrement salée pour ne pas détruire les globules, l'organisme n'en emmagasinera qu'une partie et l'autre sera immédiatement rejetée par les émonctoires naturels. Cela est heureux, car la surhydratation du protoplasme constitue un véritable empoisonnement. Au contact de l'eau pure, la fibre musculaire perd sa contractilité et son irritabilité, le nerf, sa sensibilité, etc.

Dans l'état naturel, les organismes, leurs organes et leurs tissus sont protégés par des dispositions spéciales contre la surhydratation, mais on peut la provoquer cependant, en se plaçant dans des conditions particulières.

Si l'on comprime sous une pression de plusieurs centaines d'atmosphères, au sein de l'eau, certains organismes animaux ou végétaux, ils tombent dans une sorte de vie latente, qui ne manque pas d'analogie avec celle que produirait l'échauffement graduel et modéré du milieu aqueux dans lequel ils sont plongés. Vient-on à cesser brusquement la compression? l'eau accumulée dans le protoplasme s'en sépare pour venir se placer entre celui-ci et ses enveloppes protectrices : myolemme, s'il s'agit de la fibre musculaire : névrilemme, si c'est la fibre nerveuse.

Ce phénomène peut être facilement provoqué en comprimant dans l'eau à 700 atmosphères des cuisses de grenouille et en les décomprimant rapidement : en même temps, j'ai constaté que l'ensemble des tissus augmentait de poids. Ces effets sont bien dus à la surhydratation des tissus, ainsi que je l'ai prouvé, en plaçant ces mêmes organes dans des conditions identiques, mais après les avoir enfermés dans des enveloppes imperméables de caoutchouc : on n'observe plus alors rien de particulier. C'est pour cette raison que les animaux marins de surface ne sauraient vivre dans les grandes profondeurs de la mer, à cause de l'énorme pression qu'ils auraient à supporter et que, inversement, les habitants des régions abyssales, lorsqu'on les pêche, arrivent toujours morts.

Ainsi donc, la surhydratation, dans certains cas, produit des effets analogues à ceux de la déshydratation, de même que l'élévation de la température de l'eau dans laquelle nage une grenouille ou tout autre animal à sang froid, pourra l'engourdir, comme le froid : mais la règle est, quand on reste dans des limites convenables, que la déshydratation produise les mêmes effets que le froid, tandis que la chaleur agit dans le même sens que l'hydratation protoplasmique. Je vous en ai fourni de nombreuses preuves.

On a donné les noms d'anhydrisation, de déshydratation, d'anhydrobiose aux phénomènes provoqués par la soustraction de l'eau, en particulier, à ceux de la vie ralentie ou vie latente. On pourrait peut-être désigner les effets résultant de l'accumulation anormale de l'eau, sous le nom d'hyperhydrobiose, tant qu'ils sont compatibles avec la vie.

Dans le domaine de la matière brute, nous voyons l'eau remplir tantôt le rôle d'acide, tantôt celui de base. Il est probable qu'il en est de même dans l'intimité des tissus vivants. D'autres fois, chimiquement indifférente, au moins en apparence, elle semble n'être qu'un dissolvant, mais presque universel, désagrégeant, divisant sans cesse, pour mieux servir les affinités des éléments qui doivent entrer en conjonction et aussi, chez l'être vivant, pour séparer ce qui a vécu de ce qui vit ou est appelé à vivre.

Ces déplacements dans les tissus provoquent des réactions, d'ordre chimique, faciles à mettre en évidence artificiellement : ainsi, dans les graines fraîches de Moutarde, dans les feuilles du Laurier-cerise, dans les amandes amères la zymose, émulsine ou sinaptose, n'est pas mêlée à la myrosine ou à l'amygdaline, mais vient-on à provoquer des déplacements d'eau par les vapeurs d'éther ou de chloroforme, aussitôt, ces substances réagissent l'une sur l'autre et il se forme de l'essence de Moutarde, ou bien de l'essence d'amandes amères avec de l'acide prussique et des produits accessoires.

Résultant de l'union du corps combustible, par excellence, l'hydrogène, avec le type des comburants qui est l'oxygène, la molécule d'eau jouit au sein de la matière vivante, d'une indestructibilité remarquable, jointe à une merveilleuse mobilité chimique et physique. Elle contracte avec les éléments premiers des combinaisons particulièrement caractérisées par leur extrême fragilité, que l'on retrouve d'ailleurs dans les hydrates qu'elle produit avec la matière brute. Elle ne forme que des associations moléculaires, comme la plupart de celles qui se font et se défont sans relâche dans le bioprotéon, et s'il peut se former de l'eau par suite du fonctionnement physiologique, il ne paraît pas qu'il s'en détruise.

C'est sur des molécules d'eau que l'énergie évolutrice,

en utilisant l'énergie solaire, va construire la masse de la matière organisée vivante et ses aliments à potentiel. Oui, au moyen de l'eau et d'un peu de matière minérale, le jeune végétal fera tout cela : avec ce précieux fluide et de l'acide carbonique, il fabriquera les hydrates de carbone ; et, en y ajoutant de l'ammoniaque, il obtiendra les albuminoïdes : l'eau de constitution des principes immédiats ne peut être enlevée sans changer leur nature physique et chimique.

L'aliment minéral brut a été hydraté pour devenir aliment organique à potentiel. A son tour, celui-là sera hydraté encore par la digestion, qui le préparera ainsi à l'assimilation, c'est-à-dire à devenir matière vivante. Puis, au sein même du plastide, dans la profondeur du plastidule, de nombreuses hydratations ou déshydratations accompagnées ou non d'oxydations, de dédoublements, vont s'effectuer ; les hydrates de carbone reparaîtront au dehors sous forme d'acide carbonique et d'eau dissociés, après avoir dépensé l'énergie qui les avait unis. Les albuminoïdes perdront leur forme colloïdale pour redevenir des cristalloïdes : eau, acide carbonique, urée, et cette dernière, seule substance qui après l'écroulement de la molécule albuminoïde ait conservé un peu de potentiel, unique vestige de l'ancienne puissance, va en être dépouillée par le Micrococcus ureæ, qui la transformera définitivement en matière minérale ; carbonate d'ammoniaque et acide carbonique. De l'eau et des cristalloïdes au début, des colloïdes hydratés tout en haut, de l'eau et des cristalloïdes à la fin, voilà la trajectoire de la matière brute provisoirement animée par la force évolutrice. Mais l'eau n'est-elle pas le premier des cristalloïdes ? et, en résumé, dans la nutrition tout ne se borne-t-il pas à la transformation de cristalloïdes en colloïdes hydrogèles et inversement ?

L'eau n'est pas tout entière combinée chimiquement aux principes immédiats : elle existe à l'état libre, dans les humeurs, dans le plastide et jusque dans le plastidule qui, comme vous le savez, passe parfois à l'état de leucite aquifère. Elle joue là un rôle mécanique et physique, non moins capital que son rôle chimique.

Dans une théorie, déjà ancienne, on admet que le bioprotéon est composé de particules plus grosses que les molécules : les *micelles*, dont les dimensions et le volume sont d'ailleurs variables. Ces micelles ont une forme cristalline révélée par la biréfringence de la cellulose, de l'amidon, du muscle, du bioprotéon en général. Elles exercent une attraction sur l'eau, mais il y a une limite où elle est moindre que celle des micelles entre elles. Il se produit alors un arrêt de l'hydratation. Tant que l'équilibre subsiste dans ce système, la transparence du tissu peut être conservée, mais, vient-il à se rompre, on observe une opalescence mate, comme dans un liquide où se seraient accumulés une foule de schyzomycètes. Les micelles seraient généralement unies en chaînes, qui, à leur tour, sont disposées en réseau ou bien en charpente à mailles plus ou moins larges : les lacunes, ou interstices micellaires, sont occupées par de l'eau.

Tout ce que l'on a dit des micelles peut s'appliquer aux plastidules et il n'est pas impossible que celles-ci renferment des particules cristallines ou plutôt pseudo-cristallines, douées de la biréfringence, comme on en rencontre, mais très développées, dans les leucites.

Je considère les micelles comme des molécules bioprotéoniques, possédant potentiellement l'énergie évolutrice : ce sont des plastidules embryonnaires : elles peuvent affecter l'état pseudo-cristallin, première ébauche de l'organisation, et sont susceptibles de se combiner avec l'eau.

Dans la substance vivante, l'eau se trouverait donc sous quatre états : eau de constitution chimique, de constitution physique, eau d'adhésion et eau de capillarité.

La seconde est fixée sur le bioprotéon, en quantité déterminée, ainsi que le serait celle d'un hydrate minéral ou encore l'eau de cristallisation. La troisième espèce est retenue par attraction à la surface de la micelle : cette attraction diminue du centre à la périphérie ; puis, vient ensuite, entre les micelles, l'eau de capillarité.

L'eau sous ces quatre états jouit d'une grande mobilité, mais cette dernière va en augmentant depuis le premier état d'eau de constitution, jusqu'au quatrième, d'eau de capillarité.

La molécule d'eau, au sein de la substance organisée, semble l'enjeu de la partie où se joue la vie et la mort : selon que l'énergie évolutrice l'unit ou la sépare, il se dépense ou s'accumule du potentiel : les organismes en contiennent des quantités énormes, son rôle est capital, son intervention indispensable dans l'exercice de toutes les fonctions : les êtres vivants ne sont guère que de l'eau animée !

DIXIÈME LEÇON

Des phénomènes physico-chimiques comparés
aux phénomènes physiologiques.

Vous avez vu comment le froid en agissant sur l'eau du bioprotéon pouvait suspendre toutes les manifestations vitales et plonger, par exemple, une spore dans l'état de vie latente, qu'il ne faut pas confondre avec la mort, puisque cet état cesse dès que le calorique nécessaire au fonctionnement vital est restitué.

Vous obtiendrez un résultat très analogue, en apparence, avec une simple montre dont le ressort pourra être bien tendu, mais dont l'huile imprégnant les engrenages aura été congelée.

La montre, comme la spore en état de vie latente, retrouvera son activité dès que les conditions de milieu seront redevenues convenables ; mais, ce n'est pas ce milieu qui donne le mouvement, il en permet seulement le dégagement.

Il y a de l'énergie potentielle dans la montre et dans la spore gelées, mais elle n'a pas la même origine chez l'une et chez l'autre. Dans la montre, c'est votre propre énergie que vous avez accumulée en tendant le ressort, tandis que la spore la tient de ses ascendants ; c'est pour cette raison que j'ai nommé ce qui lui permet d'entrer en activité, dans un milieu convenable, *énergie évolutrice ou ancestrale*.

Cette activité ne pourra se continuer qu'à la condition que l'on remplace le potentiel dépensé par de l'énergie empruntée au dehors, et c'est celle-là que j'ai désignée sous le nom d'*énerg'e réparatrice* ou mieux *compensatrice*.

Quant à la petite quantité de chaleur qu'il faut rendre à l'eau ou à l'huile, pour que le dégagement du potentiel puisse se faire, nous l'appellerons *énergie excitatrice*.

L'énergie ancestrale, que nous ne rencontrons pas dans la montre, est bien caractéristique de la vie, car c'est elle qui permet à la spore de capter la matière et l'énergie extérieures, sans le secours d'un autre organisme, de les transformer, d'assimiler le protéon et d'en faire, pour un temps, du bioprotéon, et cela d'une manière continue incessante, depuis que la vie existe.

Malgré l'évidence de cette force héréditaire, si singulière dans ses effets, que nous avons seulement sommairement étudiés dans les leçons précédentes, les physico-chimistes s'obstinent à vouloir assimiler le protéon au bioprotéon.

Entre la matière brute et la matière vivante, il n'y a, disent-ils, que des différences de formes et de modalité. Ils reconnaissent volontiers que la constitution moléculaire n'est pas la même, que les êtres vivants sont sensibles, possèdent la motilité, et qu'un échange d'énergie a lieu entre eux et le milieu. Ils ne nient pas que ces êtres se reproduisent par germes, naissent, s'accroissent et meurent avec une succession de phases déterminées, et que chez ceux qui sont différenciés, les masses sont composées de parties solidaires.

Pour eux, les organismes vivants se borneraient seulement à placer la matière modifiable dans des conditions d'activité plus favorables, plus simples, plus rapides.

Malheureusement, ils ne s'expliquent pas sur le sens qu'ils donnent au mot « modalité » et encore moins sur la nature et l'origine du pouvoir qu'ont les organismes de faire tout ce qui a été dit. Il n'y aurait que des différences de conditions, et non de nature, entre les phénomènes physico-chimiques et les phénomènes physiologiques : mais, s'il en était ainsi, il suffirait pour créer un être vivant de réunir les conditions du milieu biogénique et, d'elle-même, la matière brute s'animerait aussitôt. On invoque alors l'indéterminisme, les conditions de la vie ne sont pas encore toutes connues. Alors pourquoi affirmer qu'elles sont toutes d'ordre physico-chimique ?

Certainement, l'analyse élémentaire ne révèle, au sein des organismes, aucun principe matériel caractérisque : les corps simples qu'ils renferment se montrent partout en dehors d'eux. Bien plus, la synthèse chimique a réalisé déjà la fabrication artificielle d'une foule de principes immédiats, dont le monopole semblait appartenir autrefois au bioprotéon végétal ou animal : il n'y a pas de raison pour que tous les autres ne soient pas imités de même dans les laboratoires. Seulement, ce n'est pas le résultat, le produit final qui intéresse le physiologiste, mais bien le procédé à l'aide duquel il a été obtenu. Or, jusqu'à présent, on n'a pu découvrir aucune analogie entre la manière d'opérer du chimiste et celle du vulgaire bioprotéon.

Pourtant, les chimistes ne se sont pas contentés de fabriquer des produits immédiats cristalloïdaux, comme l'urée, certains alcaloïdes, et beaucoup de résidus de la désassimilation, mais aussi de véritables aliments, tels que l'alcool, les principaux termes de la série des sucres, doués de leur pouvoir rotatoire, et des corps gras. Il sont allés plus loin encore : en combinant, avec élimination d'eau, les produits ultimes et cristallisables de la décomposition de la fibrine et de l'albumine, sous l'influence de la baryte, ils ont obtenu un corps ayant tous les caractères physiques et chimiques des peptones.

De plus, par l'action successive du perchlorure de phosphore et de l'ammoniaque sur la tyrosine et la leucine, il s'est produit une matière coagulable par l'ébullition, donnant la réaction xantho-protéique du nitrate acide de mercure, celle du biuret, etc. Tous ont compris, malgré cela, qu'il y avait loin de ces colloïdes albuminoïdes de synthèse au protoplasme vivant et, comme je vous l'ai déjà dit, ce n'est point parce qu'on aura fait synthétiquement tous les principes qu'on peut retirer de l'œuf de Poule par l'analyse immédiate, qu'il sera possible d'obtenir un germe et, par lui, artificiellement un Poulet.

Les partisans de l'identité du protéon et du bioprotéon déclarent que les minéraux sont sensibles et que leur irritabilité est démontrée de diverses manières : ainsi, sous l'influence de la chaleur, ils se dilatent, se fondent, se volatilisent. Ils peuvent de plus se dissocier et retourner à l'état de composés plus simples, comme la substance vivante. La matière brute, disent-ils, répond à sa manière, il n'y a rien de mort dans la nature, tout est sensitif, instinctif, nous ne distinguons ni être sentant, ni matière sentie. Mais, on peut objecter que si la matière brute répond *à sa manière*, c'est précisément ce qui empêche de la confondre avec la substance animée. Le bioprotéon n'est pas un produit chimique ou un mélange de produits chimiques, comme ceux que l'on peut faire dans un mortier, il ne se volatilise pas par la chaleur, et, au lieu de se dilater sous son influence, il se contracte. Le mouvement que peut présenter le protéon, à part le mouvement moléculaire, vient exclusivement du milieu ambiant, mais on n'y voit pas trace de ce que j'ai appelé énergie ancestrale ou évolutrice. Toutefois, celle-ci pourrait bien être une modalité du mouvement des molécules, mais alors une modalité particulière, spécifique, caractéristique de ce qui vit.

Je reconnais volontiers qu'il existe dans le bioprotéon et en dehors de lui des phénomènes qui présentent une grande ressemblance. On a souvent comparé la respiration à une combustion : mais, vous le savez, la fixation d'oxygène par les êtres vivants se fait d'une manière très indirecte, elle est suivie de dédoublements, d'hydratations, de dissociations se produisant plus ou moins lentement, en plusieurs temps; il s'agit en tout cas de phénomènes différents de ceux que l'on voit dans nos fourneaux. Et puis, en admettant que le bioprotéon soit comme un vulgaire charbon brûlant dans l'oxygène, où voit-on, en dehors des êtres vivants, une matière combustible se régénérant au fur et à mesure qu'elle se détruit? Les plus fanatiques des physico-chimistes admettent que dans la matière brute il n'y a rien de comparable à l'assimilation, et l'on se demande alors par quelle singulière aberration ils ne veulent pas reconnaître au sein du bioprotéon l'existence de modalités particulières de l'énergie; cependant, à des effets spéciaux correspondent fatalement des causes spéciales.

Ils comparent aussi le bioprotéon à ces matières explosibles qui peuvent, sous l'influence d'un excitant même léger, dégager une grande quantité d'énergie sous forme de mouvement, de chaleur, de lumière ou d'électricité, comme le fera un animal, et ils paraissent satisfaits après avoir montré que l'excitant provoquant l'explosion peut être, ainsi que dans les phénomènes physiologiques, soit physique ou chimique.

Si l'analogie est grande entre l'excitant physiologique et l'amorce de dislocation d'un explosif, on voit moins facilement dans la matière brute où est l'amorce de synthèse, qui fera qu'une nouvelle quantité d'explosif se reconstituera en quelque sorte d'elle-même. Il faut être bien pauvre en arguments pour comparer l'assimilation réparatrice à ce qui se passe dans la pile au bisulfate de mercure en activité où le zinc amalgamé, loin de se détruire, se réamalgame sans cesse.

A la condition de ne pas abuser de la comparaison,

comme les systématiques, on peut cependant trouver quelque intérêt dans les rapprochements que nous venons de faire.

On sait qu'en plaçant, suivant une ligne droite ou courbe, à une certaine distance les unes des autres, des cartouches de dynamite, l'explosion de la première provoquera de proche en proche celle de toute la série. On est amené naturellement à penser à la propagation d'une excitation dans un nerf, dans un muscle, et l'on rapproche volontiers les ondes musculaires et électriques de l'onde explosive qui n'est qu'une surface régulière où se développe la transformation et se réalise un même état de combinaison, de température, de pression. Cette surface, une fois produite, se propage ensuite de couche en couche dans la masse. C'est le changement de constitution qui chemine uniformément dans l'onde explosive, et sa vitesse dépend essentiellement du mélange explosif. Mais, tout cela ne nous montre pas l'amorce de reconstitution.

Chez les minéraux, il est vrai, l'affinité fait bien combiner ensemble des atomes et des molécules, qui se sont d'abord cherchés, pour donner naissance à des molécules nouvelles. Mais, précisément, ces molécules ne sont jamais semblables à leurs parents et d'autre part, à proprement parler, les êtres vivants ne naissent pas : ils ne font que se continuer directement ou par association. Je vous ai montré comment cette continuité était le résultat de l'accroissement et, à ce propos, je vous ai dit que ce dernier se faisait, chez les minéraux, par juxtaposition de nouvelles molécules à l'extérieur, tandis que la substance organisée se développait par intussusception. La membrane des plastides peut s'accroître, à la fois, par intussusception et par intrasusception, c'est-à-dire par intercalation de molécules. Dans les Prèles, les graminées, les diatomées, des molécules inorganiques de silice s'interposent dans l'épaisseur de la membrane : il se fait des amas de carbonate de chaux dans les parois plastidaires des Corallines et d'oxalate de chaux dans celles des Conifères. Ce n'est pas de cette façon que se forment les cristaux. Mais, les physico-chimistes ne sont pas troublés pour si peu, car ils n'hésitent pas à comparer le plastide à une géode qui se remplit de cristaux s'accroissant et s'agrégeant dans leur enveloppe minérale. Il est vrai qu'ils n'ont pas encore découvert dans ces géodes les phénomènes de la karyokinèse.

On nous dit que les minéraux vieillissent parce qu'ils se modifient sous des influences atmosphériques : le feldspath se décompose en silice, alumine, chaux, potasse et soude : les pyrites s'oxydent et s'effritent rapidement à l'air. Mais, chez les êtres vivants, le vieillissement ne dépend pas des conditions de milieu qui, dans la nature, sont les mêmes à tous les âges. On peut conserver, sans altération, les corps bruts, les plus oxydables, en les plongeant dans l'huile de naphte : certainement, ce serait aussi un excellent moyen pour empêcher un organisme de vieillir, à la mode physico-chimique ; mais, qui de nous consentirait à l'employer pour son propre compte ?

Il faut reconnaître cependant que dans l'alcool, la levure de bière tombe en état de vie latente et peut se conserver sinon indéfiniment, au moins fort longtemps ; que la mort des Anguillules du Blé niellé est retardée pendant des années par la dessiccation. Mais, la vie latente n'est que de la vie ralentie, et puis le vieillissement des organismes ne tient pas tant aux dépenses qui résultent de leur conflit avec le milieu extérieur qu'à l'impossibilité croissante de les compenser. Ce n'est pas, en définitive, parce que le milieu est actif que nous vieillissons, mais bien parce que nous cessons nous-mêmes d'être actifs, au fur et à mesure que s'épuise notre part d'énergie ancestrale.

On peut objecter aux physico-chimistes qu'il n'est pas nécessaire qu'un cristal existe déjà pour que des cristaux prennent naissance, et de même pour tout composé chimique, tandis que pour le bioprotéon c'est bien différent, puisqu'il ne peut naître que de lui-même : on n'a pas encore vu un organisme apparaître quelque part sans y avoir été précédé par de la substance vivante.

Le rôle d'amorce formatrice, que joue ici le bioprotéon, nous répondra-t-on, s'observe aussi dans la matière brute. Laissez tomber dans un liquide en état de surfusion et qui ne cristallise pas, ou bien dans une solution sursaturée d'un sel, un tout petit cristal, presque aussitôt il s'en formera d'autres, en nombre fini, lesquels s'accroîtront ensuite. On voit là quelque chose d'analogue à ce qui se passe dans l'œuf, au moment de la pénétration des spermatozoïdes. Et, en effet, pour provoquer la cristallisation, le cristal amorce ne doit pas être quelconque, il faut qu'il ait au moins la forme de ceux qui vont prendre naissance; mais, cette dernière condition n'est nullement indispensable pour le germe vivant. Dans une solution sursaturée d'acides tartriques droit et gauche, si on laisse tomber un petit cristal d'acide droit, il ne s'en forme pas d'autres que ces derniers; seulement on pourra aussi obtenir un effet de substitution en projetant dans une solution de sulfate de fer sursaturée un cristal de sulfate de nickel; quel rapport cela a-t-il avec la formation des hybrides?

L'amorce détermine ici des mouvements moléculaires d'où dépend la formation cristalline; on peut donc la considérer comme un germe de la forme et de la constitution, mais seulement comme un germe minéral et minéralisateur.

Les germes vivants ne se bornent pas à provoquer le groupement de molécules de composés préexistant; en outre, ils suscitent de nouvelles combinaisons et le germe lui-même entre parfois comme partie intégrante, dans le nouveau corps.

Ce n'est pas un obstacle pour la théorie physico-chimique qui répond que pour obtenir du zinc-éthyle, il est bon d'ajouter une certaine quantité de ce composé, déjà formé, au zinc et à l'iodure d'éthyle mis en présence. On peut objecter que cela n'est pas indispensable.

On a rappelé encore que certains cristaux ne sont obtenus par fusion que grâce à des substances étrangères spéciales que l'on nomme « éléments minéralisateurs ». On leur a prêté le même rôle qu'aux zymoses qui préparent à l'assimilation les substances répandues dans le milieu. Mais ces zymoses sont une émanation de la matière intéressée, qui, ne trouvant pas de substance directement assimilable, doit choisir, modifier, combiner, absorber, avant d'assimiler. N'est-ce pas véritablement pousser trop loin la comparaison, que de vouloir identifier ces phénomènes avec la propriété qu'ont les cristaux de feldspath de se réparer au moyen de matériaux disparates, nécessitant aussi, par cela même, une sorte d'élection?

Si l'on se contente d'une analogie superficielle, il est certain que les cristaux blessés, comme les tissus vivants lésés, sont le siège d'un véritable travail de réparation, quand ils ont été endommagés. Place-t-on le cristal blessé d'un produit dans une solution du même corps, il commencera très vite à fermer sa blessure par une cicatrice, et c'est seulement quand celle-ci sera achevée que le cristal s'accroîtra par toute sa surface normale. Enfin, si on brise un cristal en morceaux, chacun d'eux reformera un cristal entier, c'est-à-dire un nouvel individu, comme cela se passe pour les boutures, et pour les Hydres que l'on coupe en plusieurs fragments. Toutefois, les expériences de mérotomie, dont je vous ai parlé, ne permettent pas d'admettre que, si petite qu'elle soit, la particule de protoplasme pourra toujours régénérer le plastide.

De plus, il y a une différence radicale entre les cristaux et les plastides, c'est que les premiers peuvent croître indéfiniment et ne se segmentent pas pour se multiplier ou grandir.

Toutes ces analogies ne sont pas des identités : elles sont souvent très spécieuses et fort intéressantes à faire ressotir, mais elles n'imposent nullement la conviction que les corps bruts se comportent comme les corps vivants, et que les uns et les autres obéissent *exclusivement* aux mêmes lois. Ce n'est pas une raison parce qu'un Chat et une tuile tombent en même temps d'un toit, en vertu des lois de la pesanteur, pour déclarer qu'ils sont, à tous égards, soumis au même code.

Le besoin de généralisation, de simplification est si impérieux, que l'on n'a pas craint d'essayer d'imiter la structure de la matière organisée, même avant de la connaître exactement, et sans doute avec l'espoir de reproduire son fonctionnement.

Beaucoup de savants pensent que tous les êtres vivants ont commencé par une sorte de gelée, formée dans des conditions cosmiques aujourd'hui disparues. Celle-ci serait encore de nos jours représentée, à côté de la Monère et de l'Amibe, par les glaires et les aphanéroglies, qui se rencontrent dans les eaux thermales. On aurait même, comme je vous l'ai dit déjà, retiré de la mer, dans des points où la profondeur atteint de 4 à 8 000 mètres, une substance protéique, contractile, mal définie, dans laquelle on a cru reconnaître l'état premier du bioprotéon et que l'on a nommée Batybius ou Protobatybius. Ce n'est pas le Batybius que l'on a d'abord cherché à fabriquer, mais bien le plastide, d'emblée !

Un assez grand nombre de procédés ont été employés, je ne vous citerai que les principaux.

L'un d'eux consiste à faire passer un courant de pile au travers d'une émulsion de jaune d'œuf dans l'albumine ; un autre à agiter de la graisse dans du blanc d'œuf ; mais, ils ne valent pas celui qui permet d'obtenir des vésicules closes susceptibles d'accroissement par intussusception, en versant une solution d'un colloïde dans une autre liqueur capable de donner avec la première une combinaison insoluble, comme la gélatine et le tanin.

La formation de la membrane limitant la vésicule s'explique par ce fait que les interstices de la matière coagulée sont plus petits que les molécules des deux colloïdes; on lui donne le nom de *membrane de précipitation* : elle se produit au moyen des substances membranogènes interne et externe. La vésicule se gonfle, en absorbant de l'eau par endosmose, et alors, son enveloppe étant distendue, les molécules qui la constituent s'écartent pour laisser passer une nouvelle quantité de liquide membranogène externe, d'où nouvelle formation de membrane, à l'intérieur par intussusception. Dans ces conditions, un plastide artificiel ne cessera de croître que quand la solution d'une de ses membranogènes se trouvera épuisée, ou que la solution membranogène externe aura été remplacée par un liquide indifférent. Plus le pouvoir attractif pour l'eau sera grand et plus rapide sera la croissance, aussi est-elle activée par des substances indifférentes pour la formation de la membrane, telle que le glucose · d'autres, comme le chlorure de sodium, n'agissent pas dans ce sens.

On s'est servi dans le même but d'une solution de gomme ou de dextrine et de chlorure de zinc; d'acétate de plomb ou de cuivre avec le tanin; ou bien de deux cristalloïdes comme le ferro-cyanure de potassium et l'acétate de cuivre.

En dissolvant dans une solution d'albumine deux sels capables de produire du carbonate et du phosphate de chaux, on obtient aussi des formes très analogues aux plastides animaux et ceux-ci sont capables de recevoir et de fixer des composés divers.

Mais, on a fait mieux encore en imitant dans une certaine mesure les mouvements amiboïdes. Pour cela, il suffit de triturer quelques gouttes d'huile d'olive épaissie à l'étuve avec du carbonate potassique, très finement pulvérisé, de façon à obtenir une pâte filante. On dispose ensuite une gouttelette de ce mélange dans l'eau. Il se produit une émulsion, dont les petites vacuoles sont remplies d'une solution de savon, en voie de formation, présentant un aspect blanc laiteux, qui s'éclaircit par l'addition de glycérine diluée. On voit alors se manifester des courants actifs persistant pendant six jours, quand la préparation est réussie, et ressemblant étonnamment aux mouvements protoplasmiques internes d'un amibe. Par-ci, par-là, se montre un petit prolongement aplati, qui rentre ensuite et, le phénomène se répétant, il arrive souvent que les gouttelettes se déplacent assez rapidement. Cette mousse est même capable d'accroissement, de modifications dans ses mouvements sous l'influence de la chaleur, qui les accélère, et aussi de l'électricité.

Il est fort possible, d'ailleurs, que les mouvements de locomotion, de préhension et même d'ingestion de l'amibe dépendent principalement des conditions purement physiques de tension superficielle d'une part et, d'autre part, d'échanges avec le milieu ambiant suivis de réactions chimiques internes, mais ce n'est pas à cela que se bornent les manifestations caractéristiques du bioprotéon.

Je vous ai dit à propos des inclusions protoplasmiques que l'on pouvait trouver toutes les formes de transition entre la substance organisée vivante et la matière cristallisée. En traitant par l'alcool bouillant un savon calcique de corps gras du foie d'une Marmotte, j'ai vu se produire par refroidissement des cristaux qui rappelaient tout à fait l'aspect de plastides épithéliaux pavimenteux avec leur noyau : il y en avait même qui semblaient être en voie de division par scissiparité. Ces pseudo-noyaux paraissaient formés de radio-cristaux : ils résistaient aux réactifs colorants ordinaires, tandis que la zone représentant le protoplasme absorbait et fixait très vivement ces derniers.

Mais, il est bien certain que je ne m'appuierai pas sur

ce fait pour déclarer qu'entre la formation d'un plastide et celle d'un cristal il n'y a pas de différence, bien que l'on ait prétendu autrefois que les éléments anatomiques pouvaient naître dans des blastèmes, c'est-à-dire au sein d'une humeur.

Ce sont là des constatations curieuses, sans aucun doute, mais elles sont loin, je le répète, de démontrer l'identité possible de structure et de fonctionnement entre la matière brute et la substance organisée et vivante. Au contraire, les faits scientifiques, accumulés chaque jour, parlent tous en faveur des panspermistes et se trouvent en opposition avec les idées des partisans de la génération spontanée ou artificielle.

Jusqu'à présent, quoi qu'on ait pu dire, les phénomènes physiologiques n'ont pas pu être expliqués par les lois de la physique ou de la chimie. Sans doute, l'œil est une chambre noire, mais ce n'est pas là un phénomène vital, car cet œil mort donne encore une image. Ce qui est vital, c'est le développement de cet œil, son accommodation et le mécanisme rétinien qui est, comme je l'ai prouvé, fondamentalement constitué par le jeu d'éléments contractiles.

Les lois de l'hydrostatique et de l'hydrodynamique ne permettent pas de comprendre la circulation du sang : celle-ci leur est bien soumise, mais pour la partie passive seulement : c'est le rôle du cœur, des vaisseaux, des nerfs, des muscles qu'il faudrait aussi réduire à des phénomènes physico-chimiques. On a voulu expliquer la sensibilité des nerfs, la contractilité des muscles par l'électricité, on n'a rien démontré du tout.

La fixation de l'oxygène, comme la plupart des réactions physiologico-chimiques ou biochimiques, se fait par l'intermédiaire de ferments ou zymoses jouissant des propriétés générales du bioprotéon, et opérant par des procédés absolument différents de ceux de nos laboratoires. D'ailleurs, par définition même, la chimie et la physique se distinguent de la physiologie. La chimie, en effet, traite des phénomènes qui se passent au contact des corps, en tant que ces phénomènes amènent un changement complet dans leur constitution; tandis que la physique est l'étude des phénomènes qui n'apportent pas de changements permanents dans la nature des corps. Le mot phénomène physico-chimique exprimant deux choses absolument contraires, s'excluant l'une l'autre, il est bien préférable de se servir de l'expression de phénomène biologique ou physiologique.

La définition que je vous ai donnée de la physique est peut-être trop absolue, il est vrai, car on a montré que la matière brute, comme le bioprotéon, peut acquérir un état dynamique résultant des états antérieurs par lesquels elle a passé.

Lorsqu'un morceau de fer doux a été aimanté, même une seule fois, et qu'on l'a ramené ensuite à son état initial, il y a néanmoins quelque chose de changé. Il a gardé le souvenir de l'agent physique qui l'avait impressionné et on a nommé ce phénomène hystérésis, du mot grec ὑστερέω, je retarde. Jamais ce fer ne reviendra à ce qu'il était avant l'aimantation, à moins qu'on ne le « tue » au point de vue magnétique, en le portant au rouge. On n'a pas hésité à rapprocher ce phénomène de l'*état antérieur des êtres vivants*; pour être intéressante, la comparaison n'en est pas moins un peu éloignée et ce n'est pas, croyons-nous, le moyen d'expliquer l'hérédité des caractères acquis. L'hystérésis pourrait-elle être directement transmise, sans nouvelle aimantation, à un autre barreau de fer doux, dérivant du premier et capable d'acquérir, en même temps, ses autres propriétés : taille, poids, etc.? Évidemment, il ne faudrait comparer que des choses comparables.

Ainsi, plus nous approfondissons l'étude des phénomènes vitaux et plus nous demeurons convaincus que les explications physiques ou chimiques sont insuffisantes.

La matière que l'on retire des êtres vivants par l'analyse élémentaire étant la même que celle que l'on rencontre en dehors d'eux, nous n'avons d'autres moyens de les distinguer que les modalités du mouvement dont ils sont le siège.

Parmi celles-ci, il en est certainement que l'on rencontre en dehors des animaux et des végétaux, comme la chaleur, la lumière, l'électricité; mais, dans le bio-protéon, elles n'apparaissent que sous l'influence de modalités transformatrices, absolument spéciales aux êtres vivants.

Il se peut qu'on aperçoive çà et là dans le monde minéral des phénomènes rappelant plus ou moins grossièrement ceux qui s'observent dans celui des vivants. Le contraire serait surprenant, car plus la science progresse et plus le vieil adage « natura non facit saltum » brille avec éclat, en rayonnant dans toutes les directions.

Les procédés naturels doivent être beaucoup plus simples qu'on ne le pense communément, mais toutes les lois de la mécanique générale sont loin de nous être connues. Pourquoi vouloir tout expliquer avec les quelques rares fragments incomplets, que nous possédons, de cette immense gamme chromatique, qui doit représenter la série ininterrompue, mais variant insensiblement en fréquence et en amplitude, des ondulations du mouvement universel? Ne serait-ce pas, de parti pris, renoncer peut-être aux plus fécondes découvertes en biologie? Parce que tous les êtres, comme tous les objets, sont soumis aux lois de la pesanteur, est-ce une raison pour qu'il n'y ait pas de lois spéciales à chaque catégorie d'êtres ou d'objets, alors même que ces dernières ne seraient séparées que par des frontières assez mal délimitées?

Où avons-nous rencontré, dans le domaine de ce que

tout le monde nomme matière brute, les phénomènes
et les propriétés caractéristiques de ce que tout le monde
appelle substance vivante? Nous n'avons rien vu, ni nous,
ni d'autres, en dehors des organismes vivants, qui puisse
s'appeler nutrition, reproduction, évolution, voilà la
vérité.

Tant que l'identité des phénomènes improprement
appelés physico-chimiques et des phénomènes physiologiques ou biologiques, ne sera pas démontrée par des
preuves plus irrécusables que celles que je vous ai énumé-
rées de la manière la plus impartiale, je n'entreprendrai
pas de traiter dans des chapitres communs la digestion,
l'assimilation, la fécondation, la multiplication, etc., chez
les animaux, les végétaux et les minéraux, autrement
que pour faire ressortir les analogies existant entre les
deux premières catégories et les différences qui les séparent de la troisième. Il m'est fort indifférent, d'ailleurs,
d'être qualifié, comme on l'a fait en Allemagne et même
en France, de néo-vitaliste; ce que je désire, avant tout,
c'est que l'on ne se trompe pas sur le sens de mes idées
et que l'on ne traite pas, avec légéreté, de « mysticisme »
ce qui est une manière d'envisager le problème de la vie
à la fois plus large et plus prudente que celle des physico-
chimistes qui, je le répète, ont le tort de vouloir tout
expliquer avec le peu qu'ils savent.

ONZIÈME LEÇON

De la place de la physiologie parmi les autres sciences biologiques.
Ses subdivisions. Méthode employée pour l'étude des phénomènes
physiologiques.

Avant de terminer ces leçons préliminaires sur les
phénomènes de la vie chez les animaux et les végétaux,
je vais essayer de résumer rapidement les idées générales qui se dégagent de l'ensemble des notions que je
vous ai exposées.

L'union de la force et de la matière constitue le protéon,
mais une partie de celui-ci est à l'état de bioprotéon, qui
se distingue du protéon ordinaire ou abioprotéon par des
propriétés spécifiques que je vous ai fait connaître. C'est,
au fond, l'ancienne division de la nature en substance
brute et substance vivante, ou bien en matière animée et
matière inanimée, mais avec une signification plus précise, plus philosophique aussi.

La forme la plus commune, la mieux connue du bioprotéon, c'est le plastide. Ce n'est pas un composé chimique
homogène, ni même un mélange de composés chimiques :
c'est un système très complexe, principalement constitué
par d'innombrables particules organisées, dont les plus
développées ne sont visibles qu'avec de forts grossissements. On leur a donné tour à tour les noms de plastidules, vacuolides, microsomes, microzyma, micelles, etc.
Ces éléments primaires sont différenciés morphologi-

quement et fonctionnellement, ils ont une structure et peuvent constituer de véritables organes plastidaires, comme le noyau. Les plastidules jouissent d'une activité propre qui leur permet de résister à la destruction mécanique du plastide, par exemple, à son écrasement, et de lui survivre quelque temps; mais elles ne peuvent bien fonctionner et normalement évoluer que réunies en collectivités plastidaires, précisément à cause de la différenciation entraînée par la division du travail, qui les assujettit à une étroite solidarité. Ces éléments se multiplient par division.

Dans un système plastidaire, il arrive que l'on voit apparaître des plastidules qui ne peuvent dériver que d'autres particules vivantes moins développées, et de même que l'on a dit « omne vivum ex vivo », « omnis cellula è cellula », on dira « omne granulum è granulo ».

Mais, outre les plastidules qui peuvent se former par divisions successives, il doit exister, pour des raisons trop longues à développer ici, des myriades de plastidules embryonnaires, invisibles avec nos faibles moyens d'observation. On peut bien admettre qu'en cet état, leur volume ne dépasse pas, ou dépasse peu celui de la molécule; or, les physiciens ont déterminé le volume de la molécule et, en s'en rapportant aux nombres qu'ils donnent, on trouve qu'un cube d'un millimètre de côté, quelque chose du volume d'un œuf de ver à soie, contiendrait un nombre de molécules au moins égal au cube de dix millions, c'est-à-dire de l'unité suivie de vingt et un zéros. L'un d'eux a calculé que si l'on devait les compter et qu'on en détachât par la pensée un million à chaque seconde, on en aurait pour plus de deux cent cinquante millions d'années; l'être qui aurait commencé cette tâche à l'époque où notre système solaire ne devait être qu'une informe nébuleuse, ne serait pas encore au bout. Je n'ai pas vérifié l'exactitude de ces calculs, mais ils nous permettent de comprendre comment des plastides, renfermant un si grand nombre de molécules animées, pourront se diviser un nombre immense de fois, sans jamais cesser de posséder des échantillons variés de la faune, ou de la flore plastidaire correspondant à chaque fonction, à chaque propriété plastidaire. Si l'on admet que toute molécule du bioprotéon possède, ou possédera à un moment donné, la propriété d'assimiler, c'est-à-dire d'entraîner dans son tourbillon, pour un temps, une grande quantité de protéon ordinaire, on ne sera pas surpris de voir un homme sortir d'un œuf presque microscopique et des générations nombreuses se succéder avec les mêmes caractères, tant que la collection des variétés moléculaires sera complète ; si leurs proportions respectives sont modifiées, il pourra y avoir variabilité de l'espèce ou de l'individu, transformisme, etc.

Mais, il y a un minimum de chaque sorte de plastidules qui doit exister dans chaque organisme. S'il s'agit d'un organisme monoplastidaire ou d'un œuf fécondé, elles seront toutes représentées dans le même plastide ; dans l'être polyplastidaire, elles seront disséminées dans tout l'organisme. On conçoit, dès lors, la nécessité de la conjugaison, de la fécondation. De la prédominance de certaines espèces de plastidules dans l'œuf dépend aussi, très probablement, le sexe de l'individu qui en naîtra immédiatement. Il se peut, en même temps, que les conditions de milieu : température, nutrition, favorisent ou entravent le développement ou la multiplication des plastidules dont la prédominance détermine le sexe.

En somme, ce qu'il faut surtout retenir, c'est que le plastide nous apparaît comme quelque chose d'analogue à un système planétaire renfermant de nombreuses constellations définissables noyées dans une sorte de nébuleuse qui ne nous semble homogène qu'à cause de la faible dimension de ses parties composantes, comme cela arrive pour un régiment ou une foule quelconque vus de très loin. En outre, on ne peut refuser de reconnaître que les mouvements intimes et l'énergie inhérente aux molécules bioprotéoniques et aux plastides qu'elles forment, sont d'un ordre tout différent de celui des mouvements moléculaires protéoniques vulgaires. En d'autres termes, on doit admettre que dans la nature toutes les molécules sont animées de certains mouvements qui représentent des formes banales de l'énergie et qu'en plus de celle-ci, il existe des modalités spéciales caractéristiques des êtres vivants ou du bioprotéon; à des effets différents correspondent certainement des causes différentes.

J'ai donné à la modalité héréditaire, caractérisant le bioprotéon, le nom d'énergie ancestrale et évolutrice; mais son étude ne constitue pas, à elle seule, la physiologie. Cette modalité joue surtout le rôle de transformatrice et ce sont principalement les tranformations provoquées par son activité, qui nous la font connaître et que nous aurons à analyser.

La production de la lumière, des radiations chimiques, de l'électricité, de la chaleur, du son, du mouvement, résultant des transformations de l'énergie solaire par les êtres vivants, nous occuperont d'abord. Ensuite, nous étudierons l'action de ces mêmes modalités du mouvement sur le bioprotéon.

Ayant ainsi fait la balance de l'énergie qui entre et de celle qui sort d'un organisme, nous pourrons peut-être mieux déterminer ce qu'il possédait en propre au moment de sa naissance, ce qui constituait son patrimoine énergétique.

Quelles sont les modalités de cette énergie biogénique fondamentale? sont-elles comparables aux autres par leur forme et peuvent-elles se transformer, à un moment donné, en ondulations de l'ordre de celles qu'étudient les physiciens? Que devient l'énergie ancestrale au moment de la mort somatique et élémentaire d'un individu, c'est-à-dire de son retour au code protéonique? Et celle d'une race ou d'une espèce qui s'éteint? Il n'y a pas de mysticisme en tout ceci, et ce sont des questions qui pourront un jour être complètement élucidées par la Science. Cette forme spéciale de l'énergie doit être la plus difficile à connaître parce qu'elle est partout en nous, parce qu'elle est nous-mêmes : nous l'ignorons comme le poisson des abîmes doit ignorer l'eau. Pourquoi ne pas penser qu'elle est aussi en dehors de nous, comme la lumière est en dehors du foyer? on connaît ses effets spéciaux, comme on connaissait la foudre, ou plutôt ses effets, bien avant l'électricité. Et les radiations chimiques qui traversent les corps opaques, ne sont-elles pas venues juste à point pour nous montrer que nous ne connaissons pas toutes les modalités de l'énergie? Pourquoi nier, de parti pris, parce qu'on ne sait pas? le mieux est de chercher.

Tout ce que je vous ai dit ne vous démontre-t-il pas la nécessité de diviser la mécanique générale en deux grands chapitres : la mécanique du protéon et celle du bioprotéon?

La seconde, comme la première, se subdivisera en statique, cinématique et dynamique : la cinémato-dynamique biologique correspondra à la physiologie, tandis que la statique biologique comprendra la morphologie et l'anatomie.

L'étude de la physiologie n'en restera donc pas moins liée à celle de la Nature tout entière, mais, dans la pratique, il faudra chercher des limites plus restreintes et nécessairement artificielles.

La Science est encore dans la période analytique, et l'analyse, pour être bien conduite, exige la division du travail, par conséquent la spécialisation du savant. Plus tard, elle redeviendra ce qu'elle était au début : synthétique, philosophique, ou plutôt mathématique. Tous les faits concrets trouveront alors naturellement leur place dans les cadres tracés par des règles abstraites. Le savant ne sera plus un spécialiste, mais un encyclopédiste, comme à l'origine de l'humanité, avec cette différence que le raisonnement, ou plutôt le calcul, aura remplacé chez lui l'empirisme intuitif; de même, la raison finira par remplacer l'instinct. Possédant la formule synthétique et générale de l'Univers, il en pourra déduire toutes celles qu'elle comprend. Mais, tant que durera la période analytique, il en résultera une complication apparente du Monde, et une grande difficulté de pratiquer des divisions à la fois artificielles et rationnelles, dans le domaine de la Science, une et indivisible par elle-même.

Déjà cependant, on peut apercevoir dans un grand nombre de parties de son territoire que les notions acquises se coordonnent et se classent : on pourrait même dire qu'elles se tassent de façon à occuper un volume de plus en plus restreint, tout en prenant, en quelque sorte, une densité supérieure. En outre, on commence à distinguer dans ces fragments de la Science des facettes qui se correspondent et s'offrent les unes aux autres, comme pour constituer un ensemble : c'est la période synthétique qui s'ouvre avec les sciences générales et comparatives, avant même que la période analytique soit terminée. Nous sommes, actuellement, dans une époque de transition, cela est bien évident, et, d'autre part, obligés, dans une certaine mesure, de tenir compte des programmes qui ont été élaborés, la plupart du temps, par des esprits peu généralisateurs et souvent d'un autre âge scientifique. Il serait plus logique, comme je vous le disais tout à l'heure, de diviser les sciences biologiques en biostatique et en biocinémato-dynamique.

Mais, pour nous rapprocher des anciennes subdivisions, conservées à tort jusqu'à présent dans l'enseignement, nous devons adopter une classification plus empirique, moins philosophique et surtout moins conforme à l'état actuel de la Science; nous divisons les êtres vivants en deux grands embranchements : les animaux et les végétaux. bien qu'il n'existe pas entre ceux-ci et ceux-là de véritables limites, surtout au point de vue physiologique : nous arrivons ainsi à construire le tableau que je place sous vos yeux.

Sciences biologiques.

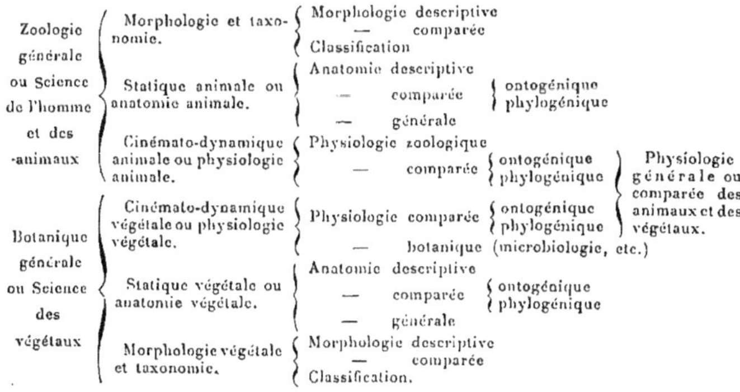

En jetant un regard sur ce tableau, on comprend de suite le but de la physiologie générale, laquelle, en comparant ce qu'il y a de commun, au point de vue cinémato-dynamique, entre les animaux et les végétaux, cherche à dégager les lois fondamentales de la vie. Elle montre que la fixation de l'oxygène est une fonction propre à tous les êtres vivants. Mais si l'on veut savoir par quels mécanismes, plus ou moins compliqués, cette fonction générale est satisfaite, chez les animaux et chez les végétaux, par d'autres fonctions d'ordre accessoire, c'est à la physiologie comparée qu'il convient de s'adresser. La méthode employée consiste alors à suivre l'évolution des mécanismes fonctionnels pendant le développement de l'embryon et dans la série des êtres. C'est la cinémato-dynamique biologique considérée au point de vue ontogénique et phylogénique. Cette méthode est différente de celle de la biostatique comparée ou anatomie comparée. Tandis que le physiologiste s'occupe plus spécialement de ce qu'on appelait autrefois les organes analogues, l'anatomiste et le morphologiste s'attachent surtout à l'étude des organes homologues. Ce sont deux routes divergentes qui, nécessairement, ne conduisent pas au même but, ni aux mêmes déductions philosophiques.

Ainsi que je vous l'ai déjà fait remarquer, la coquille de l'œuf, l'area vasculosa, la vésicule allantoïde, la peau, l'intestin, les trachées, les branchies, les poumons, chez les divers animaux, sont des organes de la respiration et doivent être successivement passés en revue. Pour l'anatomiste, il n'y a aucun intérêt à étudier à part les organes de la marche, de la natation, du vol, de la préhension, etc.; mais, au contraire, à rapprocher l'aile de l'oiseau ou de la Chauve-Souris, du bras du Singe et de la nageoire du Phoque.

Ce n'est que par une absence complète, et bien regrettable, d'esprit philosophique que certains biologistes arriérés pensent encore aujourd'hui que l'étude de la respiration se confond avec celle du poumon. C'est une conception à la fois antiphilosophique et antiphysiologique. Pouvait-on s'attendre à autre chose de la part de ceux qui ignorent la physiologie au point de la confondre avec la philosophie zoologique ?

Sans doute, la physiologie comparée exige la connaissance des organes, mais alors ces derniers doivent être considérés sous un jour particulier, et à un point de vue spécial qui ne sont pas ceux de l'anatomie.

Dans beaucoup de cas, l'organe est l'esclave de la fonction et l'individu utilise suivant les milieux celui qui peut le mieux la servir. Quelquefois pourtant, la fonction reste fidèlement attachée à l'organe, et ce n'est qu'en se laissant guider par l'étude de la fonction qu'il est possible de s'en apercevoir.

On savait bien que beaucoup d'invertébrés privés d'yeux étaient sensibles à la lumière, seulement on ignorait le siège et, *a fortiori*, le mécanisme de cette sensibilité.

En découvrant la fonction dermatoptique chez la Pholade dactyle, il m'a été possible, comme vous le savez, de combler ces deux lacunes, et de montrer que le tégument externe jouit des mêmes propriétés que la rétine de notre œil, et présente avec celle-ci la plus grande analogie de structure et de fonctionnement; mais, en somme, notre rétine n'est pas autre chose que la peau modifiée et, dans ce cas, la fonction est restée fidèle à l'organe.

Vous voyez figurer sur notre tableau les mots physiologie zoologique, et je vais vous expliquer le sens que j'y attache. On doit entendre par là l'étude des fonctions et des mécanismes propres à les satisfaire, considérés seulement dans une espèce déterminée. La *physiologie anthropologique* n'est qu'une branche de la physiologie zoologique. Quant à la physiologie botanique, elle s'applique aussi à la connaissance des fonctions des genres ou des espèces : celle des algues blanches ou microbes constitue la bactériologie, appelée encore microbiologie.

Mais la plupart des grandes fonctions des végétaux sont communes à ces êtres et aux animaux et doivent être étudiées en physiologie générale, à laquelle aboutit naturellement la physiologie végétale comparée.

Je vous ai dit que la physiologie avait pour objet l'étude des phénomènes, ou actes observés chez les êtres vivants, et la recherche des lois qui les gouvernent.

Ces actes coordonnés, dans un ordre déterminé, forment les fonctions et celles-ci ont pour but de satisfaire les besoins biologiques, c'est-à-dire de réaliser les conditions qui assurent la conservation, ou évolution de l'individu et de l'espèce.

On peut les grouper de la façon suivante :

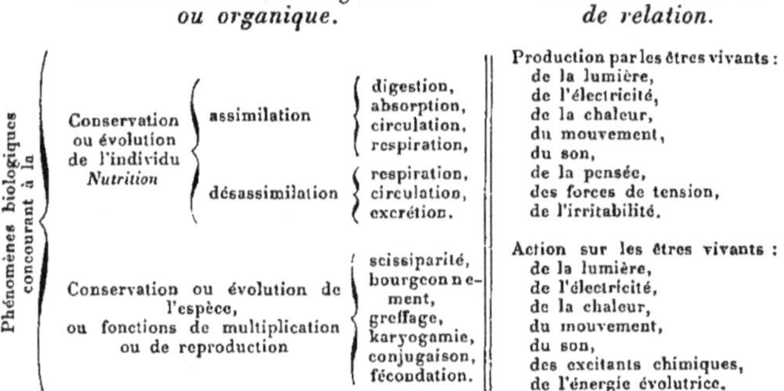

Mais on ne doit pas oublier que toutes les parties d'un organisme sont solidaires, et que l'irritabilité ne peut se manifester sans le dégagement, à l'état de forces vives, de l'énergie de tension accumulée par la nutrition.

Enfin, est-il nécessaire de vous rappeler que la conservation de l'espèce ne peut être assurée que par celle de l'individu, et que la reproduction n'est qu'une conséquence de la croissance, par conséquent, de la nutrition ?

Les divisions que je vous propose sont certainement artificielles, mais elles m'ont paru se prêter, plus facilement que d'autres, à l'étude de la physiologie générale et comparée. On peut les simplifier encore, ainsi que vous le montre cet autre tableau.

<table>
<tr><td>I. Énergie reçue par les êtres vivants.</td><td>1° Énergie ancestrale ou évolutrice.
2° Énergie excitatrice.
3° Énergie compensatrice.</td></tr>
<tr><td>II. Énergie rayonnée par les êtres vivants.</td><td>Biophotogénèse ;
Bioélectrogénèse ;
Biothermogénèse ;
Biocinématogénèse ;
Biophonogénèse ;
Biodynamogénèse ;
Psychogénèse.</td></tr>
</table>

Nous examinerons d'abord, comme je vous l'ai déjà indiqué, toutes les modalités, toutes les formes connues sous lesquelles l'énergie s'échappe des êtres vivants

pour leur permettre de manifester leur existence et leur
activité : lumière, électricité, chaleur, locomotion, travail, etc. L'étude de la production du son nous conduira
à celle du mécanisme de la voix, du cri, du langage, par
lequel la pensée se transmet, dans les diverses espèces,
d'un être à un autre capable de vibrer psychiquement de
la même manière à la suite d'une excitation auditive,
c'est-à-dire de vibrations sonores déterminées.

Ensuite, nous chercherons sous quelles formes et dans
quelles conditions l'énergie extérieure agit sur les êtres
vivants. Nous verrons alors qu'une partie est utilisée pour
remplacer celle qui est dégagée, rayonnée vers le milieu :
c'est ce que j'ai appelé l'énergie compensatrice. Une
autre, l'énergie excitatrice, sert à fournir des amorces de
dégagement ou excitants mécaniques, physiques, chimiques et physiologiques, dont l'étude se confond avec celle
des sensations: tact, vision, audition, gustation, olfaction,
pensée.

Comme je vous le disais tout à l'heure, c'est seulement
après avoir fait ainsi le bilan de l'entrée et de la sortie de
l'énergie chez un organisme, pendant sa vie, et celle de
sa lignée, pour un espace de temps donné, que nous
pourrons nous occuper de cette sorte particulière d'énergie apportée par l'individu en naissant, qu'il a reçue de
ses ascendants et dont il doit transmettre une part au
moins à sa descendance : c'est l'énergie évolutrice principalement importante à considérer à propos des phénomènes de reproduction. On pourrait aussi bien lui donner
le nom d'énergie excitatrice ancestrale. Cette dernière
paraît agir beaucoup plus par sa qualité que par sa
quantité, grâce peut-être à quelque rythme particulier
résultant du temps considérable depuis lequel la vie se
continue sans interruption à la surface du globe. Le temps
est un facteur indispensable dans l'évolution de tous les
phénomènes ; mais, dans beaucoup de cas, on peut en

abréger la durée en augmentant la quantité d'énergie qui est nécessaire à leur accomplissement : encore faut-il, pour cela, disposer de la modalité voulue de l'énergie, ou bien d'un transformateur qui la fournisse. Dans les phénomènes vitaux, il reste toujours une modalité inconnue, et il n'est pas probable que l'on puisse avec de la lumière, de la chaleur, de l'électricité, et les autres formes banales du mouvement, créer de la vie. Jusqu'à présent, du moins, il a fallu un transformateur, un germe spécial, vivant lui-même, c'est-à-dire animé déjà de l'énergie évolutrice. En sera-t-il toujours ainsi? on ne peut ni le nier ni l'affirmer.

Quant à la question de savoir comment les êtres vivants ont pris naissance tout d'abord, nous n'avons pas à nous en occuper. En effet, la méthode employée en physiologie ne permet que l'étude des phénomènes actuels : cette science s'occupe seulement de ce qui vit; ce qui a vécu autrefois appartient à la paléontologie.

L'énergie évolutrice que possède chaque individu ne paraît nullement inépuisable : combien sont nombreux ceux qui s'éteignent sans avoir pu en transmettre une part à des descendants ; on connaît quantité d'espèces éteintes et plusieurs sont en train de disparaître, en ce moment, sous nos yeux, sans se transformer aucunement en d'autres espèces : la mort finale, totale, semble inévitable à un moment donné pour toute lignée, et c'est afin d'y échapper le plus longtemps possible que l'amour prodigue ses inépuisables stratagèmes, sollicite, prie, pleure, menace, frappe ou sourit, parce que toute la série ancestrale est là qui vit en nous, veut vivre et revivre encore! L'amour, c'est l'horreur instinctive de la mort. Il n'y aurait donc que deux moyens d'échapper à la destruction définitive, c'est de vieillir ou de se rajeunir par la reproduction, si on ne le peut faire autrement, et encore ni l'un ni l'autre ne paraissent pouvoir nous assurer l'éternité; mais, depuis combien de siècles vivent les Papillons et les Éphémères qui n'ont jamais connu d'autres procédés que les nôtres !

Voyons maintenant comment on doit procéder à l'étude des phénomènes actuels de la vie.

L'expérimentation n'est pas, comme on l'a dit, la méthode exclusivement propre à la physiologie : l'observation pure et simple est indispensable dans l'analyse de l'évolution normale, spontanée d'une foule de phénomènes, et ce n'est que lorsqu'elle devient insuffisante que le physiologiste a recours à l'expérimentation, qui n'est, en définitive, que l'observation provoquée.

Mais, les notions acquises, par ces deux procédés, n'auraient aucune signification si le raisonnement n'intervenait pour permettre de les comparer entre elles et d'en tirer des conséquences plus ou moins générales. L'induction et la déduction sont encore nécessaires pour imaginer non pas les phénomènes, mais les moyens d'arriver à les découvrir et à en saisir la signification.

Dans la pratique, la physiologie emprunte aux autres sciences un grand nombre de moyens d'investigation, d'instruments et d'appareils. Beaucoup d'entre eux ne servent qu'à l'observation, et c'est une erreur assez généralement répandue, que le fait d'appliquer un instrument à l'étude d'un végétal ou d'un animal constitue une expérience. Quand on enregistre au moyen de la balance la perte de poids d'un organisme normal, respirant dans un milieu normal, on fait de l'observation et non de l'expérimentation.

Mais, si le sujet est placé dans la balance après qu'on lui a coupé un nerf, il en est tout autrement. L'expérience sera plus compliquée encore si, au lieu d'air pur, on l'entoure d'oxygène, ou de mélanges gazeux artificiels.

Quelles que soient les conditions où l'on se place, on

pourra toujours grouper de la façon suivante tous les
cas qui se présenteront dans les recherches de laboratoire :

L'être vivant est normal dans un milieu normal
— anormal — normal
— normal — anormal
— anormal — anormal

Le premier groupe comprend tous les phénomènes
d'observation pure et simple, et les trois autres tout ce
qui appartient à l'expérimentation.

C'est en s'appuyant sur les idées générales exposées
dans ces *leçons préliminaires* que nous allons maintenant
aborder l'étude *détaillée* du redoutable problème de la
vie, en commençant par celle de l'énergie qui se dégage
des êtres vivants sous forme de lumière.

DEUXIÈME PARTIE

BIOPHOTOGÉNÈSE

ou

PRODUCTION DE LA LUMIÈRE

PAR LES ÊTRES VIVANTS

DOUZIÈME LEÇON

Les êtres vivants lumineux sont plus nombreux qu'on
ne le croit généralement. Sur tous les points du globe,
des myriades d'animaux émettent des clartés singulières,
parfois même des feux d'une incomparable beauté, qui
sont comme les rayons de la vie elle-même, puisqu'ils les
tirent de leur propre substance, qui vit et meurt en les
engendrant. Ces animaux luisants naissent et se multiplient, non seulement à la surface de la terre, dans les
bois, dans les prés, mais encore jusqu'au sein des mers et
dans les plus grandes profondeurs.

Les explorations sous-marines ont révélé, au fond des
abîmes, l'existence de véritables forêts de polypiers lumineux : le sol lui-même est couvert d'un tapis de feu. Dans
ces féeriques et mystérieux séjours, au milieu de créa-
tures aux formes étranges, aux vives couleurs, et pourtant ignorantes des splendeurs de notre Ciel, des poissons bizarres dont la tête est pourvue de puissants fanaux,
et le corps tout enguirlandé de perles étincelantes, sil-
lonnent l'espace à des centaines de brasses au-dessous du
niveau des mers.

Cette faculté de produire de la lumière dans les milieux
les plus divers, et plus particulièrement là où celle des
astres fait défaut, n'est pas l'apanage exclusif des animaux.

Certains myceliums de champignons, qui habitent les sombres galeries des mines, semblent aussi vouloir suppléer à l'absence de la lumière du jour par leur vive phosphorescence. Beaucoup d'autres végétaux sont pourvus de cette propriété ; mais presque tous appartiennent aux degrés les plus inférieurs du règne végétal.

La lumière resserre donc encore les liens de parenté qui unissent les animaux aux végétaux. Et, chose remarquable, les manifestations les plus grandioses de ce phénomène vital s'observent précisément chez ces infiniment petits appelés psychodiaires ou protistes, qui forment, pour ainsi dire, le tronc commun d'où partent en divergeant les deux grandes branches animale et végétale.

Les effets d'ensemble, comme la phosphorescence de la mer, produits par ces infimes activités particulières est si considérable que l'on a pu dire, avec raison, que la voie lactée traversait le monde des vibrions et des infusoires ! D'ailleurs, la production de la lumière par les êtres vivants est, peut-être, plus commune qu'on ne le suppose. Nos sens imparfaits ne nous révèlent la présence de l'électricité animale que par l'application d'instruments délicats, si ce n'est dans quelques cas particuliers, chez les poissons électriques, par exemple, où cette force atteint une intensité suffisante pour nous impressionner directement.

On en pourrait dire autant de la calorification, de la sensibilité, de la motilité, et principalement de tous les mouvements moléculaires de la nutrition dont l'ensemble permet de distinguer ce qui vit de ce qui ne vit pas. Il est possible même que la lumière physiologique soit un phénomène général : seulement l'insuffisance de nos moyens d'investigation ne nous permet pas d'en déceler la présence dans tous les cas. Déjà, il est parfois difficile de percevoir immédiatement la clarté de certains organismes très lumineux pourtant, et ce n'est qu'après être resté un temps assez long dans l'obscurité absolue que l'œil est impressionné. Il est sans doute légitime de penser que cette imperfection de nos organes sera corrigée plus tard par des appareils aussi délicats que ceux qui permettent d'apprécier aujourd'hui des quantités de chaleur et d'électricité infinitésimales, avec une précision inespérée ; grâce au « microphote », on pourra alors très probablement constater la luminosité de beaucoup d'êtres actuellement considérés comme obscurs.

J'ai donné à la propriété que possèdent les organismes vivants d'émettre de la lumière, et aux phénomènes physiologiques qui accompagnent cette émission le nom de *fonction photogénique* ou *biophotogénèse*. Pour étudier cette fonction, j'adopterai à la fois la méthode suivie en physiologie comparée, puisque l'on rencontre des animaux lumineux à presque tous les degrés de l'échelle zoologique, et celle de la physiologie générale, car il s'agit d'un phénomène commun aux animaux et aux végétaux.

D'une part, je ferai connaître les parties de ces organismes et les organes où naît la lumière, j'examinerai leurs mécanismes, et, en les comparant, il me sera facile, entre autres choses, de vous prouver combien grande est la variabilité de l'organe par rapport à la fixité de la fonction. Celle-ci peut s'exercer dans les milieux les plus divers, grâce aux mécanismes variés appelés à la servir.

D'autre part, laissant de côté les considérations morphologiques, je chercherai s'il ne se cache pas sous la diversité des mécanismes organiques une fonction générale, réductible à un phénomène unique, identique ou seulement très analogue chez tous les êtres vivants, comme cela paraît être pour la respiration, cette autre fonction générale qui se trouve satisfaite au moyen d'organes, d'appareils si différents par leur structure, leur texture, leur origine ontologique : poumons, branchies, trachées, peau, tube digestif, etc., fonctionnant d'une manière spéciale dans chaque catégorie, bien adaptés au milieu ambiant, et pourtant parfois fort dissemblables pour des êtres vivant côte à côte.

Par l'observation et surtout par l'expérimentation, je déterminerai les conditions physiologiques, mécaniques, physiques ou chimiques qui provoquent ou suspendent, favorisent ou entravent la lumière, ou peuvent modifier sa nature. Pour cela il faudra préalablement analyser sa constitution physique et ses propriétés organoleptiques.

Vous pouvez prévoir déjà qu'un travail des plus complexes s'impose, mais j'espère qu'il ne sera dépourvu ni d'intérêt, ni d'utilité, car, outre les faits curieux et captivants que vous rencontrerez en chemin, vous apprendrez plus sûrement que par des conseils théoriques à connaître la méthode qui doit être suivie dans l'étude des phénomènes de la vie. J'ajouterai que la description du mécanisme d'un organe ou d'un appareil n'étant, le plus souvent, possible qu'à la condition de rappeler le fonctionnement du tout ou d'une partie de l'organisme considéré, nous aurons ainsi l'occasion de jeter, incidemment, un coup d'œil sur les principales fonctions d'un nombre important de groupes d'animaux et de végétaux.

Dans cette étude, je me propose de suivre d'abord la voie ontogénique, c'est-à-dire que partant de l'œuf lumineux d'un animal élevé en organisation et présentant de nombreuses métamorphoses, j'examinerai, chez le même être, les phases du développement de la fonction, et les modifications morphologiques qui l'accompagnent. Je ferai ensuite, aussi complètement que possible, l'histoire phylogénique de la photogénèse, en commençant par cet organisme supérieur très différencié, considéré à l'état adulte, pour descendre progressivement jusqu'aux degrés les plus inférieurs de l'organisation. Après l'avoir vu se produire dans un simple plastide, qui est l'œuf non fécondé, nous suivrons le développement de la photogénèse à travers les deux grands règnes, et jusque dans le monde des microbes, c'est-à-dire chez les organismes les plus rudimentaires. Nous verrons, enfin, s'il est possible de dégager assez cette fonction pour ne plus avoir à la considérer qu'en elle-même, abstraction faite des organismes, des organes ainsi que du plastide.

En adoptant ce programme, nous pouvons dire, sans métaphore, que nous commençons l'étude de la lumière physiologique « ab ovo ».

Les *œufs lumineux* n'ont été étudiés jusqu'à présent que chez les insectes, bien qu'ils aient été signalés aussi chez certains mollusques. Les cténophores également pondent des œufs lumineux, mais on sait seulement qu'ils émettent de la lumière à tous les stades de la segmentation et qu'elle est excitée par le choc.

Il y a quelques années, en fait d'œufs lumineux d'insectes on ne connaissait que ceux du Ver luisant. J'ai constaté depuis l'existence de la photogénèse des œufs dans une famille voisine des malacodermes, à laquelle appartiennent les Lampyres, celle des élatérides.

Vers le milieu de juin, quelquefois plus tard, la femelle du Ver luisant pond quatre-vingts à quatre-vingt-dix œufs qu'elle dépose dans la terre, entre les mottes ou sur des brins d'herbe auxquels ils restent fixés. Ces œufs mesurent environ un millimètre de diamètre ; ils sont arrondis, de couleur jaune blanchâtre, de consistance molle au moment de la ponte. Peu après, ils deviennent durs en même temps que leur volume s'accroît jusque vers le vingtième ou le vingt-cinquième jour. A ce moment, ils ont notablement grossi, bien qu'ils n'aient guère pu emprunter au milieu ambiant que de l'oxygène et surtout de l'eau.

Les œufs de Lampyre sont lumineux même avant d'être pondus, et la luminosité se manifeste de très bonne heure dans les oviductes, pour aller en s'accentuant de plus en plus, au fur et à mesure que se fait le développement intraovarien. Ils continuent à briller jusqu'à l'éclosion, époque à laquelle la jeune larve sort de sa coque obscure emportant avec elle le foyer de lumière légué par les ancêtres.

La clarté de ces œufs n'est pas due, au début, à la présence d'un embryon, car on l'observe déjà avant toute formation blastodermique. Elle est d'ailleurs très nette dans ceux des femelles non fécondées, avec cette différence toutefois que ces derniers, se desséchant vite, ne brillent que quelques jours. La fécondation n'est donc pas indispensable pour la production du phénomène, mais seulement pour sa conservation et sa transmission héréditaire.

On a tenté d'expliquer cette curieuse propriété des œufs de Lampyre par diverses hypothèses, mais il est évident qu'elles ne reposaient sur aucune étude attentive de la question. Les uns pensaient qu'elle n'appartenait pas à l'œuf lui-même et venait de la substance adipeuse attachée aux organes internes et entraînée au moment de la ponte ; d'autres affirmaient, non moins légèrement, qu'elle était due à la présence de parasites. C'est ainsi que la science se trouve encombrée d'une foule de renseignements sans fondements sérieux, dont il n'est pas toujours facile de la débarrasser. J'ai fait inutilement des semis de cette matière lumineuse de l'œuf dans les milieux de culture les plus variés sans arriver à vérifier l'hypothèse parasitaire.

L'œuf brille par toute la surface, mais s'il n'est pas blessé, cette faculté ne se communique pas aux objets avec lesquels on le met en contact, ce qui arriverait s'il s'agissait d'un enduit photogène. Il n'existe pas de foyer distinct et aussi longtemps que l'embryon est immobile, la luminosité est fixe : mais dès qu'il se déplace dans l'intérieur de l'œuf, ce qui a lieu seulement un peu avant l'éclosion, on peut apercevoir des intermittences dans la lumière émise.

En écrasant un œuf non fécondé, mais lumineux, ou

encore en le perforant avec une aiguille à dissociation, on peut s'assurer que la lumière est produite par la substance interne : la gouttelette que l'on en fait facilement jaillir à une certaine distance par pression, sans qu'elle touche la paroi externe, reste bien lumineuse pendant quelques instants.

De ces faits, et d'autres encore, on doit conclure que la faculté photogénique appartient en propre à l'œuf, et que celui-ci fabrique lui-même sa lumière sans le concours d'aucun appareil spécial.

J'ai pu d'ailleurs répéter toutes ces expériences sur les œufs du Pyrophore noctiluque. Au mois d'avril 1885, j'avais reçu des Antilles françaises un grand nombre de ces beaux coléoptères, et, parmi, les débris de bois pourri où ils étaient logés, je vis, dans l'obscurité, une foule de petits points émettant une lumière bleuâtre, clair de lune, comme celle des œufs de Lampyre : c'étaient des œufs de Pyrophores. Ils ne différaient guère des premiers par la forme, la couleur ou le volume. Ils se montraient un peu plus allongés, ovoïdes, avec un chorion grisâtre. Vue à la lumière du jour, la surface de l'œuf était lisse, mais moins brillante que celle du Lampyre.

La segmentation amène la formation d'une couche de plastides blastodermiques entourant le vitellus nutritif (fig. 136).

Si l'on compare les caractères morphologiques, optiques, histochimiques de ces plastides blastodermiques avec ceux des éléments fondamentaux que l'on rencontre dans les organes lumineux de la larve, de la nymphe et de l'insecte parfait, on est frappé de leur ressemblance. D'ailleurs, c'est de ce blastoderme que dérive l'ectoderme, et nous verrons plus tard que c'est lui, et non le vitellus de nutrition, qui donne naissance aux organes lumineux; ces derniers renferment, en définitive, des éléments blastodermiques du vitellus de formation qui conservent, pendant toute la vie de l'individu, leurs caractères primitifs.

Le moment de l'éclosion a lieu environ vers le quarante-cinquième jour après la ponte de l'œuf fécondé, mais il peut être retardé par la sécheresse ou le froid, ou, au contraire, être avancé de dix à quinze jours par l'augmentation de la température et de l'humidité.

Pendant la ponte, la luminosité des organes photogènes de la femelle diminue progressivement et, quand

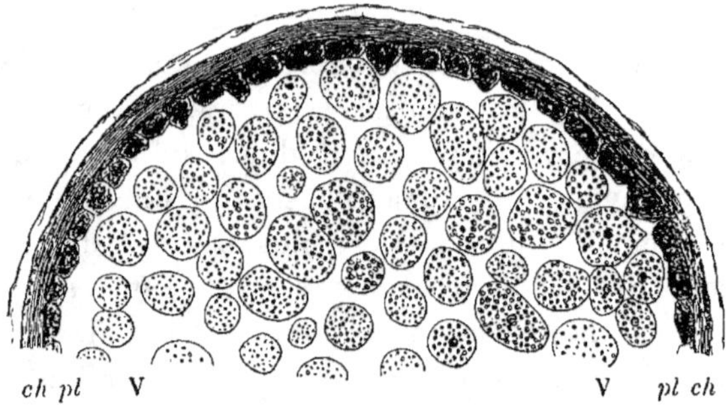

Fig. 136. — Œuf lumineux du *Lampyre noctiluque* : *ch*, chorion ; *pl*, plastides photogènes ; V, vitellus nutritif.

celle-ci meurt, après avoir pondu, la substance de ces organes a presque complètement disparu, comme si elle avait passé à peu près en totalité dans les œufs. Le mâle meurt, bientôt après l'accouplement, en perdant aussi presque entièrement son pouvoir éclairant, tandis que celui-ci persiste assez longtemps après une mort accidentelle non précédée d'accouplement.

Considérés dans leur ensemble, ces faits permettent de supposer qu'il peut se faire, dans les organismes, des réserves de matériaux provenant de l'œuf, mais non utilisés pour le développement de l'individu, et que, plus tard, ces mêmes matériaux se retrouvent dans les germes destinés à la conservation de l'espèce. En tout cas, c'est un bien curieux phénomène que cette transmission d'une

clarté qui jamais ne s'éteint un seul instant en passant par
des milliers de générations successives.

La petite *larve* est lumineuse au moment de l'éclosion,
mais elle l'était déjà avant et c'est bien aux mouvements
qu'elle exécute dans l'intérieur de la coque que sont dues
les intermittences observées dans la clarté de l'œuf arrivé
à une certaine période du développement. A sa naissance,
la larve du Lampyre noctiluque n'a pas plus de un à deux
millimètres de longueur ; elle est incolore, mais ne tarde
pas à prendre une teinte vert-olive, puis brune sur toute

son étendue, sauf à la surface
ventrale du douzième ou avant-
dernier anneau (fig. 137).

Dans cette région, on distingue
facilement grâce à la transparence
du tégument, aussitôt après l'éclosion, deux petits organes ovoïdes,
opaques, respectivement situés
de chaque côté de la ligne médiane. La partie abdominale du
tégument avec laquelle ils sont
en rapport restera très mince et
transparente, ce sont les organes
lumineux larvaires. On s'expli-

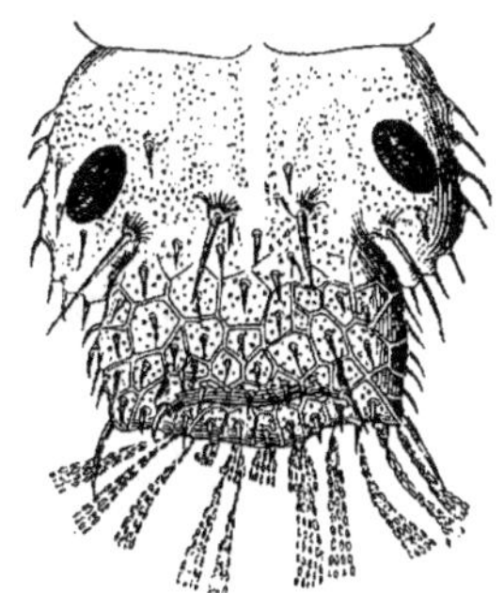

Fig. 137. — Dernier et avant-dernier
anneau du corps de la jeune larve
du *Lampyre noctiluque*. Celui-ci
montre les deux organes lumineux
larvaires paraissant opaques à la
lumière transmise.

querait difficilement pourquoi, en ces points, le tégument
demeure privé de pigment, alors que d'ordinaire celui-ci
se dépose précisément dans les parties éclairées, si les
coupes ne montraient pas que l'hypoderme est ici réduit
presque exclusivement à la cuticule. Les plastides que
l'on retrouve à sa face profonde, dans toutes les autres
régions, sauf peut-être dans celle de l'œil, ont disparu ici,
précisément parce qu'ils ont contribué à donner naissance à l'organe lumineux. La coupe histologique que je
vous présente montre bien nettement cette transformation (fig. 138).

Les noyaux se sont multipliés dans un certain nombre de gros plastides hypodermiques, et de ceux-ci s'échappent des files de jeunes éléments, dont la masse forme l'organe lumineux larvaire (fig. 138); plus tard, celui-ci s'isolera : la photographie de cette nouvelle coupe, que je projette sur le tableau, vous permet de comprendre facilement sa texture (fig. 139).

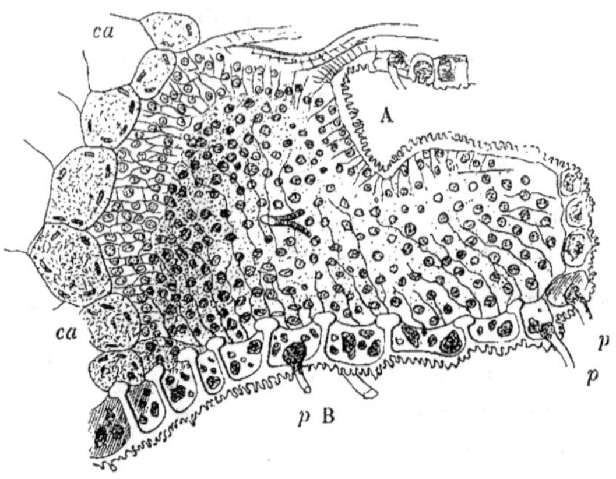

Fig. 138. — Formation de l'organe lumineux : A, face supérieure et postérieure de l'anneau; B, face inférieure de l'anneau; *ca, ca,* plastides du corps adipeux; *p, p,* plastides de l'hypoderme supportant des poils.

Le Lampyre noctiluque subit six mues : quatre pendant la période larvaire, une autre pour passer de l'état de larve à celui de nymphe, et une dernière lorsque la nymphe se transforme en insecte parfait. Les quatre premières mues se font à des époques parfois très variables, selon les individus. Les uns peuvent accomplir toute leur évolution dans la même année, alors que d'autres sont forcés de passer l'hiver en état d'hivernation et d'attendre le retour de la belle saison pour se transformer. Dans la période d'activité, ils sont très voraces et se nourrissent d'Escargots.

L'organe lumineux larvaire conserve son aspect depuis

la première mue jusqu'à la dernière et, à ce moment, son
volume n'a pas même atteint celui de l'œuf, dont il rappelle un peu la forme. C'est un corps ovoïde, à grosse
extrémité tournée vers le dernier segment; il est entouré
d'une membrane très fine, anhiste, et présente vers le
milieu de sa face supérieure un sillon dans lequel s'insèrent des fibres musculaires. Un gros tronc trachéen, facile

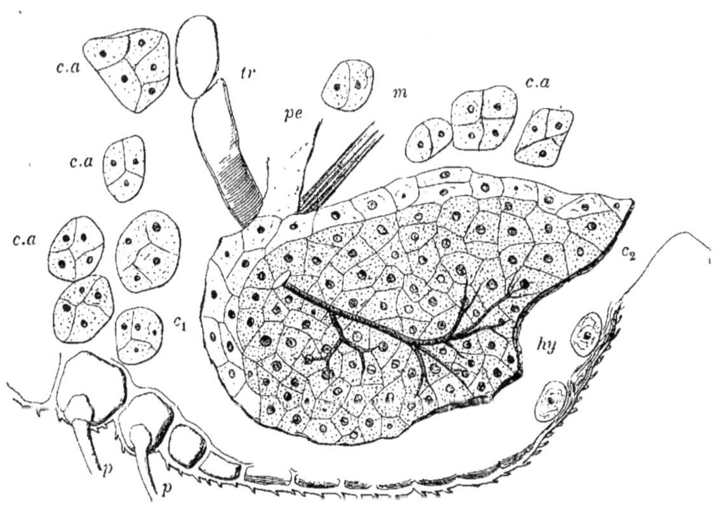

Fig. 139. — Organe larvaire du *Lampyre noctiluque* : B, face inférieure de l'avant-dernier
anneau ; *hy*, plastides hypodermiques ; *ca, ca, ca*, plastides du corps adipeux ; *tr*, tronc trachéen
pénétrant dans l'organe et dont la branche principale reparaît avec ses arborisations au milieu
de la coupe ; *pe*, pédicule ; *m*, petit muscle moteur de l'organe ; *c₁*, couche de plastides
transparents ; *c₂*, masse des plastides granuleux ; *p, p*, poils.

à reconnaître à sa spirale et visible seulement à la partie
externe, pénètre dans l'intérieur du sac anhiste, qui est
peut-être formé par la couche externe du tronc trachéen.
Celui-ci se ramifie d'une manière très élégante dans l'intérieur de l'organe en une foule de petites branches, qui
deviennent de plus en plus fines, et dont on ne peut voir
le genre de terminaison : aboutissent-elles aux plastides
lumineux? Cela n'est pas certain et il est plus probable

qu'elles se terminent dans leurs interstices. Sur certaines coupes, et, en particulier, sur celle-ci, on distingue le commencement d'un pédicule creux renfermant des débris de plastides, mais je ne saurais dire au juste où il aboutit, je n'ai pu, malgré toute l'attention que j'ai apportée à cette recherche, découvrir les filets nerveux qui, d'après certains auteurs, pénétreraient dans l'organe lumineux en suivant la trachée sur la face péritonéale de laquelle ils seraient appliqués.

Les plastides de l'organe se présentent, comme vous le voyez, sous deux aspects différents, mais il est bien évident qu'il ne s'agit pas de deux formations distinctes; seulement les plastides de la couche supérieure, voisine du pédicule, deviennent granuleux, se dissocient et se désagrègent; ce sont d'ailleurs ceux qui ont été formés les premiers, ils sont donc les plus anciens. Les autres, dont les noyaux et les contours se voient bien distinctement, ont un protoplasme très finement granuleux et, vis-à-vis des réactifs colorants, se comportent, à l'encontre des premiers, comme des plastides jeunes.

Quand on écrase sous le microscope l'enveloppe de l'organe larvaire, il s'en échappe une quantité de très petits corpuscules arrondis, animés de mouvements d'oscillation et de translation variés. On croirait voir de très petites spores de végétaux inférieurs ou des microcoques possédant des mouvements propres. Si on les examine à la lumière polarisée, les nicols étant croisés, beaucoup scintillent d'une manière très remarquable, ce qui indiquerait une structure cristalline, ou tout au moins de la biréfringence. On comprend facilement que les mouvements dont ils sont animés, en changeant la direction de leurs axes, provoquent des intermittences d'où provient la scintillation.

Les appareils lumineux larvaires ne sont pas, chez tous

les malacodermes, réduits au nombre de deux, situés dans l'avant-dernier segment : certaines espèces en possèdent six à huit paires, et d'autres en ont tous leurs anneaux pourvus, comme cela se voit sur des larves qu'on avait confondues, avant mes recherches, avec celles des Pyrophores, et que l'on a reconnues depuis pour être celles des

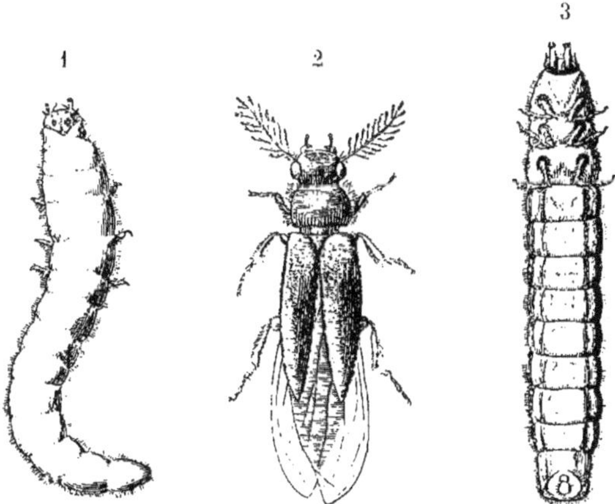

Fig. 140. — *Phengodes* : 1, larve; 2, insecte parfait; 3, nymphe.

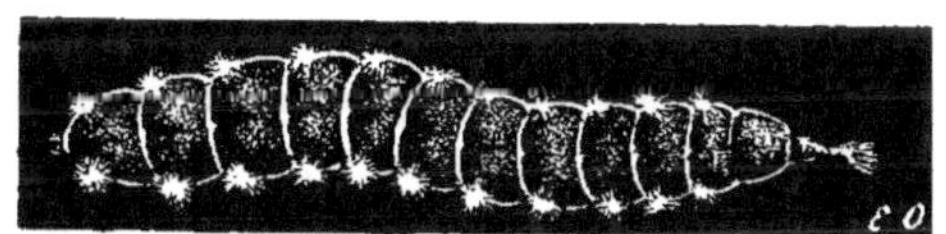

Fig. 141. — Nymphe femelle de *Phengode laticole* montrant ses foyers lumineux (gros. 3 fois).

Phengodes. Ces dernières présentent un fanal rouge à l'union de la tête avec le premier anneau et vingt petits feux d'un blanc verdâtre sur les suivants, répartis de chaque côté de la ligne médiane et correspondant aux espaces intersegmentaires membraneux. Ces jolis insectes habitent l'Amérique du Sud (fig. 140 et 141).

Au point de vue de la topographie des organes lumineux, ces larves exotiques constituent une transition naturelle entre la famille des malacodermes et celle des élatéridés.

Des œufs pondus par les Pyrophores qui m'avaient été envoyés des Antilles à la Sorbonne, j'ai vu sortir de toutes petites larves, fort différentes de celles des Lampyres et des Phengodes (fig. 142), mais elles possédaient, comme ces dernières, un foyer lumineux à l'union de la tête et de l'anneau prothoracique. L'organe, qui paraît unique au premier abord, est, en réalité, composé de deux lobes bien distincts, situés de chaque côté de la ligne médiane, mais accolés l'un à l'autre et rappelant par leur forme et leurs dispositions les deux lobes cérébraux vus en dessus. Ils reçoivent des troncs trachéens distincts et leur texture, ainsi que leur structure, offrent la plus grande analogie avec celles des appareils similaires des lampyrides. La lumière qu'ils émettent est bleuâtre aussi ; on observe facilement son siège en exagérant son intensité par la chaleur, au moyen d'un porte-objet à plaque chauffante, ou par l'électricité. En produisant avec le miroir du microscope, éclairé par un photophore, des intermittences de lumière et d'obscurité, on peut constater aisément que le foyer de la lumière correspond bien aux organes décrits. Ceux-ci sont soumis à des déformations rythmiques qui coïncident avec les contractions de petits muscles latéraux, et aussi avec des variations d'intensité lumineuse semblant dépendre de ces mouvements quand l'animal est agité. Au moment de ces observations, les larves avaient une longueur de trois millimètres (fig. 143).

Après la deuxième mue, la larve mesure cinq millimètres ; elle peut atteindre quinze à vingt millimètres de longueur et sans doute davantage. Mais je n'ai pu observer leur développement à une période plus avancée. Chez celles qui ont une longueur de douze à quinze millimètres, on voit apparaître dans la région abdominale, depuis le premier segment jusqu'à l'avant-dernier inclu-

sivement, des points brillants, dont les contours sont
d'abord mal limités; mais, dès que la taille a atteint quinze
à dix-huit millimètres, les endroits d'où s'échappe la
lumière se montrent mieux circonscrits et se trouvent
bientôt rangés en séries parfaitement régulières.

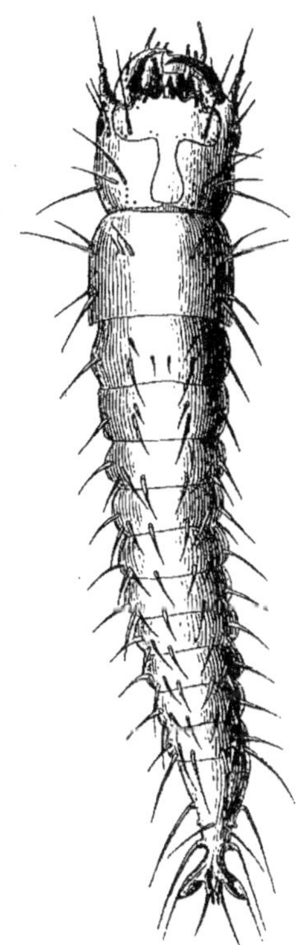

FIG. 142. — Larve du *Pyrophore noctiluque* au sortir de l'œuf.

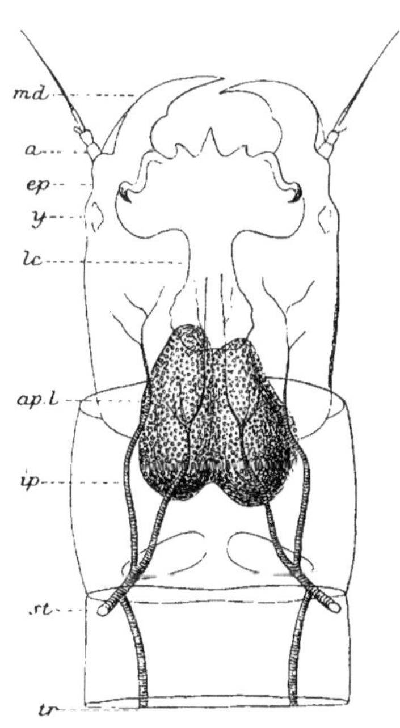

FIG. 143. — Larve du *Pyrophore* au sortir de l'œuf,
appareil lumineux : *md*, mandibule ; *a*, antenne;
ep, epistome; *y*, œil; *lc*, ligne claire; *apl*, appareil
lumineux; *ip*, insertion de la première paire de
pattes; *st*, niveau du premier stigmate; *tr*, trachées.

Le foyer éclairant primitif situé à l'union de la tête et du
premier segment thoracique a persisté; seulement sa forme
s'est un peu modifiée : elle affecte alors celle d'un λ avec
deux points plus brillants et bien délimités à l'extrémité
des branches postérieures; ils éclairent parfois isolément.

Aucune luminosité ne se montre dans le thorax. Les huit premiers anneaux de l'abdomen portent chacun trois points brillants : deux latéraux très éclairants et un médian plus faible, qui semble n'être que le reflet des deux autres, vu par transparence.

Ces points sont disposés en trois séries longitudinales s'étendant depuis le bord postérieur du premier anneau abdominal jusqu'au bord antérieur du dernier segment de la même région. Cet anneau ne contient qu'un point lumineux plus gros et plus brillant que ceux de l'abdomen, mais moins puissant que celui de l'espace céphalo-thoracique. Quand la larve est éclairante et immobile, on pourrait la comparer à un bracelet ouvert formé de trois rangées de perles lumineuses et portant sur chaque fermoir un point unique plus brillant.

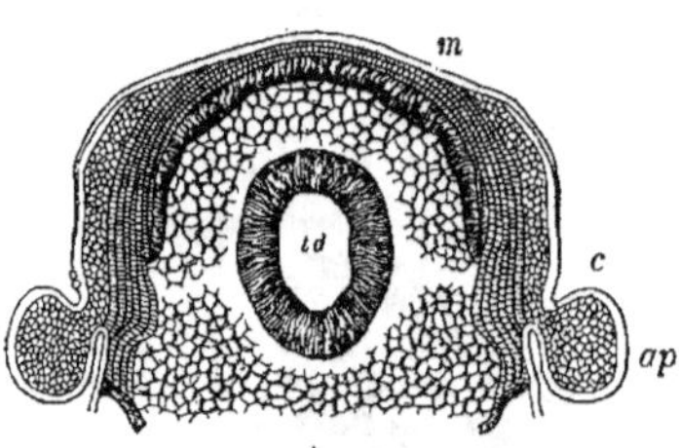

Fig. 144. — Coupe transversale d'un des anneaux abdominaux de la larve de *Pyrophore* du second âge : *m*, masses musculaires ; *apl*, appareil lumineux ; *c*, cuticule ; *a*, tissu adipeux ; *td*, tube digestif.

Les parties lumineuses de l'abdomen correspondent à de petites saillies du tégument situées à l'extrémité postérieure des bords latéraux (fig. 144) de chaque segment, en arrière des stigmates. La lumière a la même couleur dans tous les points, au moins dans les larves du second âge : celle de l'espace céphalo-thoracique est plus stable et se montre ordinairement la première. Lors de l'extinction, c'est elle qui disparaît en dernier lieu.

La luminosité va en se propageant d'un bout à l'autre du corps ou par places isolées, selon la nature des mouvements de l'insecte. Toute excitation, toute irritation provoquée ou spontanée augmente l'intensité de la lumière. Celle-ci ne se produit parfois que dans le point excité, mais elle se généralise d'ordinaire et s'exagère avec les mouvements généraux, principalement pendant la marche, quand l'insecte cherche à fuir, à franchir un obstacle ou à se défendre d'une attaque. On ne peut mieux comparer l'effet qui en résulte qu'à celui de l'action du vent sur une rampe de becs de gaz. Rien n'est plus singulier et plus merveilleux que l'étrange illumination de cet être bizarre, dans les entrailles duquel semble circuler un métal en fusion.

On se figure difficilement l'impression que pourrait produire l'apparition inattendue d'un animal semblable cinquante fois plus long seulement et large à proportion.

Arrivées à ce degré de développement, les larves commencent à creuser des galeries dans le bois le plus tendre. Je ne saurais dire si elles sont à l'occasion carnivores et si parfois elles se dévorent entre elles, comme cela se voit chez certaines espèces appartenant à des genres voisins, mais ce qu'il y a de bien certain c'est qu'elles se livrent des combats acharnés, pendant lesquels on les voit faire feu de toutes parts; à chaque choc jaillissent des gerbes de rayons étincelants et rien n'est plus curieux à observer que cette lutte du feu contre le feu dans la nuit!

TREIZIÈME LEÇON

Les organes photogènes des nymphes et des insectes parfaits.

A propos des larves du Ver luisant, dont nous avons étudié l'organe lumineux dans la leçon précédente, j'aurais dû vous dire que ce n'est pas toujours la seule partie photogène de l'animal. Après chaque mue larvaire, et pendant un temps assez long, le tégument reste transparent; or, si on examine dans l'obscurité complète et après y avoir séjourné suffisamment, une larve qui vient de muer, on constate que toute sa surface est faiblement éclairée, sans qu'on puisse attribuer cet effet à la propagation de la lumière des organes, non plus qu'au tissu adipeux. C'est à la face profonde de l'hypoderme, dont les fonctions sont activées au moment de la mue, que se passe le phénomène. D'après ce que nous savons de l'origine de l'appareil larvaire, cela ne peut surprendre, mais ce qu'il y a de remarquable c'est l'existence transitoire de cet éclairage général, à moins qu'il ne soit d'ordinaire masqué par la couleur et l'épaisseur des téguments, ce qui n'est pas probable.

L'importance de la couche profonde de l'hypoderme, au point de vue qui nous occupe, se retrouve encore quand on fait des coupes histologiques parallèlement au plan médian de la nymphe du Lampyre, au moment où elle va se transformer en insecte parfait femelle. Là où doivent apparaître les nouveaux organes photogènes, que je vous décrirai dans un instant, les éléments de l'hypoderme donnent naissance à des formations plastidaires dont il n'existait aucune trace auparavant. Celles-ci sont constituées, en grande partie, par des plastides polyédriques finement granuleux, se colorant facilement, et tout à fait analogues à ceux qui constituent la masse principale de l'organe larvaire. Ils sont réunis en files dirigées d'avant en arrière, mais les plastides situés à l'extrémité interne de celles-ci, c'est-à-dire les plus anciens, ont subi une altération qui en modifie assez profondément l'aspect, sans que, pourtant, on puisse méconnaître leur origine commune. Ils ont perdu la propriété de se colorer et sont devenus très réfringents par suite de la transformation de leur protoplasme en une foule de granulations très réfringentes, biréfringentes même, et de la nature des sphéro-cristaux. Lorsque ces plastides sont assez nombreux, ils prennent un aspect blanc, opaque, crétacé, et semblent former une zone absolument distincte ; cette apparence a trompé certains observateurs qui n'avaient pas suivi le développement de l'organe chez le même animal, ou dans des espèces voisines; ils ont eu le tort d'affirmer que les éléments de cette zone opaque, qu'ils ont nommée *couche crétacée*, avaient une autre origine que ceux de la partie sous-jacente formée de plastides jeunes, non dégénérés, et appelée pour cette raison *couche parenchymateuse*.

Pendant toute la période nymphale, les téguments restent rosés, transparents, et la nymphe est immobile, ramassée sur elle-même en boule, comme les mammifères hivernants, dans un état de torpeur profonde et continue. Tant que dure cet état d'inertie extérieure, on voit briller d'une lueur vive, calme, fixe, les appareils larvaires, qui ne semblent pas prendre part aux métamorphoses internes bouleversant silencieusement l'organisme en vue des nouvelles fonctions qu'il aura à remplir. Il est bien évident aussi que, pendant toute cette période, la volonté ne peut intervenir en rien dans l'accomplissement du phénomène.

Les organes larvaires persisteront après la transformation de la nymphe, soit en insecte mâle, soit en insecte femelle ; mais chez celle-ci apparaîtront deux organes

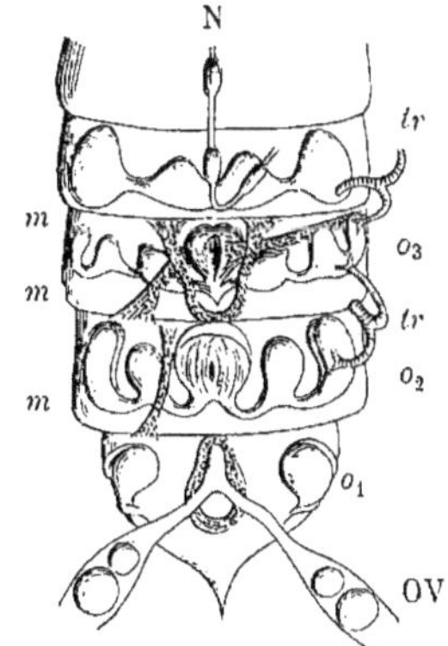

Fig. 145. — Organes lumineux de la femelle du *Lampyris noctiluca* : N, chaîne nerveuse sympathique, dont l'extrémité inférieure est brisée et relevée : OV, ovaires rabattus en arrière ; tr, tr, trachées ; m, m, m, muscles ; o₁, organe lumineux larvaire ; o₂, o₃, organes lumineux femelles.

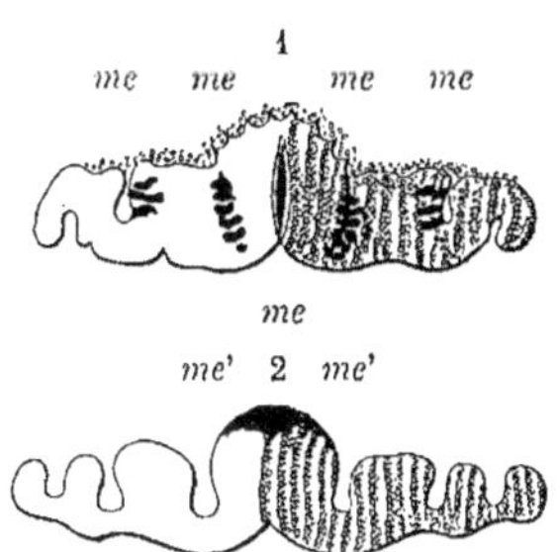

Fig. 146. — Appareils lumineux femelles vus par leur face ventrale, montrant les files de plastides parenchymateux et les méats, me, me, me, par où le sang circule dans les organes ; en 2, me', me', grand méat central entre la couche crayeuse et la couche parenchymateuse.

nouveaux, très lumineux, formés par les amas plastidaires dont il a été question tout à l'heure et qui se développent beaucoup ; ils occupent les dixième et onzième anneaux, tandis que l'organe larvaire se retrouve dans le douzième et dernier anneau (fig. 145 et 146).

Arrivée à son complet développement, la femelle du Lampyre noctiluque conserve son aspect larvaire vermiforme, elle est aptère. Seulement les sternites des trois derniers anneaux restent transparents, jaunâtres, et par cette partie terminale et inférieure de l'abdomen s'échappe une belle lumière bleuâtre formant deux bandes transversales, plus fortement éclairantes dans la partie antérieure du dixième et du onzième segment. Quand son intensité diminue, il n'y a plus que trois foyers séparés le long de ces bandes, un médian et deux latéraux.

Les organes larvaires apparaissent comme un point brillant toujours isolé de chaque côté du dernier anneau. La luminosité s'exagère dans les deux ou trois premiers jours après la métamorphose et reste très belle jusqu'au moment de l'accouplement, lequel dure environ une heure et demie; elle décroît jusqu'à la ponte, qui a lieu de vingt-quatre à quarante-huit heures après la fécondation et

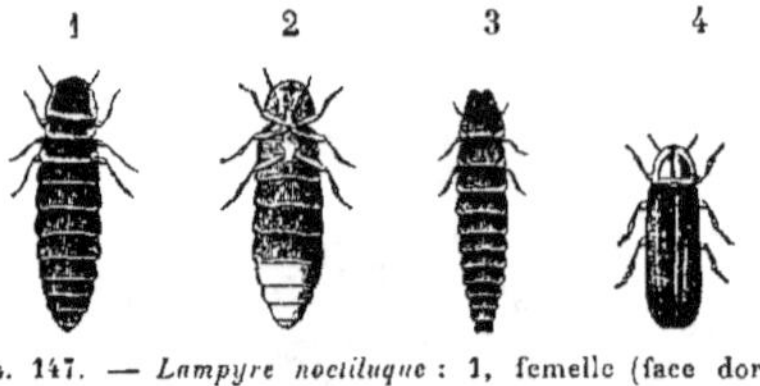

Fig. 147. — *Lampyre noctiluque* : 1, femelle (face dorsale); 2, femelle (face ventrale); 3, larve (face dorsale); 4, mâle (face dorsale). (Grandeur naturelle.)

s'éteint peu à peu pour devenir à peine visible au moment de la mort : les faibles lueurs qui restent alors s'évanouissent très vite.

Les femelles brillent plus fortement à l'approche du mâle dans les belles nuits de juin et de juillet et ne montrent leur splendeur que par les temps calmes, quand la lune, qui semble être pour elles une rivale redoutée, ne paraît pas. Elles se cachent aussi dans les soirées humides, pluvieuses et froides : on ne les voit plus alors grimper au sommet des herbes et des branches des buissons, dressant en l'air leur petit fanal, qu'elles balancent parfois coquettement pour convier le mâle aux joies de l'amour, bientôt suivies de la mort. Ne pouvant voler, faute d'ailes, au-devant de l'amant attendu souvent pendant de longues soirées et fort avant dans la nuit, elles brillent pour le séduire et l'attirer (fig. 147).

Leurs yeux sont petits par rapport à ceux du mâle, qui sont très développés et semblent faits pour aimer la

lumière et la voir de loin. Lui a des ailes, mais il est peu
brillant, ne possédant que les deux organes larvaires qui
ont persisté à la même place et à peu près avec les mêmes

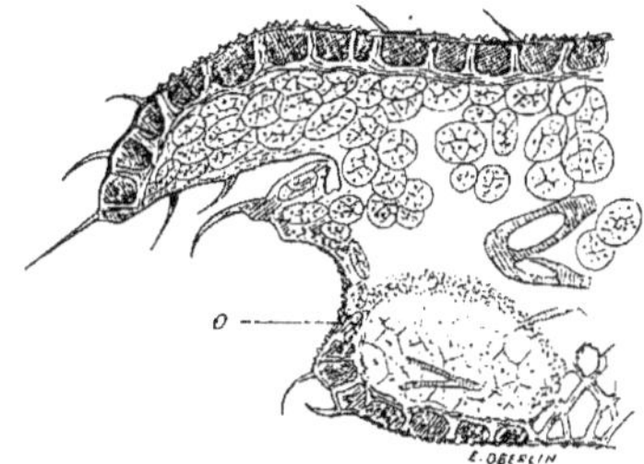

Fig. 148. — Coupe de la partie terminale du *Lampyre noctiluque* mâle ; *o*, organe photogène.

dimensions, mais dans lesquels on observe cependant
quelques modifications (fig. 148 et 149).

La couche réfringente à granulations cristallines a

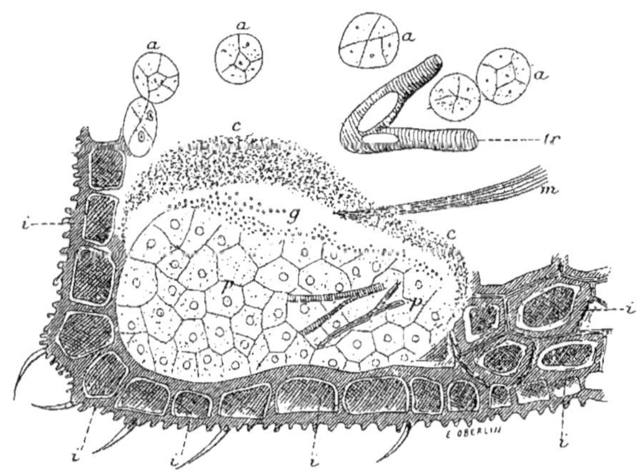

Fig. 149. — Coupe de l'organe mâle (grossis. 120 diam.) : *a, a, a, a*, plastides du corps adipeux ;
tr, trachée ; *m*, faisceau musculaire ; *c*, couche crayeuse ou radiocristalline ; *g*, granulations
libres ; *p, p*, couche parenchymateuse ; *i, i, i, i*, cellules de l'hypoderme.

beaucoup augmenté d'importance et, sur une coupe verticale, on voit très nettement la formation des granulations
sphérocristallines aux dépens des plastides parenchyma-

teux. Le petit muscle qui va à la paroi supérieure semble avoir pour effet d'écarter les deux zones, probablement pour permettre l'accès du sang, qui peut se faire ici par la partie postérieure de l'organe (fig. 149).

Les deux couches sont aussi très distinctes dans l'organe larvaire de la femelle adulte, ainsi que dans les grands organes du dixième et du onzième segment. On peut facilement écarter les couches l'une de l'autre vers leur bord antérieur : elles se continuent sans interruption par le bord postérieur de l'organe, et pourraient être comparées à un morceau de dentelle replié sur lui-même, mais dont la moitié supérieure aurait subi une altération. On distingue très bien les files de plastides qui composent ces feuillets et, entre celles-ci, des méats nombreux que les mouvements des muscles intrinsèques et extrinsèques peuvent écarter ou fermer pour régler l'apport du sang entre les deux feuillets (fig. 146).

Par leurs extrémités latérales, ces organes reçoivent de gros troncs trachéens qui se ramifient dans tous les lobules, et dont les plus petites branches se dirigent vers la ligne médiane.

J'ai pu suivre les filets nerveux jusqu'aux muscles intrinsèques et extrinsèques, mais non jusqu'à la couche lumineuse. La partie crayeuse ou éteinte est, ici encore, située du côté supérieur ou dorsal.

Ces organes sont directement appliqués sur l'hypoderme, et placés au-dessous de tous les autres : chez la femelle, on voit la chaîne nerveuse ganglionnaire (fig. 145) s'appuyer sur le milieu de leur face dorsale.

Chez le *Lampyris splendidula*, le mâle possède deux organes blanchâtres aplatis, formés par la réunion des deux lobes latéraux et situés du côté ventral des dixième et septième anneaux abdominaux. Les femelles ont aussi des organes semblables, mais celui du dixième anneau

est nettement double. On trouve, en outre, quatre à cinq
paires latérales, qui ne sont pas toujours absolument
symétriques et s'étendent du premier au sixième segment.
Leur forme est celle d'une sphère aplatie et c'est du côté
du dos qu'on les voit mieux bril-
ler avec une lumière blafarde; je
n'ai pas eu l'occasion d'étudier leur
morphologie.

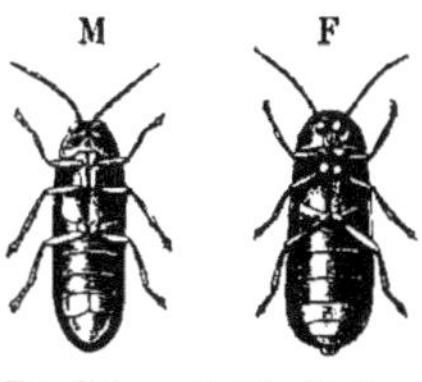

Fig. 150. — *Luciole d'Italie* :
(M) mâle et (F) femelle.

La texture des organes lumineux
de la Luciole italique n'est pas fondamentalement différente de celle
des organes du Lampyre noctiluque;
toutefois, la disposition générale n'est pas la même. Ces
insectes (fig. 150) sont les plus brillants de nos contrées.
Les deux sexes sont ailés et on les voit, dans la nuit,
lancer des éclairs
d'une lumière
scintillante, blan-
che, légèrement
teintée de ver-
meil.

Le mâle pos-
sède seulement
deux taches lumi-
neuses à l'antépé-
nultième anneau :
leur structure est
la même que celle

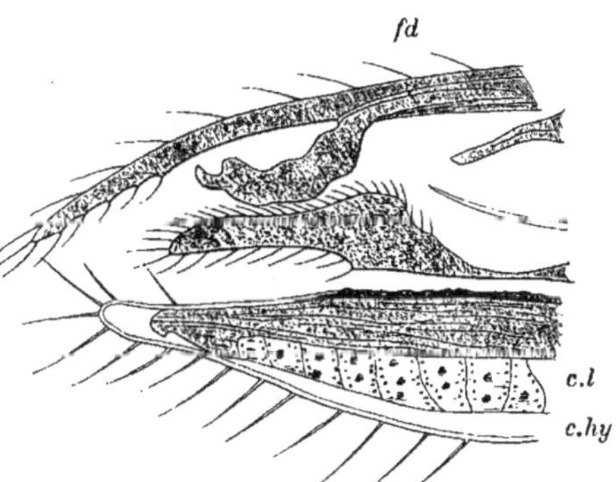

Fig. 151. — Partie terminale de l'abdomen de la *Luciole italique* :
fd, face dorsale ; *cl*, couche lumineuse ; *c, hy*, cuticule et hypoderme.

des organes de la femelle, chez laquelle ils occupent les
trois derniers segments de l'abdomen. Les plaques lumineuses, en continuité directe avec l'hypoderme, reposent
sur la cuticule transparente (fig. 151); on y distingue deux
zones, l'une profonde ou dorsale, opaque; l'autre translucide, toujours composée de cylindres dirigés perpendiculairement à la surface. L'ensemble de ces couches est

constitué, en définitive, par des agglomérations de plastides en forme d'acini digitiformes accolés les uns aux autres par leur surface latérale (fig. 152).

Dans la zone dorsale, ou à sa surface, courent les rameaux principaux des trachées portant eux-mêmes de petits ramuscules perpendiculaires qui passent dans la couche ventrale pour aller former l'axe de la partie translucide des acini. L'arbre trachéen est entouré de plastides transparents, dont les contours sont difficiles à voir, mais dont les noyaux se colorent assez facilement. La partie transparente est elle-même limitée par de gros plastides granuleux en rapport intime avec les éléments semblables de l'acinus voisin. Les éléments transparents, granuleux

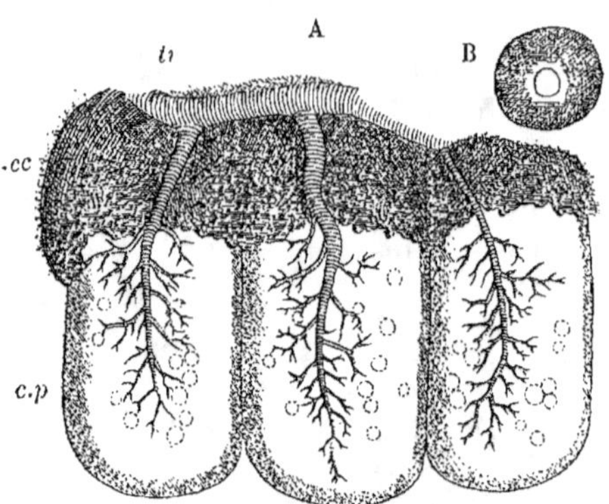

Fig. 152. — Cylindres photogènes de la *Luciole* : A, face dorsale ; B, plastide parenchymateux ; *tr*, trachée se ramifiant dans les cylindres ; *c. c*, couche crétacée ; *c. p*, couche parenchymateuse.

et crayeux sont morphologiquement équivalents. C'est au niveau des plastides parenchymateux granuleux que se produit la lumière. Quant aux trachées qui pénètrent dans les acini, et aux nerfs qui se dirigent vers eux, on ne sait pas exactement comment ils se terminent.

Lorsqu'on soumet une Luciole vivante aux vapeurs d'acide osmique, celles-ci pénètrent dans les trachées, mais ne colorent pas uniformément tout l'organe : elles noircissent d'abord tous les points de la surface des cylindres où les trachées subissent leur bifurcation terminale. Si la réduction de l'osmium est plus intense, les trachées capillaires sont de même obscurcies. En regardant alors

par transparence une plaque lumineuse éclaircie par la
potasse, on voit les parties noircies former comme des
cercles de points noirs à la périphérie de l'acinus. Or,
l'examen, dans une chambre obscure, des parties brillantes
de la Luciole vivante montre que la lumière émane d'une
foule de petits cercles correspondant par leur grandeur
et leur distribution aux contours des cylindres hyalins.

Les coupes font bien voir que les acini ne sont autre
chose que le résultat de la prolifération des noyaux de la
face profonde de l'hypoderme, ce qui
confirme les faits révélés par l'examen
ontologique de l'appareil lumineux du
Lampyre.

Cette origine est plus évidente
encore chez le *Pyrophorus noctilucus*, et
je me demande aujourd'hui comment
je ne l'ai pas reconnue dès le début
de mes recherches.

La nymphe de ce superbe coléoptère
des Antilles n'est pas connue. Les deux
sexes, à l'état adulte, sont ailés et présentent la même apparence : le mâle
est seulement plus petit. L'insecte par-

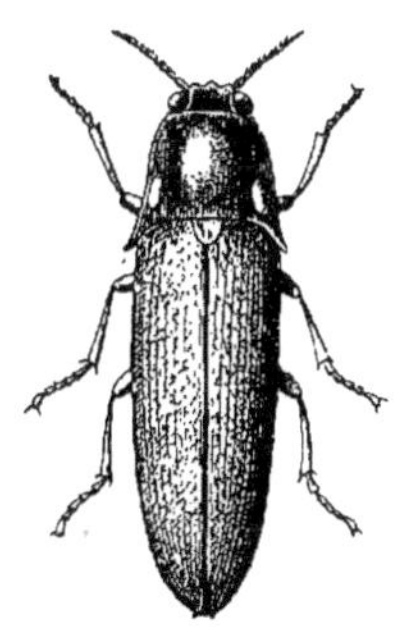

Fig. 153. — *Pyrophorus
noctilucus* montrant ses
deux lanternes prothora-
ciques (grandeur naturelle
d'un individu de forte
taille).

fait possède trois fanaux qui émettent une lumière d'une
incomparable beauté, dont nous étudierons bientôt les
caractères physiques : deux sont situés sur le prothorax,
et le troisième à la face ventrale du corps, à l'union du
thorax et de l'abdomen. Ce dernier n'est visible que
lorsque l'insecte relève en haut la pointe de l'abdomen,
ce qu'il ne peut faire qu'en écartant les ailes et les élytres; il ne s'en sert que pendant le vol ou la natation
(fig. 154).

Les organes prothoraciques sont placés longitudinalement près du bord latéral, au devant de la base des angles
postérieurs du prothorax. Ils ne sont séparés de l'exté-

rieur que par une partie amincie du tégument formant une tache ovalaire jaunâtre et transparente. La couche translucide de chitine est doublée, à sa face profonde, d'une mince couche membraneuse d'hypoderme renfermant des trachées et des nerfs, et que l'on avait considérée

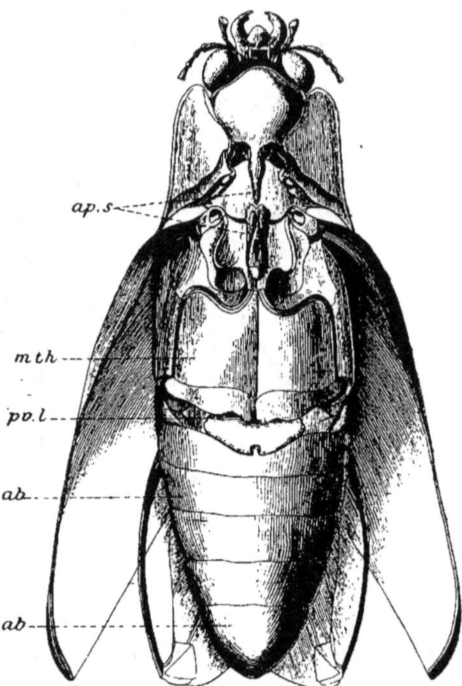

Fig. 154. — *Pyrophorus noctilucus* (face ventrale) : *ap. s*, appareil du saut ; *mth*, métathorax ; *pv. l*, plaque ventrale ; *ab, ab*, abdomen.

comme l'enveloppe de l'organe lumineux, quand elle n'est pour ainsi dire que sa matrice. On retrouve encore ici deux zones distinctes : une couche de plastides parenchymateux tournée du côté de l'hypoderme, et une couche crayeuse plus profonde. Entre les deux existe un vaste méat qui peut largement s'ouvrir et recevoir le sang de la cavité générale, lorsque les muscles extrinsèques et intrinsèques se contractent. Un gros tronc trachéen envoie, comme à l'ordinaire, ses ramifications dans la profondeur de l'organe (fig. 155 et 156).

L'organe ventral, de beaucoup plus puissant que chacun

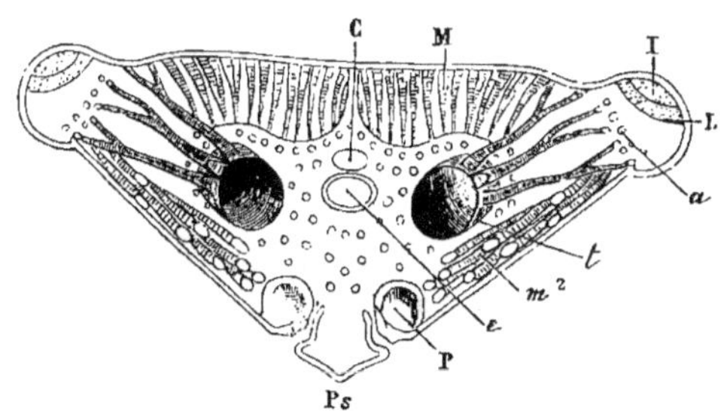

Fig. 155. — Coupe transversale schématique du prothorax : I, organes lumineux prothoraciques ; *c*, cœur ; M, masses musculaires ; *e*, œsophage ; *t*, trachées ; P*s*, pointe sternale ; *m¹*, muscles intrinsèques ; *a*, tissu adipeux.

des foyers prothoraciques, est une dépendance du premier anneau abdominal : il occupe la région intermédiaire du sternite au premier zonite de l'abdomen. Dans l'attitude du repos, c'est-à-dire quand les ailes sont fermées, si on pratique une coupe antéro-postérieure médiane divisant l'animal en deux parties symétriques, on voit que l'appareil lumineux (L, fig. 157), s'il n'est pas en activité, a la forme d'un bissac, dont l'ouverture serait tournée du côté de la cavité abdominale. Les deux sacoches de ce bissac, plus développées dans le sens

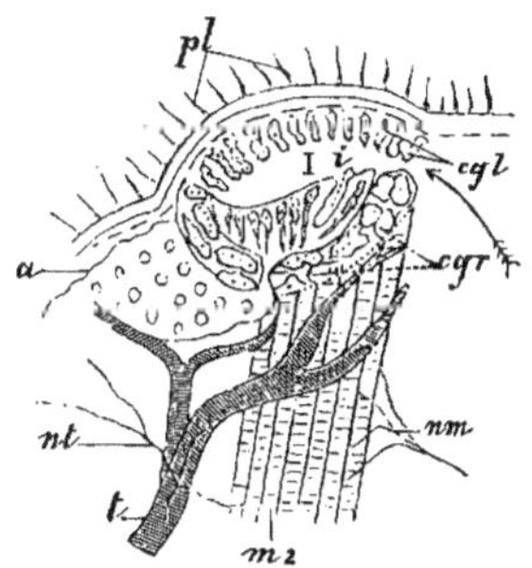

Fig. 156. — Coupe schématique antéro-postérieure de l'organe prothoracique : *pl*, poils ; *cgl*, plastides lumineux ; I*i*, hiatus ou méat ; *cgr*, plastides granuleux ; *a*, tissu adipeux ; *nt*, nerf trachéen ; *t*, trachée ; *m₂*, muscle intrinsèque ; *nm*, nerf musculaire.

transversal, occupent une partie de l'espace laissé libre entre l'abdomen et le thorax. Vous voyez sur cette figure que leur section moyenne est comprise dans un espace triangulaire à sommet dirigé en bas et dont la base est occupée par une membrane très mince, tandis que le côté antérieur et une partie du côté postérieur représentent la substance chitineuse épaisse du tégument des deux anneaux contigus (fig. 157).

Si, au contraire, on examine la plaque ventrale quand l'insecte est dans l'attitude du vol, l'appareil lumineux, vu de face, prend la forme d'un écusson accolé à la partie

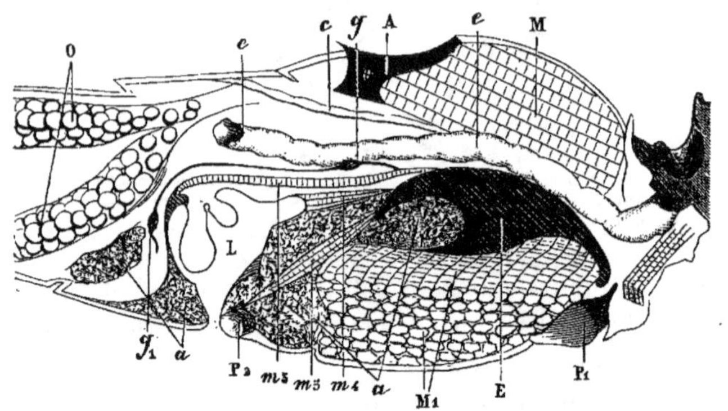

Fig. 157. — Schéma de la coupe verticale médiane de la région thoraco-abdominale montrant l'appareil lumineux ventral au repos : *o*, ovaires; *e*, tube digestif; *c*, cœur; *g*, masse ganglionnaire métathoraco-abdominale; A, insertion des ailes; M, M₁, masses musculaires des membres; P₁, insertion de la première paire de pattes; E, entothorax; *a, a*, tissu adipeux; P₂, insertion de la deuxième paire de pattes: *g*, deuxième ganglion abdominal; *m₃*, muscle accessoire ou extrinsèque; *m₄*, muscle propre ou intrinsèque; *m₅*, muscles de la deuxième paire de pattes.

antérieure et inférieure du premier zonite abdominal, dont elle occupe presque toute la région moyenne et inférieure (V. *pv. l*, fig. 154). Sa plus grande largeur est suivant une ligne transversale marquée par un sillon, qui divise la plaque en deux parties inégales; elle est, en moyenne, de 4 à 5 millimètres. Dans ce sillon transversal, s'ouvre à angle droit un second sillon plus court, antéro-postérieur, répondant seulement au tiers antérieur de la ligne médiane. Le bord antérieur sinueux présente à sa partie moyenne une échancrure indiquant l'origine du sillon antéro-postérieur. Dans l'extension, le bissac forme une poche unique. Le sillon antéro-postérieur et le sillon transversal correspondent à un hiatus en T creusé dans l'épaisseur de l'organe et communiquant par la branche antérieure avec la cavité générale du côté du métathorax. On peut s'en assurer facilement en injectant dans celle-ci un liquide coloré, qui gonflera la poche et dessinera par transparence la forme et le trajet des lacunes, que l'on voit d'ailleurs facilement sur une coupe horizontale de l'organe en état d'extension (fig. 158). Chez les Pyro-

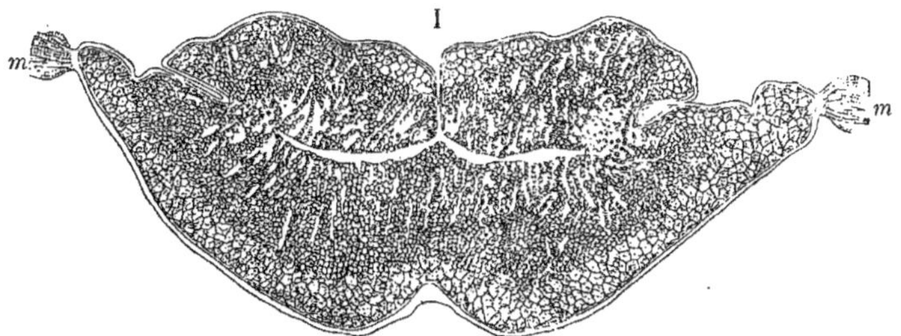

Fig. 158. — Coupe horizontale de la plaque lumineuse ventrale du *Pyrophore noctiluque* : I, hiatus ou sinus central antérieur et lacunes ou méats latéraux ; m, m, muscles latéraux intrinsèques écarteurs des méats et tenseurs de la plaque ventrale.

phores jeunes, celles qu'on pratique dans la zone superficielle montrent que le pourtour de l'écusson est bordé par des amas mûriformes de jeunes éléments directement en contact avec la face profonde de l'hypoderme, réduit ici à une couche très mince constituée principalement par la cuticule transparente qui forme la paroi externe de la couche lumineuse. De ces amas de prolifé-rations, d'origine évidemment hypodermique, partent des files de plastides parenchymateux se dirigeant vers les bords des méats, d'où elles se réfléchissent vers les parties profondes de l'organe (fig. 159).

Cette couche profonde, dorsale ou supérieure, est la zone crayeuse formée de plastides remplis de granulations arrondies plus ou moins transformées en sphéro-cristaux (fig. 160).

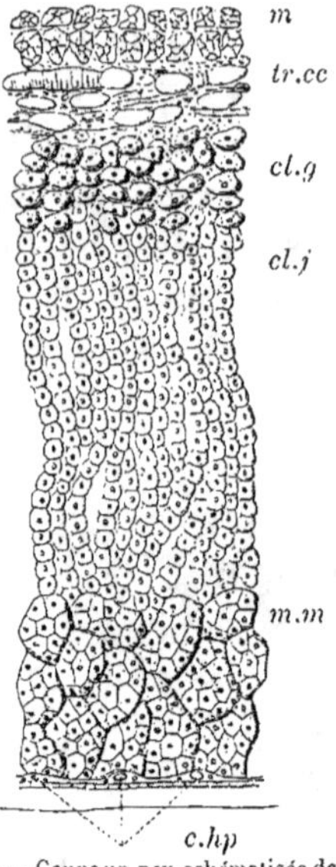

Fig. 159. — Coupe un peu schématisée de l'organe lumineux ventral (plus grossie) : *m*, masses musculaires; *tr, cc*, couche trachéenne et crayeuse; *cl, g*, plastides granuleux de la couche parenchymateuse; *cl, j*, mêmes plastides plus jeunes; *m, m*, masses mûriformes des jeunes plastides; *c, hp*, plastides hypodermiques.

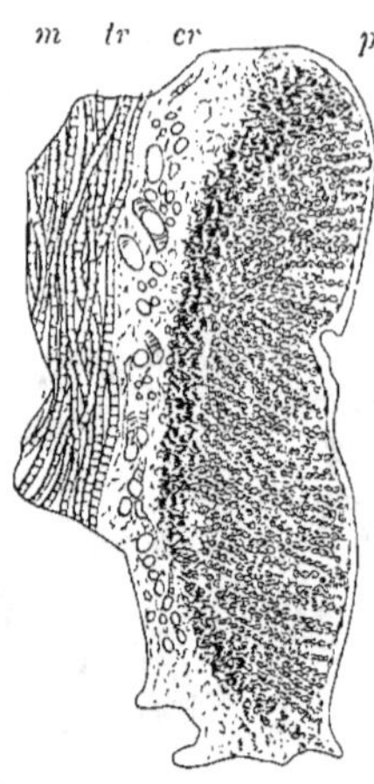

Fig. 161. — Coupe antéro-postérieure et ventrale montrant nettement la zone ou couche crayeuse entre la couche parenchymateuse et la couche trachéenne : *m*, muscles; *tr*, trachées; *cr*, couche crayeuse; *p*, couche parenchymateuse.

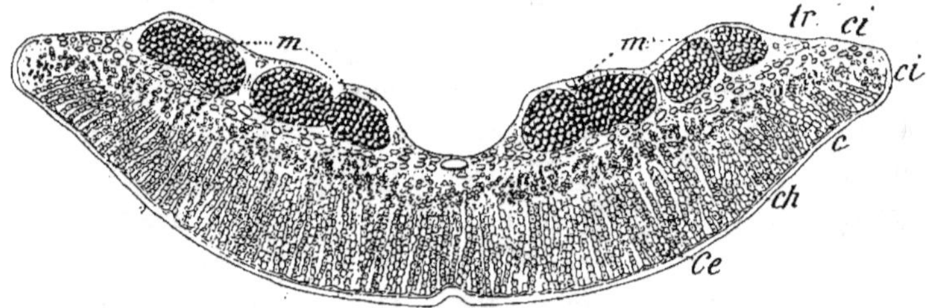

Fig. 160. — Coupe transversale de l'organe lumineux ventral perpendiculaire à la surface de l'organe et pratiquée en arrière du sinus transverse : *m*, masses musculaires; *tr, ci*, couche trachéenne; *r*, couche interne crayeuse non lumineuse; *ce*, couche externe; *c*, cuticule; *ch*, couche hypodermique.

La position de cette zone est facile à déterminer dans

son ensemble par les coupes transversales et antéro-postérieures pratiquées perpendiculairement au plan abdominal et non parallèlement à celui-ci, comme dans la figure 158.

De la deuxième paire des stigmates abdominaux, dont l'obturation ne peut jamais être complète, partent deux troncs trachéens qui viennent s'étaler à la face supérieure de la zone crayeuse, où ils forment une couche épaisse. De nombreux rameaux partent de ces branches et se rendent dans la couche parenchymateuse, où ils se divisent à l'infini en se contournant pour enlacer les plastides, à la surface desquels ils se terminent vraisemblablement; mais il est difficile d'être affirmatif sur leur mode de terminaison. On a prétendu qu'ils pénétraient dans les plastides et les enfilaient comme les perles d'un collier, mais l'observateur qui a émis cette vue, que je crois purement théorique, ne mérite qu'une confiance modérée, et après tout, ce qu'il importe de savoir c'est qu'ils affectent, avec les plastides lumineux, des rapports très étroits, comme avec les autres éléments anatomiques d'ailleurs.

Au-dessus du plan trachéen s'appliquent de minces couches musculaires, dont les fibres sont dirigées dans le sens antéro-postérieur et vont du thorax à l'abdomen (v. fig. 157).

Sur la partie médiane de ce plan musculaire passe la chaîne ganglionnaire et, au-dessus de celle-ci, le tube digestif, à la surface duquel on voit ramper les canaux urinaires; enfin, de part et d'autre, sont situés les tubes ovigères qui pénètrent dans le thorax.

Comme je l'ai dit déjà, la paroi extérieure de la poche est formée par la cuticule qui est anhiste; mais, à sa face profonde, on distingue une mince membrane chitinogène avec les plastides sécrétant la chitine. Au-dessus de ceux-ci, espacés assez régulièrement, se remarquent de petits groupes, composés de deux corpuscules placés de chaque côté d'un plastide plus volumineux. Ce sont les vestiges des éléments formateurs de l'organe lumineux, ou bien simplement des poils tactiles avortés.

Les plastides de la partie non crayeuse ou parenchymateuse nés des amas mûriformes hypodermiques se rangent en files quelquefois ramifiées. Celles-ci paraissent entourées d'une très mince membrane diaphane, et le long des files, on trouve des noyaux allongés rappelant un peu, par leur disposition, ceux du sarcolemme ; peut-être s'agit-il seulement de noyaux des enveloppes trachéennes.

Les plastides parenchymateux sont légèrement aplatis vers leur point de contact ; ils présentent un noyau volumineux facilement colorable par l'hématoxyline. Le protoplasme est plus dense à la partie externe, plus clair autour du noyau et contient, principalement dans la périphérie, une grande quantité de fines granulations.

La zone crayeuse est formée de plastides plus ou moins reconnaissables, ayant subi la dégénérescence granuleuse et remplis de radio-cristaux provenant de leur désagrégation. Lorsqu'on examine une coupe de cette couche à la lumière réfléchie, ou à la lumière polarisée, on croirait qu'elle luit par elle-même, tant elle est brillante ; on la trouve, au contraire, opaque à la lumière transmise ; le protoplasme des plastides ne fixe plus les réactifs colorants.

Outre les muscles extrinsèques, dont nous aurons à nous occuper à propos du fonctionnement de l'organe, il existe dans celui-ci quatre muscles intrinsèques : deux antérieurs et deux latéraux. Les muscles antérieurs sont constitués par deux minces bandelettes horizontales situées de part et d'autre de la ligne médiane. Leurs fibres sont dirigées d'arrière en avant et un peu de dedans en dehors : elles s'insèrent, à leur extrémité antérieure, sur le bord postérieur de l'entothorax et, en avant, à la face profonde de la membrane hypodermique, à l'endroit où elle se recourbe pour former le rebord antérieur du sac.

Les muscles latéraux se fixent, d'une part, sur ce même rebord, et, de l'autre, aux angles externes et antérieurs du premier anneau abdominal.

Je n'ai pu suivre les nerfs du deuxième ganglion abdominal se rendant à la plaque ventrale que jusqu'aux muscles et sur la paroi des trachées dans lesquelles ils se perdent en filaments extrêmement déliés et flexueux. Je n'ai pas réussi, par les procédés usités pour la recherche des nerfs, à mettre en évidence l'existence de filaments ou de terminaisons nerveuses dans le tissu photogène.

La connaissance de la structure et de la constitution des organes lumineux du Pyrophore va nous permettre maintenant l'étude de leur fonctionnement; mais il me paraît indispensable, avant d'aborder le côté expérimental, d'acquérir une idée plus complète de l'organisation de ce curieux coléoptère auquel nous devons tant de faits nouveaux et d'un intérêt si capital pour la solution du problème qui nous occupe.

QUATORZIÈME LEÇON

Le Pyrophore noctiluque à l'état normal et considéré dans son milieu normal. — Analyse physique et organoleptique de sa lumière.

L'examen histologique des organes lumineux, que nous venons de terminer, nous permet seulement de faire des hypothèses plus ou moins plausibles sur le mécanisme photogénique chez les insectes, et c'est parce qu'ils s'étaient bornés à l'étude morphologique que divers anatomistes sont arrivés à émettre des explications qui ne pouvaient résister à l'analyse physiologique.

Dans un organisme, considéré au point de vue statique ou anatomique, on peut envisager isolément un organe, abstraction faite des autres parties : il n'en est plus de même si nous voulons l'étudier à l'état dynamique. Chez l'insecte, par exemple, les organes sont baignés par du sang toujours en mouvement, ils sont tous reliés au système nerveux central qui assure l'ordre et l'harmonie des fonctions, et ce n'est, pourrait-on dire, qu'après avoir pris connaissance des droits et des devoirs de l'organe envers l'organisme, et de celui-ci envers le milieu ambiant, que l'on peut faire avec certitude la part de ce qui appartient en propre à l'organe ou aux parties qui le composent.

J'ai choisi le Pyrophore noctiluque pour sujet de mes observations et de mes expériences principales parce que c'est un insecte robuste, assez facile à manier, et que de tous les êtres lumineux connus, c'est lui qui donne lieu aux plus belles manifestations de la fonction photogénique.

Fidèle à la méthode que je vous ai indiquée dans une précédente leçon, je commencerai l'analyse physiologique par l'étude du Pyrophore noctiluque normal considéré dans son milieu normal. Si divers instruments sont mis en œuvre dans cette partie préliminaire, leur emploi n'aura d'autre but que de faciliter ou de compléter l'observation, sans rien changer à l'état de l'animal.

Le Pyrophore noctiluque est un coléoptère de la famille des élatérides, très voisine de celle des lampyrides malgré les différences extérieures, parfois très grandes, qui semblent les séparer : il se range dans la sous-tribu des pyrophorides, qui ne contient que les deux genres Pyrophorus et Photophorus.

Vous connaissez tous des insectes qui se rapprochent beaucoup de ceux-ci par leur aspect et que l'on désigne vulgairement sous les noms de Taupins, ou encore de Forgerons et de Maréchaux, parce qu'ils font entendre un bruit sec par la détente d'un ressort, situé entre le thorax et le prothorax, permettant à l'animal de sauter en l'air et de se retourner, quand on l'a placé sur le dos. Notre Pyrophore est un de ces Taupins, mais il est beaucoup plus volumineux que ceux qui habitent nos régions, et s'en distingue, en outre, par la présence des appareils lumineux.

Cependant, toutes les espèces de Pyrophores ne sont pas lumineuses : il y en a qui semblent avoir perdu leur foyer ancestral, car on ne retrouve plus sur leur prothorax que la place des organes lumineux, qui sont là comme des lanternes éteintes.

Le Pyrophore que l'on a improprement appelé « cæcus », bien qu'il ne soit pas aveugle et méritât mieux le nom d' « extinctus », est dans ce cas, les espèces éteintes vivent cependant auprès des autres. Le genre en renferme

77 dont 23 habitent entre l'Équateur et le 30ᵉ degré de latitude nord, 54 sont cantonnées dans l'hémisphère austral; toutes sont distribuées dans une zone remarquablement limitée, puisqu'elle s'étend du 30ᵉ degré de latitude nord au 30ᵉ degré de latitude sud, entre le 40ᵉ et le 180ᵉ degré de longitude : presque toutes sont donc américaines, à l'exception de quelques-unes qui sont océaniennes.

Les nègres de la Guadeloupe leur ont donné des noms qui rappellent le bruit qu'ils font avec leur corselet : ils les appellent Labelle, Clindindin, Clinclinbois. Les anciens Espagnols les appelaient Cucuyo, Cucullo, Cucujo, mots dérivés de celui de Locuyo employé par les Indiens.

Aux Antilles, où ces animaux vivent en grand nombre, ils se montrent après la saison des pluies, de la fin de mars jusqu'en septembre, mais il est probable qu'ils vivent plus longtemps, deux ans peut-être, car on trouve, en mars, des femelles pleines d'œufs et des larves. Du reste, dans ces pays, les saisons ne sont pas très accentuées, et les époques du développement peuvent être variables.

Ce sont des insectes lécheurs, qui, à l'état parfait, se nourrissent du jus de la canne à sucre, particulièrement. Les larves se creusent des galeries dans le vieux bois; pendant une partie de leur vie, elles sont lignivores. A une certaine période, elles mangent la moelle des roseaux et des palmiers. Au Mexique, on garde les Pyrophores adultes en captivité quatre semaines en leur donnant de la canne à sucre et des fleurs de Pluméria. Ils doivent être baignés une fois par jour dans l'eau fraîche. Je les ai conservés, à Paris, pendant aussi longtemps en les nourrissant avec des dattes fraîches, des bananes, des troncs de laitue, des rondelles de carotte : ils aiment beaucoup les meringues et ingèrent également le glucose, le sucre de raisin, la galactose, la mannite, sans que leur pouvoir photogénique soit modifié. L'eau surtout leur est indispensable, mais quelle que soit la quantité de nourriture qu'ils prennent, leur poids va toujours en diminuant.

Les Pyrophores se rencontrent surtout dans les endroits chauds et humides, médiocrement élevés. Ils sont très nombreux sur la lisière des bois, dans les plantations de canne à sucre. Pendant le jour, ce n'est qu'accidentellement qu'on les aperçoit : ils se tiennent d'ordinaire cachés sous les feuilles et semblent affectionner particulièrement les parties verdoyantes. Ils sont, à ce moment, toujours engourdis, comme du reste tous les insectes crépusculaires, leur marche est lente et difficile ; la lumière du jour paraît les plonger dans un état hypnotique qui expliquerait pourquoi ils sont comme fascinés par une vive clarté.

Pendant la nuit, si on approche d'eux une lumière quelconque, leurs feux s'éteignent : ils deviennent immobiles, ainsi que les Lampyres par le clair de lune; aussi, quand cet astre brille, se réfugient-ils dans les parties sombres des forêts.

Lorsque le soir arrive, on les voit s'agiter, même en captivité, à des heures déterminées. Les place-t-on dans un cabinet noir, c'est-à-dire dans des conditions où ils ne peuvent apprécier le passage du jour à la nuit, ils éclairent cependant leurs appareils vers sept heures du soir avec une grande régularité. Comment expliquer cette singulière périodicité? nous l'avons constatée déjà chez les végétaux sommeillants. Cette concordance entre la période d'activité de l'insecte et l'apparition de son pouvoir éclairant est intéressante à noter, car nous verrons plus tard qu'il existe une relation fonctionnelle entre ces deux phénomènes.

Le soir donc, les Pyrophores prennent leur vol, en dardant leurs rayons de tous les côtés. Ils produisent aux limites des forêts un effet véritablement féerique qui de tout temps a frappé les voyageurs. « Ce sont, dit un auteur du xviie siècle, comme de petits astres animés, qui dans les nuits les plus obscures remplissent l'air d'une infinité de belles lumières, qui éclairent et brillent avec plus d'éclat que les astres qui sont attachés au firmament. »

Au moment de la conquête du Nouveau Monde, les Indiens s'en servaient à divers usages : pour la pêche, pour la chasse et, en temps de guerre, ils en faisaient d'excellents télégraphes optiques pour la nuit, car leur flamme ne craint ni la pluie, ni le vent. Ils avaient aussi coutume de suspendre ces insectes au plafond de leurs cases, pour s'éclairer et éloigner les moustiques et les serpents. Dans les réjouissances publiques, les indigènes s'en frottaient le visage et obtenaient ainsi un masque lumineux du plus curieux effet. On raconte que les femmes, au Mexique, s'en servent comme de parure pouvant rivaliser, le soir, par l'éclat de leurs feux, avec les bijoux les plus renommés.

Les premiers missionnaires arrivés aux Antilles nous apprennent que lorsqu'ils manquaient de chandelle, chacun prenait en sa main un Cucuyo pour lire matines, et que les choses n'en allaient pas plus mal.

Leurs feux sont si vifs qu'à l'époque où les Anglais arrivèrent en Amérique, une de leurs troupes se réfugia précipitamment sur les vaisseaux parce qu'elle avait pris des Pyrophores voltigeant sur les buissons pour les mèches des arquebuses espagnoles.

Les ouvrages des premiers explorateurs sont pleins d'anecdotes analogues, qui prouvent assez combien ils furent frappés par la beauté et l'originalité de ces lumières vivantes.

Pendant la marche, les deux appareils prothoraciques brillent seuls : la lanterne ventrale ne s'éclaire que pendant le vol ou la natation.

Avant de rechercher expérimentalement si cette lumière est utilisée par l'insecte, voyons d'abord quelle est l'étendue du champ d'éclairage. Pour cela, voici la méthode qui a été employée.

L'insecte est immobilisé sur une plaque de liège placée à une certaine distance d'un écran sur lequel on marque les contours de la surface éclairée. Les limites du champ d'éclairage ne peuvent être tracées d'une manière absolue, puisque la lumière va en s'affaiblissant graduellement vers la périphérie. Mais on peut cependant avoir une zone d'éclairage nettement circonscrite. Il suffit de placer entre l'insecte et l'écran une pointe quelconque, que l'on éloigne du centre du champ éclairé, vers les bords ; à une certaine distance, l'ombre projetée par celle-ci n'est plus visible ; on marque cette position de la pointe et l'opération est renouvelée dans diverses directions. On obtient ainsi une série de points qui, reliés par une ligne continue, donnent la forme et les dimensions de la surface éclairée.

Cette dernière a été déterminée pour quatre positions de l'écran placé successivement dans divers plans, toujours à la même distance :

1° Verticalement en avant, à 0^m,50 de l'insecte ;

2° Latéralement ;

3° Horizontalement et au-dessus de l'insecte ;

4° Suivant un plan horizontal au-dessous de l'animal (fig. 162, 163, 164, 165).

Les figures que je vous présente ont toutes été exécutées à la même échelle de $\frac{1}{40}$. Les parties ponctuées indiquent celles qui sont communes, de sorte qu'il est facile de se représenter l'espace que l'insecte éclaire autour de lui.

Le quatrième plan est beaucoup moins éclairé que les trois autres, ce qui indique une véritable adaptation, car pendant la marche il n'est pas nécessaire que les objets placés en dessous du thorax et de l'abdomen soient éclairés.

Il n'en est pas de même pendant le vol et la nage ; aussi voit-on l'insecte démasquer dans ces cas sa lanterne ventrale, qui projette en bas un éclairage intense, beaucoup plus étendu que celui des appareils prothoraciques. Ce foyer ventral est suffisant pour permettre de distinguer les objets dans une chambre de 5 à 6 mètres de côté. Pour celui-là encore on peut admettre une véritable adaptation.

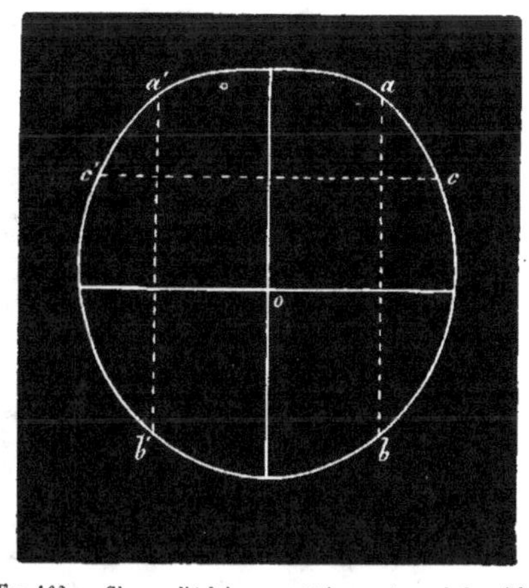

Fig. 162. — Champ d'éclairage antérieur : écran à 0 m. 50.

C'est ce fanal qui, au mois de septembre 1766, mit en grand émoi tout le fau-

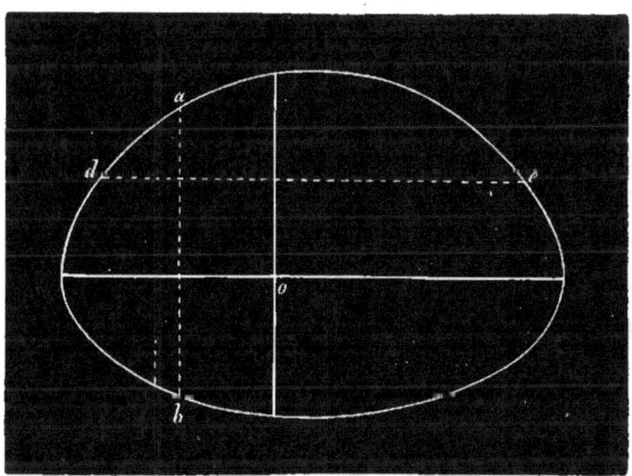

Fig. 163. — Champ d'éclairage latéral (*a*, *b*, *d*, partie antérieure).

bourg Saint-Antoine. Il s'agissait d'un Pyrophore débarqué à Paris avec un chargement de bois de Campêche et

qui, le soir venu, s'envola brillant comme un météore,
de maison en maison, à la grande stupéfaction des habi-

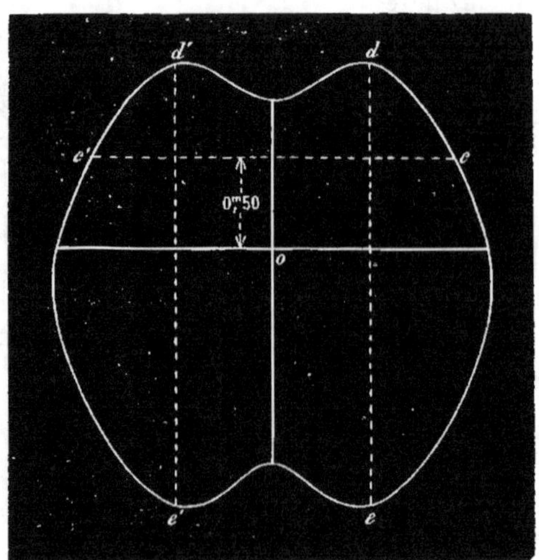

Fig. 164. — Champ d'éclairage supérieur (*d'*, *d*, avant; *e*, *e*, arrière).

tants, qui ne pouvaient penser qu'une telle lumière était
produite par un être vivant.

On peut prouver expérimentalement que l'insecte met à
profit, pour se guider dans
l'obscurité, la lumière qu'il produit. D'ailleurs, l'appareil ventral n'existe pas chez la larve,
et ne paraît qu'au moment où
les ailes peuvent fonctionner.

Fig. 165. — Champ d'éclairage inférieur
(partie antérieure au-dessus du point O).

La moitié du champ d'éclairage est supprimée en obturant
d'un côté un appareil prothoracique avec une boulette
de cire noircie et opaque; ensuite, l'animal est placé
dans le cabinet noir sur une feuille enduite de noir de
fumée. On obtient ainsi un tracé très net de sa marche

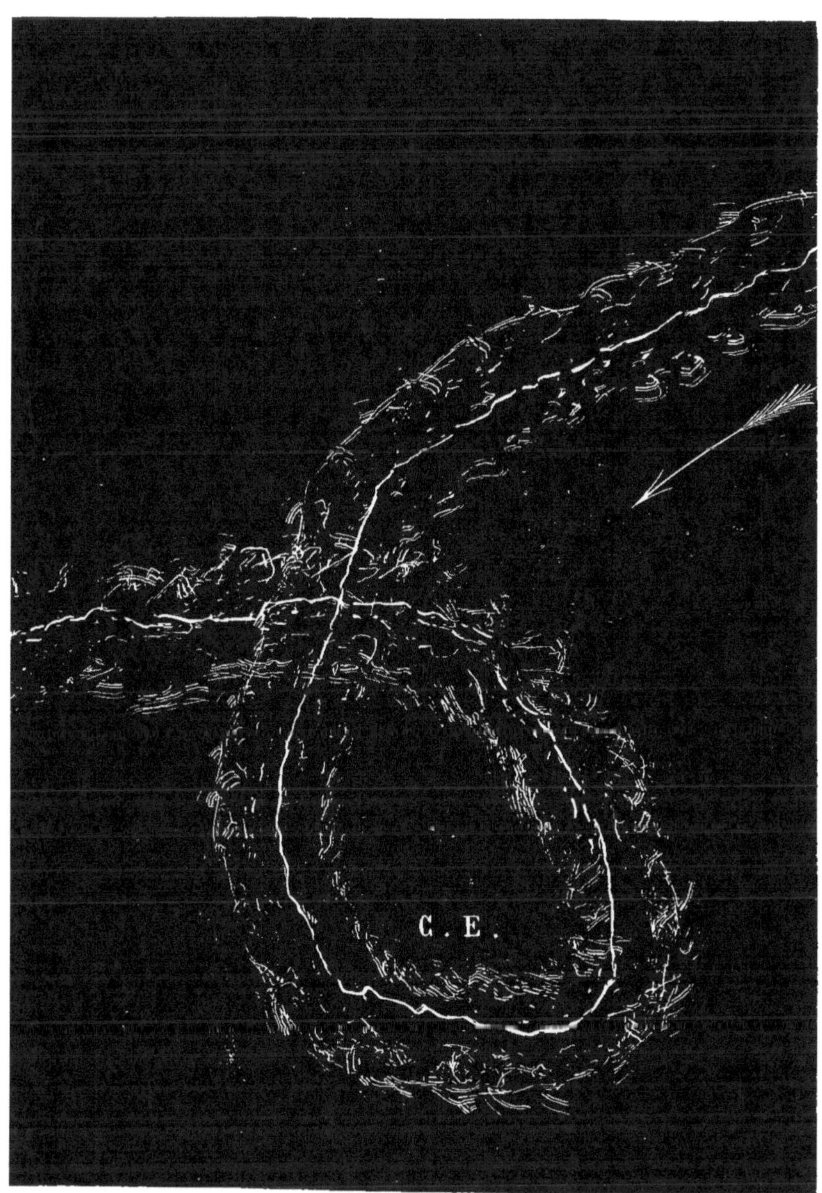

Fɪɢ. 166. — Tracé de la marche d'un *Pyrophore*, dans le cabinet noir, a lanterne droite étant éteinte.

montrant qu'il est entraîné du côté éclairé (CE, fig. 166), parce qu'il a de la tendance à fuir les points qu'il ne voit pas et qui pourraient présenter des obstacles. Cette direction n'est pas déterminée par le poids de la boulette de cire, car, si on la place tout près de l'appareil éclairant, mais non à sa surface, l'insecte retrouve son allure normale, dont la direction est rectiligne.

Enfin, si les deux appareils prothoraciques sont obturés à la fois, la marche devient hésitante, irrégulière : l'animal se dirige tantôt à gauche, tantôt à droite, tâtant le terrain avec ses palpes et ses antennes, et ne tarde pas à s'arrêter.

La lumière des Pyrophores a un aspect particulier. Elle ne ressemble ni à celle du gaz d'éclairage, ni à la lumière électrique; son éclat est spécial, et lui a valu de la plupart des premiers observateurs le nom de *belle clarté*, qualification véritablement bien méritée, comme j'ai pu m'en convaincre par son analyse physique et physiologique. Sa couleur, fort agréable à l'œil, est jaune verdâtre.

L'examen spectroscopique a porté sur les deux organes du prothorax, dont l'éclairage est plus fixe que celui de la plaque ventrale, lequel ne se montre qu'exceptionnellement.

Nous nous sommes servi pour cette étude d'un spectroscope dont le prisme était en flint et très réfringent. Il était muni d'un micromètre, qui a permis de déterminer les limites du spectre et de les rapporter ensuite aux raies du spectre solaire.

La fente du collimateur recevait dans sa partie inférieure les rayons du Pyrophore et sa partie supérieure, grâce à un prisme à réflexion totale, pouvait être éclairée par une autre lumière, de façon qu'il était possible d'observer simultanément les deux spectres et de les comparer.

L'insecte était fixé dans une petite gouttière creusée à la surface d'un bouchon, au moyen d'une bande de caoutchouc permettant de l'immobiliser complètement. On excitait mécaniquement la sensibilité pour favoriser la production de la lumière et lui donner son maximum d'intensité.

Le spectre obtenu était continu, sans raies obscures ni lumineuses; nous avons pu en préciser les limites.

Il est fort beau, quand l'animal est très lumineux, assez étendu du côté du rouge et va jusqu'aux premiers rayons bleus; il recouvre environ 80 divisions du micromètre. On peut lui assigner, comme limites approchées, à une extrémité la raie B, à l'autre la raie F du spectre solaire : du côté du rouge, il s'étend un peu plus loin que la raie B ; du côté du bleu, les derniers rayons sont si pâles que leur position ne peut être déterminée avec une grande exactitude.

J'ai pu également observer avec cette lumière le phénomène des anneaux colorés à l'aide d'un réseau. Le centre du système d'anneaux était formé par un disque verdâtre, légèrement grisâtre au milieu. Ce disque était entouré d'une bande jaune et celle-ci d'une bande rouge. Les systèmes d'anneaux étaient visibles jusqu'au huitième et allaient en se succédant dans le même ordre; les cercles les plus excentriques ayant une largeur moindre, leur intensité était beaucoup plus vive.

Ce spectre se rapproche beaucoup de celui des lampyrides. Ceux du Ver luisant, de la Luciole et du Photinus américain sont également sans bandes ni raies : ce dernier s'étend un peu au delà de la ligne C de Fraünhofer dans le rouge et aux environs de la raie F du bleu; il va en s'évanouissant graduellement aux deux extrémités. Le spectre du Ver luisant est riche en rayons bleus et verts, relativement pauvre en rayons jaunes et rouges. Dans celui de la Luciole, les rayons rouges et bleus sont proportionnellement plus étendus, le rouge et le vert ne dominent pas autant que dans la belle lumière du Cucuyo.

Pour se rendre exactement compte de la composition et de la valeur de cette dernière, il faut avoir recours à l'examen photométrique, mais, avant d'aborder celui-ci, je crois utile de vous rappeler quelques principes qu'il importe de ne pas perdre de vue.

D'après la théorie ondulatoire, la lumière est le résultat d'un mouvement vibratoire de l'éther, excessivement rapide, se propageant en ligne droite et dont la longueur d'onde est très petite, puisqu'elle s'évalue en microns et que $1\,\mu = 0^{mm}001$. Les vibrations de l'éther affectent différemment la rétine, comme vous le savez, suivant la valeur de la longueur d'onde : par exemple celles de $0\,\mu\,530$ produisent sur l'œil la sensation du vert, et celles de $0\,\mu\,590$ la sensation du jaune, etc. En outre, toutes les ondulations, dont la longueur d'onde est inférieure à $0\,\mu\,360$ ou supérieure à $0\,\mu\,810$, n'affectent plus la rétine, c'est-à-dire ne produisent aucune sensation lumineuse : elles sont dites obscures. Pour constater la présence des oscillations supérieures à $0\,\mu\,810$, ou inférieures à $0\,\mu\,360$, il faut avoir recours à l'observation de leurs effets calorifiques ou chimiques.

Depuis longtemps, on a distingué dans la lumière normale du soleil, par exemple, trois espèces de radiations : calorifiques, photogéniques et chimiques. Les premières sont surtout comprises dans l'infra-rouge, au delà de $0\,\mu\,810$; les autres dans la partie visible du spectre, entre $0\,\mu\,810$ et $0\,\mu\,360$. Le maximum d'énergie des radiations de l'éther correspond à une vibration dont la longueur d'onde est d'autant plus grande que la température du foyer lumineux est moins élevée; ce maximum a lieu pour $\lambda = 0\,\mu\,620$ avec la lumière solaire et pour $\lambda = 1\,\mu\,600$ avec celle d'un bec de gaz.

Quant aux radiations lumineuses comprises entre $0\,\mu\,810$ et $0\,\mu\,360$, leur action dépend, à énergie égale, de leur longueur d'onde. De nombreuses mesures ont prouvé

que l'œil est beaucoup plus sensible aux radiations dont
la longueur d'onde est voisine de 0 µ 530 qu'aux autres.
Ce sont les radiations rouges qui agissent le moins sur
la rétine. Voici d'ailleurs, sur ce tableau, quelques
chiffres donnant la sensation lumineuse produite par des
radiations de diverses longueurs d'onde correspondant
toutes à la même quantité d'énergie. La sensation lumineuse dans le rouge est ici prise comme unité.

	Violet.	Vert.	Jaune.	Rouge.	Rouge sombre.
Longueurs d'ondes en microns.	0,400	0,530	0,580	0,650	0,750
Sensation lumineuse........	1,600	100,000	28,000	1,200	1

Ces chiffres montrent que la même quantité d'énergie
dépensée dans le rouge sombre pour produire une sensation lumineuse égale à l'unité produirait une sensation
vingt-huit mille fois plus forte dans le jaune, cent mille
fois plus forte dans le vert, etc.

Ces valeurs varient naturellement d'un observateur à
l'autre; mais leur ordre de grandeur reste toujours le
même, et le maximum de sensibilité de l'œil a toujours
lieu pour les radiations vert jaunâtre (0 µ 530).

Lorsque l'intensité de la lumière du Pyrophore varie, sa
composition change d'une manière remarquable. Quand
l'éclat diminue, le spectre se raccourcit un peu du côté
du bleu, mais beaucoup de l'autre côté. Le rouge et
l'orangé disparaissent complètement et les derniers
rayons qui persistent sont les rayons verts, d'un indice de
réfraction un peu inférieur à celui de la raie E : c'est
d'ailleurs cette région du spectre qui a toujours le plus
vif éclat. L'effet inverse se produit quand l'animal commence à être lumineux; les rayons verts apparaissent les
premiers et le rouge s'étend de plus en plus, jusqu'à ce
que l'intensité de la lumière ait atteint son maximum.

Par sa continuité, cette lumière se rapprocherait de

celle des corps en ignition. Au lieu du foyer lumineux d'un Pyrophore, on avait placé devant la fente du collimateur un écran cylindrique opaque, percé d'une ouverture circulaire ; à la partie inférieure de l'écran brûlait un bec de gaz, avec la flamme oxydante bleu clair, de façon que l'orifice du spectroscope ne fût éclairé que par les rayons traversant l'ouverture de l'écran. Si on examinait alors le spectre produit par ce faible foyer, on voyait qu'il était continu et offrait à peu près la même composition qualitative que celui du Pyrophore, ou, en d'autres termes, qu'il contenait des radiations que l'on retrouve, mais en plus ou moins grande quantité, dans ce dernier. Les choses étant ainsi disposées, si on fermait lentement le robinet qui réglait l'apport du gaz d'éclairage, on observait exactement le même phénomène que celui dont je vous parlais tout à l'heure, c'est-à-dire que le spectre se raccourcissait peu du côté du bleu et beaucoup du côté de l'orangé et du rouge, les rayons verts persistant en dernier lieu.

On ne peut faire alors que deux hypothèses : ou bien la proportion du gaz dans le mélange dont la combustion fournit la lumière, en se modifiant, donne la nature du spectre ; ou bien cet effet tient uniquement à la diminution de l'intensité éclairante du faisceau lumineux. C'est à cette seconde interprétation qu'il convient de s'arrêter, attendu qu'en éloignant la totalité du système éclairant du spectroscope, sans lui faire subir de modifications, on voit se produire la même réduction du spectre, dans le même sens. Dès lors, il est bien certain que les variations que l'on observe, quand l'éclat de l'appareil lumineux vient à diminuer, ne tiennent pas à un changement dans la nature et la composition de la lumière, mais simplement à une action purement subjective.

L'œil étant placé près de l'oculaire du spectroscope, si on fixe l'image prismatique pendant quelques secondes, le spectre ne tarde pas à perdre ses rayons rouges, exactement comme si l'intensité de la source éclairante s'affaiblissait progressivement, soit par l'éloignement du foyer, soit par la diminution de la flamme.

Il s'agit bien évidemment, dans ce cas, d'un phénomène sensoriel, attribuable à la fatigue rétinienne; on demeure convaincu de l'exactitude de cette interprétation en fermant les paupières pendant l'observation et en les ouvrant ensuite brusquement : les rayons rouges reparaissent, pour s'éteindre presque aussitôt.

Ce fait vient à l'appui de l'interprétation donnée à propos de la lumière zodiacale : à savoir qu'une lumière composée peut devenir sensiblement monochromatique, pour l'œil, quand son intensité atteint un certain minimum. D'ailleurs, tous ceux qui ont assisté au lever de l'aurore dans les plateaux des Alpes savent que, d'abord, le paysage paraît gris; on distingue de vagues contours, des formes indécises, puis, peu à peu, la Nature se pare de brillantes teintes, mais dans un ordre déterminé, et suivant une gamme que l'on peut à juste titre appeler chromatique; c'est ainsi que les fleurs n'arborent leurs couleurs que suivant les règles d'une préséance toute physiologique, comme dans le spectre qui s'allume.

Ces observations sont en harmonie avec la loi psychophysiologique qui veut que l'excitation diminuant suivant une progression géométrique, la sensation décroisse suivant une progression arithmétique. Or, la diminution de clarté de la source éclairante entraînant nécessairement une réduction objective proportionnellement décroissante pour chaque faisceau composant de rayons colorés, l'intensité de la sensation suivra une diminution progressivement décroissante suivant la raison arithmétique, quand celle de l'excitation décroîtra en progression géométrique. Mais, comme il ne s'agit pas d'une lumière simple ou monochromatique, et que l'on sait que les diverses clartés colorées ne possèdent pas des intensités lumineuses égales et n'impressionnent pas la rétine avec la même force, comme je vous l'ai montré tout à l'heure, nécessairement les rayons les moins excitants atteindront les premiers ce que l'on nomme le minimum perceptible, ou seuil d'excitation.

Ces résultats coïncident bien avec ceux que nous fournit l'étude des corps incandescents.

Lorsqu'on chauffe un corps, il émet des radiations lumineuses dont l'œil perçoit les premières traces, au travers du spectroscope, dans la région spectrale du vert et du jaune, sous forme d'une bande grise et brumeuse. La température photogène varie avec la nature du corps : elle est, par exemple, de 417° pour l'or, de 390° pour le platine, de 377° pour le fer. Lorsque l'incandescence augmente, l'œil perçoit peu à peu des radiations de longueur d'onde plus grandes et plus petites, et quand elle est complète, les radiations de faible longueur d'onde se voient proportionnellement beaucoup plus en nombre et en intensité.

Pour un foyer lumineux à incandescence donnée, le rapport des intensités des diverses radiations dépend donc uniquement de la température. Évidemment, à ce point de vue, il n'y a aucune comparaison à établir entre le foyer lumineux de nos Pyrophores et ceux dont nous venons de parler, qui ne commencent à briller que vers 400°, mais ces rapprochements n'en ont pas moins leur utilité, comme je vous le montrerai bientôt. Lorsque, dans les corps incandescents, la température est relativement peu élevée, les radiations de grande longueur d'onde sont de beaucoup les plus intenses et la lumière paraît rouge. Plus la température s'élève, plus le rapport des intensités des radiations de grande et de faible longueur d'onde diminue. La lumière est blanche, comme celle de la lumière solaire, si le rapport des intensités des diverses radiations est le même que dans le spectre solaire normal; elle paraît rouge si les radiations rouges sont plus intenses que dans le spectre solaire, et violette si ce sont des radiations de faible longueur d'onde qui dominent.

Je ferai immédiatement remarquer que pour ces foyers lumineux, comme pour les autres, d'ailleurs, la quantité d'énergie W rayonnée par le foyer lumineux se compose de deux parties : l'une W_1 représente l'énergie des radiations lumineuses, l'autre W_2 celle des radiations obscures :

$$W = W_1 + W_2$$

Le rapport $\dfrac{W_1}{W}$ de l'énergie des radiations lumineuses à celle de la totalité des radiations s'appelle le rendement lumineux du foyer.

Ces considérations vont nous permettre maintenant d'aborder plus aisément l'étude photométrique comparée de la lumière des Pyrophores, avec celle des autres foyers lumineux connus, et d'en tirer certaines conclusions des plus importantes.

QUINZIÈME LEÇON

Analyse de la lumière des Pyrophores. — Démonstration de la grande supériorité de l'éclairage physiologique sur celui de nos foyers artificiels.

S'il est vrai que l'œil peut servir à comparer entre elles deux quantités de lumière de même qualité fournies par deux foyers de lumière blanche, ou par deux sources de radiations chromatiques d'égale longueur d'onde, il n'en est plus de même quand on veut évaluer la valeur de l'éclairage physiologique des Pyrophores par rapport à ceux que donnent les procédés artificiels.

Il faut se rappeler que toute comparaison, faite au moyen de la vision, entre des lumières de différentes couleurs n'a qu'une valeur subjective et n'indique rien sur leur intensité physique relative; de sorte que toutes les mensurations photométriques de ce genre restent complètement dans les limites de l'optique physiologique. Il ne saurait en être autrement, puisque j'ai démontré par l'étude du mécanisme de la vision dermatoptique comparée à celle de notre œil, que la sensation de couleur et celle d'intensité lumineuse étaient produites par deux phénomènes distincts. Vous savez que lorsqu'on excite mécaniquement la rétine, par exemple par des pressions sur le globe de l'œil, on provoque des sensations lumineuses appelées phosphènes. Or, dans cette même rétine, les cônes et les bâtonnets, en se contractant sous l'influence de l'éclairage, excitent aussi mécaniquement les terminaisons nerveuses avec lesquelles ils se continuent, et provoquent ainsi des sensations identiques aux phosphènes. Les points où se produisent les contractions, et par suite les tractions excitatrices, ne sont autres que ceux des images colorées des objets que nous percevons. Mais je vous ai dit aussi que dans toute contraction, il y avait deux éléments à considérer : la rapidité et l'amplitude. Or, l'expérience nous a démontré que la sensation chromatique est fonction de la rapidité de la contraction, tandis que l'amplitude de cette dernière indique seulement la grandeur de l'intensité éclairante et de la sensation visuelle qui lui correspond. En d'autres termes, il y a des radiations simples, telles que le rouge, le violet et même le bleu, qui sont des excitants de contractions lentes, tandis que le vert et le jaune sont des excitants de contractions rapides. C'est ce qui explique pourquoi quand un faisceau lumineux contient du rouge et du vert, ou bien du bleu et du jaune, on a la sensation de lumière blanche. Avec la lumière solaire, on obtient l'action simultanée de toutes les radiations lentes et rapides, d'où résulte une vitesse moyenne de contraction, comme dans le cas précédent.

Pour chaque faisceau de radiations monochromatiques, l'amplitude peut changer avec l'intensité lumineuse ou, en d'autres termes, avec la quantité de lumière contenue dans ce faisceau, mais il n'en est pas de même de la vitesse des contractions, qui reste constante. Il y a donc là deux phénomènes simultanés pouvant varier indépendamment l'un de l'autre et qu'il faut nécessairement dissocier pour en connaître la valeur respective.

Ce qui est vrai pour les couleurs ordinaires du spectre, le sera, à plus forte raison, pour une clarté comme celle des Pyrophores qui possède, ainsi que cela a été constaté par tous ceux qui l'ont observée, un éclat particulier, indépendant de sa coloration verte.

Dans nos premières tentatives photométriques, le fait suivant nous avait frappé. L'intensité d'une bougie étant trop considérable pour pouvoir être comparée à celle de l'insecte, nous avions songé à diaphragmer cette lumière de la bougie. A cet effet, on avait pratiqué dans un écran opaque une petite ouverture ayant exactement les dimensions de la surface éclairante d'un des organes prothoraciques. Mais la quantité de lumière passant au travers du diaphragme, quel que fût d'ailleurs le point de la flamme considéré, était à l'œil tellement inférieure à celle de l'insecte qu'il était facile de prévoir que les résultats photométriques, ainsi obtenus, ne seraient pas même approximatifs. L'expérience vérifia plus tard l'exactitude de cette prévision. Les divers renseignements tirés de la détermination des limites des différentes bandes lumineuses du spectre ne me paraissant pas suffisants, j'ai pensé alors à recourir à la méthode spectro-photométrique, qui seule pouvait donner des indications assez précises sur la composition qualitative de la lumière. Je crois superflu d'entrer ici dans le détail de la description des appareils employés, ainsi que dans les calculs auxquels nos observations ont servi de base ; je prie ceux d'entre vous que cela intéresse plus particulièrement de consulter mon travail sur les élatérides lumineux publié en 1885. Je rappellerai seulement ici que le foyer prothoracique de l'insecte était placé contre la fente du collimateur c ; devant le collimateur o' était une lampe à gaz à régulateur. L'intensité de la lumière émise par l'animal se trouvant très faible comparativement à celle de la lampe, on avait dû donner à la fente du collimateur c une ouverture de 1 millim. 5. Je crois devoir également faire remarquer, que le spectre qui sert de terme de comparaison dans de semblables expériences est dans un certain rapport avec le spectre de la lampe à gaz; mais que ce rapport est indéterminé et que, par suite, il est impossible de fixer des valeurs absolues. En outre, dans les observations spectro-photométriques, il y a toujours un coefficient personnel, dont il faut tenir compte pour la détermination des limites des zones chromatiques.

Malgré cela, l'exactitude des observations que j'ai publiées dès 1885 a été depuis vérifiée en Amérique et les résultats des expériences de contrôle institués à l'observatoire d'Alleghany ne sont que la confirmation pure et

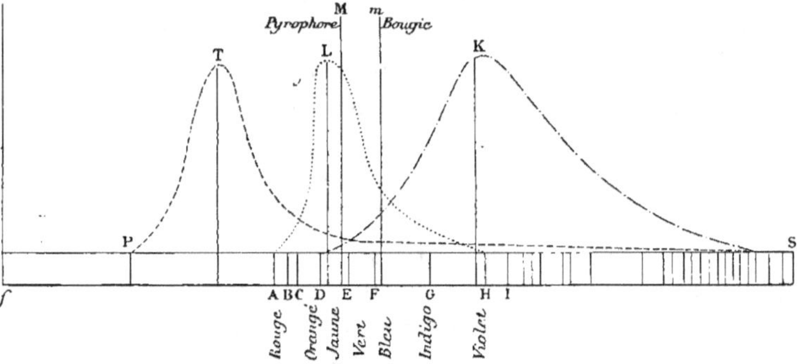

Fig. 167. — Courbes des intensités calorifique, lumineuse et chimique dans le spectre solaire : T, Courbe des radiations calorifiques; K, Courbe des radiations chimiques; L, Courbe des radiations lumineuses; M, position du maximum spectro-photométrique de la lumière du Pyrophore; *m*, position du maximum spectro-photométrique de la flamme d'une bougie.

simple de ceux que nous avions, bien antérieurement, obtenus à la Sorbonne.

Si l'on construit des courbes en prenant pour abscisses les longueurs d'onde et pour ordonnées les intensités des rayons correspondant à ces longueurs d'onde, l'aire comprise entre l'axe et la courbe est, pour la lumière des Pyrophores, presque entièrement occupée par des rayons vert-jaune. Le *maximum d'intensité* correspond à la longueur d'onde 528,56, qui est précisément la même que celle présentant pour notre œil le maximum de clarté dans le spectre solaire, tandis que celui-ci, pour la bougie, ne correspond plus, d'après nos mesures comparatives, qu'à la longueur d'onde 485,68 et se trouve par conséquent rejeté du côté des rayons les plus réfrangibles (fig. 167).

On obtiendrait un résultat inverse, si la composition du spectre des Pyrophores devait ses propriétés à la faiblesse relative de son intensité, parce que, dans ce cas, les rayons bleus seraient les plus abondants. Enfin, l'aire délimitée par la courbe des intensités de la bougie et la ligne des longueurs d'onde n'est occupée que dans une partie beaucoup plus rétrécie par des rayons jaunes.

En comparant les surfaces limitées par les courbes et la ligne des abscisses, on trouve que la *valeur photométrique* d'un Pyrophore est d'environ $\frac{1}{150}$ de bougie du Phénix (de 8 à la livre). Si l'on admet que l'appareil ventral possède un pouvoir éclairant double de celui des organes prothoraciques, on voit qu'il faudrait trente-sept à trente-huit Pyrophores lumineux à la fois par tous leurs foyers pour éclairer un appartement avec la même intensité qu'une bougie.

La *longueur d'onde moyenne* de la lumière diffractée fournie par une des lanternes prothoraciques donnant le maximum d'éclairage a été déterminée à l'aide d'un réseau; on a trouvé les nombres suivants :

$$
\begin{array}{r}
0,538 \\
0,522 \\
\hline
\text{Moyenne} \quad 0,530
\end{array}
$$

Ce résultat confirme celui qui a été obtenu avec le spectro-photomètre, car, en faisant la moyenne des longueurs d'onde fournies par les diverses zones du spectre, on trouve le nombre très approchant 0,533. Ces chiffres sont voisins de ceux de la raie du thallium, 0,535. On sait que le mot thallium vient du grec θαλλός, qui signifie « rameau vert » : or, l'impression produite sur la rétine par la lumière des Pyrophores ne peut mieux se comparer qu'à celle que donnent les rayons solaires tamisés par un rideau de feuillage. Si l'on songe que ces insectes se réfugient de préférence dans le jour sous les feuilles de canne à sucre et qu'ils utilisent leur éclairage précisément vert clair, alors qu'ils semblent gênés par nos foyers artificiels, il y a lieu d'admettre qu'ils ont reconnu, bien avant tous les expérimentateurs, qu'au point de vue visuel, la meilleure lumière est celle qu'ils fabriquent.

Une vingtaine de ces insectes furent enfermés dans une boîte de sapin de 0 m. 70 de longueur, d'une hauteur de 0 m. 05 et d'une largeur de 0 m. 10. La paroi supérieure était formée par une série de verres de différentes couleurs : rouges, jaunes, verts, violets ; à l'une des extrémités se trouvait un verre incolore et à l'autre un carreau opaque. La lumière pénétrait obliquement dans la boîte de façon à laisser la moitié de sa paroi inférieure dans la pénombre. Pendant plusieurs jours, la zone la plus ordinairement occupée par les insectes était justement celle qui correspondait aux rayons jaunes et verts. Quand la lumière du jour était faible, soit dans la matinée, soit à l'approche du crépuscule, ils se tenaient indifféremment dans tous les points de la zone jaune vert ; mais, lorsque l'intensité de l'éclairage augmentait, ils se réfugiaient dans la pénombre de cette même région. Enfin, si les rayons du soleil frappaient les verres colorés, ils se retiraient sous le carreau opaque, dans la partie la plus obscure. Il est à noter que les Pyrophores se réunissaient plus particulièrement au point où les rayons jaunes se confondaient avec les rayons verts. En outre, il est remarquable de constater que ces insectes fuient la grande quantité de lumière et recherchent, au contraire, les rayons possédant la plus forte intensité visuelle avec la plus grande puissance éclairante, fussent-ils en très faible proportion. On peut dire que ces petits animaux préfèrent la bonne qualité à la grande quantité. N'y a-t-il pas là un enseignement dont on doive tenir compte?

Dans mes leçons sur l'action de la lumière chez les êtres vivants, je vous ai montré que beaucoup d'autres animaux choisissaient également les radiations de longueur d'onde moyenne, et je vous en ai expliqué la raison à propos de nos expériences sur la fonction dermatoptique étudiée chez la Pholade dactyle.

Ces constatations spectroscopiques ont un autre intérêt, c'est de montrer que le spectre du Pyrophore diffère beaucoup de celui de la flamme du phosphore brûlant dans l'hydrogène ou dans l'oxygène, auquel on avait attribué le pouvoir photogène des animaux.

Non seulement la lumière des Pyrophores a une couleur vert jaunâtre, mais elle produit sur l'œil une impression particulière analogue à celle que donnent des corps lumineux par fluorescence. Cet éclat spécial n'est pas dû, comme on l'avait cru avant mes recherches, à des phénomènes d'interférence s'effectuant dans la couche crayeuse des organes, mais bien à la présence dans le sang qui les baigne d'une véritable *substance fluorescente* que j'ai appelée *pyrophorine*, pour indiquer son origine. Elle paraît être spéciale au Pyrophore, car je ne l'ai pas trouvée chez d'autres êtres lumineux. Cependant de l'alcool ayant servi à conserver une assez grande quantité de Lucioles d'Italie présentait à la lumière du jour un dichroïsme bleuâtre, comme cela arrive avec certains corps fluorescents.

Si on dépose une goutte de sang de Pyrophore sur un morceau de papier glacé et que l'on promène ce petit écran dans le spectre de la lumière électrique, on constate facilement que la tache, même sèche, devient lumineuse par elle-même dans certaines régions obscures, ou peu éclairées, du violet et de l'ultra-violet.

Le point où cette luminosité fluorescente acquiert la plus belle intensité correspond aux rayons d'une longueur d'onde de 0 μ 391. Elle est un peu moins verdâtre que celle qui émane des organes de l'insecte à l'état normal, mais s'en rapproche beaucoup cependant par son état particulier.

L'acide acétique supprime la fluorescence de la pyrophorine, mais l'ammoniaque la fait reparaître. On peut plusieurs fois de suite l'éteindre et la ranimer dans une goutte de sang, ou dans un fragment écrasé de la substance des organes lumineux.

L'ammoniaque en exagère singulièrement l'éclat, il semble qu'il s'agisse d'un corps basique, dont les sels ne sont pas fluorescents. Je n'ai pu malheureusement isoler cette curieuse matière, en raison du petit nombre d'insectes que je possédais à ce moment et de la multiplicité des expériences que je me proposais de répéter. C'est en vain que j'ai cherché à révéler sa présence chez la larve.

On sait que les corps fluorescents ont la propriété de ramener vers une longueur d'onde moyenne les rayons très réfrangibles et peu éclairants, comme le bleu et le violet, et aussi les radiations obscures.

C'est très vraisemblablement à la présence de la pyrophorine que la lumière des Cucuyos doit sa richesse en radiations vertes et jaunes, sa pauvreté en radiations bleues ainsi que l'absence de violet et, comme je vous le montrerai bientôt, son faible pouvoir photochimique. Mais, en outre, il y a cet éclat particulier, cette *luminescence spéciale*, sur laquelle j'insiste, qui a frappé tous les observateurs et doit avoir forcément sur notre rétine ou sur les milieux de l'œil une action à part. On prétend, en tout cas, que le corps vitré de l'œil est fluorescent et peut-être est-il préférable que la lumière qui le traverse soit dépourvue de radiations capables de mettre en jeu cette propriété de la chambre oculaire, qui certainement doit gêner la vision tout en étant utile sous d'autres rapports.

Ce qu'il y a de certain, c'est qu'en comparant l'intensité visuelle de ces foyers vivants avec celle de la lumière d'une bougie, à l'aide des échelles typographiques employées en oculistique pour mesurer l'acuité visuelle, j'ai constaté qu'elle est encore supérieure à celle que dénote l'analyse spectrophotométrique.

On pourrait être surpris de ce que cette lumière si vive dans l'obscurité, si éblouissante lorsque le foyer d'où elle s'échappe est placé près de l'œil, ne laisse pas d'impression persistante sur la rétine, si l'on ne savait que l'intervalle de temps pendant lequel une impression se conserve sans perte sensible est d'autant plus grand que l'impression est moins intense.

Ceci explique pourquoi, quand l'insecte vole en rond avec cette extrême vitesse qui lui est propre, on ne voit pas un cercle lumineux continu, comme lorsqu'on fait tourner avec rapidité un charbon ardent, mais bien une succession de vives et rapides étincelles d'une très courte durée due au mouvement si vif pourtant des ailes, qui avait pu faire croire que pendant le vol la lumière était intermittente.

Les images accidentelles complémentaires, malgré la coloration verte de la lumière, ne se produisent également qu'avec une extrême difficulté et dans des conditions particulières, par exemple, lorsque, après avoir fixé longtemps cette lumière, on porte son regard sur la flamme jaune d'un bec de gaz : celle-ci peut alors paraître rouge.

Malgré cette même teinte verte, le sens chromatique n'est pas influencé, ou l'est peu : on reconnaît facilement la couleur de chaque objet ; sauf le bleu foncé et le violet qui font défaut dans le foyer, toutes les couleurs dites « à confusion » par les oculistes sont facilement reconnues.

J'ajouterai encore que les rayons venant, soit directement, soit après réflexion, de ces appareils lumineux, sont perçus jusqu'aux plus extrêmes limites du champ visuel.

En raison de l'existence d'une quantité considérable de particules, de granulations biréfringentes, au sein des organes photogènes, on pouvait se demander si le plan d'ondulation des rayons qui en sortent était le même que celui des radiations ordinaires. Il y avait d'autant plus d'intérêt à être fixé sur ce point que, suivant plusieurs auteurs, la couche crayeuse aurait eu pour rôle de disperser la lumière et de la réfléchir au dehors. Les divers essais faits dans le but de résoudre cette question ont clairement démontré que la lumière des Pyrophores ne renferme pas de rayons polarisés et que, par conséquent,

Fig. 168. — Photographie obtenue par la lumière animale.

elle ne traverse pas la couche des granulations biréfringentes et n'est pas non plus le résultat de réflexions produites par des corpuscules cristalloïdes.

Dans le spectre des Pyrophores, la limite extrême du côté des rayons les plus réfrangibles ne dépassant pas la raie F, on pouvait penser que le *pouvoir actinique* de cette lumière était faible,

mais il était utile de s'en assurer par un essai photographique (fig. 168).

Une dentelle de papier noirci fut appliquée sur une plaque photographique au gélatino-bromure contenue dans un châssis à épreuves positives. La lumière destinée à impressionner la plaque venait d'un des deux organes lumineux du prothorax, l'insecte étant immobilisé avec de la paraffine : l'autre envoyait ses rayons à peu près parallèlement à la surface impressionnable qu'il éclairait cependant un peu d'un côté : l'insecte était maintenu à environ deux centimètres du châssis. On a pu obtenir ainsi des épreuves en cinq minutes.

Pour des clichés plus étendus, il y a avantage à se servir de l'organe ventral et du dispositif suivant.

La plaque sensibilisée était posée horizontalement sur une table et le cliché à reproduire appliqué directement sur la surface sensible. Au-dessus de ces deux plaques de verre, ainsi disposées, j'avais placé un petit trépied en verre soutenant une cuvette de cristal à fond plat, à une hauteur de deux centimètres au-dessus du cliché. Le Pyrophore introduit dans cette petite cuvette, contenant de l'eau, exécutait, en nageant, des mouvements dans tous les sens : il mettait ainsi à découvert son appareil ventral, qui éclairait fortement la plaque placée au dessous de lui.

Mais encore, dans ce cas, il n'a pas fallu moins de cinq minutes pour obtenir avec l'appareil le plus éclairant une épreuve convenable, en employant des plaques assez sensibles pour donner avec la lumière solaire une image dans une fraction de seconde.

Cette expérience montre que la quantité de rayons chimiques contenue dans la lumière des Pyrophores est extrêmement faible et, par conséquent, que l'énergie employée à la produire est presque nulle.

Mes divers essais en vue de développer de la chlorophylle verte, chez les végétaux poussés dans une enceinte éclairée seulement par des insectes, n'ont donné aucun résultat. Je n'ai pas mieux réussi en essayant de provoquer le dichroïsme dans une dissolution de cette même substance.

Malgré la pauvreté du spectre en radiations très réfrangibles et chimiques, j'ai pu parfois déterminer de faibles phénomènes de fluorescence. Ils se sont montrés, mais avec peu d'intensité, dans les solutions d'éosine, de fluorescéine, d'azotate d'urane : le résultat a été nul avec le sulfate de quinine et l'esculine. Divers échantillons de sulfures alcalino-terreux préparés de façon à émettre, après exposition à la lumière solaire, les rayons rouges, orangés, verts, bleus, etc., n'ont donné naissance à aucun phénomène visible de phosphorescence.

En nous plaçant dans les conditions les plus favorables, il a été impossible de déceler optiquement l'existence des radiations infra-rouges.

Mais, cependant, j'ai pu mettre en évidence, de la manière la plus démonstrative, la présence des *radiations calorifiques*, en me servant d'une pile thermo-électrique et d'un galvanomètre d'une extrême sensibilité, appartenant au laboratoire de physique de la Sorbonne. Cet instrument était si impressionnable qu'il fallut l'isoler d'une manière toute particulière, pour éviter de l'influencer par la présence de l'observateur : l'aiguille galvanométrique était affolée quand on présentait, au bout d'un support de un mètre de longueur, un bouchon tenu pendant quelques instants entre les doigts.

Afin d'avoir des résultats précis, on fut obligé de construire un appareil spécial pour que les rayons de l'organe lumineux vinssent toujours frapper la surface sensible de la pile suivant la même direction et de manière que l'animal fût toujours à la même distance de son ouverture.

Une certaine disposition permettait, en outre, de tourner tantôt la face dorsale prothoracique, d'où venait la lumière, tantôt le support de liège du côté de la pile.

Cet appareil entier comprenait :

1° Le galvanomètre et la pile, dont je vous parlais tout à l'heure. Cette dernière, inclinée de 45 degrés dans la direction des faisceaux principaux lumineux, était complètement isolée.

2° Un pivot de bois vertical traversait, selon son axe principal, un cylindre de liège creusé d'une gouttière, dans laquelle était fixé l'animal. Ce pivot entraînant dans son mouvement de rotation le bouchon et l'insecte, était mû par une poulie à gorge horizontale, placée à son extrémité inférieure. Le support de liège était maintenu à une distance d'un demi-centimètre de la pile.

3° Une deuxième poulie, d'égal diamètre, fixée sur le même support horizontal, à un mètre cinquante centimètres de la première, était commandée par une manivelle; son mouvement était transmis à celle du bouchon par un fil de soie. On pouvait ainsi, de loin, faire exécuter au bouchon une rotation suffisante pour présenter à la pile soit l'insecte, soit la surface du support par quelque point que ce fût.

4° Une pile en communication avec une bobine d'induction à chariot était mise en rapport avec la face ventrale de l'animal par deux fils de platine pénétrant dans le liège et venant émerger dans le fond de la gouttière; on pouvait ainsi exciter à distance sans avoir à craindre aucune influence étrangère.

Dans chaque détermination, la mise au zéro du galvanomètre était obtenue en amenant la surface du bouchon opposée à la face dorsale de l'insecte devant la pile. Dans ces conditions on nota les résultats suivants :

1° Quatre déterminations successives donnèrent, en présentant la face prothoracique dorsale, les appareils étant lumineux, des déviations de même sens, d'une valeur de 1°,8, 2°,7, 1°,8, 1°, en moyenne de 1°,8 de l'échelle du galvanomètre.

2° L'aiguille du galvanomètre étant immobile et l'appareil éclairant en face de la pile, on fit passer le courant électrique; l'insecte exécuta quelques mouvements et l'éclat de ses lanternes fut un peu augmenté : l'aiguille accusa dans deux essais successifs les déviations de 0°,2 et 0°,4, en moyenne de 0°,3 et de même sens.

3° Les appareils lumineux ayant été obturés à l'aide de

boulettes de cire opaque, la face non lumineuse du prothorax fut présentée à l'ouverture de la pile : on observa dans deux opérations des déplacements de même sens de 1° et de 0°,9.

4° L'insecte étant maintenu en face de la pile, on fit trois excitations électriques successives et on nota les déviations suivantes : 0°,3, 0°,4, 0°,3, en moyenne 0°,33.

5° Les boulettes de cire ayant été enlevées, et l'insecte étant lumineux, la déviation produite fut exactement 1°,8. Cette dernière détermination établit qu'il n'y a pas eu d'épuisement sensible de l'insecte pendant l'expérience.

De cet ensemble on peut tirer les conclusions suivantes :

α. Les appareils prothoraciques et la surface du prothorax laissent échapper une quantité de chaleur rayonnante capable de produire une déviation moyenne de 1°,8, mais il ne faut pas oublier qu'un déplacement aussi faible, avec un appareil aussi sensible que celui que nous avons employé n'indique qu'une quantité infinitésimale de chaleur rayonnée.

β. L'augmentation de la quantité de chaleur émise par la surface dorsale prothoracique, parties obscures et lumineuses, sous l'influence de l'excitation électrique, ne dépasse pas 0,3 degré galvanométrique en moyenne.

γ. Les parties obscures du prothorax dégagent une quantité de chaleur produisant une déviation égale à la différence des moyennes des expériences n° 1 et n° 3, c'est-à-dire équivalente à 0°,85, ce qui réduirait la valeur de la déviation due aux rayons calorifiques obscurs, accompagnant les rayons lumineux, à 0°, 95.

δ. L'augmentation de la chaleur rayonnée par le prothorax et par les appareils lumineux paraît due à l'exagération de thermogénèse dans toute cette partie de l'insecte.

En résumé, si l'on considère, qu'avec un instrument comme celui dont nous nous sommes servi, on peut

obtenir un véritable affolement de l'aiguille du galvanomètre sous l'influence de variations de température qui
échappent à notre sensibilité, on doit considérer non pas
comme nulle la quantité de chaleur rayonnée par les
foyers lumineux, mais comme très petite, infinitésimale,
ainsi que je l'ai dit déjà, par rapport à celle d'un bec de
gaz d'une intensité éclairante égale.

Telles sont les conclusions que je publiai en 1885 à la
suite des expériences faites à la Sorbonne et dont les
expérimentateurs américains de l'observatoire d'Alleghany
n'ont fait que contrôler l'exactitude par l'emploi du bolo-
mètre, sans y rien ajouter.

Les expériences précédentes ne suffisent pourtant pas
à établir que presque toute l'activité moléculaire des
organes photogènes est employée à faire de la lumière.
D'ailleurs, l'idée émise par certains auteurs que celle-ci
pouvait bien être un phénomène électrique, nous impo-
sait le devoir de rechercher avec soin si quelque manifestation particulière de ce genre prenait ici naissance.

Les essais les plus minutieux opérés avec l'électromètre capillaire, les galvanomètres les plus sensibles, et
aussi avec l'électromètre à feuilles d'or ne nous ont fourni
aucune indication permettant de supposer l'existence de
manifestations électriques de quelque nature que ce soit,
appréciables avec les moyens d'investigation actuellement
connus.

On est frappé des relations qui existent entre ces résultats expérimentaux et cette donnée de la physique théorique qu'un corps qui absorberait les rayons chimiques et
calorifiques obscurs, en renvoyant tous les rayons colorés,
paraîtrait vert clair. Telle est, en effet, la propriété si
remarquable des organes photogènes du Pyrophore.

La dépense du Pyrophore, encore qu'à son activité générale soit joint le rayonnement d'une quantité d'énergie
lumineuse relativement considérable dans le milieu

ambiant, est bien faible, si on la compare à celle d'une bougie, par exemple.

Vingt Pyrophores furent enfermés pendant trois jours et trois nuits dans un flacon de verre plat posé horizontalement. Ce récipient, dont la forme permettait aux insectes de se mouvoir librement, avait une contenance de 300 centimètres cubes. La composition de l'air dans lequel les vingt individus avaient respiré fut déterminée matin et soir, après un séjour de douze heures de nuit et de douze heures de jour. A la suite de chaque analyse, l'air du flacon était renouvelé avec soin.

L'analyse de l'air a donné les chiffres suivants :

Oxygène absorbé pendant le jour :

Premier jour...........................	16 cc. 9
Deuxième —	24 cc. 2
Troisième —	20 cc. 6

Acide carbonique exhalé pendant le jour :

Premier jour...........................	15 cc. 7
Deuxième —	21 cc. 3
Troisième —	18 cc. 3

Oxygène absorbé pendant la nuit :

Première nuit...............................	32 cc. 7
Deuxième —	34 cc. 2
Troisième —	37 cc. 5

Acide carbonique exhalé pendant la nuit :

Première nuit...............................	21 cc. 4
Deuxième —	22 cc. 3
Troisième —	28 cc. 2

L'examen de ces différents chiffres indique que les Pyrophores absorbent toujours plus d'oxygène, en volume, qu'ils ne rejettent d'acide carbonique et que le rapport $\frac{CO_2}{O}$ s'éloigne beaucoup plus de l'unité la nuit que le jour;

en outre, la consommation d'oxygène et l'excrétion de l'acide carbonique se sont toujours montrées plus fortes la nuit que le jour.

Le récipient de verre ne renfermait aucune trace d'excréments; l'air analysé ne paraissait pas contenir de produits gazeux particuliers susceptibles d'expliquer l'emploi de l'oxygène disparu; il n'y avait pas non plus trace d'ozone dans le flacon, ni même dans l'air contenu dans l'arbre trachéen, que l'on pouvait extraire facilement par le vide.

La quantité d'acide carbonique produite pendant les trois jours par vingt Pyrophores avait donc été de 55 cc. 3 et pendant les trois nuits de 71.9, soit, en tout, de 127 cc. 2.

D'autre part, le poids des vingt insectes était de :

Avant l'expérience...	8 gr.	95
Et après celle-ci de...	8	32
La perte avait donc été de...	0	63

Soit environ 0,03 par insecte.

Mais, le poids de 127 cc. 7 d'acide carbonique étant de 0 gr. 249, cette quantité d'acide carbonique représente moins de 0 gr. 06 de carbone.

L'excédent de la perte de poids doit être attribué en grande partie à la vapeur d'eau exhalée car, je le répète, il n'y avait pas trace d'excréments dans le flacon.

Si, par la pensée, on compare la dépense d'un foyer par combustion, quel qu'il soit, avec celui des vingt coléoptères qui ont donné ces résultats, il est déjà difficile d'admettre que l'énergie lumineuse produite soit le fait d'une vulgaire combustion de carbone, surtout si l'on considère que l'acide carbonique exhalé représente le produit de tout l'organisme et que, d'autre part, la consommation de l'oxygène pendant la nuit n'a été supérieure à celle du jour que de 42 cc. 4 pendant toute la durée de l'expérience pour les vingt Pyrophores.

D'autres considérations tirées, non de la connaissance des échanges respiratoires, mais du mécanisme de la respiration, tendent également à faire rejeter cette hypothèse des anatomistes que les trachées agissent sur les organes photogènes à la manière de tuyaux de forge alimentant un brasier.

Les mouvements qui entretiennent la ventilation pulmonaire chez notre Taupin sont localisés dans l'abdomen et on peut facilement les enregistrer au moyen d'un dispositif très simple.

Il se compose d'un levier assez long mais très léger, formé d'une paille ou d'une mince lamelle d'aluminium. Près de son axe de rotation est fixé un petit cylindre de moelle de sureau qui s'appuie sur les tergites de l'abdomen. La pointe du levier inscrit la courbe de leurs mouvements sur un cylindre enregistreur. Les tergites sont facilement mis à nu, en pratiquant une fenêtre par ablation d'une partie des élytres et des ailes. L'animal est fixé par le thorax et le prothorax sur un petit support de liège, au moyen de quelques gouttes de paraffine fusible à 45 degrés. On constate alors facilement que les mouvements d'expiration coïncident avec l'affaissement et l'excavation des tergites abdominaux et que, à l'instant où ils se produisent, la pointe de l'abdomen se relève. Or, c'est précisément ce même mouvement qui se manifeste au moment où les appareils ventraux se démasquent en resplendissant de leur plus vif éclat.

De plus, quand on excite la sensibilité périphérique, les tracés indiquent, comme chez beaucoup d'autres animaux, un mouvement d'expiration prolongé ; celui-ci est justement accompagné d'une apparition ou d'une exagération de la luminosité (fig. 169).

J'ajouterai, enfin, que la fixation de l'animal au moyen

de la paraffine a pour effet d'obturer les stigmates par où l'air pourrait *directement* pénétrer dans les trachées des organes photogènes, sans que cependant l'activité de ceux-ci paraisse en être modifiée. D'ailleurs, l'occlusion du stigmate droit, par exemple, n'entraîne pas une diminution de lumière du même côté. Il en est de même pour le prothorax par rapport à l'abdomen et réciproquement, si l'on immerge soit la partie antérieure du corps, dans l'eau, soit la moitié postérieure. Toutefois, le libre exercice de la respiration est nécessaire au fonctionnement

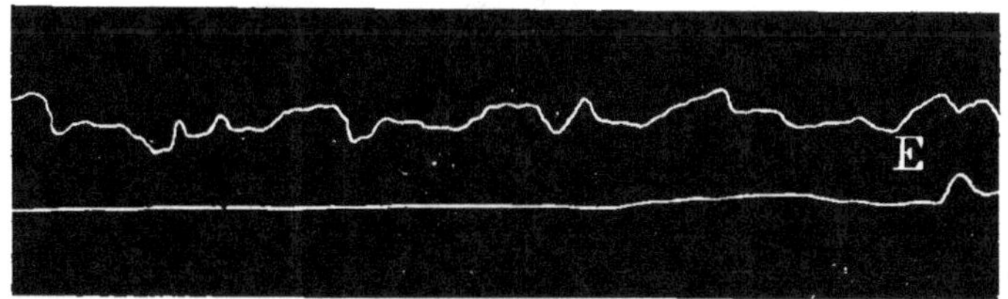

Fig. 169. — Graphiques des mouvements respiratoires des anneaux abdominaux du *Pyrophore*. E, excitation produisant simultanément l'arrêt en expiration et l'apparition de la lumière dans les appareils prothoraciques. Le tracé supérieur est celui de la respiration normale l'animal étant au repos. (Ces graphiques se lisent de gauche à droite.)

des organes photogènes, mais nous verrons plus tard pourquoi il n'est pas sous la dépendance du jeu de tel ou tel des stigmates considérés par certains auteurs comme des ouvertures de réglage pour l'apport de l'air, capables d'exagérer ou de modérer une prétendue combustion photogène semblable à celle de nos appareils de chauffage.

Cherchons maintenant à établir entre nos foyers d'éclairage et ceux du Pyrophore une comparaison plus rigoureuse.

Je vous ai dit, dans une précédente leçon, que la quantité d'énergie rayonnée par un foyer lumineux se composait de deux parties, l'une représentant l'énergie des radiations lumineuses, l'autre celle des radiations obscures, et que le rapport de l'énergie des radiations lumineuses à celle de la totalité des radiations s'appelle le rendement lumineux du foyer.

Dans ce tableau, je vous présente quelques exemples des résultats fournis par les mesures qui ont été faites par les physiciens.

Désignations des foyers lumineux.	Rendements lumineux pour 100.
Flamme de l'hydrogène....................................	0
Lampe à huile..	3
Brûleur à gaz ordinaire.................................	4
Lampe électrique à incandescence de 16 bougies poussée à 17..	6,2
Lampe à arc à inclinaison de 0°........................	8,4
— — à rendement sphérique....................	16,6
— — au magnésium..............................	15

Ces chiffres montrent que le rendement lumineux des foyers usuels ne dépasse pas 10 pour 100 et qu'il oscille généralement entre 5 et 6 pour 100. En d'autres termes, dans nos foyers usuels, 95 pour 100 de l'énergie dépensée est employée à produire des radiations dont la longueur d'onde est supérieure à 0,810.

Pour obtenir des vibrations de l'éther dont la longueur d'onde soit comprise entre 0 μ 810 et 0 μ 360, on est donc forcé de produire la totalité des vibrations ayant une longueur d'onde supérieure à 0 μ 810. On se trouve ainsi dans la situation d'un organiste qui, pour tirer quelques notes aiguës, serait obligé de souffler dans tous les tuyaux du clavier.

Il y a donc là un problème économique de la plus haute importance, et, dès 1885, en montrant qu'il avait été résolu par les insectes, j'ai indiqué la véritable voie qui conduira à la lumière de l'avenir. Jusqu'à cette époque on avait seulement cherché à perfectionner les procédés connus, à leur faire donner une plus grande quantité de lumière, tandis que ce qu'il faut obtenir c'est une lumière d'une autre qualité, une lumière froide et aussi peu photochimique que possible; tout l'effort des inventeurs doit donc se porter, non vers le perfectionnement des procédés anciens, mais vers la découverte de moyens nouveaux propres à imiter ce que font les Pyrophores.

En déterminant pour quatre foyers lumineux différents la répartition dans les diverses régions du spectre, d'une quantité d'énergie égale à l'unité, on trouve que la presque totalité de l'énergie spectrale des lumières du brûleur à gaz et de l'arc voltaïque est dépensée dans l'infra-rouge.

Pour la lumière solaire et celle du Pyrophore, le maximum d'énergie a lieu dans la partie visible du spectre. Cette coïncidence montre que ces deux lumières sont les mieux *qualifiées* pour l'éclairage, mais la seconde l'est encore plus que la première, puisque l'énergie dépensée au dehors est à peu près nulle, tandis que dans la lumière solaire l'énergie du spectre infra-rouge n'est nullement négligeable à côté de celle du spectre visible.

Des recherches comparatives récentes ont fait ressortir la grande infériorité de nos sources artificielles de lumière que j'ai, il y a longtemps, démontrée. Au point de vue physique, on n'a fait aucun progrès dans ce domaine depuis les débuts de la civilisation, et la torche de résine dont se sert le sauvage est, au point de vue du rendement lumineux, presque aussi parfaite que les foyers à arc voltaïque qui répandent la lumière dans nos grandes villes. Tout au plus était-on parvenu à obtenir un rendement de 6 pour 100, au lieu de 3 ou 4 pour 100.

Avant mes travaux sur la lumière animale, on n'accordait aucune attention à ce point spécial de l'éclairage artificiel. Toutes les recherches visaient à produire l'électricité le plus économiquement possible : aucune n'avait tendu à diminuer la dépense d'énergie dans un foyer, en supprimant, ou tout au moins en diminuant la production des radiations obscures, sans nuire à celle des radiations lumineuses.

Je ne puis résister au désir de vous citer un simple exemple numérique montrant quels sont les procédés extravagants de notre éclairage actuel.

Admettons que la force motrice nécessaire à la production du courant électrique soit fournie par un moteur à vapeur, dont le rendement ne dépasse guère 10 pour 100 dans les meilleures conditions, le rendement de la machine dynamo-électrique étant de 90 pour 100, on voit que les 9 pour 100 de l'énergie accumulée dans le charbon sont transformés en énergie électrique. Si on admet une perte de 10 pour 100 dans les conducteurs, etc., il reste, pour être dépensé dans la lampe, une énergie égale à $0,09 \times 0,09 = 0,0081$ de l'énergie primitive. Mais, de cette énergie dépensée dans la lampe, 90 pour 100 sont employés à la production de la chaleur. Les 10 pour 100 qui restent servent seuls à la production de la lumière et de quelques radiations chimiques. Le rendement final est donc de $0,081 \times 0,1 = 0,0081$ soit 1 pour 100 seulement. Et le résultat est encore bien moins satisfaisant si on considère les autres foyers artificiels.

Pour l'éclairage de l'avenir, il faut arriver à produire de la lumière froide et peu photochimique. Celle du soleil est excellente puisque nous avons besoin de chaleur et de radiations autres que celles qui sont utiles à la rétine; mais, pour l'éclairage artificiel, on doit choisir un autre type et le meilleur est la lumière du Pyrophore qui, de plus, brille sans s'éteindre par le vent et la pluie, ne peut causer aucun incendie et présente une si admirable luminescence. Je dois vous dire que ce mot a été fait pour une classe particulière de vibrations moléculaires distinctes de celles que fournit l'incandescence ordinaire. Ce mode de vibrations a une tendance particulière à donner une sélection de longueurs d'onde, l'une d'elles étant toujours portée à prédominer. Il s'applique donc parfaitement à celle qui nous occupe, laquelle doit être considérée, ainsi que j'ai l'espoir de vous l'avoir démontré, comme la plus économique en même temps que la plus favorable à l'exercice de la vision.

De ces recherches et des idées qu'elles ont déjà suscitées, pourront naître un jour des inventions pratiques d'une haute importance. Déjà quelques perfectionnements comme l'éclairage par incandescence du zirconium en sont sorties, mais ce qui préoccupe surtout le physiologiste, c'est de savoir quel est le mécanisme intime des phénomènes qu'il constate chez les êtres vivants, de rechercher s'ils sont du ressort de la chimie et de la physique ou bien s'il y a lieu d'admettre l'existence d'une dynamique biologique et, en tout cas, de déterminer les lois qui règlent les recettes et les dépenses de l'énergie dans les organismes.

SEIZIÈME LEÇON

Le Pyrophore normal dans des milieux anormaux ou actions des agents mécaniques, physiologiques et chimiques sur la photogénie, chez ce coléoptère.

Maintenant que nous connaissons les conditions naturelles dans lesquelles les insectes rayonnent de la lumière, les mœurs de ces curieux animaux, la structure de leurs organes photogènes, et les qualités supérieures de leur incomparable éclairage, nous allons essayer de nous rendre compte de la façon dont ils le produisent. Pour cela, examinons d'abord, par des modifications apportées aux influences normales du milieu, quelle peut être l'action des agents mécaniques, physiques et chimiques, sur la photogénie.

Nous connaissons déjà les effets de certains excitants physiologiques normaux tels que la lumière. J'ajouterai que l'olfaction mise en éveil par l'action de corps volatils odorants sur les antennes, provoque une suractivité générale accompagnée d'exagération de la lumière.

Les *chocs*, les *ébranlements mécaniques*, agissent de même, à toutes les périodes du développement, aussi bien sur l'œuf et sur la larve que sur l'insecte parfait.

Les excitations mécaniques ne restent sans résultat que par suite de la fatigue, si elles sont trop prolongées, ou trop répétées.

L'extinction de la lumière par épuisement peut être mise en évidence de la façon suivante :

On place des Pyrophores dans un flacon de verre cylindrique fixé horizontalement à l'extrémité de l'un des rayons d'une roue tournant dans le plan vertical, de façon à ce qu'il soit animé d'un mouvement excentrique, l'axe du flacon ne se confondant pas avec celui de la roue. Dans ces conditions, les insectes sont projetés sur la paroi du flacon avec une violence et une rapidité qui varient suivant la marche du moteur : avec 60 tours par minute, ils subissent autant de chocs successifs d'une intensité toujours la même, à des intervalles de temps égaux, soit un choc par seconde. Au bout de deux ou trois heures, les chocs ne produisent plus de lumière : tous les insectes contenus dans le flacon sont éteints, les uns ont cessé de briller longtemps avant les autres, selon le degré de résistance, qui change d'ailleurs avec chaque individu. Cependant, ces petits animaux peuvent encore exécuter des mouvements, et la sensibilité générale ne paraît pas profondément atteinte.

En prolongeant l'expérience, on constate, après avoir immobilisé l'appareil, qu'aucune excitation nouvelle ne peut faire reparaître la lumière. Celle-ci ne se montre spontanément qu'au bout d'un espace de temps fort long, dont la durée peut atteindre douze, vingt-quatre ou trente-six heures, selon que tous les insectes sont restés plus ou moins longtemps soumis à l'influence des chocs.

A l'état normal, il suffit de promener à la surface des téguments, un pinceau de blaireau ou les barbes d'une plume pour voir aussitôt apparaître la lumière dans les organes prothoraciques. Ce résultat est obtenu quel que soit le point du corps touché, cependant la sensibilité est plus vive sur les bords de l'abdomen et principalement à l'extrémité du corps, du côté des armures génitales.

Il n'est pas même nécessaire de toucher le tégument, mais seulement les poils tactiles, dont il est parsemé.

La plaque ventrale, actionnée directement, s'illumine de même que les plaques thoraciques, mais plus difficilement cependant. Ces dernières réagissent encore quand, à l'aide d'un scalpel, on a enlevé la petite calotte de chitine protectrice portant des poils tactiles : ils sont donc directement excitables.

Chez des insectes qui, pour des raisons diverses, ne répondent plus aux excitations tactiles, le renversement forcé du prothorax en arrière fait reparaître aussitôt la luminosité, mais elle cesse dès que l'on fléchit fortement le prothorax en avant. En alternant ces mouvements, on obtient une série de lueurs et d'extinctions successives.

Une pression exercée sur l'abdomen ou sur le thorax fait briller de nouveau les appareils éteints soit par les toxiques, soit par épuisement. Ces résultats qui peuvent paraître bizarres, au premier abord, s'expliqueront facilement plus tard.

On peut dire que, chez tout insecte normal, les excitations mécaniques provoquent toujours la lumière ou exagèrent son intensité. Si l'animal n'est pas épuisé par la fatigue ou la maladie, il est incapable de résister à ce résultat immédiat de l'excitation, qui dénonce sa présence alors précisément qu'il cherche à se soustraire aux poursuites. On ne peut mieux, sous ce rapport, comparer l'état lumineux qu'à celui de la veille et l'état d'extinction qu'à celui du sommeil. Quoi que l'on fasse, on ne saurait dans le sommeil normal, échapper au réveil, qui toujours sera amené par une excitation mécanique externe.

Toutefois, en dehors des excitations périphériques et de tout mouvement extérieur et apparent de l'animal, la lumière peut se montrer subitement dans les appareils; de même les mouvements se produisent spontanément sans l'éclairage. Ainsi, on verra souvent un Pyrophore se mettre en marche sans éclairer ses lanternes : je dois même dire que c'est ordinairement ce qui arrive s'il se meut dans un espace très éclairé.

Les petites larves réagissent aussi aux excitations mécaniques. Quand on remue doucement les fragments de bois pourri où elles vivent, on voit ceux-ci se couvrir tout à coup de constellations brillantes, et l'on est surpris qu'un aussi bel effet puisse être produit par des êtres qui n'ont parfois qu'un à deux millimètres de longueur. Si le mouvement cesse, tout rentre dans l'ombre. Je me suis, comme je vous l'ai dit déjà, servi de cette propriété pour fixer, au moyen du microscope, le siège de l'organe lumineux, chez la larve, au moment de sa naissance.

L'ébranlement mécanique suffit à exagérer la luminosité chez le Pyrophore, déjà avant que le protoplasme ait subi la moindre différenciation, car le choc augmente la lumière de l'œuf, même avant la formation de l'embryon. La plastide œuf se comporte ici comme certains êtres monocellulaires tels que la Noctiluque, dont j'aurai à vous parler plus tard.

On peut déjà conclure de ce fait que, chez l'insecte, l'intervention des systèmes nerveux et musculaire, des appareils respiratoire et circulatoire ne constitue pas une condition nécessaire à l'exercice de la fonction photogénique, même sous le rapport de l'action des excitants mécaniques extérieurs.

Pour rechercher l'*influence des vibrations* rapides, j'ai placé des Pyrophores dans une petite cuvette cylindrique de verre mince, fixée, à l'aide de cire à modeler, à l'extrémité d'une des branches d'un diapason, dont les vibrations étaient entretenues par un électro-aimant.

Dans une première expérience, on se servit d'un diapason donnant deux cent cinquante vibrations doubles par minute. Le son était en grande partie supprimé par la présence de la petite cuvette. Quand le diapason entrait en mouvement, très rapidement on voyait la lumière baisser, puis s'éteindre, dans les appareils prothoraciques : mais elle reprenait presque aussitôt avec son intensité ordinaire lorsque les vibrations cessaient. L'effet produit, dans ces conditions, ne peut être attribué qu'à l'ébranlement moléculaire, qui a une influence diamétralement opposée à celle des excitations mécaniques ordinaires. Avec un diapason donnant seulement cent vibrations, je n'ai rien vu de semblable, il y avait plutôt de l'excitation ; la rapidité des vibrations paraît donc jouer un rôle prépondérant.

Étudions maintenant l'action du froid, de la chaleur et de l'électricité, du son, c'est-à-dire des excitants physiques, à l'exception de la lumière, dont nous connaissons l'influence.

La *soustraction du calorique* peut produire des effets différents, selon qu'elle est plus ou moins rapide, plus ou moins considérable, ou bien encore qu'elle agit soit sur l'animal entier, soit sur des organes photogènes isolés.

Quand les élatérides lumineux ont à lutter contre une température inférieure à celle pour laquelle ils sont adaptés, ils tombent dans un état de torpeur, de somnolence pendant lequel on n'obtient que très difficilement une faible lueur par les excitants ordinaires. Si la température du milieu ambiant n'est pas supérieure à 15 ou 16 degrés centigrades, ils succombent, et on voit la fonction photogénique s'éteindre avant les manifestations motrices et sensitives, comme cela arrive, d'ailleurs, dans d'autres conditions de misère physiologique, telles que l'inanition, le desséchement, etc.

Chez les insectes tués par ce procédé, on ne peut pas ranimer la lumière comme après une mort violente causée par beaucoup d'autres moyens.

Un des deux appareils s'éteint souvent avant l'autre :

c'est d'ordinaire celui de gauche qui résiste le plus longtemps.

Si l'action du refroidissement a été progressive, et assez rapide, on peut voir la sensibilité et le mouvement disparaître avant la lumière ; c'est le contraire de ce qui se passait dans le premier cas, les causes de l'extinction ne sont plus ici de même ordre.

Ces constatations offrent un réel intérêt, comme vous le reconnaîtrez plus tard, lorsqu'il s'agira d'expliquer le mécanisme de la fonction photogénique, et c'est pour cette raison que je vous demande la permission de vous lire le compte rendu de l'expérience suivante, montrant les différentes phases que traverse un Pyrophore pendant son refroidissement rapide.

Expérience. — 4 h. 2 du soir. On introduit un Pyrophore femelle dans un flacon de verre où il peut se mouvoir facilement, et qui est placé dans de la glace fondante : la température de l'air qu'il renferme est de + 1° centigrade. A peine introduit dans le flacon, l'insecte se met à marcher rapidement en tournant de gauche à droite, il est très lumineux ; renversé sur le dos, il retrouve sa position normale au moyen d'un vigoureux mouvement de détente de l'appareil du saut.

4 h. 5 — L'insecte placé de nouveau sur le dos est incapable de sauter et par conséquent de retrouver sa position normale, les plaques abdominales et dorsales brillent, mais déjà les excitations mécaniques sont incapables d'augmenter leur éclat.

4 h. 6. — L'insecte est remis sur ses pattes au moyen d'une tige mobile pénétrant dans le flacon ; mais on constate que les mouvements sont lents et difficiles.

4 h. 8 — Les plaques éclairent encore, seulement leur éclat a diminué, et des chocs violents de la baguette excitatrice sont impuissants à en ranimer l'éclat.

4 h. 9 — On ne constate plus que quelques mouvements très faibles, comme spasmodiques, des extrémités des pattes et des antennes ; la lumière continue à baisser.

4 h. 10. — Toute apparence de mouvement a disparu, on ne peut en déterminer par voie réflexe ; cependant les appareils brillent encore, quoique faiblement.

4 h. 11. — L'extinction est complète, même dans l'obscurité, les appareils ont une teinte jaunâtre, comme dans le sommeil.

4 h. 17. — L'insecte est retiré du flacon et placé sur une table de bois (température extérieure 25°); au bout de quelques secondes on peut provoquer, par le choc, de légers mouvements dans les antennes, les mâchoires, la patte droite, puis la gauche.

4 h. 18. — A la suite d'un choc la lumière reparaît dans les plaques thoraciques d'abord à droite, puis à gauche, presque immédiatement, mais elle est peu éclairante, croît lentement et s'éteint rapidement.

4 h. 20. — Les mouvements provoqués se montrent dans la troisième paire de pattes; puis, presque aussitôt, dans la plaque ventrale.

4 h. 22. — Il n'y a pas encore de mouvements spontanés d'ensemble; seules, les antennes reployées en dessous exécutent quelques mouvements très faibles, saccadés, évidemment spasmodiques; les plaques dorsales sont faiblement lumineuses et le choc augmente leur éclat.

4 h. 34. — On plonge l'insecte pendant quelques secondes dans de l'eau à 35°, aussitôt il retrouve simultanément ses mouvements d'ensemble et son intensité lumineuse ordinaire.

Cette expérience montre bien que le système musculaire peut être profondément atteint, et même ses manifestations extérieures complètement abolies un peu avant que la lumière soit éteinte. Cependant, il est bien évident déjà qu'il existe une étroite corrélation entre le libre exercice de la musculature et la production de la lumière, puisque tous deux s'accroissent ou diminuent presque parallèlement par la chaleur ou par le froid. On peut en dire autant de la sensibilité, mais elle disparaît longtemps avant la faculté photogénique, ce qui indiquerait qu'elle n'a sur celle-ci aucune action directe. Il n'est pas admissible qu'elle persiste, mais que l'engourdissement du muscle l'empêche de se manifester, car il se produit encore quelques mouvements musculaires, alors que l'éclat lumineux ne peut plus être exagéré par les excitants mécaniques de la sensibilité portés vers la périphérie. On doit en conclure que les nerfs sensitifs n'ont pas de pouvoir direct sur la luminosité.

Je vous ferai remarquer encore, que pendant le réchauffement aucun mouvement ne s'était produit, tandis que les plaques thoraciques brillaient déjà légèrement et que leur excitabilité par le choc avait reparu.

Tels sont les effets du refroidissement brusque s'exerçant dans les limites compatibles avec la vie.

On peut se demander également ce que devient la faculté photogénique après que la *congélation* a détruit complètement et définitivement la vitalité des tissus.

Des Pyrophores gelés à — 15° conservèrent leurs appareils encore lumineux et l'éclat moyen reparut vers — 4°. La même expérience fut recommencée plusieurs fois de suite. Un autre animal, enfermé dans un tube plongé dans un mélange d'acide carbonique et d'éther capable de produire un froid voisin de — 100°, se comporta de la même manière. A la sortie du tube, le corps était rempli de petits glaçons, mais je n'ai pu voir, à cause du givre, si à un moment donné, la lumière s'était éteinte.

Celle des œufs du Lampyre disparaît rapidement à — 15° et reparaît à — 3°. On ne peut ici, en tout cas, invoquer l'action des muscles ou des nerfs, et encore moins celle des trachées.

Le fait que la luminosité, chez l'animal congelé, se relève avec la température indique déjà l'influence de cet excitant. Pour la bien mettre en évidence, il suffit de réchauffer un insecte seulement engourdi par le froid, soit en le tenant dans la main, soit en lui faisant prendre un bain d'eau à 25 ou 30°, ou, mieux encore, en le plaçant dans une étuve à cette température. Lorsque celle-ci s'élève à + 46° ou + 47°, la lumière, après avoir passé par un maximum, s'éteint bientôt sans qu'on puisse en provoquer le retour, bien que la sensibilité générale et la motilité soient conservées; il y a donc encore ici une curieuse dissociation de ces fonctions.

L'*électricité*, sous diverses formes, a été essayée comme agent modificateur.

Après avoir foudroyé et fait voler en éclats un Pyrophore au moyen d'une batterie de huit flacons condensateurs capables de donner des étincelles de vingt-cinq centimètres de longueur, j'ai constaté que les appareils brillaient encore au bout de douze heures : ils sont donc, dans une large mesure, indépendants des autres organes.

Si l'on fixe un individu éteint par asphyxie sur un liège, par deux épingles, une dans la tête et l'autre passée au travers de l'abdomen, et qu'on lance entre elles un courant induit, la lumière reparaît facilement dans les appareils prothoraciques, mais plus difficilement dans la plaque ventrale.

Les interruptions très lentes rendent la lumière intermittente; elle reprend sa fixité lorsque la rapidité des excitations s'accroît. Si l'insecte a perdu, par la fatigue, son excitabilité musculaire, les courants induits n'agissent plus : il faut alors porter l'excitation directement sur les organes pour les ranimer : on observe le même effet sur des sujets anesthésiés assez profondément par le chloroforme. La fermeture des courants continus ascendants ou centripètes produit de la lumière à la fermeture, tandis que c'est la rupture qui agit pour les courants descendants ou centrifuges.

Si les électrodes sont enfoncées dans les deux appareils lumineux prothoraciques, pendant le passage du courant, celui qui est en rapport avec le pôle positif brille d'un bel éclat, tandis que l'autre s'éteint. Cet effet prouvé par l'oxydation de l'épingle fixatrice, et sur lequel nous aurons à revenir, est le résultat d'une action électrolytique.

Je ne vous parlerai de nouveau de l'action de la lumière

que pour vous mettre en garde contre une hypothèse absolument fausse, qui consiste à admettre que les animaux émettant de la lumière absorbent celle du milieu ambiant dans le jour pour la rendre la nuit. J'ai enfermé durant dix à douze jours des Pyrophores adultes et pendant six mois des larves sans avoir jamais vu faiblir leur lumière.

Contrairement à l'opinion des Indiens et des Nègres, je crois que le *bruit* n'a aucune influence sur les Pyrophores. Les *sons* les plus variés n'ont jamais augmenté ou diminué leur éclat.

Cherchons maintenant quelles pourront être les modifications résultant du *changement de constitution chimique du milieu*.

Quand on raréfie l'air, l'extinction est plus ou moins rapide suivant la *dépression barométrique*; de même que les mouvements, la lumière cesse très vite si la pression est réduite à deux ou trois centimètres de mercure, pour reparaître dès qu'elle redevient normale. Lorsqu'elle est seulement de cinquante centimètres, l'extinction est plus longue à se produire, mais ce qu'il y a de curieux, c'est qu'une fois éteints, les animaux continuent à aller et venir dans la cloche, sans paraître incommodés. Dans ce cas encore, il y a une véritable dissociation de la photogénèse et des autres fonctions.

Avec l'hypothèse que la lumière est produite par une combustion ordinaire, on pouvait se demander quelle serait l'influence d'une atmosphère suroxygénée. Or, l'expérience prouve que les Pyrophores se comportent, dans l'oxygène pur, exactement comme dans l'air et qu'ils ne sont pas même influencés par la présence d'une forte proportion d'ozone; leur tolérance pour ce dernier gaz est véritablement singulière.

J'en dirai autant de l'oxygène comprimé; seulement à la pression de cinq atmosphères, les animaux étaient notablement moins lumineux : il serait donc, dans certains cas, plutôt extincteur.

Les vapeurs d'essence de térébenthine sont également sans action. Or si, comme on l'a prétendu, il se produisait, au sein des organes lumineux, une oxydation de phosphore, ces vapeurs auraient la propriété de faire disparaître la phosphorescence comme cela se constate dans les appareils employés en toxicologie pour la recherche de ce poison.

Le chlore gazeux provoque subitement l'extinction, qui est définitive. L'acide hypoazotique détermine d'abord une vive agitation de l'animal, sans accroissement de l'éclat, et bientôt celui-ci disparaît avec la motilité et la sensibilité. Les vapeurs d'acide osmique agissent de même et, à aucun moment je n'ai vu, sur un Pyrophore anesthésié par le chloroforme, la lumière augmenter sous l'influence de ces agents.

Plongés dans les gaz inertes : azote, hydrogène, les animaux en expérience se comportent à peu près comme dans l'air raréfié. Avec les gaz réducteurs, tels que l'acide sulfureux et l'acide sulfhydrique, la fonction photogénique est supprimée en même temps que la motilité et la sensibilité : l'action de l'acide sulfhydrique est particulièrement foudroyante, les Pyrophores ne pouvant se défendre contre la pénétration de ce gaz dans les trachées, comme le font certains insectes, parce que l'occlusion des stigmates n'est jamais complète. Avec d'autres agents réducteurs, tels que l'aldéhyde et la paraldéhyde, la lumière peut cependant disparaître longtemps avant les mouvements spontanés.

C'est à tort que l'on a attribué à l'hydrogène phosphoré un rôle important dans la phosphorescence du Ver luisant, car son introduction dans les trachées la détruit, avec les mouvements, qui, d'ailleurs, à l'air libre, reparaissent bien avant elle.

L'acide carbonique agit, selon les circonstances, à la fois comme gaz irrespirable et comme anesthésique : la lumière disparaît en même temps que les mouvements, mais elle renaît avant ces derniers. Toutefois, les Pyrophores sont peu sensibles à l'action de ce gaz. Lorsqu'il est mélangé à parties égales avec l'oxygène, ils n'en paraissent nullement incommodés, même après y avoir longtemps séjourné.

Le mélange de protoxyde d'azote et d'oxygène, à la pression de cinq atmosphères, ne produit aucun effet. Dans le protoxyde d'azote pur, les Pyrophores ne se comportent pas comme dans un gaz neutre et, sans prétendre qu'il constitue pour eux une atmosphère respirable, certainement ils peuvent y vivre longtemps; seulement, toutes leurs fonctions subissent une diminution d'activité.

Dans l'anesthésie par le chloroforme et par l'éther, on constate toujours la persistance d'une faible lueur dans les organes, mais elle ne peut être exagérée par l'excitation; en faisant refluer le sang vers la plaque ventrale par une pression sur l'abdomen, l'intensité éclairante augmente. Ainsi donc ici, avec la motilité et la sensibilité, l'éclat moyen ordinaire disparaît ainsi que la possibilité de l'exalter par les excitations.

En résumé, ces expériences montrent que, sous l'influence des gaz non respirables, des agents oxydants ou réducteurs, des anesthésiques, tantôt la lumière disparaît ou reparaît soit en même temps que la sensibilité et la motilité ou après elles. En outre, on voit que les oxydants chimiques ne semblent être photo-excitants dans aucune circonstance, si ce n'est quand ils produisent un ébranlement général. Sur un Pyrophore anesthésié, le plus actif et le plus pénétrant d'entre eux est incapable de relever l'éclat des organes. Cependant, parmi les agents réducteurs, il en existe, comme l'aldéhyde, qui peuvent supprimer isolément la fonction photogénique, les autres continuant à s'exécuter, ainsi que cela arrive avec une dépression barométrique modérée, ou encore par le fait d'une forte chaleur. Enfin, il est à noter que le froid et les anesthésiques abolissent la sensibilité et la motilité ou les diminuent sans supprimer complètement l'éclat, mais empêchent les excitations extérieures de l'exagérer.

Il y a donc des relations assez étroites entre la respiration, la motilité, l'irritabilité et la fonction photogénique, seulement les tissus où elle s'exerce jouissent aussi d'un individualisme caractérisé par des propriétés qui leur sont propres, et que nous chercherons à déterminer dans la prochaine leçon.

Pour arriver à établir quelle part spéciale revient dans le fonctionnement normal des organes photogènes soit à leur tissu même, soit aux systèmes respiratoire, musculaire et nerveux ou au sang, il sera nécessaire de provoquer des désordres expérimentaux, de troubler l'harmonie de l'ensemble par des vivisections ou autrement.

Avant de pratiquer des opérations sur un animal, il est de toute nécessité d'avoir au moins une idée générale de son anatomie, et en outre, au point de vue topographique, de faire une étude précise très exacte de certains points anatomiques spéciaux, pour lesquels les notions que l'on possède sur les coléoptères ne sauraient nous suffire.

Considéré dans son ensemble, le squelette du Pyrophore présente les caractères généraux de celui des élatérides et, de plus, ceux qui sont particuliers aux Taupins, lesquels se distinguent par leur appareil à ressort pour le saut.

Les stigmates abdominaux sont en partie situés dans une gouttière longitudinale suivant le bord latéral des tergites, et transformée en une sorte de canal distribuant l'air à tous les orifices respiratoires de cette région.

L'ouverture stigmatique des troisième, quatrième,

cinquième, sixième, septième et dernier tergites a la même forme et ne peut se fermer. Le stigmate du deuxième anneau est déjà plus grand et possède un petit clapet, mais celui du premier a des dimensions quadruples de celles des autres. Celui-ci peut s'obturer complètement par le rapprochement des lèvres dont ses bords sont garnis. Il ne se découvre que dans le vol et semble destiné à augmenter la ventilation pendant cet exercice. Le stigmate mésothoracique situé entre le bord postérieur du prothorax, et le bord antérieur du mésothorax peut aussi se fermer par un dispositif très spécial et qu'on ne rencontre pas chez les autres insectes. Quant au stigmate prothoracique, il est situé de chaque côté du ressort du saut, en dessous. Voyons maintenant comment l'air peut arriver aux appareils lumineux.

Je n'entrerai pas dans la description détaillée de l'arbre trachéen, vous priant seulement de remarquer, sur cette figure (fig. 170), les nombreuses anastomoses existant entre les différents troncs principaux, et au moyen desquelles la respiration pourrait continuer à s'effectuer partout, alors qu'il ne resterait qu'un seul stigmate ouvert. De chacun des petits stigmates de l'abdomen, vous voyez partir un tronc très court, relié immédiatement par une assez large branche anastomotique avec celui qui le suit ou le précède; l'ensemble de ces conduits forme un long canal trachéen collecteur parallèle au bord de l'abdomen.

C'est du deuxième et non du premier stigmate abdominal, qui est pourtant le plus grand, que vient le tronc se rendant à l'organe lumineux ventral; après avoir fourni ses branches anastomotiques, il envoie seulement un tout petit rameau vers les bords de l'organe photogène où celui-ci se divise en deux autres : l'un pour la face superficielle et l'autre pour la face profonde.

L'appareil prothoracique et ses muscles intrinsèques reçoivent des rameaux du canal collecteur, qui est con-

tinué par la branche ascendante d'un gros tronc venu du
stigmate mésothoracique et, en outre, des rameaux profonds de la trachée du stigmate prothoracique. Il est
manifeste qu'il n'y a pas de ventilation spéciale pour les

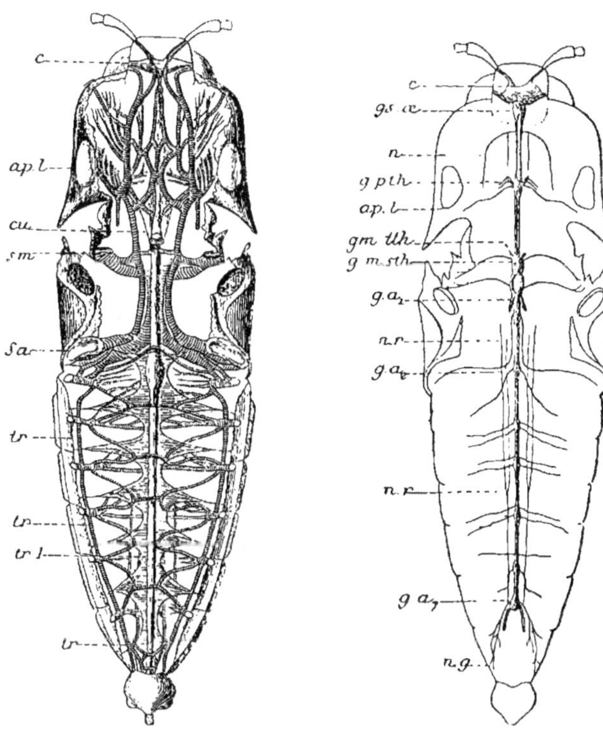

Fig. 170. — Appareil respiratoire du *Pyrophore noctiluque* : *c*, masses cérébroïdes ;
ap, l, appareil lumineux prothoracique ; *cu*,
cupule ; *sm*, tronc trachéen s'abouchant au
stigmate mésothoracique ; *sa*, tronc trachéen
partant du 1er stigmate abdominal ; *tr*, canal
trachéen collecteur ; *tr*, branches sinueuses
collatérales.

Fig. 171. — Système nerveux du *Pyrophore* : *c*,
masses cérébroïdes ; *gs, œ*, ganglion sous-œsophagien ; *n*, nerf musculaire profond ; *g, pth*,
ganglion prothoracique, *ap, l*, appareil lumineux ; *gmtth*, ganglion métathoracique ; *g, msth*,
ganglion mésothoracique ; *g, a1*, premier ganglion abdominal ; *g, a2, g, a7*, ganglions abdominaux ; *n, r*, nerf récurrent ; *ng*, nerfs génitaux.

organes et que le grand développement des trachées dans
le thorax est surtout en rapport avec les fonctions du
saut, de la marche et du vol, qui nécessitent une importante musculature.

L'appareil circulatoire est constitué comme chez tous les coléoptères et les particularités qu'on y rencontre ne sont guère intéressantes qu'au point de vue du saut.

L'étude complète du système nerveux était nécessaire à un double point de vue, d'abord pour déterminer l'origine des nerfs qui se rendent aux organes photogènes, ensuite parce que la connaissance de sa topographie était indispensable pour pratiquer des opérations de vivisection, dont il sera question plus tard. Je dois vous faire remarquer d'abord que le ganglion prothoracique envoie une paire de nerfs aux pattes et un filet nerveux de chaque côté se dirigeant en arrière des appareils lumineux pour distribuer ses rameaux aux muscles avoisinants. Il a été impossible de constater la présence de filets nerveux se rendant à la substance photogène.

Le premier ganglion abdominal émet une paire de longs filets nerveux, qui suivent les connectifs en descendant ; puis ceux-ci s'écartent brusquement en prenant une position perpendiculaire à la première, pour se rendre dans les parties situées sur les côtés du premier anneau abdominal et aux stigmates de cet anneau ; de leur point de courbure se détache un mince filament qui innerve les muscles de l'organe lumineux ventral (fig. 171).

L'appareil digestif rappelle les dispositions générales qui sont connues et présente une grande simplicité ; l'examen des pièces buccales indique qu'il s'agit d'un insecte lécheur. Dans l'intestin, on ne rencontre qu'un liquide clair, citrin et acide, mais jamais de matières excrémentitielles solides. L'eau est surtout indispensable à l'alimentation des Pyrophores et quand ils en sont privés, leur éclat disparaît rapidement : j'aurai d'ailleurs l'occasion de revenir sur son rôle dans la photogénèse.

L'examen anatomique des organes génitaux n'a fourni aucun renseignement sur le mécanisme du transport de la photogénéité de la femelle à ses œufs, qui sont lumineux longtemps avant la ponte, ainsi que vous le savez déjà.

Les notions anatomiques acquises par la dissection, et dont je ne vous indique que les points les plus saillants, m'ont permis, comme vous le verrez dans la prochaine leçon, de pousser l'analyse physiologique beaucoup plus loin.

DIX-SEPTIÈME LEÇON

Analyse de la fonction photogénique à l'aide du Pyrophore rendu anormal. — Action des poisons, expériences de vivisection sur la circulation, les muscles, le système nerveux, et les organes. — Action de quelques réactifs sur les organes lumineux, leur composition histochimique.

Jusqu'à présent, nous avons, dans nos expériences, respecté l'intégrité de l'animal; nous allons maintenant provoquer des modifications de la fonction photogénique par le poison ou le scalpel, ces deux principaux moyens d'analyse du physiologiste, tantôt en paralysant, tantôt en excitant telles pièces de l'organisme ou telles autres. Nous arriverons ainsi à distinguer celles qui jouent des rôles accessoires, des parties qui ont une influence fondamentale sur le mécanisme des organes.

La plupart des *poisons* employés comme réactifs ayant besoin d'être dissous dans l'eau, il fallait d'abord se rendre compte des résultats de l'introduction de ce liquide dans le milieu intérieur.

L'injection de l'eau au moyen d'une petite seringue hypodermique dans la cavité générale d'insectes morts depuis plusieurs heures fait reparaître la luminosité, même quand la pression sur l'abdomen ne réussit plus; on peut recommencer plusieurs fois de suite avec succès en injectant à la fois trois ou quatre gouttes d'eau.

Nous verrons plus tard à quoi tient cette propriété. Chez l'animal vivant, une petite quantité d'eau est très bien tolérée, sans trouble aucun.

Si le curare agissait comme chez les vertébrés, son emploi aurait pu nous fournir des renseignements importants sur le rôle des muscles. Malheureusement, il n'a pas d'action bien marquée chez les insectes.

Il n'en est pas de même de la strychnine. Cinq gouttes d'une solution saturée du chlorhydrate de cette base ayant été injectées, quatre minutes après l'insecte se mit à exécuter des bonds violents, presque incessants, dans l'intervalle desquels il marchait très rapidement. Après être resté dans cet état pendant trois minutes, il tomba sur le dos pour ne plus se relever. On observa alors du côté des pattes et des antennes de véritables convulsions cloniques éclatant tantôt dans une patte, tantôt dans l'autre, irrégulièrement. Les mouvements d'ensemble étaient saccadés, évidemment produits par des contractions musculaires dissociées, incoordonnées. Par l'excitation mécanique directe, ou seulement en frappant sur la table, apparaissaient des secousses tétaniques très manifestes : elles ne tardèrent pas à devenir spontanées et intermittentes. En examinant la plaque ventrale, on voyait, au moment où elles se produisaient, jaillir brusquement un éclair, puis toute la plaque ventrale devenait subitement brillante, pour s'éteindre rapidement et recommencer ce cycle à de courts intervalles. A l'aide de la loupe, on distinguait très nettement, au début, comme une onde de fluide lumineux pénétrant par la partie antérieure et moyenne de la plaque, s'élançant jusqu'au milieu de celle-ci pour s'étendre par deux canaux latéraux et embraser finalement tout l'appareil.

La brusquerie dans l'apparition de la lumière et la coïncidence d'une explosion de convulsions musculaires simultanées constituent une nouvelle preuve de l'importance des muscles, dont l'action est ici manifestement plus directe que celle du système nerveux.

La cocaïne détermine d'abord une excitation musculaire très vive avec des symptômes analogues à ceux de la strychnine, puis ensuite l'insecte s'éteint et tombe en inertie, pour retrouver au bout d'un certain temps à la fois la lumière et les mouvements.

La digitaline agit simultanément sur la motilité et sur la faculté de produire spontanément de la lumière.

Avec l'atropine et la morphine, toutes les fonctions, y compris la photogénèse, s'affaiblissent progressivement jusqu'à la mort; mais ce qu'il y a de remarquable, c'est qu'une heure après celle-ci on peut encore ranimer la lumière par une pression sur l'abdomen. Ce n'est donc pas l'organe lui-même qui a été affecté, pourtant les substances injectées par le procédé que je vous ai indiqué, le pénètrent bien.

L'introduction de quelques gouttes d'une solution d'éosine détermine un très curieux changement de coloration de la lumière, qui de jaune verdâtre devient rouge feu, ce qui prouve bien que la couleur naturelle du sang peut exercer aussi une influence notable.

Ces expériences et celles qui ont été faites avec d'autres poisons montrent que ces agents ne portent pas directement leur action sur la substance photogène, mais qu'ils modifient son activité en agissant sur les muscles, les nerfs, ou la circulation. Toujours, en effet, une lueur persiste longtemps après la mort, et la pression sur l'abdomen, qui fait refluer le sang vers les organes, ainsi qu'une injection d'eau pure, suffit à lui rendre un vif éclat. Ces remarques nous entraînent à étudier l'influence du sang et de la circulation sur le mécanisme photogénique.

Si l'on fait une blessure à un organe prothoracique, après l'avoir mis à nu, on voit se former, en ce point, une gouttelette de sang qui augmente de volume chaque fois qu'une pulsation de la substance photogène se produit; celles-ci sont rythmiques et bien certainement en rapport avec la circulation de l'organe. Dans cette région, le sang a la même apparence que dans les autres : c'est un fluide vert foncé, rendu opalescent par la présence de la pyrophorine, dont je vous ai déjà parlé, spontanément coagulable, mais en partie seulement, brunissant rapidement à l'air. Il est alcalin, même après son oxygénation, et ne modifie pas sensiblement les papiers ozonoscopiques. Peut-être cependant est-il plus vert, plus épais et plus coagulable dans les appareils que dans le vaisseau dorsal.

Chez les Lampyres et les Lucioles d'Italie, non seulement la clarté peut s'accroître subitement, mais encore présenter des variations isochrones avec celles du vaisseau dorsal. J'ai pu facilement observer, chez le Pyrophore, les mouvements de la circulation en enlevant les parties tergales des anneaux de l'abdomen. Après l'opération, on pouvait compter jusqu'à cent six pulsations par minute, mais, après un certain temps de repos, leur nombre tombait à soixante ou soixante-dix. A ce moment, les appareils prothoraciques sont peu ou pas lumineux, mais vient-on à exciter l'insecte, ou s'agite-t-il fortement, le nombre et l'amplitude des pulsations du vaisseau dorsal augmentent et l'éclat de la lumière s'exagère aussitôt.

Je vous ai dit que la lumière faiblissait lorsqu'on amenait le prothorax dans l'extension forcée en arrière : la circulation se ralentit également dans ce cas, tandis qu'elle s'active dans la flexion, laquelle ranime l'éclat des organes prothoraciques.

L'anesthésie chloroformique arrête presque complètement la circulation, et le vaisseau dorsal reste en diastole, gorgé de sang; c'est à ce moment que l'insecte met ses lanternes en veilleuses : on ne peut en ranimer l'éclat que

quand la sensibilité reparaît avec la possibilité d'activer
la circulation par l'excitation.

Une section pratiquée entre le ganglion frontal et les
masses cérébroïdes ne modifie pas sensiblement les pulsations ni l'excitation photogénique; mais l'ablation de la
tête par torsion, pour éviter l'hémorragie, ne détruit pas
immédiatement les mouvements cardiaques : ils deviennent
plus rapides, irréguliers, mais moins amples, et toute
excitation mécanique extérieure est alors impuissante à
ranimer la lumière.

Malgré l'influence évidente du cours du sang et l'existence de pulsations dans les organes, jamais chez le
Pyrophore on ne constate les intermittences rythmiques
signalées chez le Lampyre et la Luciole. Il est vrai que
le sang ne vient pas directement du vaisseau dorsal,
mais bien du sinus inférieur, c'est-à-dire de la cavité
générale. La pénétration dans les lanternes prothoraciques se fait d'avant en arrière, exactement comme dans
la plaque lumineuse ventrale, où on le voit se précipiter par le sinus en T, allumant sur son passage une
traînée de lumière, en même temps que l'organe devient
turgescent.

Les pulsations du vaisseau dorsal ont certainement une
action sur la circulation générale, mais elles paraissent
agir principalement sur les centres nerveux céphaliques,
qui sont excités par l'apport brusque d'une plus grande
quantité de sang. Si on détruit le vaisseau dorsal en un
point, par une pointe de fer rougie, une lumière tranquille
persiste, mais il n'y a plus d'accroissements subits sous
l'influence d'une excitation.

Le sang donne à l'organe lumineux de l'insecte la clarté,
comme il donne au cerveau de l'homme la pensée, en les
nourrissant, et en les oxygénant l'un et l'autre.

Aussi, quand la cavité générale est ouverte, la faculté
photogénique disparaît-elle assez rapidement; mais il y a

deux actions différentes du sang : l'une indirecte, sur le système nerveux, et l'autre directe sur l'organe.

Nous allons voir maintenant que toutes les deux, pour se manifester, ont besoin du système musculaire.

Ce qui a été dit des poisons, et en particulier de la strychnine, des excitants physiques, et plus spécialement de l'électricité, ne permet pas de douter de l'intervention d'un élément contractile, mais il importe de définir maintenant son rôle.

En jetant un coup d'œil sur les figures schématiques que je projette sur ce tableau, vous n'aurez pas de peine à

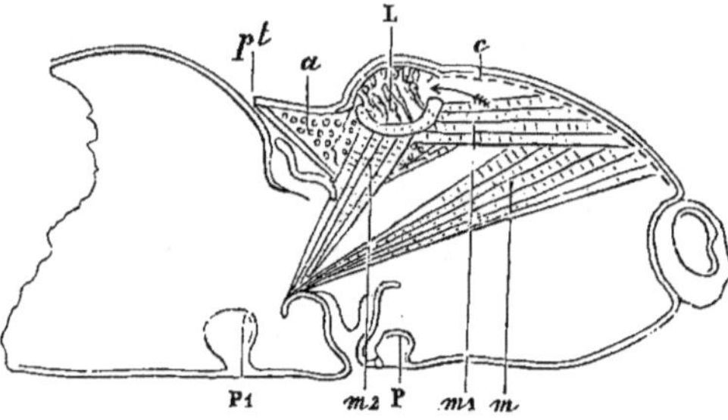

Fɪɢ. 172. — Muscles prothoraciques du *Pyrophore* (schéma) : *pt*, pointe prothoracique ; *a*, tissu adipeux ; L, organe lumineux ; *c*, hypoderme ; P_1, insertion de la patte de la première paire ; m_1, m_2, muscles intrinsèques ; *m*, muscles extrinsèques.

comprendre le dispositif et le fonctionnement des *muscles* intrinsèques et extrinsèques de l'appareil lumineux prothoracique (fig. 172).

Le muscle m_1 est dirigé d'avant en arrière et de dedans en dehors ; son insertion fixe se fait à la face interne du squelette tégumentaire prothoracique, en haut et en avant, tandis qu'il prend son insertion mobile à la face inférieure de l'organe lumineux, où ses fibres s'enchevêtrent avec celles des muscles m_2 et avec les nombreuses trachées qui soutiennent le tissu adipeux sous-jacent à l'organe. Quand il se contracte isolément, il agit comme le muscle m_2. Celui-ci, extrinsèque en ce sens qu'il prend son insertion fixe sur le bord antérieur recourbé en arrière du mésothorax,

envoie une partie de ses fibres à la face inférieure, postérieure et interne de l'organe lumineux, ces dernières lui
forment une sorte de gaine et se confondent, comme je l'ai
déjà dit, par leur extrémité mobile avec celles du muscle m_1.

Chacun de ces muscles, agissant séparément, peut
ouvrir l'hiatus D, par lequel le sang se précipite dans
l'organe L (dans le sens de la flèche), au moment où la
lumière va paraître; quand ils se contractent simultanément, l'écartement de l'hiatus est plus grand et la direction des fibres de ces faisceaux tend à se rapprocher de
celle du muscle m, en même temps que l'espace lacuneux
qu'ils limitent s'efface, en se vidant du sang qu'il contient.

Ces groupes contractiles ne forment pas en réalité des
muscles bien distincts : ils représentent plutôt des faisceaux particuliers du muscle m, extenseur du prothorax.

On peut facilement apercevoir l'extrémité mésothoracique commune des muscles m et m_2 en détachant par
torsion, avec quelques précautions, le prothorax et le
mésothorax : alors, en saisissant, à l'aide d'une pince, la
pointe de ce pinceau et en exerçant des tractions intermittentes, on voit avec chacune d'elles la lumière apparaître
dans l'organe du côté correspondant et disparaître aussitôt qu'elle a cessé.

Si on enlève la calotte chitineuse transparente de
l'organe, on constate que ces tractions reproduisent les
pulsations de sa surface, qu'il ne faut donc pas attribuer
aux mouvements du cœur, avec lesquels elles ne sont pas
isochrones, d'ailleurs.

Vous comprenez maintenant comment, en dehors des
modifications qu'ils peuvent imprimer à la circulation, les
mouvements de flexion et d'extension du prothorax
agissent sur la photogénèse, puisqu'ils s'accompagnent
soit de relâchement, soit de tension des muscles en question. Cette influence contraire s'observe aussi bien chez
l'insecte mort récemment que chez le vivant.

C'est principalement dans l'acte du saut de notre Taupin que l'action des muscles extenseurs se fait remarquer. Lorsqu'on saisit un Cucuyo par l'abdomen, il cherche à se dégager par des secousses successives qu'il imprime à tout son corps, en faisant jouer coup sur coup l'appareil à ressort; il projette alors une vive lumière par le prothorax : celle-ci n'est pas intermittente, mais présente des périodes d'exaltation correspondant à l'extension

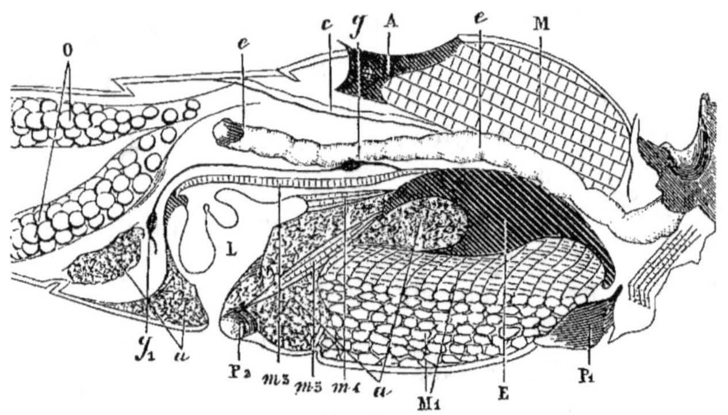

Fig. 173. — Schéma de la coupe médiane de la région thoraco-abdominale montrant l'appareil lumineux ventral au repos : O, ovaire; *e*, tube digestif; *c*, cœur; *g*, masse ganglionaire métathoracique abdominale; A, insertion des ailes; M, M_1, masses musculaires des membres; P_1, insertion de la première paire de pattes; E, entothorax; *a, a*, tissu adipeux; P_2, insertion de la deuxième paire de pattes; g_1, deuxième ganglion abdominal;. m_3, muscle accessoire et extrinsèque; m_4, muscle propre ou intrinsèque; m_5, muscles de la deuxième paire de pattes.

forcée, et d'affaiblissement après la détente. Dans le premier cas, s'il y a une blessure de la lanterne, l'hémorragie augmente et dans le second elle se suspend.

Examinons maintenant le fonctionnement de la musculature de l'appareil abdominal (fig. 173).

Les muscles extrinsèques ou accessoires sont ici encore des extenseurs, mais au lieu de provoquer le relèvement du prothorax, c'est celui de l'abdomen qu'ils déterminent. Quand ils se contractent, les élytres s'ouvrent et l'extrémité postérieure du corps se relève, la face inférieure du premier anneau s'écarte de la partie postérieure et inférieure du métathorax, et l'organe lumineux est mis à découvert. Il en est toujours ainsi dans le vol et souvent dans la natation.

Le même mécanisme qui démasque ainsi l'appareil chargé d'éclairer l'insecte, pendant ces deux actes, lui fournit donc en même temps les conditions indispensables à son fonctionnement.

Les muscles extenseurs, dont je viens de vous parler, forment deux bandelettes très minces appliquées sur le hile de l'organe lumineux ventral. Le tissu adipeux qui prolonge en avant le pédicule glisse sous les muscles et va se jeter dans celui qui remplit l'angle inférieur et postérieur du métathorax. En arrière, il descend entre les insertions postérieures de ces muscles pour se continuer avec la masse adipeuse située dans l'angle antérieur et inférieur du premier anneau abdominal.

Cette disposition est favorisée par l'écartement, en arrière, des bords internes de ces muscles, lesquels s'insèrent sur les parties latérales du bord libre antérieur et inférieur du premier anneau abdominal.

En avant, leurs bords internes sont contigus et leur insertion se fait sur la partie postérieure de l'entothorax.

Ces mêmes muscles, qui sont comparables à ceux du prothorax (fig. 172), fournissent chacun un faisceau particulier que l'on peut considérer comme un muscle propre ou intrinsèque (fig. 173, m^4). Il est l'analogue de m_2 (fig. 172) du prothorax et prend son insertion fixe à la partie postérieure de l'entothorax, tandis que son insertion mobile se fait sur la partie antérieure de la cuticule membraneuse enveloppant l'organe photogène L.

Vous vous rappelez que l'organe ventral a la forme d'un bissac quand l'insecte est au repos ou en marche. Son repli principal correspond au sinus transversal. On conçoit facilement que le jeu des muscles (m^4, fig. 173) ait pour effet d'écarter les bords primitivement accolés de ce sinus en tendant la cuticule, qui perd sa forme de bissac pour prendre celle d'une poche unique, aplatie en forme d'écusson, au moment où l'insecte relève la pointe de l'abdomen. Du sinus inférieur thoracique, le sang pourra alors pénétrer dans le sinus transversal pour s'échapper ensuite par le hile postérieur et s'épancher dans le sinus abdominal inférieur. Mais pour que cette pénétration soit possible, il est nécessaire que le petit sinus antéro-postérieur médian, qui vient se jeter à angle droit dans le premier, soit perméable. L'écartement de ses bords est déterminé par la contraction des deux petits muscles latéraux dont l'insertion mobile se fait aux extrémités latérales de l'organe lumineux et l'insertion fixe aux angles antéro-externes du premier anneau abdominal. L'élargissement du sinus médian antéro-postérieur établit alors une communication entre le sinus inférieur du thorax et celui de l'abdomen, au travers de l'organe ventral qui devient turgescent et lumineux au moment où le sang y afflue (V. fig. 158, m. m.).

Chez la larve du premier âge, on constate au microscope que les muscles latéraux, faisant mouvoir la tête en la portant à droite, à gauche ou en haut, exercent une grande influence sur l'activité de l'organe lumineux. Mais, dans tous les cas, les muscles ne font que favoriser l'acte fondamental de la fonction photogénique sans se confondre avec lui.

Étudions maintenant le rôle de l'*innervation* et commençons par l'exploration des centres cérébroïdes. Si on enfonce une aiguille rougie au feu dans le ganglion frontal, on constate, au bout de quelques minutes, que l'insecte n'a perdu aucune de ses manifestations motrices proprement dites, mais il semble privé de la faculté de coordination et de la notion du monde extérieur : il se dirige tantôt à gauche, tantôt à droite et son allure incertaine, que l'on peut inscrire en le faisant promener sur un

papier enduit de noir de fumée, contraste singulièrement
avec la marche régulière, rectiligne et assurée, qu'il a toujours à l'état normal (fig. 174). S'il se heurte à un obstacle,
il ne cherche pas à le tourner ou à le franchir. Les appareils prothoraciques sont alors éteints, ou à peu près, mais
le réflexe sensitif n'est pas aboli, car toujours l'excitation

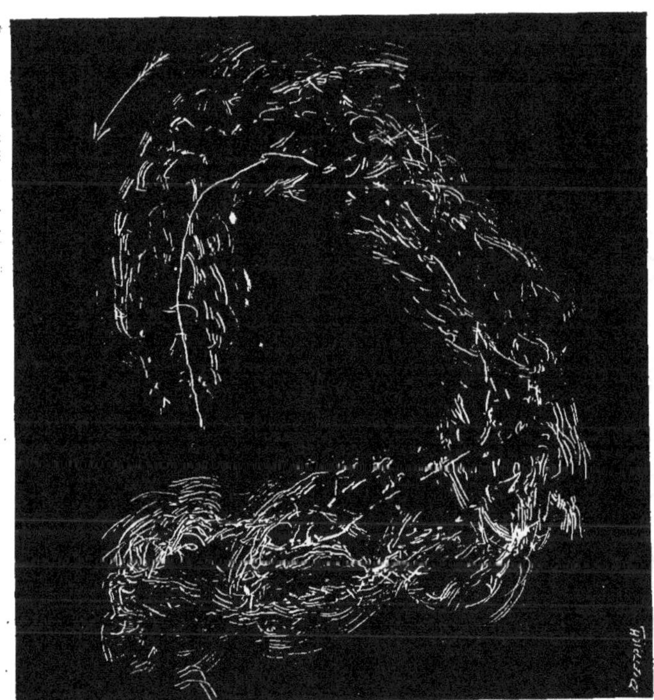

Fig. 174. — Graphique de la marche du *Pyrophore* après lésion du ganglion frontal.

mécanique est suivie de l'effet ordinaire. Dans l'intervalle
des excitations, l'animal est comme en sommeil.

Une section transversale entre le ganglion frontal et les
ganglions cérébroïdes, divisant complètement les connectifs, produit des résultats identiques.

Dans les deux cas, on voit l'insecte ouvrir fréquemment ses élytres et prendre la même attitude que dans l'air raréfié ou dans une atmosphère trop chauffée; la respiration est manifestement gênée.

En séparant les deux ganglions cérébroïdes par la section de la commissure, on n'observe rien de spécial du côté photogénique.

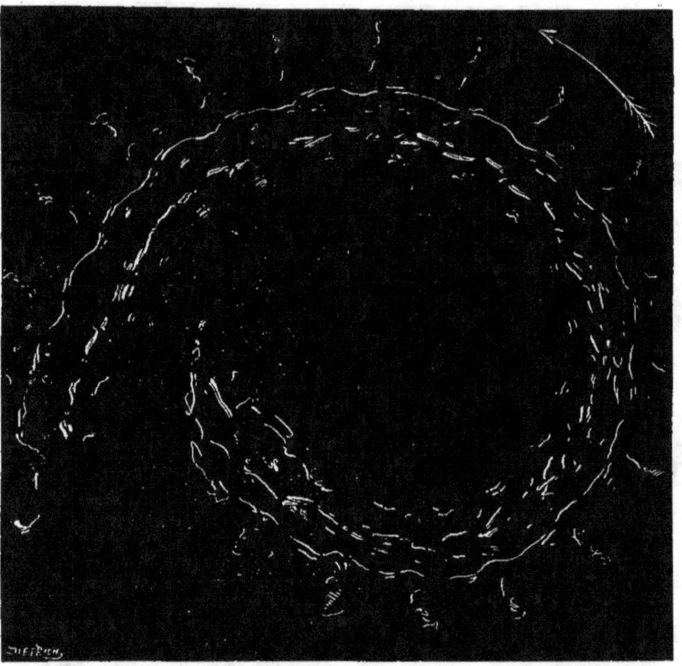

Fig. 175. — Graphique de la marche du *Pyrophore* après lésion du ganglion cérébroïde droit.

La destruction d'un ganglion cérébroïde imprime à la marche une direction circulaire en sens inverse de la lésion, qui tient, comme je l'ai démontré depuis longtemps, à ce que les pattes du côté opposé à la lésion étant frappées de parésie, leurs mouvements sont moins amples (fig. 175). Cette suppression unilatérale ne modifie pas le fonctionnement spontané ou provoqué des appareils prothoraciques.

Mais, si les deux ganglions sont détruits, les pulsations rythmiques disparaissent et le phénomène lumineux est immédiatement aboli. C'est en vain que l'on excitera alors les divers points du corps de l'insecte, le réflexe photogène n'existe plus : l'animal peut marcher, étendre ses ailes, mais non éclairer ou sauter. On ne peut faire reparaître une faible lueur, d'ailleurs passagère, qu'en irritant directement l'organe. La décapitation produit le même effet.

Fig. 176. — Graphique de la marche normale du *Pyrophore*.

La suppression du ganglion prothoracique (*g. pth.*, fig. 177), d'où partent les nerfs qui innervent les muscles des organes, les éteint définitivement et aucune excitation portée, soit au-dessus, soit au-dessous, ne peut les rallumer.

Quant à l'abolition de la masse ganglionnaire sous-œsophagienne, elle équivaut à celle des ganglions cérébroïdes, seulement les mouvements des palpes et des antennes persistent. Une excitation portée entre le point lésé et l'appareil, ou bien entre celui-ci et la région des ganglions prothoraciques, mais non en arrière de lui, provoque toujours la lumière.

La plaque ventrale se comporte de la même façon après

destruction du ganglion sous-œsophagien : l'excitation portée entre elle et le point blessé peut ranimer la lumière éteinte, mais l'effet est nul si on agit au-dessous de l'organe ou encore après avoir détruit le ganglion qui commande à ses muscles.

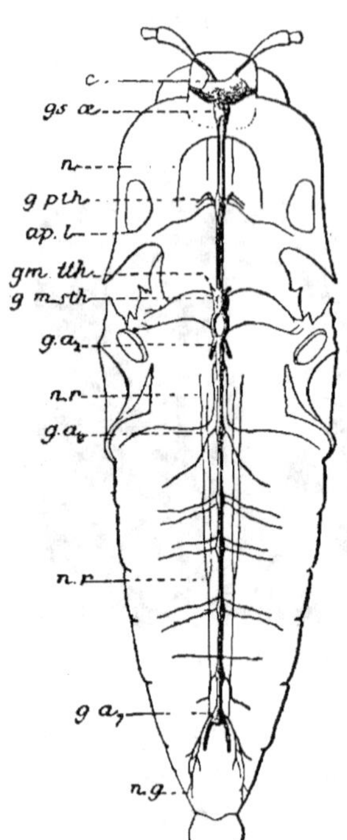

Fig. 177. — Système nerveux du *Pyrophore* : *c*, masses cérébroïdes ; *gs*, *œ*, ganglion sous-œsophagien ; *n*, nerf musculaire profond ; *g*, *pth*, ganglion prothoracique ; *ap*, *l*, appareil lumineux ; *g*, *m*, *sth*, ganglion mésothoracique ; *gmtth*, ganglion métathoracique ; ga_1, premier ganglion abdominal ; ga_2, ga_7, ganglions abdominaux ; *nr*, nerfs récurrents ; *ng*, nerfs génitaux.

En résumé, quatre indications principales ressortent de ces expériences :

1° La lésion d'un des ganglions cérébroïdes ne suffit pas à supprimer ou modifier la fonction photogénique, ce qui indique une sorte de suppléance.

2° La destruction des deux ganglions cérébroïdes montre, d'une part, que la volonté intervient dans l'éclairage spontané et, de l'autre, que le réflexe sensitif a son siège dans ces organes.

3° Les ganglions cérébroïdes agissent par l'intermédiaire des ganglions prothoraciques sur les muscles qui actionnent les lanternes du prothorax.

4° L'organe abdominal se comporte comme les autres, sous le rapport de l'innervation.

Ainsi donc toute manifestation photogénique dépend soit d'une impulsion venant directement des centres de l'intelligence et de la volonté, soit d'un réflexe ayant son point de départ dans les terminaisons sensitives et son centre dans les ganglions cérébroïdes ou dans ceux qui commandent aux muscles des appareils. Ces derniers agissent de deux manières : principalement en réglant l'afflux du sang ou encore par excitation mécanique directe. La circulation assure l'apport du sang qui doit être convenablement oxygéné par la respiration.

Mais, en outre, les organes lumineux jouissent d'une *vitalité propre* et, dans une certaine mesure, indépendante du reste de l'organisme, comme le prouvent les expériences suivantes.

En isolant les organes et en les plaçant dans une atmosphère humide et oxygénée, ils continuent à briller pendant de longues heures d'une lueur calme et fixe, mais qui va en s'affaiblissant de plus en plus.

Comme celle de l'œuf, leur luminosité peut être augmentée par le choc, ils jouissent donc d'une irritabilité plastidaire personnelle.

Ils résistent également à l'action des froids intenses et leur éclat se ranime vers — 3° à — 4° ; il augmente progressivement jusqu'à + 25° ou + 30° pour rester encore fixe vers + 55° : au-dessus, il s'éteint pour ne plus reparaître. Au moment de son extinction définitive par la chaleur, dans l'eau bouillante, il brille avec une force extrême en mourant, mais ce n'est qu'un éclair.

Les courants faradiques peuvent, comme le choc, mettre en jeu l'irritabilité photogène plastidaire, mais faiblement.

La luminosité qui persiste souvent douze heures dans l'oxygène, disparaît au bout d'une demi-heure à une heure dans l'azote et l'hydrogène, mais se ranime quand on laisse de nouveau agir l'air.

Une plaque abdominale est restée lumineuse pendant trente minutes dans l'acide carbonique, mais, en élevant la pression de ce gaz à cinq atmosphères, l'oxygène a été impuissant à faire renaître l'éclat qui avait été supprimé. Le gaz carbonique comprimé est donc un poison de l'élément photogène et ne se comporte pas comme un gaz neutre.

L'oxygène pur, ou comprimé, n'agit pas plus énergiquement que l'air ordinaire. En présence des vapeurs d'acide osmique la luminosité s'est abaissée progressivement, au fur et à mesure que le poison pénétrait dans le tissu, lequel prenait une teinte noire de la périphérie vers le centre, sauf du côté protégé par la cuticule où la lumière a persisté le plus longtemps. Il ne s'agit donc pas ici d'une oxydation vulgaire.

L'action de l'eau est très remarquable. Des œufs de Lampyre et de Pyrophore ont été desséchés, jusqu'à leur dernière limite, à la température ordinaire et, après être restés huit jours dans le vide sulfurique, il a suffi d'une goutte d'eau pour leur rendre leur éclat primitif. Les organes isolés se comportent de même.

Les plastides photogènes, comme l'œuf, possèdent donc une luminosité propre dont il faut maintenant chercher à pénétrer le mécanisme intime, comme nous l'avons fait déjà pour les appareils.

Voyons d'abord si l'étude histo-chimique pourra nous fournir quelques renseignements utiles.

L'analyse chimique indique seulement que les phosphates ne sont pas localisés dans les organes, ils renferment le phosphore à l'état de phosphate potassique, tandis que dans les autres parties ce sont des phosphates terreux que l'on rencontre.

Si l'on fait agir l'eau sur les plastides photogènes, on voit ceux-ci se gonfler sous le microscope; beaucoup de corpuscules, d'abord agités de mouvements oscillatoires, augmentent à leur tour de volume et s'immobilisent. On peut constater qu'ils ne sont solubles ni dans l'alcool, ni dans l'éther, le chloroforme ou la benzine.

Dans les solutions de potasse, de soude ou d'ammoniaque, certaines granulations montrent nettement une structure radio-cristalline, tandis que les autres se transforment en vésicules d'apparence huileuse qui, au bout de peu de temps, éclatent et se résolvent en très petites gouttelettes réfringentes et, plusieurs heures après, le champ du microscope est rempli de cristaux en tables rectangulaires plus ou moins allongées.

L'acide azotique donne au protoplasme une coloration jaunâtre qui, après desséchement, passe à l'orangé foncé, comme lorsqu'on fait agir ce réactif sur la guanine.

Les plastides photogènes renferment de l'acide urique, mais pas en plus grande quantité que le tissu adipeux et les réactifs spéciaux y révèlent la présence de l'indigotine et de l'indirubine : il est très probable que ces produits résultent de la présence de l'indican.

L'acide chlorhydrique concentré dissout rapidement les gouttelettes huileuses qui sont remplacées par des groupes d'aiguilles prismatiques affectant les mêmes formes et le même groupement que la taurine cristallisant en milieu acide. L'acide acétique agit de même, mais ne fait pas apparaître de cristaux d'acide urique, contrairement à ce qui arrive avec les acides sulfurique et azotique.

Les vapeurs d'acide osmique, lorsqu'on les fait agir sur l'animal vivant, brunissent les plastides parenchymateux qui sont en contact avec les trachées. Mais la couche crayeuse prend une coloration plus intense, bleu foncé.

Sous l'influence de ce réactif oxydant, les plastides parenchymateux deviennent plus granuleux et ils contiennent, alors, une plus grande quantité d'acide urique.

Quant aux réactifs colorants, ils imprègnent fortement les plastides parenchymateux, tandis que la couche crayeuse s'y montre réfractaire.

Ces réactions et d'autres encore nous apprennent, en somme, peu de chose, si ce n'est que les granulations radio-cristallines paraissent être formées de taurine, ou d'une substance analogue, et que d'autres granulations sont de **nature** albuminoïde. Dans les plastides, ces particules sont entourées de matière protéique dont la nature nous échappe. Ce qui ressort principalement de l'examen microscopique, surtout **pratiqué** en lumière polarisée, c'est le passage d'une partie du protoplasme colloïdal des plastides parenchymateux à l'état cristalloïdal dans la couche crayeuse.

Abandonnons donc cette méthode et cherchons, en procédant autrement, si nous ne pourrons pas pousser l'analyse physiologique au delà du plastide lui-même.

D'abord une première question se pose. La lumière persiste-t-elle après l'anéantissement de la structure de l'élément photogène?

L'expérience nous a fourni les renseignements suivants :

1° Si on broie les plastides entre deux lames de verre, la luminosité n'en continue pas moins pendant un temps assez long alors qu'on ne distingue plus au microscope que les granulations dont il a été question.

2° Le tissu des organes lumineux desséché rapidement dans le vide et pulvérisé dans un mortier, même très finement, donne encore de la lumière quand on mélange cette poussière informe avec un peu d'eau.

3° Quand on triture les organes frais avec de l'eau et qu'on jette le magma sur un filtre, il passe un liquide opalescent, à cause des fines granulations qu'il contient, mais qui est parfaitement lumineux pendant quelques instants dans l'obscurité.

Ce n'est donc pas dans la structure du plastide, ni dans le fonctionnement de cet organite qu'il faut chercher l'explication ultime de la production de la lumière puisqu'elle survit à sa destruction morphologique. Il nous faudra maintenant voir parmi les autres êtres lumineux si nous ne pourrions en rencontrer qui soient capables de fournir les matériaux nécessaires pour résoudre cette troisième partie de l'étude du mécanisme de la fonction photogénique.

DIX-HUITIÈME LEÇON

Les articulés lumineux : insectes, myriopodes, crustacés,
vers et échinodermes photogènes.

Les articulés lumineux sont représentés par un grand
nombre de genres et d'espèces, mais nous nous conten-
terons d'en faire une revue rapide, les animaux intéressants, au point de vue photogénique, ne constituant plus
maintenant que de rares exceptions.

Parmi les coléoptères, nous rencontrons d'abord, dans
le groupe des cantharinés, les deux genres Phengodes et
Zarhipis du Nouveau Monde, avec leurs larves et leurs
nymphes lumineuses; puis les lampyrinés, dont les
espèces sont répandues sur toute la surface du globe et
jusqu'à Terre-Neuve.

Les genres renfermant des espèces lumineuses sont
extrêmement nombreux; je ne vous citerai que les princi-
paux : Photuris, Luciola, Megalophtalmus, Amythetes,
Phosphœnus, Phosphenopterus, Lamprohiza, Pelania,
Lamprophorus, Aspidosoma, Cratomorphus, Photinus,
Lucidota, Lucernula, Cladodes, Lamprocera, etc.

En général, les femelles conservent la forme larvoïde,
alors que les mâles sont ailés, mais il n'y a pas que des
espèces dimorphes : on en connaît aussi de monomor-
phes. Les larves et les nymphes sont lumineuses. La couleur de la lumière n'est pas toujours la même : elle est
bleuâtre chez le Lampyre, blanchâtre chez la Luciole; le

Photuris versicolore de la Jamaïque émet une lumière d'un vert brillant. Lorsqu'il est immobile, il se comporte comme un phare à éclipse.

Dans la même région vit le *Pyrolampis xanthophotis* dont les feux sont orangés ; quand ces insectes volent ensemble, il en résulte un effet charmant.

Quelquefois, le même animal possède des fanaux de deux couleurs différentes ; la larve du Phengodes (fig. 141)

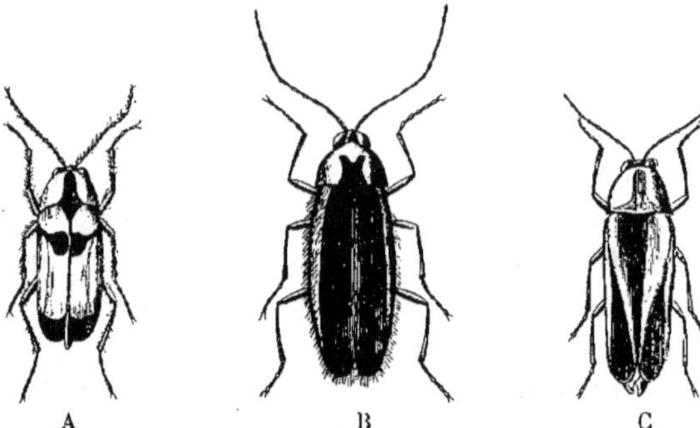

Fig. 178. — A, *Photuris alternans* ; B, *Photuris villosa* ; C, *Photuris transversa*.

en a un rouge à la partie antérieure du corps, tandis que les points formant les séries latérales sont bleuâtres.

En dehors des Lampyres, dont nous nous sommes occupés déjà, le genre *Luciola* est le plus remarquable.

Lorsqu'on observe au microscope l'organe éclairant de la Luciole vivante, on voit nettement, à de certains moments, des cercles de lumière montrant que celle-ci se produit dans les cellules parenchymateuses limitant les acini. Je vous ai déjà parlé de ces insectes à propos des organes lumineux, et je veux aujourd'hui vous indiquer seulement des expériences prouvant que la lumière émise par ces animaux sert à la conservation de l'espèce.

Des Lucioles femelles furent introduites dans un tube de verre, d'autres dans une boîte de carton troué. Il s'agissait de savoir si les mâles seraient attirés par l'odorat ou par la vue. Les deux lots furent exposés la nuit au dehors. On remarqua que chaque fois qu'un mâle passait dans le voisinage du tube de verre, les femelles brillaient d'un vif éclat, tandis que celles de la boîte de carton restaient complètement obscures : les mâles se pressaient autour des tubes de verre. Bien que la couleur de la lumière des femelles et des mâles se ressemble, pour nous, ces derniers ne s'y trompent jamais.

L'éclairage n'est pas continu et il se fait souvent, entre les deux sexes, de véritables signaux, comme avec un télégraphe optique.

A la suite des lampyridés, viennent les pyrophoridés, avec le genre *Pyrophorus*, que nous connaissons, et le genre *Photophorus*, qui en diffère peu.

On m'a dit avoir vu briller la larve d'un insecte du groupe des téléphoridés trouvé à Vichy, mais le fait aurait besoin d'être contrôlé.

Parmi les carabidés, sont cités les *Physodera noctiluca* et *Ph. dejeani*, dont les foyers seraient situés aux angles postérieurs et à la partie dorsale du prothorax, ainsi qu'à droite et à gauche de la partie ventrale du dernier segment de l'abdomen. A ces deux espèces, il faudrait peut-être joindre le *Nebria cursor*.

La luminosité est douteuse dans le genre *Brachynus*, dont les individus de certaines espèces passent pour lancer par la bouche un liquide crépitant lumineux : ce fait serait bien intéressant à vérifier.

On a vu luire l'abdomen d'un *Caenis* mâle de Prusse, et d'un *Teloganodes* de Ceylan appartenant tous deux aux éphéméridés, mais il s'agit d'une observation unique.

La luminosité des orthoptères, observée sur la Courtilière des jardins, et celle des hyménoptères, chez des Fourmis, était certainement le résultat d'un emprunt.

Certain lépidoptère agrotidé, l'*Agrotis* (*Noctua*) *occulta*, à l'état de chenille, aurait été vu lumineux, en captivité, pendant quinze jours, mais le fait a besoin d'être confirmé. Il a été question également de la lumière de deux hadénidés : le *Mamestra oleracea* et un Psyche du Var. Je ferai les mêmes réserves que précédemment.

Les antennes d'une Mouche qui vit sur les cadavres, le *Thyreophora cynophila*, diptère mucidé, brillent quelquefois, mais ici encore il doit s'agir d'un emprunt. En est-il de même chez les mycétophilidés? Cela n'est pas probable, car ce sont des larves et des nymphes de *Ceroplatus* qu'on a vu luire, particulièrement dans une espèce de la Nouvelle Zélande. La luminosité aperçue chez des *Chironomus* de la mer d'Aral résultait sans doute d'une infection parasitaire : les individus qui la présentaient étaient, en effet, immobiles et comme paralysés, peut-être même étaient-ils morts. Les observations faites sur les culicidés et tipulidés sont insuffisantes pour qu'il soit possible de se prononcer, et je me contente d'appeler votre attention sur tous les points douteux, parce que vous pouvez un jour ou l'autre vous trouver en situation de les éclaircir.

Les thysanoures, insectes aptères, offrent de grandes analogies morphologiques et embryogéniques avec les myriopodes; déjà, dans certaines espèces, on voit apparaître des membres rudimentaires sur les anneaux abdominaux. Ils offrent également une transition naturelle, au point de vue de la fonction photogénique, entre les animaux que nous venons d'étudier et les autres articulés lumineux.

Dans l'ordre des thysanoures, les podurides du genre *Lipura* sont les seuls représentants photogènes : ils se distinguent des autres en ce qu'ils ne sont pas sauteurs.

On a signalé la luminosité chez des *Lipura* rencontrés sur la colline d'Horwath, près de Dublin, au mois de février 1850. En cet endroit, ils étaient très répandus et les tas de fumier, s'y trouvant en grand nombre, étaient les seuls points qui en fussent dépourvus.

Aucune autre observation n'avait été faite depuis cette époque, lorsqu'au mois d'octobre 1886, me trouvant aux environs de la ville d'Heidelberg, dans le duché de Bade, près du village d'Handschuhsheim, par une nuit assez obscure, vers neuf heures du soir, je fus surpris, en remuant le sol d'une houblonnière, de voir qu'à une faible profondeur celui-ci était constellé de petites étoiles visibles distinctement à 40 centimètres. Elles étaient si nombreuses par places, que l'on se serait cru sur une plage de l'Océan, dont le sable aurait été rempli de Noctiluques.

Ayant recueilli une parcelle de terre au milieu de laquelle se trouvait un de ces points brillants, je pus le voir se déplacer et, à l'aide d'une loupe et d'une lanterne, je distinguai un petit insecte d'un blanc mat, long de 2 à 3 millimètres, qui marchait lentement (fig. 179). Après en avoir rassemblé un cer-

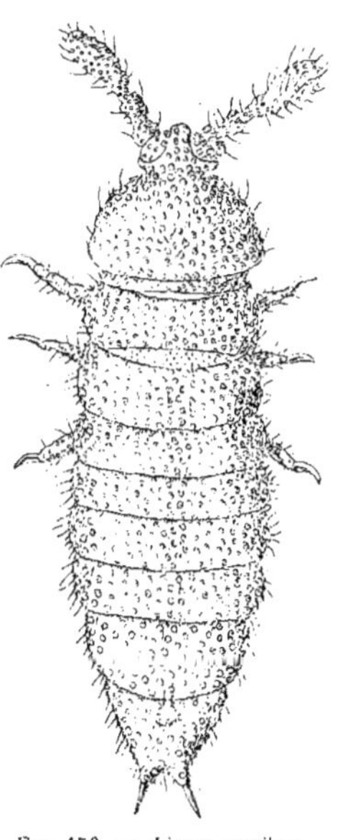

Fig. 179. — *Lipura noctiluca.*

tain nombre dans un verre de montre, je vis qu'ils jouissaient bien de la propriété d'émettre de la lumière et cela jusqu'à leur mort. Il n'y avait pas de localisation appréciable du phénomène : tout le corps était brillant. Dans son intérieur, se trouvaient des lobules irrégulièrement contournés possédant une grande réfringence due à la présence de nombreuses granulations résultant probablement des plastides en voie d'histolyse.

Ces lobules ont été considérés tantôt comme des reins, ou comme du tissu adipeux. J'avais d'abord pensé que là était le siège de la lumière : aujourd'hui, après une étude plus complète de l'origine des organes photogènes des lampyrides, et des observations récentes sur les myriopodes, je crois que la luminosité des *Lipura* émane de glandes hypodermiques, dont les ouvertures correspondent aux ponctuations mamelonnées hérissant le tégument, et qui souvent semblent perforées à leur sommet.

Je n'ai pu constater l'existence d'aucune sécrétion cutanée; mais, ces insectes étant très petits, ce n'est pas une raison pour qu'elle fasse défaut. Quand on les écrase sur du papier de tournesol bleu humide, la luminosité persiste pendant plusieurs minutes, et une zone rouge se dessine autour des points brillants : il est donc certain qu'elle se produit en milieu acide. D'ailleurs, elle se maintient si le papier a été humecté avec un liquide légèrement acidulé. En plaçant sur la langue la substance ainsi écrasée, on percevait une saveur aigrelette rappelant celle de certains champignons : l'odeur était analogue à celle du bois pourri et des détritus végétaux au sein desquels ces animaux vivent.

L'excitation mécanique, la chaleur et l'état d'agitation de l'animal augmentaient visiblement le pouvoir photogène. La lumière émise était bleuâtre, comme celle des étoiles, mais je n'ai pu, faute d'instruments, en faire l'analyse spectroscopique.

Par certains caractères, ces podurides se rapprochent du *Lipura ambulans*, et par d'autres du *Lipura armata*, en raison de la présence de trois points oculiformes à la base des antennes; mais comme je n'ai pu constater aucune luminosité chez des individus appartenant à ces deux espèces, trouvés à Paris en novembre, je crois qu'il s'agit d'une troisième que j'appellerai *Lipura noctiluca*.

Les myriopodes ou mille-pieds sont des articulés pourvus d'un grand nombre de pattes comme leur nom l'indique, mais dont l'organisation offre beaucoup d'analogic avec celle des insectes, qui étaient autrefois confondus avec eux. Ils respirent, comme ceux-ci, à l'aide de trachées, et leur système musculaire se rapproche de celui des larves d'insectes. Ils sont divisés en deux grands ordres : les chilopodes et les chilognathes.

Dans la science, il existe une trentaine d'observations relatant la phosphorescence chez ces animaux.

Elle n'a été signalée que pour un seul chilognathe du genre *Iulus*, mais cette observation a besoin d'être contrôlée. Tous les autres myriopodes lumineux appartiennent à l'ordre des chilopodes et, sauf le Scolopendra morsitans, qui peut-être a été confondu avec une autre espèce, tous appartiennent à la famille des géophilidés.

On a désigné ces espèces sous des noms bien divers, dont quelques-uns sont synonymes, comme *Scolioplanes crassipes* avec *Geophilus (Stenotœnia) crassipes* et *Geophilus (Stenotœnia) acuminatus*. Souvent deux individus de sexe différent ont été pris pour des espèces distinctes. On trouve encore dans les auteurs les noms de *Scolopendra electrica*, *Geophilus electricus*, *Scolopendra phosphorea*, *Geophilus phosphoreus* ou *phosphorescens*, *Geophilus subterraneus*, etc.

Les seules espèces de geophilidés actuellement reconnues comme phosphorescentes sont les suivantes : *Orya barbarica*, *Stigmatogaster subterraneus*, *Orphnacus brevilabiatus*, *Scolioplanes crassipes*.

On a signalé l'existence de myriopodes lumineux en Amérique, dès la découverte de ce continent; à Saint-Domingue, puis en Asie, sur le pont d'un navire dans la mer des Indes, en Afrique, où habite l'*Orya barbarica*, et en Europe surtout; mais il est probable que les espèces exotiques sont nombreuses, car les myriopodes se montrent plus abondants, et surtout plus développés dans les pays chauds.

Je n'ai pu en observer que deux espèces phosphorescentes vivantes : le *Scolioplanes crassipes* et l'*Orya barbarica*.

Le premier est assez commun dans l'Europe centrale, en Angleterre, en Allemagne et en France. On l'a trouvé à l'état phosphorescent à Vichy, à Pont-Audemer, à la Fère (Aisne), à Heidelberg, et toujours en septembre ou en octobre; une fois seulement au mois de mai, à Vichy. A l'époque où je fis mes premières observations, on ne savait rien de précis sur la nature de la phosphorescence des myriopodes; les uns prétendaient que l'excitation de l'animal provoquait la luminosité, tandis que d'autres affirmaient que la lueur disparaissait au contact de la main. On disait encore qu'il fallait, pour que le phénomène se produisît, l'exposition préalable de l'animal à la lumière.

Après bien des tentatives infructueuses, je parvins à découvrir des myriopodes lumineux, en Allemagne, près de la ville d'Heidelberg, sur le territoire de la commune d'Handschuhsheim, au mois d'octobre 1886, à la même époque et presque au même endroit que les podurides, dont je vous ai déjà parlé. Les premiers que je vis étaient errants; ils traversaient un chemin bordé de cultures maraîchères, dans une vallée; les autres étaient tapis sous des tas d'herbe et de terre situés de chaque côté et sous des amas de feuilles sèches d'une houblonnière. En fouillant ces points, on voyait parfois de véritables fusées de lumière partir çà et là : des taches lumineuses se montraient sur les corps environnants ou sur les doigts qui les touchaient. Toujours alors, on rencontrait dans le voisinage un myriopode dont le corps était également lumineux.

La luminosité s'observait beaucoup plus facilement chez les animaux errants. J'ai trouvé ceux-ci par un temps sec, tempéré et sans clair de lune. La lueur qu'ils émettaient était visible à une dizaine de pas et assez forte pour permettre de distinguer facilement les caractères d'impri-

meric ou l'heure à une montre : elle était plus verdâtre
que celle du phosphore, un peu moins que celle des
Pyrophores, et émanait de deux sources différentes : du
corps de l'animal et de points assez rapprochés, mais
isolés, qu'il laissait après lui sur une longueur de plusieurs
centimètres; ils ne tardaient pas à s'éteindre successivement et la lueur de chacun d'eux ne persistait guère plus
de dix à vingt secondes. Ayant placé un de ces myriopodes
sur du papier, je pus constater, à l'aide d'une loupe, que
les parties brillantes de la traînée lumineuse étaient formées de petites agglomérations renfermant des particules
sableuses unies par une substance visqueuse. Dans ses
mouvements de contorsion, l'animal déposait des taches
de matière lumineuse à là surface de son corps et des
objets environnants : elles ressemblaient à celles du phosphore frotté sur une matière humide, non par la coloration, mais par l'instabilité de la lueur, qui semblait
ondoyante et nuageuse, comme si elle eût émané d'un
gaz ou d'une vapeur ; mais, outre que cette matière possédait une odeur *sui generis*, qui n'était pas celle du phosphore, un examen plus attentif permettait de reconnaître
qu'il fallait attribuer cette apparence à la nature essentiellement diffuse de la lumière émise. La matière photogène
s'étant accumulée en grande partie à l'extrémité postérieure du corps, je crus d'abord qu'elle était éliminée par
l'anus. Certaines particularités que présentait l'intestin,
lequel se montrait au microscope rempli de plastides en
voie de dégénérescence granuleuse avec de nombreux
points biréfringents, analogues à ceux des organes lumineux des insectes, m'avaient fait penser que la matière
brillante provenait de la couche épithéliale interne. Mais,
en 1880, ayant reçu de la Fère un myriopode lumineux
bien vivant de la même espèce, je pus constater, après
l'avoir placé sur une lamelle porte-objet, que la matière
lumineuse venait de la paroi ventrale de toute la longueur

du corps, laquelle sécrétait un liquide un peu visqueux, clair, se desséchant vite, déposé sous forme de deux séries parallèles de fines gouttelettes : il y en avait deux par anneau correspondant, vraisemblablement, à deux ouvertures glandulaires. Malheureusement, je ne pus, à cette époque, constater l'existence des glandes et compléter mes observations (fig. 180).

Lorsque l'animal est capturé, surtout après avoir été fortement excité, il ne sécrète plus de matière lumineuse, mais pendant deux ou trois jours, le corps lui-même reste phosphorescent depuis le dernier anneau jusqu'à la tête

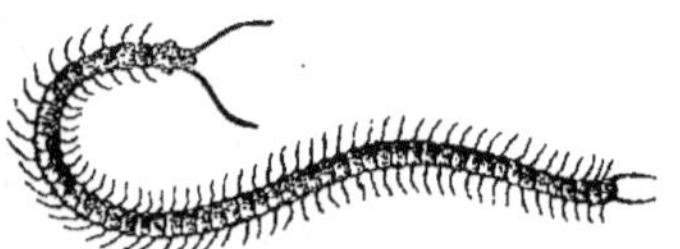

Fig. 180. — *Scolioplane crassipède* (grand. natur.).

exclusivement. D'abord, le corps entier m'avait paru éclairé, mais des observations ultérieures m'ont permis de reconnaître que la lumière venait de points situés au voisinage des orifices stigmatiques et disposés en séries latérales linéaires. Il est probable que ceux-ci correspondent à des glandes hypodermiques, mais elles ne sont pas visibles sur les coupes que j'ai pratiquées; en tout cas, il ne faut pas localiser cette fonction dans les glandes préanales, comme on a voulu le faire. Il est certain aussi qu'il existe une luminosité extérieure et une intérieure.

Les foyers internes n'ont pas tous la même intensité, au même moment, et il arrive, pendant la marche ondulante de l'animal, que l'on peut avoir la sensation d'un double courant lumineux, comme cela se voit chez d'autres animaux, chez les annélides marines, par exemple.

Très rapidement les Scolioplanes cessent d'être spontanément lumineux en captivité, on peut alors faire reparaître la lumière par l'excitation mécanique, en pressant sur le corps, mais toujours l'apparition lumineuse est limitée au point touché.

L'excitation au moyen d'un courant électrique, même puissant, n'a donné aucun résultat, mais cela dépendait peut-être de la propriété isolante de l'enveloppe chitineuse. Il en est tout autrement quand on élève progressivement la température de l'animal, en le plaçant dans un verre de montre flottant sur l'eau tiède, ou en le réchauffant dans la main. Toutefois, lorsque la température dépasse 40 ou 50 degrés, la lumière cesse aussitôt, le corps devient rigide, et, si l'animal ne meurt pas immédiatement ce qui peut arriver quand la chaleur n'est pas poussée trop loin, il cesse de répondre aux nouvelles excitations et ne tarde pas à succomber. C'est probablement à l'influence calorique qu'il faut attribuer cette croyance erronée que les myriopodes ne luisent dans l'obscurité qu'après avoir été exposés à la lumière solaire.

Les individus dont je viens de vous parler étaient des *Scolioplanes crassipes* : ils appartenaient aux deux sexes et se comportaient semblablement au point de vue photogénique, mais différaient un peu morphologiquement, aussi en avait-on fait deux espèces : *Scolioplanes crassipes* et *S. acuminatus*. Cette observation a détruit l'hypothèse que le sexe exerce une influence sur la fonction photogénique.

Le Scolioplane supporte difficilement la captivité, surtout si on n'a pas soin de le conserver dans des flacons bouchés remplis de mousse humide; en outre, il garde peu de temps le pouvoir de sécréter et est de trop petite taille pour se prêter à l'observation sous toutes ses formes, et à plus forte raison à l'expérimentation.

Il n'en est plus de même de l'*Orya barbarica*, que j'ai dû aller chercher, pour l'étudier, non plus en Allemagne, mais en Algérie près des frontières du Maroc.

Ce géophile africain est un magnifique myriopode, dont

la longueur atteint jusqu'à 10 ou 12 centimètres, ainsi que vous pouvez le constater sur les échantillons que je place sous vos yeux. Il habite la Tunisie, l'Algérie et est surtout commun dans le Sud oranais. Pendant le jour, il vit sous les pierres, sur le versant des collines dénudées, mais non dans les endroits absolument secs et dépourvus de végétation. On le rencontre souvent en compagnie d'un Scorpion (fig. 181).

J'en ai trouvé un assez grand nombre près des ruines de

Fig. 181. — *Orya barbarica.*

R'azaouat, l'ancienne ville de Nemours, et aux environs de Tlemcen : je les ai nourris facilement avec des vers de farine et d'autres larves.

Les Arabes désignent cet animal sous le nom de *sáout el khril*, ce qui veut dire littéralement « fouet du cheval » parce qu'ils croient, à tort, qu'il s'attache aux chevaux et leur tire du sang, comme une sangsue.

De même que les Scolioplanes, cet Orya sécrète une liqueur lumineuse, mais en bien plus grande abondance ; seulement quand cette sécrétion est tarie, on ne voit pas briller le corps de l'animal, ainsi que cela a lieu pour le géophile européen.

Dans ce genre Orya les deux sexes sont également phosphorescents.

La luminosité se montre sur les lames sternales et sur les plaques antérieures et postérieures des épisternums. Avec une bonne loupe, on peut reconnaître sur ces points la présence de nombreux pores cutanés. Ils sont groupés en ellipses dont les bords sont tangents à ceux de la lame, dans la partie sternale qui porte deux dépressions peu marquées, transversales, linéaires, situées à droite et à gauche.

Sur le milieu des lames épisternales, les pores limitent une zone à peu près arrondie et fournissent, pour la reconnaissance de l'espèce, un caractère zoologique depuis longtemps connu et représenté.

Par le contact et la pression, les pores sécrètent une substance jaunâtre visqueuse, d'une odeur *sui generis*, ayant la saveur âcre de la Lobélia. On peut la recueillir facilement, car on la voit suinter des orifices, se ramasser dans les petites dépressions pour s'étendre, de là, sur toute la surface des plaques sternales et épisternales antérieures et postérieures : elle est très phosphorescente. La lumière qu'elle émet est assez intense et persistante, d'un bleu verdâtre, ressemblant beaucoup à la lueur du phosphore.

Par sa viscosité, cette matière s'attache aux objets en contact avec elle et les rend lumineux pendant quelques instants. La luminosité s'éteint par le fait de la dessiccation.

Les pores sont distribués d'une manière variable chez les divers géophilidés. Je les ai observés sur deux autres espèces trouvées l'une à Oran, l'autre à Tlemcen. Dans un cas, les groupes étaient réniformes, et dans l'autre, arrondis et situés sur la ligne médiane. Si on les excitait localement, de leurs ouvertures s'échappait une grosse gouttelette de liqueur claire, filante, gluante, ne devenant pas rapidement louche comme le liquide de l'*Orya barbarica*, mais se solidifiant aussi très rapidement.

Chez cette dernière espèce, la substance est sécrétée par des glandes unicellulaires, pyriformes, de huit à dix centièmes de millimètre de longueur et de cinq à six de largeur : elles sont de nature hypodermique (fig. 182).

Sur les coupes colorées au bleu de méthylène, ou à l'hématoxyline, on distingue dans le protoplasme glandulaire granuleux de nombreuses gouttelettes arrondies que l'on retrouve dans le produit excrété. Ces gouttelettes,

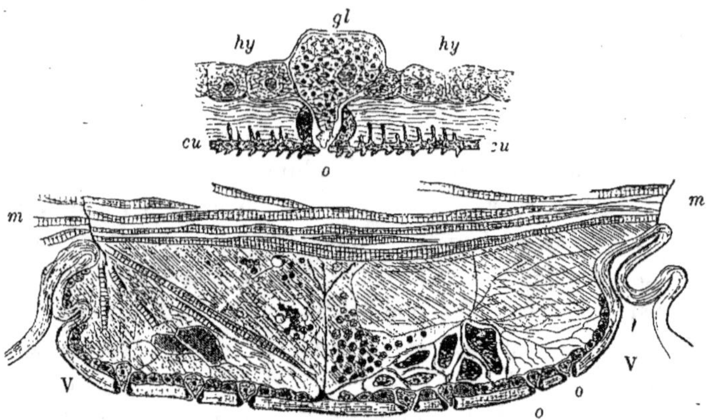

Fig. 182. — Coupe transversale de la moitié ventrale d'un anneau de l'*Orya barbarica* : *gl*, glande photogène ; *hy*, hypoderme ; *cu*, cuticule ; *o, o, o*, ouverture des glandes ; *m, m*, muscles ; V, V, face ventrale.

que des observateurs ont prises, chez d'autres animaux, pour de la substance grasse, ne noircissent pas par l'acide osmique et présentent les caractères histochimiques du protoplasme, ou des albuminoïdes condensés.

Aussitôt après leur exposition à l'air, on voit naître au centre un point réfringent : elles ont alors la forme qui m'a fait donner à ces corpuscules le nom de vacuolides. Ce centre réfringent devient le point de départ d'une formation cristalline, et l'on peut voir, sous le microscope, la matière colloïdale passer à l'état cristalloïdal pendant que la lumière se produit. Au bout de quelques instants, la

préparation est remplie de magnifiques cristaux en feuilles
de fougère, ou en longues aiguilles fasciculées.

Il se forme également des cristaux dans la sécrétion
des espèces non photogènes dont je parlais tout à l'heure,
mais ils sont fort différents.

Le contact de l'air est nécessaire à la production de
la lumière, mais celui de l'eau ne l'est pas moins. Il ne
s'agit pas ici d'un phénomène banal d'oxydation, car la

Fig. 183. — *Gnathophausie Zoe* (grand. natur.).

matière, frottée entre les doigts ou desséchée rapidement, peut reprendre son éclat quand elle est humectée
de nouveau. Ce résultat a pu être encore obtenu au bout
de deux mois avec du papier à filtrer, qui en avait été
imprégné.

La respiration des particules protoplasmiques, que l'on
voit passer ainsi de la vie à la mort par cristallisation, ne
peut se faire qu'en présence de l'eau : mais ce qu'il y a
d'extrêmement important c'est que cette sécrétion est
acide : cela permet de la séparer immédiatement des
corps qui donnent de la lumière par oxydation lente
en milieu alcalin et à froid. Elle fournit la réaction du

biuret, se colore en rose par le nitrate acide de mercure, et en rouge violacé par l'acide sulfurique; elle prend avec l'acide azotique une teinte jaune, passant au jaune orange par l'addition de soude caustique et par la chaleur. Traitée par l'alcool absolu, elle s'éteint subitement, mais le coagulum peut être rendu lumineux par l'eau après évaporation de l'alcool. Vous ne saisirez que plus tard toute l'importance de ces réactions.

La luminosité des arachnidés est douteuse : on a seulement parlé d'un Scorpion de Ceylan, qui pouvait rejeter au dehors une matière lumineuse quand on comprimait son corps. Peut-être s'agit-il seulement d'aliments composés de végétaux ou d'animaux photogènes. Enfin, on a signalé encore des hydrachnides marines.

Quant au groupe des crustacés, on y rencontre un grand nombre d'espèces certainement photogènes. Il ne faut pas les confondre avec des individus naturellement obscurs, mais qui peuvent devenir accidentellement éclairants par suite d'inoculations parasitaires, comme les Talitres, les *Cyclops brevicornis*, les *Sapphirina fulgens*, etc. Je n'insiste pas sur ces cas particuliers qui doivent être étudiés avec les végétaux lumineux.

La fonction photogénique appartient en propre particulièrement à deux ordres de crustacés : les schizopodes et les décapodes. Les premiers sont représentés par trois genres importants, au point de vue qui nous occupe : les mysidés, les euphausiidés et les lophogastridés. Dans le plus grand nombre d'espèces de ces deux derniers genres, la lumière est localisée dans de petits organes distribués d'une manière analogue. Tous les individus portent sur le tégument des points globuleux, légèrement en saillie, remarquables par leur pigmentation rouge intense et capables de briller dans l'obscurité. On les trouve à la partie antérieure et postérieure du corps, où ils sont situés symétriquement. Sur le thorax, il y en a deux paires : la première dans le joint coxal de la paire de pattes antérieures; la seconde sur la dilatation correspondante à la base de l'avant-dernière paire de branchies. Sur l'abdomen, chacun des quatre segments antérieurs possède un globule; ils sont situés sur la face ventrale, entre la base des pléopodes suivant la ligne médiane; il y a un globule pour chaque segment.

On a donné à ces organes photogènes le nom de *photosphères* et on les a considérés aussi comme des yeux accessoires.

Le maximum de la production de lumière correspond à l'instant où l'animal est sorti de l'eau : si on l'oblige à rester à l'air, la phosphorescence devient de plus en plus faible, et au moment de la mort, il n'y a qu'une lueur diffuse répandue sur tout le corps.

Dans le détroit de Féroë, des explorateurs ont rencontré, la nuit, de longues bandes, ou de grandes taches laiteuses formées par des pléiades de *Nyctiphanes norvegica*.

Ces euphausiidés ont des photosphères parfaitement globuleuses : l'enveloppe est formée d'une cuticule épaisse, élastique, recouverte dans sa partie postérieure d'un beau pigment rouge, tandis que la paroi antérieure est tout à fait transparente. À la jonction de ces deux moitiés hémisphériques se voit, à l'intérieur, un anneau étincelant entourant, dans le milieu du globule, un corpuscule lenticulaire fortement réfractif.

L'hémisphère postérieure est remplie d'une substance plastidaire, au centre de laquelle est un faisceau flabelliforme, composé de fibres extrêmement délicates, présentant, chez les individus frais, une très belle irisation.

À la zone équatoriale du globule sont insérés deux ou trois muscles minces qui, dans une certaine limite, peuvent le faire tourner en tous sens. La substance photogène réside principalement dans le faisceau de fibres : si on retire celui-ci, après avoir écrasé le globule, il continue à émettre une clarté relativement vive dans l'obscurité. La lentille semble servir à condenser et diriger la lumière : le pigment rouge peut jouer un rôle analogue à celui de la choroïde de l'œil.

On a beaucoup discuté pour savoir s'il s'agissait d'appareils photogènes ou d'yeux accessoires : il n'est pas impossible, pour des raisons que je me propose de développer dans la prochaine leçon, qu'ils remplissent à la fois ces deux rôles.

Dans l'Atlantique, on a reconnu que de petites étoiles voguant à la surface de l'eau n'étaient autre chose que des Mysis. Chez ces petits crustacés, il n'y a pas de photosphères.

Ce sont les yeux qui sont brillants et encore n'est-ce pas le globe oculaire lui-même, mais bien une cupule qui l'entoure et joue le rôle d'une lanterne permettant de se guider dans l'obscurité.

Enfin, chez les Gnatophausia, lophogastridés assez volumineux du Pacifique et de l'Atlantique, on voit un organe lumineux sur chacune des pattes-mâchoires de la seconde paire (fig. 183).

J'ajouterai que, parmi les décapodes, les macroures, les anomoures et les brachyures possèdent des espèces lumineuses.

L'*Acanthephysa pellucida* porte des organes photogènes très nombreux en forme de lignes ou de taches sur les pattes, sur le fouet externe des pattes thoraciques, sur celui des antennules, sur le bord inférieur de la carapace et au dessus des yeux.

Les *Lucifer*, les *Aristeus*, macroures du même groupe, auraient des yeux émettant une clarté magnifique.

Parmi les anomoures, le genre *Munida*, et chez les brachyures, le *Geryon tridens* seraient également remarquables par l'éclat de leurs yeux.

Quelques observateurs ont prétendu que chez les

Aristeus, comme chez les *Geryon*, c'était l'œil lui-même qui éclairait.

Divers entomostracés de l'ordre des copépodes ont été récemment étudiés ; on a signalé les espèces suivantes, dans le golfe de Naples ; ce sont, dans la famille des cen-

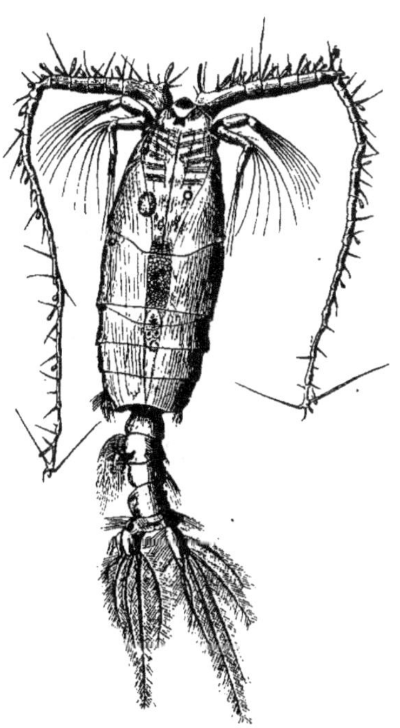

Fig. 184. — *Pleuromma abdominale* ♂.

tropagidés : *Pleuromma abdominale*, *Pleuromma gracilea* (fig. 184), *Leuckartia flavicornis*, *Heterochæte papilligera* ; dans la famille des oncéidés : *Oncea conifera*.

Chez ces crustacés, la lumière, d'un bleu verdâtre, est provoquée par divers excitants : pression sous le couvre-objet, addition à l'eau de mer, d'eau douce, d'alcool, de glycérine. Le sel marin et diverses autres combinaisons salines, ainsi que le vinaigre, empêchent son chent son apparition. C'est l'ammoniaque diluée qui est le meilleur excitant.

Les points lumineux correspondant à des glandes cutanées se distinguent des autres, qui sont jaunâtres, par leur couleur verdâtre. Ces glandes renferment une liqueur qui peut être lumineuse déjà avant son émission et est parfois lancée assez loin de l'orifice. Ce sont des organes particuliers, en nombre constant et occupant des places caractéristiques.

Le *Pleuromma abdominale* en possède dix-huit : trois sur le front très rapprochés, un médian et deux latéraux. Plus loin, un de chaque côté dans l'angle antérolatéral du deuxième anneau thoracique, plus une paire dans chacune des pointes postéro-latérales des segments anaux, et une aussi de chaque côté, à égale distance de la fourche. Enfin, on en rencontre encore à la place du bouton pigmentaire du premier anneau thoracique, sur chacun des côtés de la tête, presque dans le haut des mandibules et près du milieu du dos.

La grosseur des glandes varie avec leur remplissage ; ces organes ont la forme d'une poire ; leur nombre reste le même chez les mâles et chez les femelles, mais il peut varier avec les métamorphoses. Il est vraisemblable que les nauplies brillent aussi à des places caractéristiques.

Le *Pleuromma gracile* a 17 glandes à peu près réparties comme celles du *Pleuromma abdominale*.

Le *Leuckartia flaviformis* est moins riche que les précédents en organes éclairants. Mais chez l'*Heterochœte papilligera*, on compte jusqu'à 36 glandes, dont 12 sur le tronc. Certaines d'entre elles sont jumelles. La lumière, dans cette espèce, est plus pâle.

Le siège est incertain pour les glandes lumineuses des *Metridia*. Il en est autrement de l'*Oncea conifera*, mais leur forme devient irrégulière. Le contenu ne consiste pas en gouttes claires, mais en une masse légèrement trouble et granuleuse. La lumière émise est bleuâtre. Il y a parfois jusqu'à 70 glandes. Chez le mâle, elles ont le même aspect que chez la femelle, mais sont plus petites.

Vous voyez, d'après les exemples que je viens de vous citer, combien est grand le nombre des animaux photogènes articulés et combien aussi sont variés la position, le nombre et la forme des organes; pourtant, tous se présentent comme des dépendances plus ou moins directes du tégument.

Passons maintenant à la classe des vers. La luminosité est encore douteuse parmi les plathelminthes turbellariés : on ne l'a signalée que pour la *Planaria retusa*.

Elle est très rare chez les nemathelminthes : dans l'ordre des nématodes et dans le groupe des chœtognathes, on aurait seulement rencontré dans la rade d'Anjer à Java et dans l'Atlantique équatoriale quelques espèces appartenant au genre *Sagitta*.

Dans le groupe des annélides polychètes errantes, la photogénèse est très nette et a été signalée par une foule d'observateurs.

Une des espèces les plus intéressantes est le *Polynoe torquata*, qui offre des points brillants sur l'épiderme de la face inférieure de chaque élytre, dans le voisinage des élytrophores. Ils sont constitués par une cuticule anhiste, à la face profonde de laquelle s'appliquent des cellules épidermiques chargées de sécréter cette cuticule; entre celles-ci, se trouvent des fibrilles de forme conique, portant à leur extrémité des cellules arrondies photogènes, soutenues par un stroma conjonctif. Cette structure a beaucoup d'analogie avec celle du tissu lumineux de la Pholade dactyle, que nous étudierons dans la prochaine séance.

Dans le même ordre, on a signalé encore les genres suivants : *Acholoe, Nereis, Pionosyllis, Odontosyllis, Phyllodoce, Tomopteris*, etc.

Parmi les annélides polychètes sédentaires, je vous indiquerai les genres *Polycirrus*, *Spirographis* et le *Chæ-topterus variopedatus*, commun dans la Méditerranée (fig. 185). La luminosité dans ces annélides est disséminée sur les élytres, les antennes, les appendices, et la peau. Les larves de la plupart d'entre elles la possèdent, et elle s'aperçoit déjà, chez des larves polytroques indéterminées, avant la différenciation des tissus méso-dermiques.

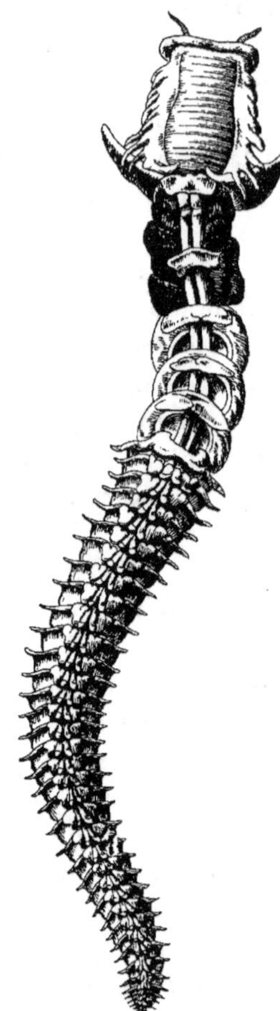

Fig. 185. — *Chætoptère variopéde*
(2/3 grand. natur.).

Certaines annélides oligo-chètes de la famille des lombri-cidés jouissent aussi de la pro-priété photogène. Bien que ces vers terrestres lumineux aient été rencontrés à Montpellier, à Villefranche, à Vimereux, et dans d'autres localités du territoire français, il est probable qu'ils sont d'origine exotique et qu'ils ont été apportés avec des végé-taux de régions lointaines : il existe en Nouvelle-Zélande une grande espèce qui est utilisée pour l'élevage des volailles, et rien n'est plus curieux, paraît-il, que d'observer le soir ces vola-tiles ingurgiter cette sorte de macaroni lumineux. On ne connaît bien, chez nous, que le *Photodrilus phosphoreus*. Il a dans la région clitellidienne une largeur de 1,5 à 2 millimètres et possède cent dix anneaux environ, d'une couleur gris rose et orangée au niveau du clitellum. Dans la région antérieure du corps, entre le cinquième anneau et le neuvième, les parties latérales et supérieures de l'œsophage sont recouvertes de glandes volumineuses, qui vont en décroissant d'avant en arrière et débouchent sur le tégument de la face dorsale; il est probable que ce sont elles qui produisent le mucus lumineux qui s'attache aux doigts lorsqu'on saisit ces animaux.

Cependant, ils émettent une lumière, tantôt semblable à celle du fer rougi, tantôt verdâtre, par toute la longueur du corps et d'autant plus vivement qu'ils sont plus excités : si on les écrase, ils fournissent un liquide éclairant.

On a mentionné des vers lumineux vivant dans les marais tourbeux du Northumberland et appartenant à la famille des enchytraeidés.

Parmi les annélides, le genre Polycirrus paraît être le plus brillant : je vous signalerai encore, dans la même classe, la *Terebella figulus*, qui donne, quand on l'irrite, une lumière bleue très vive mêlée de flammes rougeâtres et un *Thelephus* légèrement phosphorescent à l'état vivant.

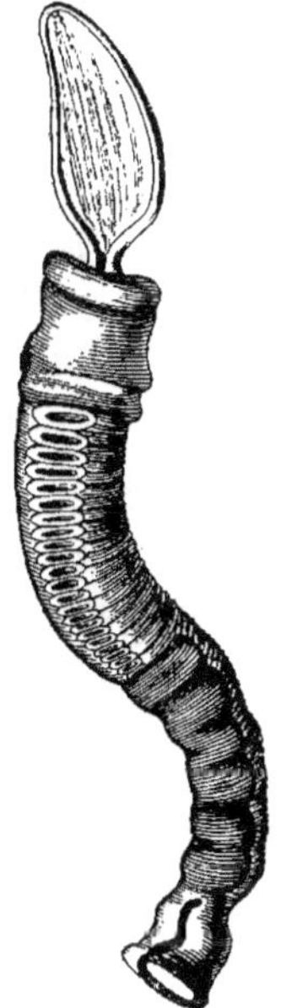

Fig. 186. — *Balanoglosse.*

Les entéropneustes, comme vous le savez, forment, au point de vue morphologique, une transition naturelle entre les vers et les échinodermes; il en est de même sous le rapport de la photogénèse (fig. 186), car le Balanoglosse, qui appartient à cette classe, et que l'on rencontre, enfoncé dans le sable, à Concarneau et à Roscoff, émet, lorsqu'on le brise, un liquide d'une belle lueur vert émeraude, comme celle que l'on voit chez le Lombric et chez un grand nombre d'échinodermes de la classe des astéroïdes.

La plus brillante des espèces que contient cette dernière, est un stelleridé, le *Brisinga endecacnemos* trouvé sur les côtes de Norvège, à environ deux cents brasses de profondeur. Son nom lui vient de celui de « Brising », l'étincelant bijou posé sur le sein de Freia, la déesse de l'amour et de la beauté de la mythologie scandinave (fig. 187).

Je vous citerai encore, dans la famille des ophiuridés,

Fig. 187. — *Brisinga Couronne* (3/5 de grand. natur.).

la luminosité particulièrement remarquable et éclatante de l'*Ophiacantha spinulosa*, celle des *Ophiothrix* et de l'*Amphiura elegans*.

L'éclat de l'*Ophiacantha spinulosa* est beaucoup plus intense chez les individus jeunes; il n'est pas continu et ne se répand pas à la fois sur toutes les parties.

De temps en temps, une ligne de feu dessine le disque, l'éclaire jusqu'au centre : puis la lueur pâlit, une zone d'un centimètre de longueur apparaît au centre de l'un des bras et s'avance lentement jusqu'à la base, ou bien les cinq bras s'illuminent vers les extrémités et la lueur s'étend jusqu'au centre.

Tous ces animaux photogènes sont intéressants à connaître pour montrer combien la fonction photogénique se rencontre fréquemment dans le monde animal, où on peut la suivre de classe en classe, mais ils ne nous fournissent pas, si on excepte les myriopodes, autant que d'autres, que je vous signalerai dans la prochaine leçon, des renseignements utiles sur le mécanisme intime de la photogénèse.

DIX-NEUVIÈME LEÇON

De la fonction photogénique chez les mollusques.

La classe des mollusques renferme un nombre restreint d'animaux lumineux, mais l'un d'eux, la Pholade dactyle, a pu nous fournir des indications extrêmement précieuses, comme vous pourrez en juger, pour l'explication du mécanisme interne que nous poursuivons.

On a prétendu que certains céphalopodes étaient photogènes, et on a même décrit des organes assez compliqués pouvant servir de fanaux, mais personne n'ayant prouvé qu'ils étaient éclairants, il faudrait d'abord les voir allumés avant d'affirmer que ce sont des lanternes.

Parmi les gastéropodes hétéropodes, on a signalé une grande espèce nue habitant l'océan Indien : chez les ptéropodes, les genres *Hyalea* et *Creseis*, de Java, ainsi que le genre *Cleodora*, renfermeraient des espèces présentant des points lumineux, mais probablement produits, dans les individus considérés, par des madrépores parasites.

Dans les opisthobranches, nous rencontrons le genre *Aeolis*, qui possède des larves lumineuses, et principalement le Phyllirrhoë bucéphale, dont l'étude va nous arrêter un instant.

C'est un petit mollusque très curieux, d'environ un

centimètre de longueur, pisciforme, assez commun dans le golfe de Villefranche. La transparence de son corps est parfaite, ce qui permet de distinguer les organes internes et d'observer directement les mouvements du cœur. Dans l'obscurité, quand l'animal est tranquille, on ne remarque rien de particulier. Mais à la moindre excitation chimique, physique ou mécanique, toute la surface du corps se pare d'une belle lueur bleuâtre. Au microscope, on voit que celle-ci émane d'une infinité de petits points, nombreux surtout à la périphérie. Avec la lumière du jour, on reconnaît qu'ils correspondent à des plastides piriformes, triangulaires ou arrondis, en rapport avec des branches nerveuses. Sont-ce des plastides ganglionnaires nerveux? on l'a prétendu, mais je n'ose me prononcer à ce sujet. Ils sont surtout lumineux vers les bords aplatis du corps (fig. 188 et 189), qui est en forme de feuille, et fort réfringents, ce qui les fait paraître opaques, bruns à l'éclairage par transmission, et brillants par réflexion. On peut, cependant, reconnaître qu'ils renferment un gros noyau et de nombreuses granulations arrondies. Le protoplasme doit être très fluide, ou présenter des lacunes aqueuses, car ces granulations sont animées parfois de mouvements très rapides et tourbillonnent dans l'intérieur du plastide, qui possède une paroi propre. Ces éléments éprouvent des changements de forme, ce qui m'a fait penser qu'ils pouvaient être plus avantageusement rapprochés des chromatophores, que l'on rencontre aussi dans le tégument.

Au point de vue morphologique, les granulations sont certainement de nature protéique. La production de la lumière chez cet animal n'a aucun rapport direct, comme on l'a dit, avec l'influx nerveux, d'abord parce que s'il a été fatigué pendant un certain temps par des excitations, il perd la luminosité bien avant la sensibilité et la motilité, et qu'ensuite, après avoir séché le corps et l'avoir broyé,

on obtient encore une lueur avec cette poussière et une
goutte d'eau. Ce gastéropode brille même longtemps
après la mort, alors que la putréfaction est déjà avancée,

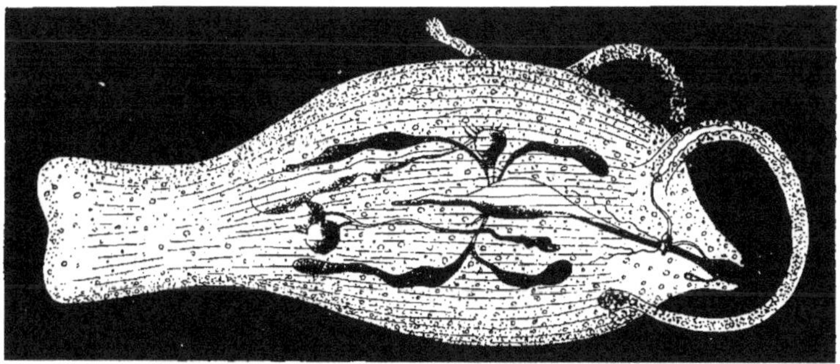

Fig. 188. — *Phyllirrhoé bucéphale* (grossi 4 fois 1/2). (Les chromatophores n'ont pas été
représentés.)

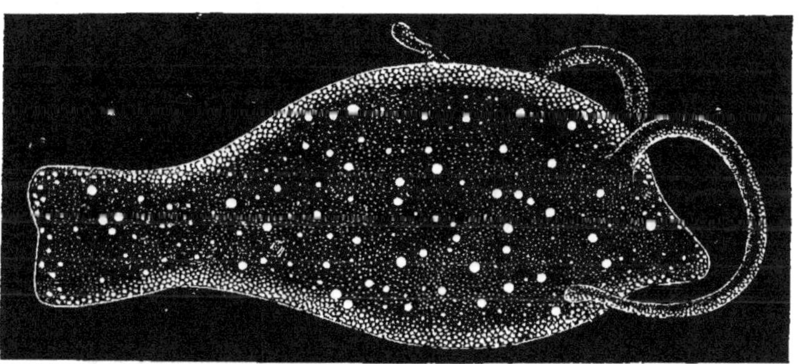

Fig. 189. — *Phyllirrhoé bucéphale* stimulé par l'ammoniaque et vu dans l'obscurité.

et sans excitation, d'une manière continue, ce qui n'arrive
pas quand il est vivant et au repos.

Nous retrouverons le même phénomène chez la Pholade dactyle, connue sur les côtes de la Méditerranée et
de l'Océan, où elle est assez commune, sous les noms
de Dayes, Daillon, Datte de mer.

C'est un singulier mollusque bivalve lamellibranche, dont la frêle coquille couverte d'aspérités formerait une protection très insuffisante à l'animal, si elle ne lui permettait de creuser dans les roches telles que le gneiss et les calcaires, aussi bien que dans l'argile, des trous où il vit en reclus, n'ayant de communication (fig. 190) avec l'extérieur que par un siphon rétractile, organe très singulier, fait d'un prolongement du manteau et servant à la fois d'organe de tact, de gustation, de préhension, d'excrétion, etc., en même temps que d'appareil principal de la photogénèse. C'est, comme vous le savez, un long tube membraneux percé de deux canaux à la façon d'un fusil double. L'orifice supérieur de l'un d'eux est garni de papilles tactiles chargées de veiller à ce qu'il n'entre aucun corps nuisible; en effet, dès qu'il s'en présente un, les papilles sont touchées et aussitôt l'ouverture se ferme; par là pénètrent l'eau fraîche destinée à conduire l'oxygène jusqu'aux branchies, et, vers la bouche, les petits êtres servant d'aliments : c'est le canal aspirateur. Le deuxième sert à rejeter l'eau qui a servi et les détritus de la nutrition; on lui donne le nom de canal expirateur ou excréteur. Grâce à une disposition particulière des palpes labiaux et des cils vibratiles de la muqueuse, les matières solides inutiles peuvent être rejetées sans passer par le tube digestif, ni même par le siphon expirateur.

Quand on excite le siphon mécaniquement, il se rétracte brusquement, en lançant une véritable trombe d'eau, parfaitement capable de rejeter au loin un agresseur tel qu'un petit crabe ou une annélide, qui aurait tenté de s'introduire dans la retraite de la Pholade. Mais ce qu'il y a de singulier, c'est que l'eau ainsi projetée est lumineuse dans l'obscurité ou dans l'ombre. Or, quand un animal est plongé au sein d'un semblable liquide, en un endroit peu éclairé, il ne peut plus

rien distinguer et disparaît lui-même en s'enveloppant de
lumière !

En cherchant d'où vient cette sécrétion, on voit, dans

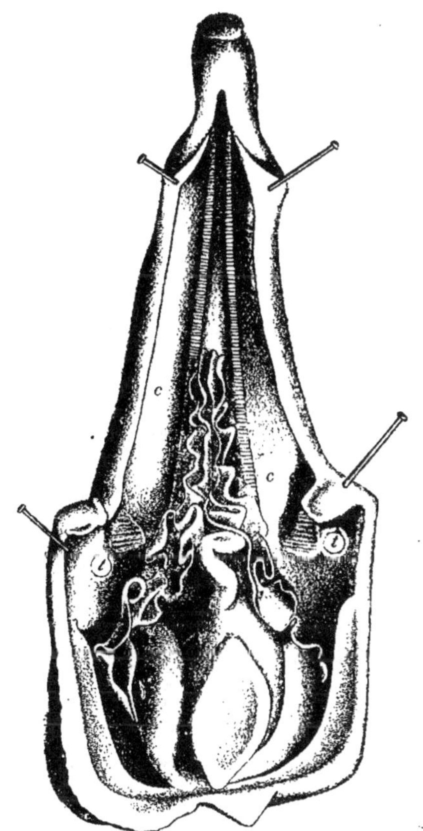

Fig. 190. — *Pholade dactyle* ouverte pour montrer les cordons *c, c,* et les triangles lumineux *t, t.*

le cabinet noir, que toute la surface interne du siphon
aspirateur, ainsi que les bords du manteau entourant le
pied, laissent suinter un mucus lumineux, brillant fortement et longtemps sur les doigts qui ont touché ces par-

ties. Mais, sur la paroi du canal ouvert suivant sa longueur, on distingue aussi deux triangles t, t, et deux raies très lumineuses c, c, occupant la position que vous montre la figure projetée sur ce tableau (fig. 190); ils sont formés par un relief de la muqueuse, qui, en ces points, est jaunâtre, striée transversalement et comme gaufrée. Ces organes photogènes sont très lumineux et laissent échapper en abondance le mucus dont j'ai parlé, mais, je le répète, le reste de la muqueuse du canal jouit, quoique à un degré moindre, de la même propriété. Pour s'en assurer, il suffit d'enlever avec de fins ciseaux courbes les sillons et les triangles et de faire couler sur le siphon un courant d'eau : on voit alors une lueur uniforme répandue dans toute la muqueuse, et même sur la coupe du siphon à la face profonde de celle-ci. Il est possible que dans certains cas le mucus lumineux ait pour rôle de masquer l'animal, comme le noir de la poche des céphalopodes, ou d'effrayer ses ennemis, mais il se peut également qu'il serve à attirer les infusoires ou les animalcules dont la Pholade se nourrit.

Pour bien comprendre les rapports et la nature des organes et de la muqueuse photogènes, ainsi que le mécanisme de la sécrétion, il faut avoir une idée d'ensemble de l'anatomie du siphon. En examinant une coupe transversale, dont je projette ici la figure, on ne rencontre, d'une paroi à l'autre d'un des canaux, pas moins de seize couches, de dehors en dedans (voir fig. 112) :

1° La cuticule externe;

2° La couche myo-épithéliale;

3° La couche neuro-conjonctive;

4° Une mince couche superficielle de muscles longitudinaux;

5° La zone des fibres circulaires;

6° Une couche de faisceaux musculaires longitudinaux, épars dans les travées conjonctives radiées, résultant de l'épanouissement des cloisons aponévrotiques des muscles centraux;

7° La zone d'épanouissement des travées conjonctives radiées;

8° La zone des grands muscles longitudinaux centraux;

9° Une zone de travées conjonctives séparant la zone précédente de la suivante;

10° La zone interne des grands muscles longitudinaux centraux;

11° Une couche profonde de petits faisceaux musculaires épars dans des travées conjonctives comme en 6;

12° Une couche interne de fibres musculaires, correspondant à la couche 5;

13° Une mince couche de muscles longitudinaux profonds comme en 4;

14° La couche neuro-conjonctive interne;

15° La couche myo-épithéliale interne;

16° La couche cuticulaire interne à cils vibratiles.

La paroi du siphon est donc en réalité formée par l'accolement de deux membranes composées de couches symétriquement disposées les unes par rapport aux autres, et dont la juxtaposition se fait entre les deux couches internes et externes des grands muscles longitudinaux.

En d'autres termes, les couches et zones 1, 2, 3, 4, 5, 6, 7, 8, représentent respectivement à l'extérieur les couches 16, 15, 14, 13, 12, 11, 10, qui appartiennent à la paroi interne.

Les trois premières couches externes servent à la fonction photodermatique ou dermatoptique, dont je vous ai parlé à propos de l'irritabilité et que j'ai étudiée en détail dans mon livre, publié en 1892, sur l'anatomie et la physiologie comparée de la Pholade dactyle (structure, locomotion, tact, olfaction, gustation, vision dermatoptique, photogénie, avec une théorie générale des sensations).

Les couches comprises entre la quatrième et la treizième inclusivement sont destinées à assurer les mouvements de rétraction, d'allongement et de resserrement du siphon, et renferment son stroma fibreux.

Au point de vue de la photogénéité, ce sont seulement les couches 14, 15 et 16 du canal aspirateur qui nous intéressent, parce que c'est à leurs dépens que se forment les triangles et les cordons dont je vous ai déjà parlé.

En somme, les saillies des cordons et des triangles ne résultent que d'un épaississement portant principalement sur la couche neuro-conjonctive. Sur les autres points, la muqueuse est formée de plastides ganglionnaires épars, soutenus par des éléments conjonctifs. On y rencontre aussi de nombreux plastides migrateurs que nous retrouvons dans le mucus lumineux déversé dans le canal. Au niveau des cordons et des triangles, la substance nerveuse forme une véritable masse ganglionnaire, d'où partent des tractus se continuant avec ceux que la couche myo-épithéliale envoie vers la profondeur. Celle-ci est composée, principalement, de plastides glandulaires caliciformes à cils vibratiles, renfermant, dans leur segment externe, un contenu granuleux, et prolongés par des renflements fusiformes certainement contractiles, ainsi qu'on peut s'en assurer en excitant localement un point de ces organes (fig. 191). Les connexions que ces segments épithéliaux affectent avec la masse ganglionnaire nerveuse permettent de les considérer, ainsi que ceux de la couche correspondante externe servant à la vision dermatoptique, comme des éléments neuro-myo-épithéliaux, dont la structure offre une grande analogie, d'une part, avec les éléments neuro-musculaires et neuro-myo-épithéliaux de certains cœlentérés, de la *Lizzia*, par exemple, et, d'autre part, avec les éléments rétiniens composés d'un plastide pigmentaire, suivis d'un cône ou d'un bâtonnet contractile en continuité avec un segment nerveux. Ces remarques permettent de comprendre comment il se fait que les photosphères, qui existent chez les crustacés et aussi, comme vous le verrez bientôt, chez les poissons, ont pu être considérés comme des yeux accessoires et pourquoi il se pourrait qu'ils fussent à la fois des organes photogènes et visuels.

Les segments épithéliaux des éléments situés en dehors des cordons et des triangles ne sont pas caliciformes, mais possèdent aussi des prolongements contractiles qui forment, en se recourbant sur les bords des cordons, une couche horizontale au-dessous des calices (fig. 192). Quand on excite ces organes directement, ou par action réflexe, les segments musculaires des plastides caliciformes et ceux des éléments voisins se

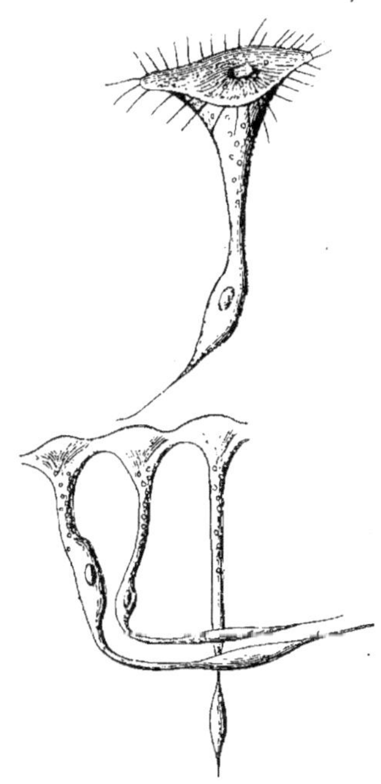

Fig. 191. — Plastides glandulaires caliciformes des organes lumineux de la *Pholade dactyle.*

contractent et, pressant en tous sens les calices, ils en font jaillir le contenu granuleux qui vient se mêler au mucus du siphon. Celui-ci renferme donc, outre les éléments migrateurs granuleux venus de la couche neuroconjonctive, le contenu, également granuleux, des calices. Sans doute, on y trouve encore des débris épithéliaux, des microorganismes, des infusoires, des débris de toutes sortes existant en tout temps, dans le canal aspirateur, mais ce qui caractérise véritablement le mucus lumineux, c'est la présence de ces granulations, lesquelles, bien que fournies par deux éléments différents, n'en viennent pas moins des mêmes couches; elles ne sont pas formées de matière grasse, mais bien de substance protéique.

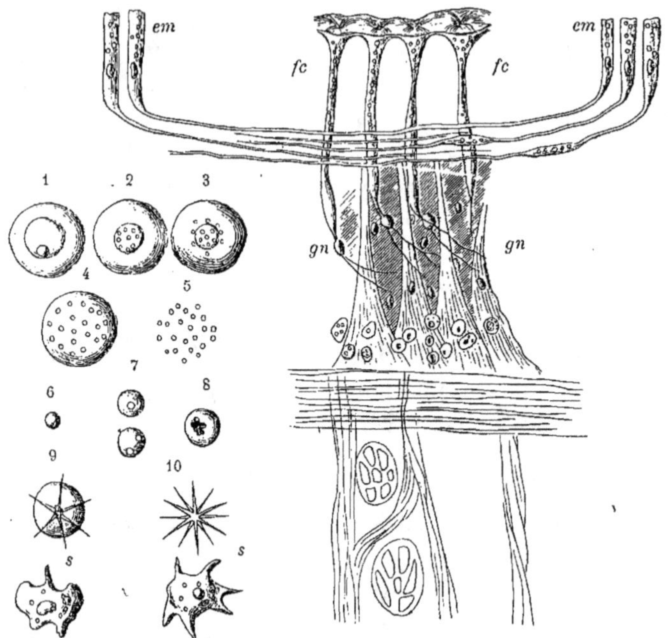

Fig. 192. — Schéma de la partie superficielle de la paroi interne du siphon de la *Pholade* au niveau des cordons et des triangles : *f, c*, fibres caliciformes; *gn, gn*, petits ganglions nerveux d'où partent des fibres nerveuses; *em, em*, éléments musculaires situés en dehors des cordons et des triangles; 1, 2, 3, 4, formation des granulations dans un plastide photogène; 5, granulations libres; 6, 7, 8, 9, formation des radio-cristaux; 10, radio-cristal; S, S, globules sanguins.

On peut suivre facilement sur cette figure (fig. 192) les modifications successives subies par un plastide lumineux de la couche neuro-conjonctive; c'est, comme pour les éléments caliciformes, une dégénérescence granuleuse, à la suite de laquelle chaque granulation éprouve, à son tour, des changements qui, finalement, se terminent par la formation d'une substance cristalline, dont la réfringence rappélle absolument celle des organes lumineux des insectes (fig. 193).

Dans le cours de mes recherches, j'avais trouvé, à l'intérieur de ce siphon, un microbe photogène, que j'ai appelé *Bacterium pholas*, lequel m'avait donné de très belles cultures lumineuses. J'ai eu le tort de croire un instant qu'on pouvait lui attribuer la luminosité des Pholades; il s'agissait ici seulement d'un phénomène de symbiose, car j'ai rencontré depuis des Pholades dactyles qui en étaient exemptes.

D'ailleurs, en employant des filtres assez fins pour

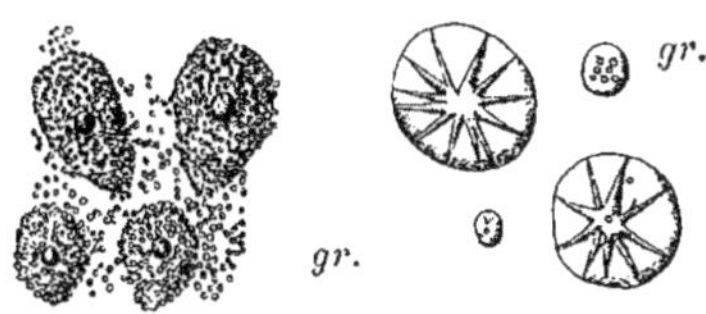

Fig. 193. — Plastides granuleux et corpuscules biréfringents de la couche profonde de l'organe photogène abdominal du *Pyrophore noctiluque*.

arrêter, au moins l'immense majorité des microorganismes, on obtient encore après filtration une liqueur très lumineuse. Cependant, elle est toujours un peu louche, parce qu'elle contient de fines granulations.

· Nous voici arrivés au même point qu'avec la substance photogène des Pyrophores, mais avec la Pholade, nous avons pu nous procurer une quantité convenable de substance lumineuse et entreprendre, dans des conditions bien déterminées, un assez grand nombre d'expériences, dont les résultats sont très importants. Je vous les ferai connaître en détail dans la leçon qui sera consacrée aux conclusions générales relatives à la biophotogénèse.

Je ne voudrais pas terminer l'étude de la fonction photogénique chez la Pholade sans vous signaler encore quelques points intéressants qui s'y rattachent. L'examen spectroscopique des organes, ou du liquide lumineux montre un spectre qui paraît monochromatique à l'œil, mais sa bande azurée a une place permanente s'étendant de E en F, et dépassant celle-ci de très peu. Sa nuance est bleu pâle, comme celle de la luminosité de beaucoup d'animaux marins, de larves, de champignons, de bactéries, et doit être attribuée à la faible intensité du foyer. C'est pour la même raison que l'examen spectroscopique ne permet pas à notre œil de distinguer la couleur des radiations différentes qui entrent dans la composition de leur spectre ; mais les limites extrêmes de ce dernier ne laissent aucun doute sur sa nature polychromatique. L'intensité lumineuse se trouve seulement légèrement accrue dans les régions moyennes de ce pâle spectre.

J'ajouterai encore quelques mots au sujet du rôle que joue l'irritabilité nerveuse et musculaire dans le phénomène de la production de lumière dans le siphon de la Pholade dactyle.

J'ai pu souvent observer directement les cordons sur des individus bien vivants, dont le siphon était ouvert, sans jamais les voir s'illuminer spontanément, mais, venait-on à les toucher, la lumière paraissait aussitôt au point de contact, et ne tardait pas à se propager de proche en proche, sur toute l'étendue du cordon ou du triangle.

L'apparition de la lumière, dans ce cas, est due évidemment à une excitation directe qui se propage comme le mouvement des segments contractiles, lorsque ceux-ci sont excités en un point de la surface des siphons, c'est-à-dire par irradiation. Il est certain que cette irritabilité, dont on constate facilement l'existence dans l'épaisseur des cordons et des plaques, entre également ici en jeu, car, au point touché, on voit se produire, au moment de l'excitation, une dépression et un froncement des sillons. Ceux-ci, à leur tour, agissent mécaniquement sur la couche neuro-conjonctive sous-jacente, dont le développement est considérable au niveau des organes photogènes.

L'excitation peut se propager plus loin encore, mais par un autre mécanisme. Si l'excitation du cordon ou de la plaque a été assez forte, ces organes peuvent aussi se mettre à briller du côté qui n'a pas été excité.

Il s'agit manifestement ici d'un phénomène réflexe, comme pour les réactions sensorielles ou motrices, dont je vous ai dit quelques mots.

Le centre du réflexe photogène est situé dans les ganglions viscéraux (fig. 194), d'où partent les nerfs palléaux qui fournissent les rameaux se rendant aux triangles et aux cordons.

On peut s'en assurer de la façon suivante : on place une Pholade sur la face dorsale, dans une cuvette garnie de morceaux de toile mouillée formant une sorte de gouttière, et on maintient les valves écartées par de petits morceaux de liège ; on arrive facilement, après avoir divisé les branchies à leur base, à découvrir les ganglions viscéraux et les nerfs qui en partent. L'animal ainsi préparé est recouvert d'une cloche, et laissé en repos pendant une heure ou deux.

Au bout de ce temps, on s'assure que l'éclairage bilatéral peut être provoqué, en excitant seulement l'un des cordons, ou l'une des plaques d'un seul côté. Lorsque le résultat de cette excitation a disparu, on irrite directement le ganglion et il se produit également un éclairage bilatéral. Mais si on coupe l'un des nerfs palléaux à sa sortie du ganglion, on ne provoquera plus, par l'excitation directe du cordon ou du ganglion, l'apparition de la lumière que du côté où le nerf est intact. Ces excitations sont suivies également de contractions des fibres longitudinales et circulaires, qui se produisent aussi d'un seul côté après la section.

On peut observer un phénomène plus intéressant encore. Après l'excitation, lorsque les nerfs sont intacts, l'éclairage des cordons et des triangles cesse peu à peu, pour disparaître complètement; mais si l'un des nerfs est coupé, on voit persister constamment, jusqu'à la décomposition même du siphon, une lueur faible et tranquille du côté de la section. Tant que le siphon conserve sa

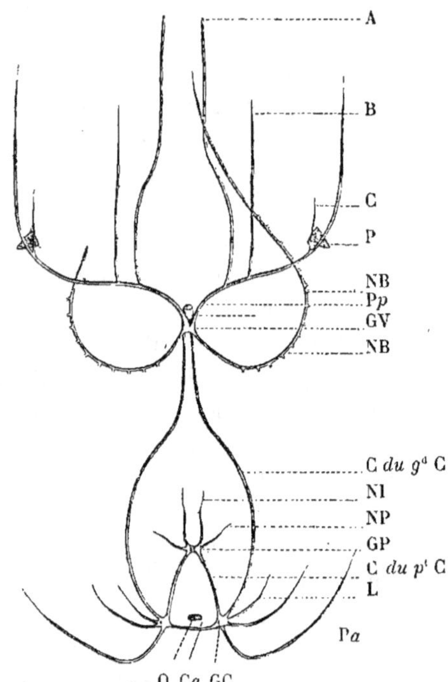

Fig. 194. — Système nerveux de la *Pholade dactyle* : A, B, branches profondes du nerf palléal; C, branche de la paroi interne du siphon ventral; P, triangles lumineux; NB, nerfs branchiaux; Pp, nerfs palléaux postérieurs; GV, ganglions viscéraux; C du g^d C, cordon du grand collier; NI, nerfs intestinaux; NP, nerf pédieux; GP, ganglion pédieux; C du p^t C, cordon du petit collier; L, branches des palpes labiaux; Pa, nerfs palléaux antérieurs; O, bouche; GC, ganglions cérébroïdes; Ca, commissure antérieure.

vitalité, il est possible, en excitant le bout périphérique du nerf palléal, de provoquer l'accroissement de la lumière dans la région où il se distribue, mais le cordon et la plaque ne s'éteignent plus jamais complètement dans l'intervalle des excitations.

Il y a lieu de faire remarquer, à ce propos, que c'est

précisément ce qu'on observe sur un siphon détaché de la Pholade, ou sur un animal mort.

Le ganglion, quand le système nerveux est intact et l'animal au repos, joue donc le rôle d'un véritable centre inhibiteur ; aussi, dès que les organes sont séparés de celui-ci, les phénomènes moléculaires s'accélèrent et la lumière apparaît. De même que le nerf palléal est à la fois centrifuge et centripète, de même il peut être excitateur ou modérateur, selon le genre d'excitation qui lui arrive du ganglion.

Ces faits nous conduisent donc encore à cette conception de la fonction photogénique, à savoir qu'elle est intimement liée à un processus d'usure, de destruction plastidaire et protoplasmique rapide, se manifestant sous l'influence d'une forte excitation, soit directe, soit indirecte, aussi bien que par la suppression de l'action inhibitrice ou modératrice provoquée par la section d'un nerf de même que par la mort du système nerveux ganglionnaire.

Pour obtenir des résultats assez nets dans les expériences dont il vient d'être question, il est préférable de se servir d'animaux fatigués, chez lesquels la sécrétion de matière lumineuse est peu abondante, parce que celle-ci masquerait, en partie, les phénomènes provoqués dans l'épaisseur des plaques et des cordons.

L'excitation directe des triangles et des cordons, ou des nerfs qui s'y rendent, ainsi que des régions où ils envoient des terminaisons, a pour effet de déterminer, non seulement l'apparition de la lumière, mais encore une abondante sécrétion du mucus lumineux.

Vous voyez que la Pholade dactyle nous a fourni d'importants renseignements pour la connaissance de la fonction photogénique au point de vue organique ; elle nous en donnera de plus précieux encore pour l'explication de son mécanisme intime.

VINGTIÈME LEÇON

Cœlentérés et protozoaires lumineux.

L'embranchement des cœlentérés comprend un très grand nombre d'espèces photogènes réparties dans les trois sous-embranchements des spongiaires, des cnidaires et des cténophores. Je ne vous parlerai que de ceux qui

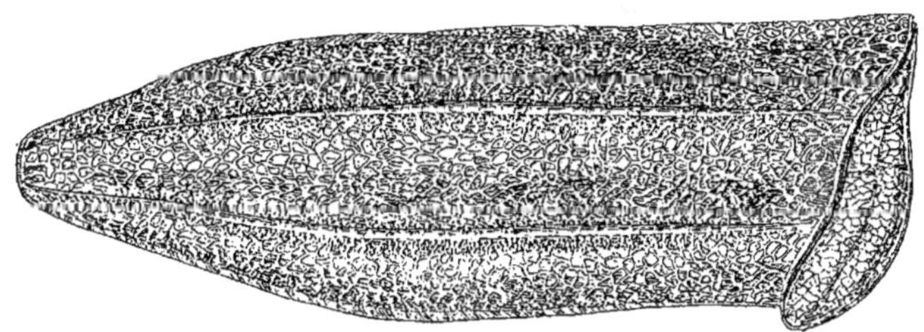

Fig. 195. — *Béroé.*

présentent un réel intérêt au point de vue physiologique.

Parmi les cténophores, les plus remarquables sont les Béroés et les Cestes, communs dans la Méditerranée, principalement dans la mer de Nice.

Sur cette figure (fig. 195) représentant un Béroé, vous distinguez huit côtes longitudinales ; autour des troncs

gastro-vasculaires qui leur correspondent, le tissu photogène forme une véritable gaine de plastides qui, au
moment où on les examine, se transforment ordinairement en vésicules remplies de granulations jaunâtres de
même nature que celles que nous avons rencontrées
partout.

Dans le *Beroe ovata*, le siège de la lumière est limité

Fig. 196. — *Cydippe globuleux* (un peu grossi).

aux deux points indiqués, tandis que dans une autre
espèce, le *Beroe Forskali*, après s'être un peu ramifiés,
les canaux secondaires se répandent dans le corps et
s'anastomosent entre eux, de façon à constituer un réseau
photogène l'envahissant tout entier.

Chez le Cydippe, la distribution est la même que pour
le *Beroe ovata* (fig. 196), et dans la magnifique ceinture de
Vénus ou *Cestus Veneris*, qui forme ces longs rubans de
cristal ondulant gracieusement au sein des eaux, les
canaux des deux côtes supérieures, le canal marginal infé-

rieur, et les canaux costaux des petits ambulacres jouissent aussi du pouvoir photogène (fig. 197).

Dans les trois espèces dont je viens de parler, quand on a enlevé les parties indiquées avec de fins ciseaux, toute luminosité est perdue, alors que, à l'état normal, l'excitation mécanique la fait se manifester aussitôt. Quelquefois, la clarté reste localisée au point touché, mais

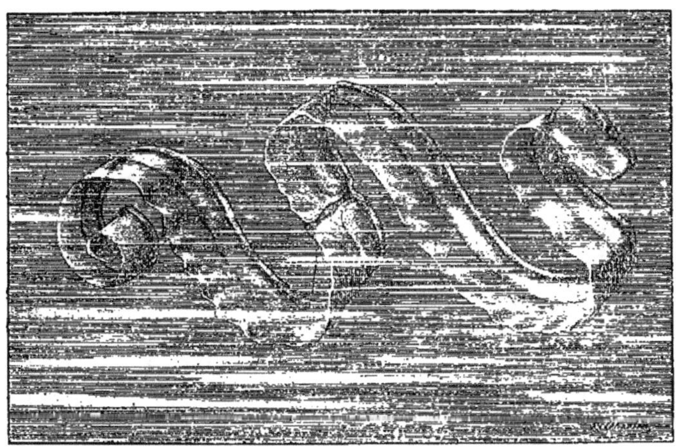

Fig. 197. — *Ceste de Vénus* (1/4 grand. natur.).

souvent aussi elle va courant le long des côtes en produisant des lueurs fugitives, ordinairement verdâtres et du plus bel effet.

Les tissus de ces cténophores sont mauvais conducteurs; aussi l'électricité agit-elle difficilement sur eux, mais les excitants mécaniques restent actifs entre des limites de température assez étendues, de 0° à 40°.

L'embryon brille déjà avant d'être sorti de l'œuf et jouit des mêmes propriétés que l'adulte.

On a prétendu que les Béroés, après une exposition à la lumière du jour, cessaient d'émettre de la clarté quand on les observait ensuite à l'obscurité. Si l'on veut répéter les expériences qui ont fait admettre cette sorte d'inhibition, il faudra se tenir en garde contre une cause d'erreur fréquente, c'est l'éblouissement éprouvé par l'observateur en passant d'un lieu éclairé dans un endroit sombre, lequel ne se dissipe qu'au bout d'un certain temps. Ce phénomène subjectif peut faire croire que de faibles lueurs n'existent pas alors qu'on est seulement dans l'impossibilité de les percevoir.

A côté des Cydippes, des Béroés, des Cestes, se rencontrent encore de grands et magnifiques cténophores : les Eucharis.

En 1887, après le tremblement de terre, j'ai vu la mer de Menton devenir extrêmement phosphorescente et, en filtrant l'eau du Golfe, il se déposait sur le papier une foule de ces granulations jaunâtres, dont je vous ai déjà parlé. Elles provenaient de la destruction d'une innombrable quantité de cœlentérés poussés vers la côte et que je considérai comme la seule et unique cause du magnifique phénomène observé. L'aspect d'ailleurs n'était pas le même que celui qui résulte, sur les bords de l'Océan, par exemple, de la présence des Noctiluques.

Pour vérifier l'exactitude de mon interprétation, je laissai dans des bacs remplis d'eau de mer non phosphorescente des Eucharis très abondants en ce moment : ils ne tardèrent pas à se désagréger et toute la masse liquide devenait alors lumineuse à la moindre agitation.

Si l'on éteint l'eau de mer rendue lumineuse par la désagrégation d'un Eucharis en ajoutant du sel et qu'après cette extinction, on verse de l'eau douce dans le tube de verre qui la contient, on voit de tous côtés partir de vives étincelles, ce qui prouve bien que la réaction a pour siège des particules solides disséminées, et non une substance dissoute dans la masse tout entière.

L'ordre des acalèphes permet aussi de faire quelques observations et des expériences intéressantes particulièrement chez les Méduses supérieures. Dans cette catégorie, les granulations photogènes se rencontrent dans les plastides pavimenteux de l'épiderme des diverses parties du corps. Chez la *Cunina albescens,* une des espèces les plus lumineuses de la Méditerranée, la clarté se manifeste

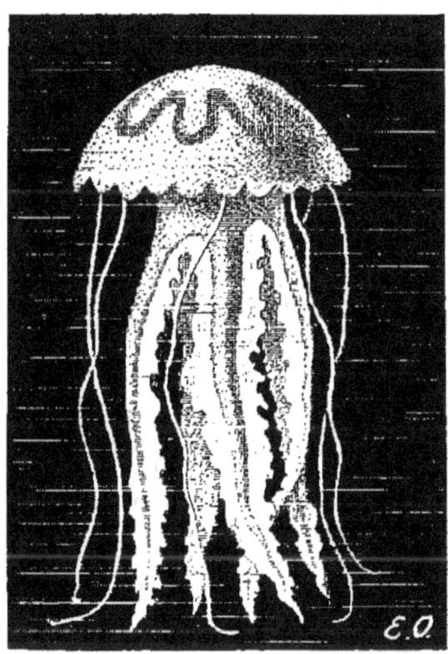

Fig. 198. — *Pélagie noctiluque* (1/2 grand. natur.).

seulement à la surface des tentacules et de la membrane qui pend au-dessous de ces organes. La *Pelagia noctiluca*, abondante à Villefranche, brille par l'épithélium de la surface externe, par celui des canaux radiaires et des glandes génitales. Quand on touche ces parties, les doigts restent imprégnés de mucus résultant de la fonte des éléments photogènes. Si on enlève l'épithélium en frottant avec un linge sec ou bien avec un scalpel, la luminosité est supprimée (fig. 198).

On peut se rendre très exactement compte des modifications morphologiques qui se produisent dans un plastide épithélial photogène, au moment où il donne de la lumière à la suite d'une excitation, en s'adressant à un joli cténophore que l'on rencontre assez souvent dans la baie de Villefranche, l'*Hippopodius gleba*. Quand il est dans l'eau de mer, au repos, il n'émet aucune clarté, et la chaîne de ses segments, en forme de sabot de cheval, reste d'une transparence de cristal; mais, vient-on à exciter mécaniquement l'animal, celle-ci est remplacée par un aspect louche, laiteux, opalescent, en même temps que se développe une magnifique illumination azurée de toute la surface visible dans l'obscurité.

Le même phénomène peut être provoqué sur un anneau isolé, ou seulement sur un mince fragment en procédant avec précaution. Dans ces conditions, l'examen microscopique devient possible et permet de constater, qu'au moment précis de l'excitation, le protoplasme des plastides de l'épithélium, et celui-là seulement, devient trouble, de transparent qu'il était, parce que l'excitation a été suivie de la formation d'une foule de granulations provoquée par l'ébranlement, comparable à la formation des cristaux dans une solution sursaturée. Cette modification protoplasmique se montrant au moment même et dans les points seulement où paraît la lumière, il n'y a pas lieu de douter de la relation existant entre la formation des granulations et le phénomène photogène. On peut donc ici saisir sur le vif une des phases principales de son mécanisme plastidaire. Bientôt je vous montrerai des faits analogues chez la Noctiluque.

Dans l'ordre des siphonophores, beaucoup de genres, presque tous les types du sous-ordre des calycophoridés : *Praya* (fig. 199), *Diphyes*, *Abyla*, etc., sont photogènes, de même qu'un grand nombre d'animaux de la classe des polypoméduses et de l'ordre des hydroméduses appartenant à divers genres : tels que les *Sertularia abietina*, *Obelina geniculata*, etc.

Les polypiers anthérozoaires du sous-embranchement des cnidaires ont fourni également des observations intéressantes : on a retiré des profondeurs du golfe de Gascogne des spécimens appartenant à la famille des gorgonidés, qui devaient former au fond de la mer de véritables forêts lumineuses. Amenés sur le pont du navire *Talisman*, qui les avait pêchés, ils produisaient des jets

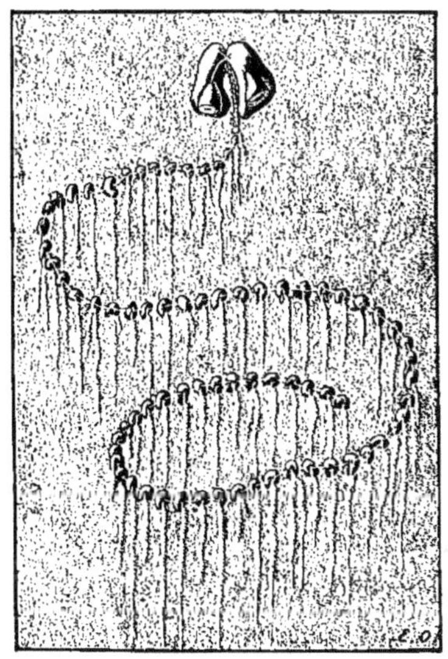

FIG. 199. — *Praya* (Siphonophore).

de feu dont les éclats s'atténuaient, puis se ravivaient pour passer du violet au pourpre, du pourpre au rouge, à l'orangé, au bleu et aux différents tons du vert, parfois même au blanc du fer surchauffé.

La clarté était si vive qu'on pouvait lire à une distance de six mètres. Les types les plus remarquables appartenaient aux genres *Gorgonia*, *Isis* et *Mopsea*. La lumière paraissait siéger dans le mince sarcosome recouvrant l'axe calcaire entre les zooïdes (fig. 200).

Les plus intéressants parmi les Polypiers sont ceux de la famille des Plumes de mer ou pennatulidés (fig. 201 et 202). Ici, la lumière émane exclusivement des polypes rudimentaires ou zooïdes. Les organes photogènes sont les huit cordons adhérents à la surface externe de la cavité gastro-vasculaire et se continuant dans chacune des papilles buccales. Ils renferment de ces plastides à granulations dont nous avons si souvent parlé : ceux-ci peu-

Fig. 200. — *Mousées.*

vent laisser échapper leur contenu sous forme de mucus lumineux, comme l'épithélium des Méduses. Si l'on touche une Pennatule, qui se trouve dans de bonnes conditions physiologiques, il se produit une série d'étincelles sur les bords polypifères, et celles-ci vont en se propageant de proche en proche, d'un polype à l'autre et d'une branche à une autre.

En appliquant avec soin un stimulus sur un point quelconque de la colonie, on détermine des courants lumineux réguliers; il y a plus, une excitation portée sur une région du polypier, comme celle du pied, où ne se trouve aucun polype, peut se transmettre tout le long des prolongements latéraux et déterminer des courants lumineux réguliers, qui indiquent, évidemment, la direction et la rapidité de la transmission de l'excitation. Voici des schémas qui montrent bien la direction que prennent les courants

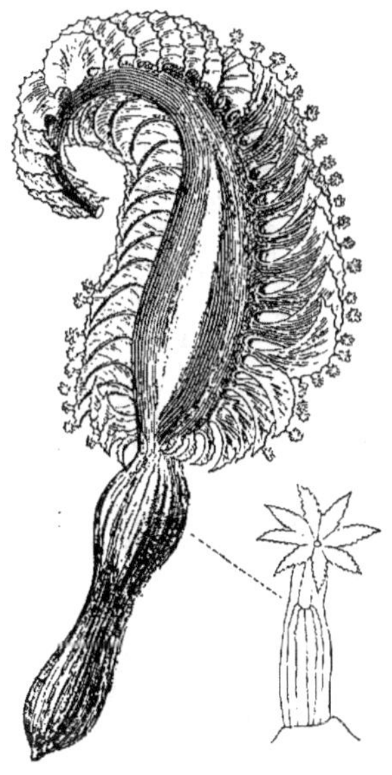

Fig. 201. — *Ptéroïde gris* : *a*, Polypier (1/3 de grand. natur.); *b*, Polype épanoui (Grossi).

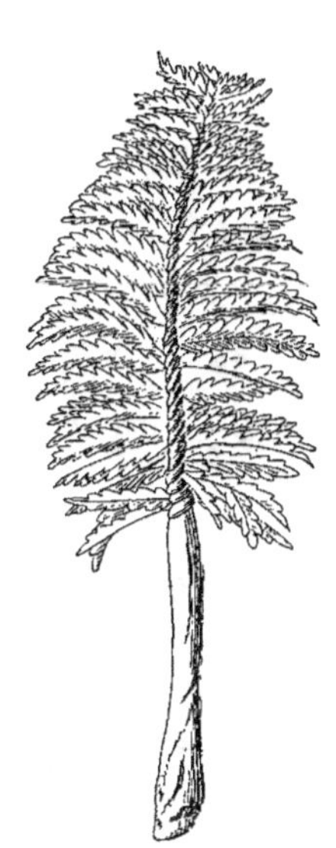

Fig. 202. — *Pennatule phosphorée* (2/5 grand. natur.).

lumineux selon les différents points de la colonie où le stimulus S est appliqué (fig. 203).

Le temps qui s'écoule entre le moment de l'excitation et l'apparition d'un courant est environ quatre cinquièmes de seconde et celui-ci se propage, chez les *Pennatula rubra* et *P. phosphorea*, avec une vitesse de deux secondes en moyenne, sur tout l'étendard.

Pour terminer l'histoire des invertébrés marins lumineux d'ordre inférieur, il me reste à vous parler des protozoaires et vous verrez que, subissant la loi commune,

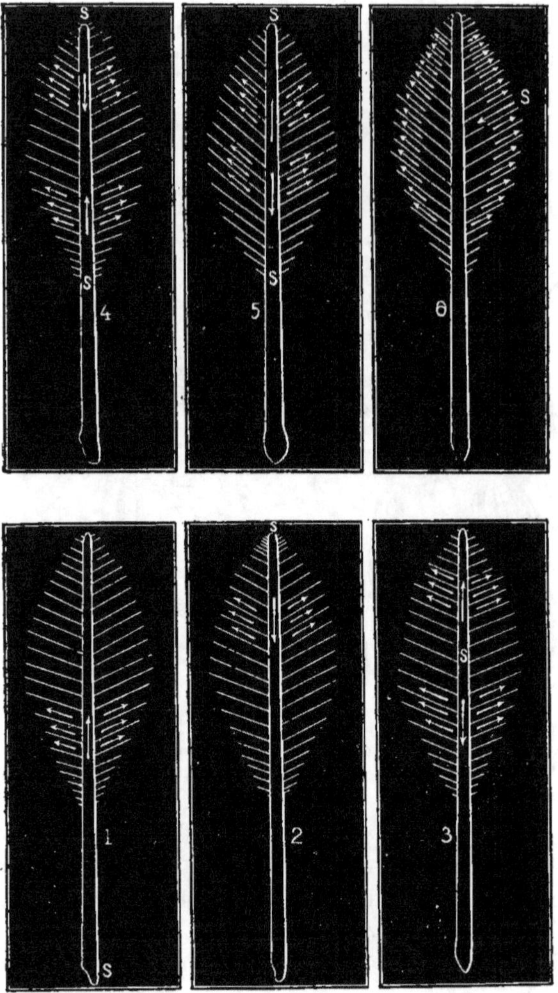

Fig. 203. — Schéma des courants lumineux dans une *Pennatule*.

la fonction photogénique cessera d'être localisée dans
un organe déterminé et se manifestera, comme la con-

tractilité, la sensibilité, etc., dans la masse même du protoplasme général. La phosphorescence des radiolaires isolés appartenant au genre Thalassicolle, ou groupés en colonies comme les *Sphaerozoum* et *Collozoum*, dont la clarté est verdâtre et intermittente, a été signalée.

On connaît beaucoup d'espèces d'infusoires lumineux,

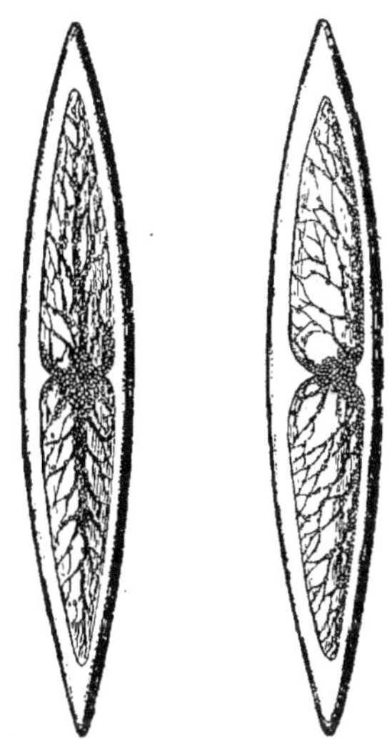

Fig. 204. — *Pyrocyste fusiforme* (grossi 150 fois).

et parmi elles, il en est qui sont représentées au même moment par un si grand nombre d'individus microscopiques, que la mer devient phosphorescente sur un espace de plusieurs centaines de kilomètres carrés.

Je mentionnerai seulement les *Leptodiscus médusoïdes*, *Prorocentrum micans* et une certaine quantité de Péridiniens. On a observé chez ces derniers deux petits points réfringents, considérés comme des yeux, mais qui pourraient bien être des organes photogènes. Cette question serait fort intéressante à élucider.

Une autre catégorie très remarquable est le genre *Pyrocystis* (fig. 204).

Ces infusoires se rencontrent vers les tropiques, dans les Océans Atlantique et Austral, et y vivent en quantités considérables

Ils sont fusiformes, arrondis, assez volumineux et se rapprochent beaucoup des Noctiluques par leur structure interne. Je vous citerai parmi les plus brillantes espèces, *Pyrocystis noctiluca* et *P. fusiformis* du Pacifique. Ce dernier est le plus volumineux; il mesure six à huit

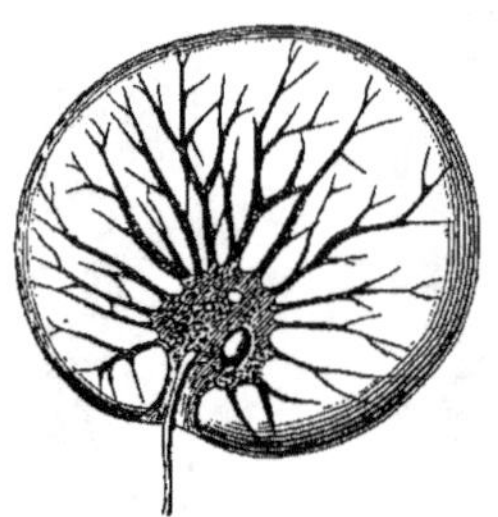

Fig. 205. — *Noctiluque miliaire* (grossie 80 fois).

dixièmes de millimètre. Au microscope, on voit qu'il renferme un protoplasme ramifié avec granulations très réfringentes.

Les seuls protozoaires qui aient été bien étudiés au point de vue physiologique sont les Noctiluques si abondants sur les côtes de l'Océan, de l'Atlantique et de la Manche, où ces infiniment petits nous donnent souvent le grandiose spectacle de la *mer de feu*. Ces régions sont habitées par la *Noctiluca miliaris*. En Australie et en Amérique méridionale, on connaît une plus grosse espèce, la *Noctiluca pacifica*, qui produit une lumière blanchâtre, et dans les mers de l'archipel Malais et de la Chine, la *Noctiluca omogenea*, dont la clarté est verdâtre.

Les Noctiluques sont des êtres uniplastidaires dans les-

quels se trouvent trois parties distinctes : une première
banale, composée de l'enveloppe et du liquide intraplastidaire, une seconde active constituée par le protoplasme et
son noyau, et enfin une troisième différenciée, mais non

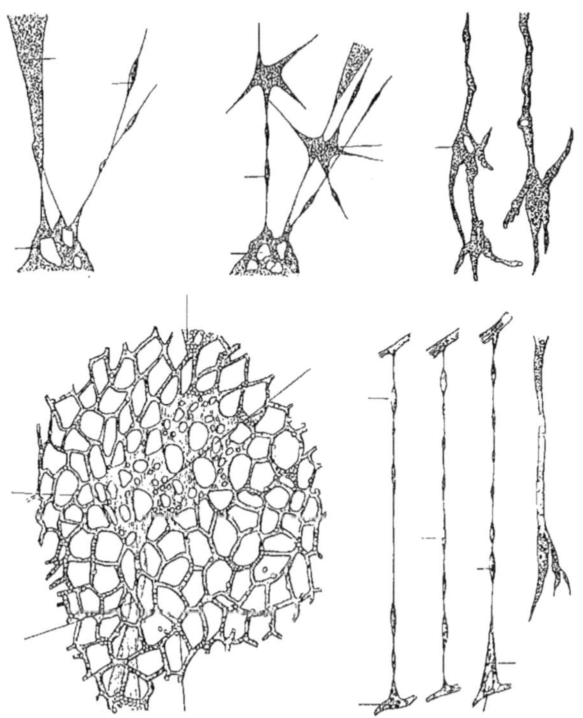

Fig. 206. — Tractus et réseaux protoplasmiques avec granulations photogènes g, g, g, g,
de la *Noctiluca miliaris*.

individualisée, représentée par les vésicules digestives et
le flagellum (fig. 205).

La masse protoplasmique peut être comparée à un
amibe suspendu au sein du liquide intraplastidaire : elle
en a l'aspect optique, les mouvements amiboïdes, la sensibilité à l'irritation mécanique, à la chaleur, aux courants

induits, et les mêmes réactions histochimiques : c'est à elle qu'appartient la propriété photogénique. Le protoplasme central renferme un grand nombre de granulations très fines, très réfringentes. Les prolongements en contiennent également qui sont emportées soit du centre vers la périphérie, soit de celle-ci vers le centre. Quelques-unes paraissent libres dans les mailles du réseau, mais elles sont toujours rattachées par des tractus protoplasmiques (fig. 206).

Quand on tue par l'électricité une Noctiluque sous l'objectif du microscope, le réseau revient sur lui-même vers le centre entraînant les granulations, en même temps que les ramifications changent d'aspect, ainsi que la partie centrale, par la formation nouvelle d'une grande quantité de ces granulations.

Dans la masse fixée par l'alcool et colorée au picro-carmin, on distingue deux sortes de granulations, les unes incolores, les autres colorées en rouge avec le carmin ammoniacal et en rouge brun avec le picro-carmin. Ces derniers ressemblent aux corpuscules vitellins des Raies et des Torpilles, à ceux des grands plastides lymphatiques des crustacés. Outre ces espèces de granulations, on en rencontre encore de deux autres sortes : les premières quelquefois très volumineuses, très réfringentes se colorent en noir par l'acide osmique, en bleu par le bleu de quinoléine. Elles ressemblent à de fines gouttelettes graisseuses, mais, en réalité, elles sont protoplasmiques. Les secondes, peu réfringentes, irrégulières, se colorent en vert par l'acide osmique, et paraissent être des débris alimentaires.

Je considère les granulations qui sont réfractaires à l'action des matières colorantes comme les analogues de celles qui forment la couche crayeuse des organes photogènes des insectes, et les autres, à l'exception des dernières dont je vous ai parlé, comme des corpuscules qui n'ont pas encore servi à la production de la lumière et sont restés à l'état protéique et colloïdal.

La réaction du corps écrasé est acide.

Les Noctiluques se pêchent facilement avec un filet fin, leur diamètre étant de 450 μ à 950 μ. Elles se conservent vivantes plus d'une semaine dans un vase plein d'eau de mer ; au lieu de rester flottantes à la surface, les individus tombent au fond du récipient au fur et à mesure que les granulations photogènes disparaissent, mais à l'état jeune elles restent en suspension dans un mélange d'eau de mer et d'eau douce d'une densité de 1,014. Ce qui occasionne leur précipitation, c'est la condensation de leur protoplasme par formation de granulations cristalloïdes. On peut le condenser artificiellement par un autre procédé, prouvant également qu'il est compressible : on introduit des Noctiluques fraîches dans un ludion, et on exerce une pression sur le liquide qui le remplit exactement, les Noctiluques descendent au fond pour remonter dès qu'elles ne sont plus comprimées.

L'action des excitants mécaniques est intéressante à connaître : au repos absolu, ces protistes ne brillent pas, mais vient-on à agiter, même légèrement, avec une baguette de verre l'eau du vase qui les contient, de tous côtés se produisent des étincelles. La luminosité persiste un certain temps, surtout à la surface, mais l'oxygène de l'eau intervient ici comme agent indispensable à la vie et non comme oxydant direct. En touchant de l'extrémité d'une fine aiguille un point seulement d'une Noctiluque, celui-ci s'éclaire et la masse ne luit tout entière que si l'ébranlement a été suffisant. Blesse-t-on l'enveloppe, le protoplasme se retire vers le centre, qui reste seul lumineux ; si alors on fait sortir le protoplasme, il continue à briller un certain temps. Quand on comprime ces protozoaires entre la lame porte-objet et la lamelle couvre-objet, la lumière est plus ou moins vive selon la pression. Le contact avec un corps dur paraît nécessaire pour que l'excitation mécanique réussisse, car les vibrations des diapasons dans l'eau ne produisent pas d'éclairage. Pourtant, il suffit de souffler légèrement à la surface de l'eau pour provoquer des ondes lumineuses; c'est même par la brise que la phosphorescence de la mer se manifeste le plus longtemps, car de violentes excitations épuisent vite le pouvoir photogénique, et c'est ce qui arrive par les gros temps.

Lorsqu'on plonge le vase qui les contient dans l'eau à 60° ou dans un mélange réfringent, il y a d'abord une excitation suivie de l'apparition de la lumière, mais bientôt l'excitabilité disparaît; même à la température de 39 degrés, si elle est maintenue quelques instants, il y a extinction définitive. A la condition qu'elle ne dépasse pas 37 degrés, l'eau reste lumineuse et laiteuse, ce qui indique que, pendant l'illumination, il se produit un trouble protoplasmique, comme celui que je vous ai signalé dans l'épiderme de l'Hippopode.

Pour certains observateurs, les courants continus ou induits ne changent rien aux mouvements sarcodiques, tandis qu'ils excitent la lumière : ces deux phénomènes seraient donc indépendants. Pour d'autres, c'est le contraire qui arrive, et de nouvelles expériences sont indiquées.

La lumière solaire paraît encore ici exercer une influence sur la luminosité et l'irritabilité, qui dépendraient, en partie, des alternatives du jour et de la nuit.

Les Noctiluques, très peu excitables le jour, le sont beaucoup la nuit. Il y aurait même plus, si on les prive d'alternances en les maintenant à la lumière ou à l'obscurité continues, elles n'en restent pas moins beaucoup plus excitables après le coucher du soleil.

L'eau douce ou le sel ajoutés à l'eau de mer provoquent d'abord la lumière, mais si la proportion de l'un ou de

l'autre est trop forte, la Noctiluque ne tarde pas à mourir.
On peut cependant, en agissant avec précaution, paralyser
son pouvoir photogène par l'addition de sel, et le faire
renaître par une dilution suffisante.

Les acides azotique, sulfurique, acétique sont d'abord
des excitants, mais ils tuent rapidement; avec l'alcool
faible ou l'essence de térébenthine, l'excitation est plus
prolongée, parce que ces corps sont moins toxiques. Les
vapeurs d'amylène, de bromure d'éthyle, de chloroforme
provoquent au début une vive lumière, puis les Noctiluques deviennent obscures, et cessent de répondre aux

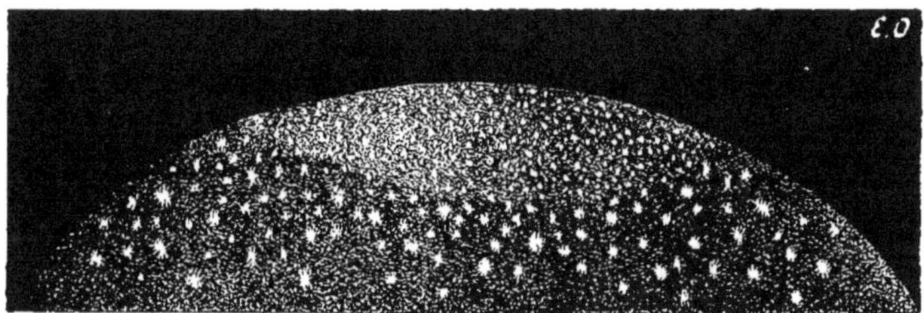

Fig. 207. — Points lumineux du corps d'une *Noctiluque* (grossis. 240 diamètres).

excitations : elles sont alors anesthésiées. Certaines substances, comme la paraldéhyde et l'alcool méthylique, ne
produisent que ce dernier résultat. Le chlorhydrate de
morphine au 1/200 reste sans action.

Il est certain que, dans ces expériences, il y a deux
effets distincts : une action directe sur la photogénéité
et une autre qui se fait sentir indirectement, en mettant
en jeu l'irritabilité générale.

On peut, à l'aide du microscope comme pour l'Hippodius
gleba, analyser le mécanisme plastidaire de la photogénèse
chez la Noctiluque (fig. 207). A l'œil nu ou avec un
faible grossissement, la lueur paraît homogène, mais
avec 60 diamètres, la substance protoplasmique se montre
comme un fond blanchâtre parsemé de petites étoiles qui

paraissent et disparaissent très rapidement en donnant ainsi une impression de scintillation particulière. Avec un grossissement de 150 diamètres, on voit très bien que ces étoiles éphémères sont plus nombreuses au milieu et plus rares à la périphérie. Chaque point lumineux du corps est le siège d'un pétillement de petites étincelles instantanées, très rapprochées au centre, clairsemées sur les bords.

La lumière des Noctiluques est d'ordinaire bleuâtre, mais quand elles sont épuisées ou sur le point de mourir, elle paraît blanchâtre et plus fixe. L'examen microscopique montre que cet effet résulte de ce que les étincelles deviennent plus nombreuses, plus rapprochées et plus petites. Il doit se produire quelque chose d'analogue chez les Pyrosomes, où la lumière passe par toutes les couleurs du prisme, et il est possible que la teinte des diverses radiations lumineuses ne tienne pas à autre chose qu'à l'état de division, de petitesse des corpuscules d'où elles émanent, ainsi qu'à la durée plus ou moins éphémère des étincelles. Ce qui n'est pas douteux, c'est que, manifestement, ces dernières accompagnent les transformations des granulations photogènes, dont elles occupent la place et représentent à peu près les dimensions et la distribution.

Vous voyez, au fur et à mesure que nous avançons dans cette étude, que tous les faits convergent vers une théorie générale de la photogénèse, qui s'en dégage d'elle-même pour ainsi dire.

VINGT ET UNIÈME LEÇON

De la photogénèse chez les tuniciers et les vertébrés.

C'est d'un œuf, d'un simple plastide que nous sommes partis pour étudier la fonction photogénique. En nous élevant d'abord de la larve à la nymphe et jusqu'à l'insecte parfait, nous avons assisté au développement ontogénique de la fonction, puis, descendant dans la série des invertébrés, nous avons suivi pas à pas son évolution phylogénique jusqu'à un autre plastide, l'infusoire, dans lequel toutes les fonctions générales résident en un protoplasme peu ou point différencié, comme dans l'œuf non fécondé. Si nous n'avons pas toujours obéi aux règles de la taxonomie morphologique, c'est en vertu du principe que je voudrais pour toujours graver dans votre esprit, à savoir que le physiologiste ne doit se préoccuper que des analogies, et non des homologies, comme le fait l'anatomiste, et qu'il est impossible de mener de front parallèlement l'anatomie et la physiologie comparées, à moins de renoncer à suivre un plan méthodique, philosophique, ou bien encore de subordonner l'une de ces deux sciences à l'autre, en lui faisant perdre sa spécificité et conséquemment sa fécondité.

Nous allons maintenant aborder l'étude de la photogénèse chez les vertébrés ; mais, auparavant, je veux vous dire quelques mots des tuniciers lumineux.

Si leur examen précède celui des poissons, qui renferment beaucoup d'espèces photogènes, ce n'est pas parce que leur organisation forme une transition morphologique, mais seulement parce qu'ici l'homologie des organes se trouve doublée d'une analogie physiologique : la propriété d'émettre de la lumière ; il n'y a aucune raison pour séparer physiologiquement ces êtres, alors qu'il en existe pour les rapprocher morphologiquement.

Nous allons retrouver, chez ces animaux marins, des organes photogènes bien différenciés, comme sont ceux des poissons.

Les tuniciers vivent isolés ou réunis en colonies, ils sont fixés ou libres, et leur corps est protégé par une sorte de squelette externe, cartilagineux, composé en majeure partie d'une substance analogue à la cellulose végétale, la tunicine ou cellulose animale.

Ils se subdivisent en quatre ordres : 1° les appendiculaires ; 2° les ascidies simples et agrégées ; 3° les synascidies ; 4° les ascidies falciformes.

Ce n'est que dans le premier et le quatrième groupe que l'on rencontre des espèces ayant de véritables organes lumineux ; quant aux espèces des deux autres ordres, elles sont considérées comme lumineuses, peut-être parce qu'elles n'ont pas été bien observées.

Les tuniciers sont remarquables par les changements que subissent leurs radiations, dont la couleur passe du blanc au rouge, puis au vert pour revenir au blanc sous l'influence d'une même excitation.

On a donné le nom de Pyrosomes ou corps de feu à des colonies de tuniciers assez communes dans l'Atlantique et surtout dans la Méditerranée (fig. 208). Les colons supportés par un polypier cartilagineux non fixé, sont des ascidies simples, en nombre assez considérable ; il y en a quelquefois jusqu'à 3 200, comme dans le *Pyrosoma atlantica* ; cette espèce présente, à l'état ordinaire, une lumière vert jaunâtre, qui n'est pas du plus riche effet, mais dès qu'on l'excite, immédiatement elle devient d'un rouge magnifique, passe ensuite au vert, puis au blanc. Chez le Pyrosome, il y a des mouvements d'ensemble permettant à la colonie tout entière de se déplacer et aussi de faire circuler l'eau dans sa cavité centrale creusée en dé à coudre; il en résulte qu'elle s'illumine d'une manière intermittente à chaque contraction.

Tout individu, examiné en particulier, montre deux

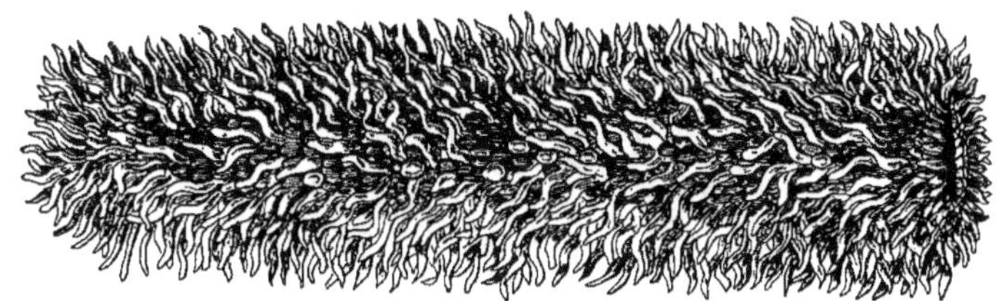

Fig. 208. — *Pyrosome géant* (2/3 de grand. natur.).

petits points brillants près du col, au niveau ou près des branchies, un peu au-dessus des deux nerfs latéraux de la première paire, voisins des arches ciliées. Ils sont généralement de forme ovale, quelquefois triangulaire, compris entre le sinus sanguin et l'enveloppe de l'animal; des plastides, renfermant de nombreuses granulations arrondies, les constituent (fig. 209).

Ces éléments se développent aux dépens de l'ectoderme et sont visibles déjà dans la larve; ils ne forment pas, à proprement parler, des organes car ils sont libres et non réunis dans une enveloppe commune. Comme chez les Pennatules, il y a chez les Pyrosomes transmission de l'excitation, mais moins régulièrement.

Parmi les Salpes solitaires, je vous signalerai la *Salpa maxima*, de l'Atlantique, et la *Salpa zonaria* (fig. 210 et 211). Ces tuniciers forment parfois des bandes de plusieurs centaines de lieues de long dans le Pacifique, ressemblant dans les nuits sombres à d'immenses fleuves de lumière ou à une voie lactée océanique.

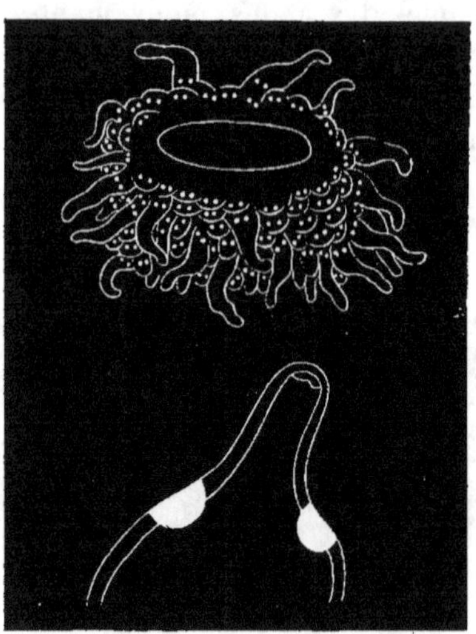

Fig. 209. — A, Organes photogènes du *Pyrosome géant* : B, Partie antérieure d'un individu (très grossie).

Les poissons lumineux se rencontrent surtout dans les régions abyssales, où l'éclairage par les rayons solaires

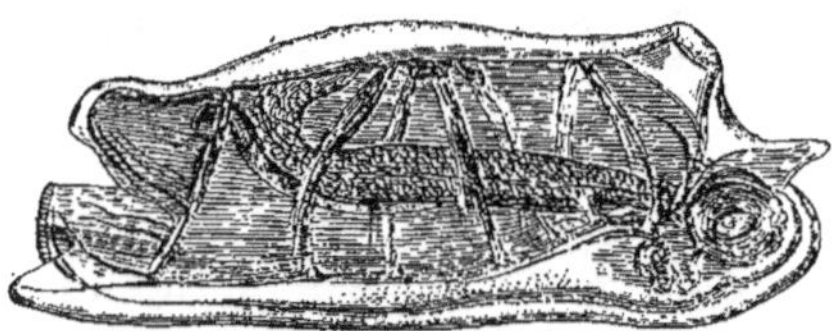

Fig. 210. — *Salpe.*

paraît faire défaut. On comprend facilement les avantages qu'ils peuvent retirer de l'exercice de la fonction qui nous occupe. Leurs organes photogènes sont peu ou beaucoup différenciés, et leur siège ainsi que leur nombre sont très variables. Nous allons les examiner rapidement dans les espèces les mieux connues.

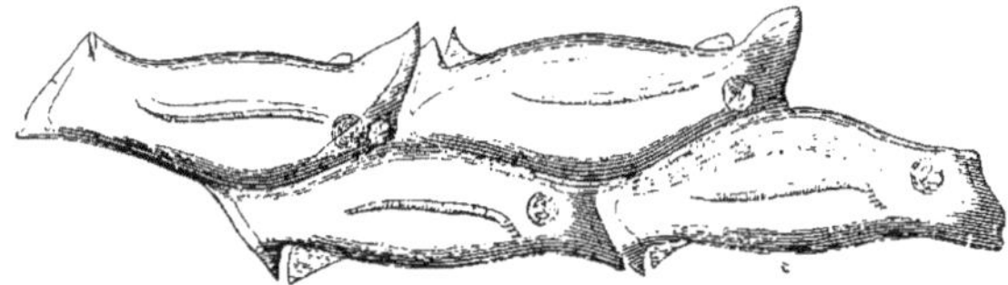

FIG. 211. — *Salpa zonaire* (réduit).

Dans les genres *Malacosteus* (fig. 212), *Photonectes*, *Pachystomias*, *Opostomias*, *Echiostoma*, ils sont représentés par d'innombrables tubercules faisant plus ou moins

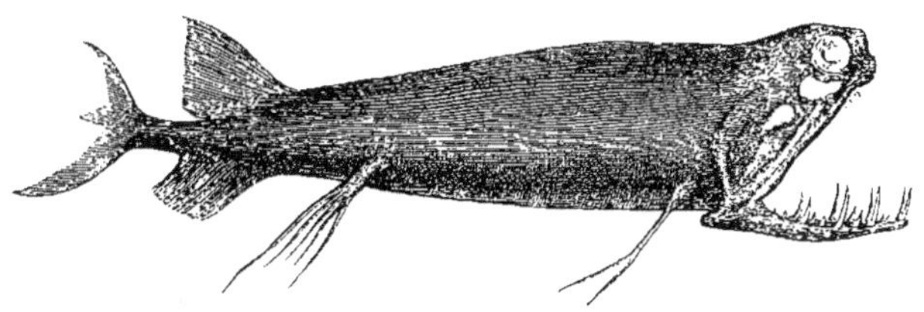

FIG. 212. — *Malacoste choristodactyle* (1/2 de grand. natur.).

saillie à la surface de la peau, couvrant les côtés du corps, et réunis en très grande quantité par bandes transversales correspondant aux segments musculaires dans les

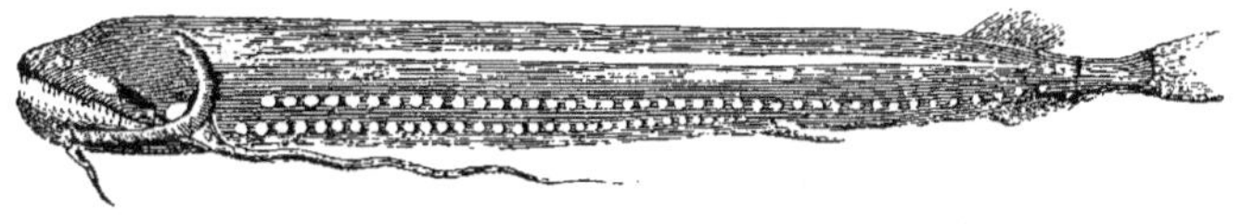

FIG. 213. — *Echiostome barbu* (4/11 de grand. natur.).

genres *Malacosteus*, *Photonectes*, *Pachystomias*, *Opostomias*, *Echiostoma* (fig. 213).

On trouve des nodules plus grands, moins nombreux, et plus saillants dans la peau, sur la tête suivant les

canaux mucipares et manquant le long de la ligne latérale, mais distribués en quinconces sur le corps dans le
genre *Xenodermichthys*.

Ce sont des taches oculiformes plus différenciées,
rouges ou vertes pendant la vie, placées sur deux rangs,
à distance régulière, occupant les côtés inférieurs du
corps et aussi la tête, la base des rayons branchiostèges
et l'opercule, chez les *Idiacanthus*, *Photonectes*, *Pachystomias*, *Opostomias*, *Echiostoma*, *Stomias* (fig. 214), *Astronesthes*,
Chauliodus, *Gonostoma*.

Fig. 214. — *Stomias barbata* des côtes d'Islande.

Les organes photogènes sont grands, ronds, aplatis,
avec un éclat de perle, disposés en rangées sur la partie
inférieure du corps et de la tête, et aussi jetés isolément
sur les côtés de l'abdomen, et sur les opercules dans les
genres *Nannobrachium*, *Scopelus*, *Photichthys*, *Polyipnus*,
Sternoptyx, *Argyropelecus*, *Gonostoma*.

Viennent ensuite des organes non différenciés se présentant sous forme de taches plus ou moins diffuses d'une
substance glandulaire, blanche, d'épaisseur variable. Ils
occupent les côtés du tronc chez les *Astronesthes*; la partie
ventrale ou dorsale du pédoncule de la queue chez les

Nannobrachium et les *Gonostoma*; les clavicules et les cavités branchiales dans les genres *Holosaurus, Oposto-mias, Sternoptyx*; les régions infra-orbitaires chez les *Photichthys* et les *Gonostoma*; le museau, en avant des yeux, dans les genres *Scopelus, Melanonus, Melamphaes*; les barbillons des *Idiacanthus*, des *Opostomias, Linophryne*; et les nageoires des *Himantolophus reinhardti, Chaunax* et *Melanocetus* (fig. 215).

D'autres fois, les parties glandulaires en groupes sim-

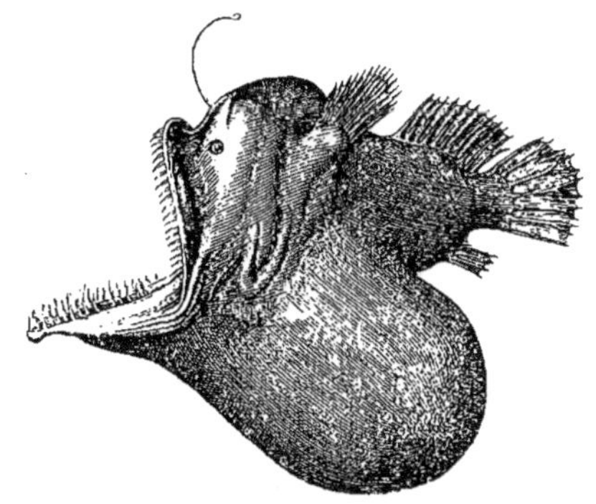

Fig. 215. — *Melanocète* (3/5 de grand. natur.).

ples sont différenciées davantage, formant de chaque côté du poisson une masse plus ou moins allongée située dans une autre cavité de la région infraorbitaire : c'est ce que l'on voit dans les genres *Idiacanthus, Malacosteus, Photo-nectes, Pachystomias, Opostomias, Echiostoma, Astronesthes, Anomalops*.

Chez les *Linophrynes, Onéirodes, Ceratias (pédiculates)* et *Himantolophus*, on les a signalées sur la nageoire dorsale, dans des cavités munies d'un orifice d'où pouvait sortir un filament ou un tentacule.

Des organes diamantiformes se montrent au-dessous du tégument demi-transparent, chez les *Halosaurus*, sur les écailles de la ligne latérale, en une seule rangée, ainsi que sur la tête, suivant les branchies inférieures des canaux mucipares et dans ces canaux mêmes.

L'*Ipnops Murrayi* porte deux grands organes photogènes, à contours entièrement symétriques, situés à droite et à gauche sur la ligne médiane de la face supérieure de la tête et s'étendant, à partir d'une région un peu postérieure, aux cavités nasales, presque au-dessus de la partie postérieure du crâne.

En somme, les organes sont un peu différenciés et ils se présentent alors sous forme de glandes, ou bien, ils possèdent une grande perfection et deviennent oculiformes, comme certaines photosphères que nous avons rencontrées chez les crustacés. Ainsi que ces dernières, on les avait pris pour des yeux accessoires ; nous savons qu'il n'est pas impossible, d'une part, qu'ils ne soient, comme l'œil le plus parfait d'ailleurs, qu'une sorte de glande compliquée. Lorsque la lumière est émise par de véritables glandes, elle est plus pâle, se rapproche davantage de la lueur du phosphore ; au contraire, elle est vive quand elle vient des photosphères, vraisemblablement disposées pour rassembler les radiations, et éviter qu'elles ne soient dispersées dans tous les sens.

Examinons maintenant la structure d'un organe photogène de *Stomias*.

Comme vous le voyez fig. 216, la forme générale est celle d'une gourde très peu étranglée ; la partie la plus volumineuse s'enfonce dans les muscles superficiels, l'autre fait une légère saillie à la surface des téguments. Tout le fond de l'organe est pigmenté, noir, et c'est seulement en avant qu'il existe une sorte de cornée transparente, permettant l'entrée et la sortie des rayons lumineux.

Tout autour se trouve une couche conjonctive servant de membrane de protection, analogue à la sclérotique.

Sur celle-ci, s'insère, au niveau de l'étranglement, une sorte de diaphragme de même nature, plus ou moins granuleux, et percé d'une ouverture à son centre.

De la face antérieure du diaphragme se détache une membrane qui vient faire saillie à l'intérieur de l'organe et représente une véritable capsule du cristallin. A l'intérieur de cette membrane se montrent des cônes arrondis

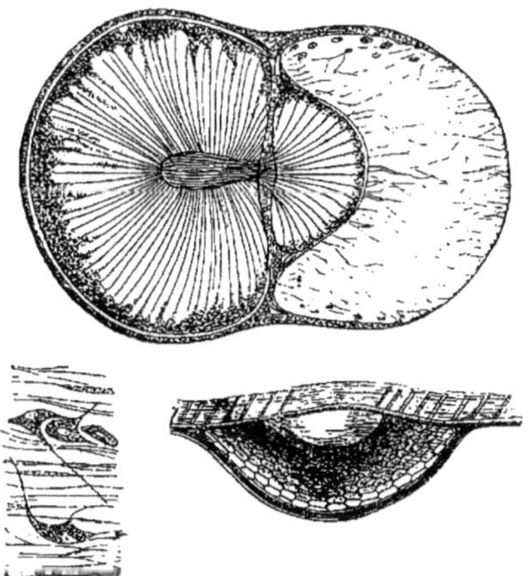

Fig. 216. — Appareil lumineux des *Stomias*.

se dirigeant vers l'orifice du diaphragme, qu'ils traversent en subissant un étranglement, pour se renfler ensuite à l'intérieur de la chambre postérieure.

Dans l'espace situé en arrière de la cornée, et représentant la chambre antérieure, on rencontre une masse mucilagineuse renfermant des éléments peu nombreux. La cavité est remplie par une sorte d'humeur aqueuse. Ces filaments se rendent dans une zone translucide formée de couches d'éléments nerveux multipolaires, correspondant à celles que l'on trouve dans la rétine. Au-dessous, se voient des plastides polygonaux très chargés en pigment, comparables à ceux de la choroïde. Les autres filaments des plastides nerveux vont se rendre dans le nerf qui traverse la sclérotique supposée pour se jeter dans la moelle : ce dernier serait l'équivalent d'un nerf optique. L'organe lumineux des *Ichthyococcus* présente une structure plus simple (fig. 217).

Quant aux véritables organes glandulaires, ils ont la même forme générale. On remarque surtout, dans la partie antérieure, de gros plastides arrondis, tandis que dans la partie postérieure les éléments sont polyédriques et deviennent de plus en plus petits, à mesure que l'on

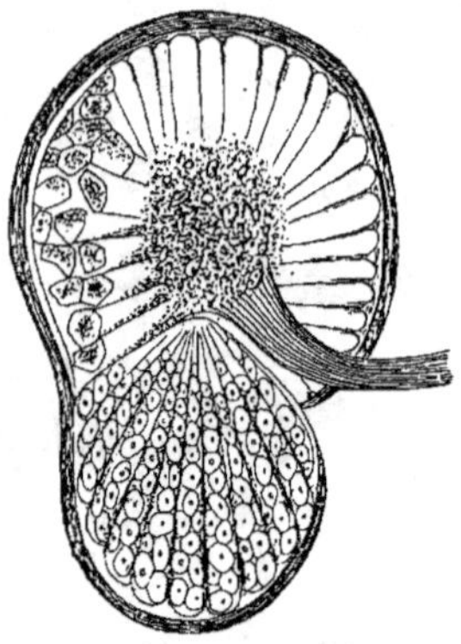

Fig. 217. — Organe lumineux de la région nasale de l'*Ichthyococcus*.

s'avance vers la profondeur de l'organe : ne seraient-ce pas des plastides nerveux? C'est un point à élucider.

L'opinion la plus vraisemblable est, qu'à l'origine, les organes photogènes ont dû être des glandes sécrétant un mucus lumineux. A celles-ci sont venus s'ajouter, dans le cours de l'évolution, d'autres éléments plus différenciés.

Les glandes productrices de mucus lumineux sont pourvues de nerfs, qui leur donnent l'activité, et ne paraissent avoir subi, même dans les organes photogènes les plus développés, aucune modification spéciale autre qu'une augmentation de volume. Le réflecteur doit s'être formé au-dessous de la glande.

La partie inférieure de la glande photogène, ainsi que le nerf dont elle est pourvue, ne présentent pas de particularités, seulement sa partie supérieure est quelquefois très modifiée. Les plastides photogènes typiques, en massues, prennent alors un développement particulier et souvent, sur le trajet des nerfs en relation avec eux, se voient des plastides ganglionnaires spéciaux.

On a nié l'existence de rapports entre les organes photogènes et les canaux mucipares. Or, ceux qui se trouvent situés sur la ligne latérale des *Halosaurus* montrent clairement qu'eux, au moins, se sont développés en connexion avec les canaux mucifères. Les faits histologiques positifs ne sont pas suffisants, dans la totalité des cas, pour permettre d'en tirer une conclusion sur la fonction des organes considérés comme photogènes, mais il est parfaitement acquis que certains d'entre eux produisent de la lumière, et il y a de bonnes raisons pour considérer les autres comme jouissant des mêmes facultés.

Les plastides photogènes en massue, avec leur vésicule ovale très réfringente, peuvent être regardés comme des plastides glandulaires plus différenciés, dont la vésicule est un produit de sécrétion.

En résumé, les organes photogènes des poissons sont des glandes mucipares simples plus ou moins transformées, en partie situées sous la peau et partiellement en connexion avec les canaux mucifères. Les éléments typiques en massues sont des plastides glandulaires perfectionnés; quant aux réflecteurs et aux sphincters, ils se sont développés aux dépens de la peau située autour et au-dessous des glandes. Les organes infra-orbitaires sont innervés par une branche modifiée des nerfs trijumeaux, et les autres organes photogènes par les nerfs périphériques ordinaires.

A quoi peuvent servir ces organes? On ne saurait répondre à cette question que par des expériences, mais il n'est guère possible de faire plus de trois hypothèses : ces foyers sont utiles soit en éclairant la marche de l'animal et l'aidant à trouver sa nourriture, soit pour attirer les animaux qui doivent servir de proie, ou encore pour effrayer les ennemis. Peut-être même les poissons des régions abyssales tirent-ils de leurs fanaux ces trois avantages à la fois.

En dehors des poissons, la photogénèse, en tant que phénomène normal, devient très problématique chez les vertébrés. On a parlé d'une Tortue marine portant une plaque lumineuse au niveau d'une plaie qu'elle présentait sur le dos : il est vraisemblable qu'il s'agissait d'un cas de parasitisme. Quant au Crapaud de Surinam, dont on a vu l'intérieur de la bouche phosphorescent, il avait dû avaler quelqu'insecte ou myriopode lumineux.

Que penser de la luminosité du mucus des œufs de Grenouille, de celle du Lézard et du Gecko, du plumage de certains oiseaux, et particulièrement de deux espèces de Hérons? Ce sont certainement des faits accidentels, résultant très probablement d'un emprunt, autrement ils auraient été observés souvent.

On trouve, dans les anciens auteurs, beaucoup de cas de luminosité chez les animaux vertébrés, mais ils ont tout confondu : les lueurs des yeux de carnivores et de ruminants dues à la diffraction et à la réfraction des radiations venues du dehors et frappant la membrane du tapis, les étincelles que l'on provoque en frottant par un temps sec la fourrure de certains animaux, du chat par exemple, les reflets du plumage des oiseaux, etc., etc. Ces faits ne valent pas même la peine d'être discutés et n'ont rien à voir avec ceux qui nous occupent.

On ne doit pas tenir le même langage à propos de certains cas observés chez des carnivores et chez l'Homme.

Des observateurs dignes de foi ont rapporté que les urines de la Mouffette du Brésil et celles du Zorillo ou

Sorillo, qui n'est autre chose que le *Viverra putorius*, seraient lumineuses au moment de l'émission. Ces animaux se serviraient de ce moyen de défense pour éloigner leurs ennemis, et leurs urines ne seraient pas seulement repoussantes par leur odeur, mais encore effrayantes par la lumière qu'elles émettent dans la nuit. Après avoir été recueilli dans un verre, ce liquide brillerait assez longtemps.

Le lait de Vache est, paraît-il, susceptible d'acquérir la photogénéité, mais moins souvent, toutefois, que celui de Femme.

Plusieurs observations de sueurs lumineuses existent dans la science. Un individu grand mangeur de graisse et atteint de psoriasis, ayant un soir étendu sa chemise sur le dossier d'une chaise pour se coucher, fut très surpris, après avoir éteint sa lampe, de voir la silhouette de son buste et de ses bras dessinée par une lueur phosphorescente. Le fait se renouvela plusieurs fois, quand le malade avait mangé beaucoup de corps gras.

Dans un autre cas, il s'agit d'un individu sain qui avait ingéré du poisson en grande abondance, le soir, et qui, en se réveillant de bon matin, avant le jour, vit sur ses cuisses une myriade de points brillants comme un champ parsemé de Lucioles; en faisant glisser le doigt d'un point à un autre on produisait une raie lumineuse; le phénomène dura peu d'instants.

Des lueurs passagères se communiquant aux mains ont été vues sur la peau des hanches, des cuisses, d'un enfant atteint d'affection intestinale.

Ces sécrétions possèdent parfois une odeur phosphorée, qui cependant n'a été notée que par un seul observateur.

Enfin, on doit rapporter, je pense, à la même cause des lueurs faibles vacillantes qui furent signalées chez deux jeunes filles arrivées au dernier degré de la consomption tuberculeuse.

Il ne faut pas confondre ces cas avec d'anciennes observations, où il est question d'étincelles accompagnées de crépitations obtenues en frottant la peau avec un linge; il s'agit, ici, de phénomènes manifestement électriques.

De véritables lueurs peuvent persister après la mort et plus d'une fois, dans les amphithéâtres d'anatomie, on a vu des cadavres présenter une luminosité autour de la tête.

Chez une femme atteinte d'un cancer du sein, et soignée dans un hôpital, en Angleterre, on constata l'existence d'une vive luminosité de la plaie. Elle était assez forte pour être reconnue à vingt pas et, à la distance de quelques pouces, permettait, la nuit, de lire l'heure à une montre. La sanie qui en découlait était aussi très lumineuse.

Sur des sujets bilieux nerveux, à cheveux rouges et généralement alcooliques, on a observé des plaies phosphorescentes des membres. Le tissu adipeux paraissait plus particulièrement brillant, et on nota que l'éclat était plus vif quand il y avait de l'hyperthermie, pour cesser avec la défervescence et le collapsus.

On rapporte encore qu'à la suite de l'ingestion d'une certaine quantité de Squilles mal conservées, un individu rendit des excréments lumineux.

L'urine de l'homme s'est montrée plusieurs fois lumineuse. Un auteur a même prétendu que l'on pouvait à volonté obtenir ce phénomène en se soumettant à une grande fatigue.

Quelques-uns de ces cas sont probablement attribuables au parasitisme photogène, dont nous aurons à nous occuper dans la prochaine leçon, à propos de la photogénèse végétale.

VINGT-DEUXIÈME LEÇON

Photogénèse végétale. Champignons et microbes lumineux.

La production de la lumière est un phénomène commun aux animaux et aux plantes. Sur des végétaux supérieurs, elle a été observée un assez grand nombre de fois, mais jamais étudiée expérimentalement, de sorte qu'on ne peut affirmer qu'elle soit chez eux de même nature que chez les animaux. Chose remarquable, on ne l'a guère signalée que sur des parties végétales dépourvues de chlorophylle et se comportant, au point de vue de la nutrition, à peu près comme les tissus animaux. Il est à noter qu'il s'agit souvent de fleurs jaunes telles que celles de la Capucine, du Lis bulbifère, de l'Onagre à gros fruits, du Soleil des jardins, du grand et du petit Œillet d'Inde, du Souci : pourtant, d'autres fois ce sont des fleurs de couleur différente, comme celles de la Matricaire odorante, dont les pétales sont blancs, de la Gazanie queue de Paon, d'une Verveine à corolle écarlate, du Pavot oriental, de la Tubéreuse, des Géraniums.

Les conditions dans lesquelles se produit le phénomène sont variables : la Matricaire brillait par un épais brouillard, et la Verveine, au contraire, par un temps sec, très orageux : on remarquait comme une espèce de fumée avec des lueurs ressemblant à des éclairs de chaleur. Des observations analogues furent faites, en juillet, sur le Géranium, la luminosité ne dura qu'un quart d'heure, mais se renouvela plusieurs jours de suite.

Le spadice de l'*Arum maculatum* possède une respiration très active, et sa température est parfois assez élevée : on a dit qu'il peut devenir lumineux à l'air, avec exagération de la luminosité quand il est plongé dans l'oxygène. Cette particularité, si elle est exacte, tendrait à faire supposer qu'il s'agit ici d'un phénomène spécial, les animaux ne se comportant pas de cette manière en présence du gaz en question.

Les fruits du Pêcher et de l'Abricotier auraient été vus lumineux, quelquefois. Mais on n'a signalé que trois plantes dont les parties vertes fussent capables de briller : le *Phytolacca decandra*, l'*Euphorbia phosphorea* du Brésil, dont le suc permettrait de tracer des caractères visibles dans l'obscurité, ainsi qu'une Vigne vierge de l'Amérique du sud, désignée dans le pays sous le nom de *Cipo*, dont la sève tomberait de la tige en larmes de feu.

Tous ces phénomènes auraient besoin d'être observés de nouveau et analysés avec soin, pour qu'on puisse avoir une idée bien nette de leur signification.

Pendant longtemps, on avait cru que le protonema d'une fougère, la *Schistostega osmondacea*, était photogène; mais, en l'examinant au microscope, on y a rencontré seulement de gros plastides arrondis, réfringents, qui agissent sur la lumière comme celles du tapis de l'œil du Chat.

En réalité, la photogénèse n'a été bien constatée et bien observée que chez les champignons et les algues blanches, précisément, par conséquent, chez des végétaux achlorophylliens.

En général, il s'agit de champignons élevés en organisation, d'Agarics parfois très volumineux et lumineux à l'état adulte. L'*Agaricus lampas*, d'Australie, peut peser jusqu'à deux kilogrammes; il est pour les indigènes un objet de superstition, aussi, en le voyant, ceux-ci crient-ils : « Chinko, chinko », ce qui signifie « esprit ».

On a rencontré des espèces de Champignons luisant à l'état de complet développement, dans diverses régions.

En France, nous avons l'*Agaricus olearius* (fig. 218), qui croît en assez grande abondance, dans certaines régions de la Provence, au pied des Oliviers. On en connaît quatre

Fig. 218. — *Agaricus olearius.*

à cinq espèces du même genre en Australie : les *Agaricus phosphoreus, candescens, lampas, illuminans* : une autre est commune dans cette région et au Brésil, c'est l'*Agaricus gardneri.* Je vous citerai encore l'*Agaricus prometheus*, de Hong-Kong. A la Nouvelle-Calédonie, surtout dans le sud, et en juillet, qui est la saison froide, on trouve, paraît-il, un Polypore jaune, émettant une lumière verdâtre très vive, assez forte pour permettre de lire. Il pousse dans les ravins humides sur des fragments de bois et ne vit que quatre jours. En se décomposant, il dégage une odeur urineuse des plus désagréables.

La couleur de la lumière n'est pas la même dans toutes les espèces : elle est blanche pour l'*Agaricus olearius,* bleue chez l'*Agaricus igneus* et verte dans l'*Agaricus gardneri.*

Quant à son siège, il n'est pas toujours le même. Très souvent les rhizomorphes seulement sont lumineux. On les voit se développer sur les bois en décomposition, dans les forêts et jusque dans les caves où sont conservées des provisions de chauffage. D'autres poussent sur les poutres vermoulues, dans les sombres galeries des mines, comme si elles voulaient les éclairer, et aussi sur les tuyaux de bois servant dans certains pays à conduire les eaux.

Les mycéliums se présentent d'ordinaire sous forme d'une membrane blanchâtre, feutrée, de la partie centrale de laquelle partent des organes végétatifs. A l'état jeune, les rhizomorphes sont hyalins et, à mesure qu'ils avancent en âge, leur couleur devient brunâtre, puis brun foncé, quand ils sont très vieux. A ce moment, si on en fait l'examen, on trouve sous cette couche brune une masse pseudo-parenchymateuse, mais dont la structure n'indique rien, au point de vue de la luminosité.

Parmi les filaments lumineux de l'*Agaricus melleus*, ceux qui vont des racines d'un arbre à celles d'un autre, sans tirer aucune nourriture du sol, ne luisent pas; par contre, les filaments vivant à l'intérieur de l'arbre et à ses dépens, brillent au contact de l'air, tant que leur couche externe n'est pas cutinisée. C'est ce qui fait que les jeunes prolongements présentent une lueur uniforme, tandis que, dans les vieux, les points brillants ne se montrent que çà et là, au niveau des nouvelles pousses. En blessant ces dernières, on voit le lendemain la plaie devenir phosphorescente, sans que l'on puisse dire au juste si c'est le contact de l'air, lequel devrait agir immédiatement, ou bien, ce qui est plus probable, le travail réparateur et formateur s'opérant là, comme dans les jeunes pousses.

Les rhizomorphes photogènes les plus connus sont fournis par les *Agaricus melleus, Trametes pini, Polyporus igniarius, Lenzites betulina.*

Les sclérotes de l'*Agaricus tuberosus* sont également lumineux.

Ils se développent sur les essences de bois les plus variées : souches de Pins malades ou sains, aussi bien sur les Pins et les Epicea que sur certains Sapins, comme l'*Abies sylvestris*, sur le Hêtre, le Peuplier, le Saule, le Tilleul, l'Aulne, le Noyer, le Marronnier d'Inde et jusque sur les rhizomes du *Pandanus.*

La luminosité est bien réellement attachée à la présence de ces végétaux parasites, car, dès qu'on les enlève, le bois la perd. D'ailleurs, on a pu en faire des cultures artificielles dans du jus de pruneaux, elles montraient une belle clarté, surtout à l'extrémité des jeunes pousses.

J'ai souvent rencontré, dans les forêts, des fragments de bois frais ou vieux, au mois d'octobre principalement, éclairant dans toutes leurs parties, et d'une manière uniforme, sans être parvenu à y découvrir le moindre filament mycélien. Peut-être s'agissait-il d'autres parasites plus petits, pourtant je dois dire que les cultures les plus variées ont échoué. Je me demande si, dans certains cas, les altérations nécrobiotiques ne sont pas susceptibles, par elles-mêmes, de produire la phosphorescence du bois ?

Sur des feuilles de chêne, que j'ai conservées pendant longtemps, et qui étaient constellées de taches lumineuses toutes les fois qu'on mouillait leur surface, je n'ai pas non plus trouvé de mycelium, pourtant le parasitisme ne pouvait être douteux.

Le spectre fourni par ces champignons est à peu près uniforme ; l'œil n'y reconnaît qu'une lueur diffuse, pour les mêmes raisons que j'ai indiquées à propos des animaux faiblement lumineux, il paraît très incomplet, commençant dans le bleu pâle et se prolongeant jusque dans l'ultra-violet. Après une longue observation, on y voit comme des bandes sombres, mais on ne peut dire cependant que le spectre soit discontinu, cela tient sans doute à ce que, dans ces points, il y a trop peu de lumière pour impressionner l'œil.

L'*Agaricus olearius* est le seul champignon qui ait été bien étudié au point de vue physiologique. Je vous ai dit qu'il se rencontrait assez fréquemment en Provence, où il croît non seulement au pied des Oliviers, mais encore des Syringa, des Peupliers blancs et des Robinia. Dans l'obscurité, il émet une lueur phosphorescente qui a son siège à la partie inférieure, dans les feuillets de l'hymenium, et peut s'étendre sur la tige, mais non à la face supérieure du chapeau. La luminosité n'est pas la même à tous les âges ; elle atteint un maximum à la période de croissance, et s'affaiblit beaucoup dans la vieillesse, pour disparaître au moment de la mort. Je me suis demandé si elle venait du tissu lui-même, ou bien si elle était due à une symbiose. La substance obtenue par grattage des parties photogènes m'a fourni de belles cultures microbiennes, je ne les ai jamais vues briller, et j'en conclus qu'il s'agit bien d'une propriété inhérente au tissu du champignon.

L'intensité lumineuse varie avec la température : elle s'abaisse vers 4°, faiblit beaucoup jusqu'à 0°, mais, même au-dessous de ce point, ne s'éteint pas entièrement. Vers + 45°, elle diminue également et peut encore retrouver son état normal à la température ordinaire; l'extinction est définitive entre 50 et 55 degrés. La température optima se trouve entre 18 et 20 degrés. Vous vous rappelez que nous avons fait de semblables constatations pour le Pyrophore noctiluque. Il y a encore d'autres points communs : si le champignon perd une certaine quantité d'eau, on le voit s'éteindre, puis se rallumer dès que l'humidité nécessaire lui est rendue, mais il ne faut pas que la dessiccation soit poussée trop loin. La présence de l'oxygène est nécessaire pour entretenir la luminosité qui disparaît au bout d'un certain temps dans les gaz neutres, et assez rapidement dans l'acide carbonique. On a dit, comme pour les Salpes et les Noctiluques, que la lumière du jour exerçait une action inhibitrice; le fait aurait besoin d'être contrôlé.

Je n'ai pu découvrir de localisation dans aucun élément particulier, mais on rencontre, dans le tissu des parties photogènes, des granulations ayant la forme de vacuolides, et le protoplasme des plastides montre des points très réfringents et très brillants à la lumière réfléchie, la réaction est acide.

Nous avons déjà constaté la production de la lumière dans des organismes monoplastidaires, comme les œufs d'insecte avant leur segmentation, et divers protozoaires, tels que les infusoires. Nous allons l'étudier maintenant chez des êtres encore plus rudimentaires : les algues blanches, qui sont des protophytes achlorophylliens.

On dit avoir observé la photogénèse chez certaines algues du genre *Oscillatoria* et *Beggiatoa*, de la famille des nostocacées, trouvées dans l'Atlantique, mais les plus connues appartiennent à la famille des bactériacées. On en a décrit huit à dix espèces, ou variétés d'une même espèce, ce qui est fort difficile à décider étant donné le polymorphisme de ces végétaux inférieurs. Quoi qu'il en soit, on les a toutes réunies dans le genre *Photobacterium*. Elles sont non seulement polymorphes, mais aussi, pourrait-on dire, polycinématodynames, en ce sens qu'en dehors des formes diverses qu'elles peuvent affecter, leurs manifestations physiologiques telles que la couleur de la lumière, la propriété de fluidifier ou non les bouillons de culture, la mobilité, etc., changent suivant les variétés. Mais, comme il est impossible de nier que des cultures provenant de la même origine puissent fournir, ainsi que vous le verrez bientôt, des échantillons très différents avec le temps et suivant les milieux, je n'entreprendrai pas d'énumérer des caractères auxquels manquerait la principale condition pour déterminer l'espèce, à savoir la fixité. Je vous rappellerai seulement qu'on a décrit, à part, les *Photobacterium phosphoreum*, *pflugeri*, *indicum*, *luminosum* et *fischeri* de la mer du Nord, de la Baltique et de la mer des Indes. J'en ai obtenu moi-même deux sortes auxquelles j'avais donné les noms de *Bacterium pholas* et de *Bacillus pelagiæ*, parce que l'une vit en symbiose sur la Pholade dactyle et l'autre sur la *Pelagia noctiluca*.

Toutes ces bactéries se colorent de la même manière par les réactifs.

Elles vivent dans la mer, soit en liberté, soit en parasites de ses habitants : cœlentérés, mollusques céphalopodes, crustacés, poissons, etc.; mais, chose singulière, elles se mettent à briller, d'ordinaire, seulement après que les animaux ont été retirés de l'eau et un certain temps après leur mort. Il semble que la résistance vitale doive être supprimée, ou tout au moins diminuée, car j'avais maintes fois essayé depuis longtemps de les inoculer à des individus vivants, appartenant à des espèces différentes, sans pouvoir y parvenir. Pourtant divers observateurs avaient noté que certains petits crustacés amphipodes étaient accidentellement lumineux pendant leur vie. Dans ces temps derniers, on est parvenu, en se servant du sang de ces animaux, dans lequel la présence des photobactériacées avait été constatée, à inoculer la luminosité à des Orchestries. Au bout de 48 à 60 heures, le sujet est entièrement lumineux, mais en même temps, il devient manifestement malade, ses mouvements sont gênés, et il meurt trois à quatre jours après. La mort ne suspend pas la luminosité, qui persiste assez longtemps.

Les Hyales et les Ligies sont également inoculables,

quoique plus difficilement : il en est de même des *Gammarus* et des Talytres. L'expérience réussit bien avec les isopodes terrestres : *Philoscia muscarum, Porcellio scaber* et divers autres Cloportes.

Si on fait une ouverture à la carapace d'un Crabe comme le *Carcinus mœnas* et qu'on y dépose une goutte de sang infecté, le point inoculé reste phosphorescent; la plaie peut s'éteindre superficiellement, mais en ouvrant l'animal, on constate que les branchies sont devenues bien lumineuses.

Les crustacés atteints de photobactériopathie, à l'état de liberté, doivent s'inoculer eux-mêmes avec des arêtes de poisson, en se piquant accidentellement.

L'infection lumineuse des viandes, observée à différentes époques et dans différents lieux, où elle avait provoqué la frayeur de ceux qui n'en connaissaient pas la cause, est due à ces photobactériacées.

Certaines boucheries ont été complètement envahies par ces parasites qui se multiplient rapidement sur un grand nombre d'espèces de viandes : bœuf, porc, cheval, mouton, lapin, etc. C'est d'ordinaire vers Pâques que se montrent ces épidémies du cadavre, probablement à cause de la température de la saison et peut-être aussi parce que ces algues, étant probablement toutes d'origine marine, se trouvent apportées en grande quantité avec le poisson que l'on mange en abondance pendant le Carême.

La chair des poissons d'eau douce et de divers autres animaux échappe à la contamination.

L'ingestion des viandes phosphorescentes n'a jamais déterminé d'accidents, à notre connaissance.

Selon la nature du terrain, la durée de la période d'incubation est variable : pour le Cheval, il faut quatre à six jours, pour le Bœuf deux à quatre; le Lapin un à deux.

La luminosité disparaît dès que la putréfaction se déclare.

Les photobactériacées se cultivent et brillent facilement dans les bouillons liquides ou gélatineux. Ceux de gélatine peptone, soit fluides, soit surtout solides, réussissent le mieux, mais à la condition essentielle de contenir une certaine quantité de sel marin, deux à trois pour cent environ.

Les peptones sont extrêmement favorables à la production des cultures lumineuses, non seulement parce qu'elles constituent une substance azotée bien assimilable, mais encore et principalement par les matières phosphorées, également assimilables, fournies par les nucléines et les lécithines de la viande ayant servi à les préparer. C'est sans doute parce qu'il faut qu'une partie du protoplasme se transforme en peptone par la nécrobiose et que les matières phosphorées, dont je viens de parler, soient mises en liberté par la désagrégation des noyaux, que la luminosité ne se manifeste pas aussitôt après la mort.

J'ai pu obtenir des cultures bien brillantes avec de la gélatine pure, convenablement salée et additionnée de lécithine. Toutes les substances composantes des peptones ne sont donc pas indispensables. Je suis même arrivé, avec une variété que j'ai particulièrement étudiée, et dont je vous parlerai dans un instant, à développer des cultures lumineuses dans un bouillon ne renfermant que des substances chimiquement définies.

Il est nécessaire, en général, que le milieu soit légèrement alcalin ou neutre. La température la plus favorable ne doit pas dépasser 18 à 20 degrés.

Les observations les plus intéressantes m'ont été fournies par une Photobactérie de la viande, la première, et la seule d'ailleurs, qui ait été isolée à l'état de pureté. Elle m'avait été procurée dans les conditions suivantes :

La propriétaire d'un lapin acheté mort et dépouillé au marché de la ville, s'étant aperçue dans la soirée que le corps de l'animal émettait des lueurs dans l'obscurité, l'apporta le lendemain au service municipal d'hygiène de Lyon, qui le fit parvenir le même jour à mon laboratoire : c'était le 24 février 1891.

La phosphorescence se manifestait sur tout le râble ainsi qu'à la face interne des cuisses : elle était moins marquée dans les autres régions. Le papier de tournesol ne donnait ni réaction acide, ni réaction alcaline dans les points lumineux. La viande ne présentait aucune odeur particulière et ce n'est que trois à quatre jours plus tard, lorsque la putréfaction commença à se développer, que les lueurs disparurent.

Le 25 février, on inocula avec de la matière lumineuse plusieurs tubes de gélatine-viande-peptone additionnée de 3 p. 100 de sel marin. Ils brillèrent fortement au bout de vingt-quatre heures, mais s'éteignirent rapidement après s'être liquéfiés.

L'examen microscopique montra que les cultures contenaient plusieurs sortes de micro-organismes. On put les séparer par les procédés ordinaires et reconnaître parmi elles quatre variétés de formes différentes d'une même espèce de Photobactérie. Elles ont reparu plus tard dans les cultures photogènes qui, au début, ne renfermaient qu'une seule forme.

La première sorte, que j'appellerai variété A, formait des colonies blanc jaunâtre, sales, glaireuses, ne creusant pas la gélatine et s'élevant, au contraire, au-dessus de sa surface : elles se composaient exclusivement de microcoques et de bactéries très courtes, non mobiles. Ces colonies n'avaient aucune luminosité.

Celles de la seconde sorte, ou variété B, présentaient, sous certaines incidences, une belle teinte verdâtre, due à un principe fluorescent. On y rencontrait des microcoques, des diplocoques et même de courtes bactéries, réunies parfois en chaînettes de cinq à six individus.

Ils n'étaient ni mobiles, ni lumineux et ne liquéfiaient pas la gélatine.

La variété C formait des colonies blanc jaunâtre, mais qui, au lieu de faire saillie à la surface de la gélatine, la creusaient profondément et rapidement.

La partie liquéfiée présentait toujours une réaction alcaline, même dans les bouillons primitivement neutres. On y reconnaissait des bactéries mobiles, renflées en massues à leurs deux bouts, étranglées vers le milieu et ressemblant beaucoup à la forme suivante.

Les colonies de la variété D étaient transparentes, incolores au début de leur développement, mais pouvaient devenir jaunes plus tard. Loin de fluidifier la gélatine, elles la desséchaient et formaient à sa surface des mamelons arrondis.

Ces derniers émettaient une belle lumière verte et se composaient de bactéries non mobiles, de la forme générale de celles du genre *Photobacterium*, mais elles différaient des espèces que j'avais antérieurement étudiées par leur petite taille. Elles s'en distinguaient également par une propriété, que je n'ai rencontrée chez aucune autre espèce lumineuse, à savoir qu'elles conservaient leur pouvoir photogène dans le bouillon de gélatine-viande-peptone non neutralisé, c'est-à-dire acide (fig. 219).

J'avais, le premier, démontré depuis longtemps que l'on pouvait éteindre à volonté les photobactériacées en les transportant d'un milieu neutre ou alcalin dans un bouillon légèrement acide, et inversement, les rallumer en les faisant passer d'un milieu acide dans un bouillon neutre ou alcalin.

En examinant ce qui se passait dans les tubes acides, je pus facilement me convaincre que ces nouveaux micro-organismes photogènes obéissaient bien à la loi générale, mais par un artifice particulier. Ils possèdent, en effet, la propriété de sécréter une substance alcaline qui leur per-

met de neutraliser l'acidité du milieu ambiant, de telle
sorte que le point où s'est développée la colonie lumineuse
colore en bleu le tournesol rougi, tandis que le bouillon
qui n'a pas été attaqué, rougit le tournesol bleu.

Ce fait est important parce qu'il nous fait comprendre
pourquoi l'organisme normal peut être réfractaire au
développement de certains micro-organismes et non
d'autres.

Les microbes pathogènes se comportent comme les

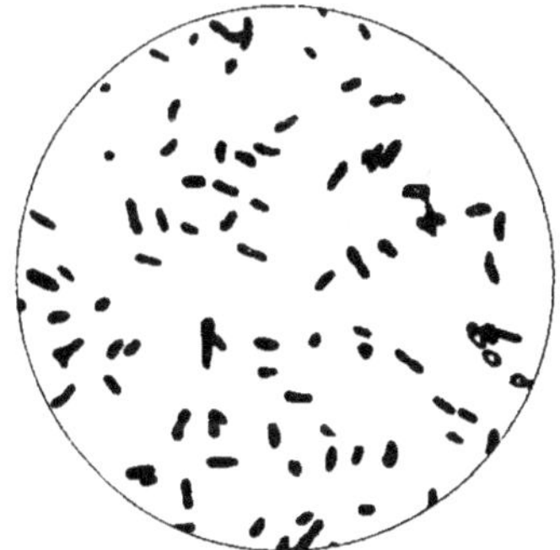

Fig. 219. — *Photobacterium sarcophilum.*

bactériacées lumineuses ; l'agent infectieux est modifié,
ou tué par un milieu qui ne convient pas à son développement, il est esclave du milieu, ou bien il est suceptible
de modifier celui où il tombe et devient alors le maître de
l'organisme. Inversement, les plastides de ce dernier
peuvent modifier leur milieu intérieur premier et résister
de cette façon aux effets de l'infection.

Il ne faut pas cependant, dans le cas qui nous occupe,
que l'acidité du bouillon soit trop prononcée, car il suffit
d'ajouter une très petite quantité d'acide lactique à la
gélatine-viande-peptone pour empêcher la lumière de se
produire : les colonies restent alors misérables, mais, on
peut les rallumer, même au bout d'un temps fort long, en
les inoculant à des bouillons alcalins ou neutres.

D'autres conditions de milieu font également perdre la photogénéité à la variété lumineuse : l'absence ou l'insuffisance de sel dans le bouillon donne la forme fluorescente, mais éteinte B.

La variété fluidifiante C s'obtient expérimentalement en cultivant à 30 degrés la photobactérie éclairante, dans un milieu franchement alcalinisé par le carbonate de soude.

Quant à la variété A, elle résulte du vieillissement et surtout de l'action de la lumière.

Si on conserve des tubes de même origine, également bien lumineux, les uns à la lumière du jour, les autres à l'obscurité complète, les cultures des premiers prennent au bout de quelques semaines une couleur jaune paille, tandis que celles des autres restent d'un blanc grisâtre. En examinant alors tous ces tubes dans l'obscurité, on voit que ceux sur lesquels la lumière a agi sont éteints complètement, tandis que les seconds brillent, et pourtant l'accroissement des colonies s'est fait à peu près également partout. Il n'existe donc pas de relations absolues entre l'activité nutritive et l'activité photogénique ; mais ce qu'il y a de très remarquable à constater, c'est que la lumière du jour éteint la lumière des photobactériacées. Il y a là une action inhibitrice, qui rappelle celle dont je vous ai parlé à propos des champignons, des Salpes et des Noctiluques ; est-elle de même nature ? C'est ce que je ne saurais décider ; mais ici le fait n'est pas douteux.

Je n'ai pas réussi à cultiver le nouveau *Photobacterium* sur des tissus végétaux : bois divers, tubercules de pomme de terre, etc., à l'état lumineux, mais il se multiplie bien sur la chair cuite ou crue des poissons de mer, ce qui permet de croire qu'il est d'origine marine. Inoculé à la viande fraîche de Porc, de Veau, de Mouton et de Cheval, il donne naissance à des cultures brillantes après une période d'incubation de vingt-quatre à quarante-huit heures. Son développement s'est montré peu actif et tardif sur la viande du Cheval et du Bœuf.

En raison de son origine et de ses préférences, je lui ai donné le nom de *Photobacterium sarcophilum*. Sur toutes ces viandes, la propagation ainsi que l'énergie lumineuse ont été activées par l'inoculation simultanée du *Photobacterium* normal et de la variété fluidifiante et mobile C, qui l'accompagnait sur notre Lapin. Vraisemblablement, cette dernière sert d'auxiliaire en entraînant le micro-organisme lumineux, en sécrétant en abondance la substance alcalinisante, ainsi qu'en fluidifiant, peut-être même en peptonisant, le protoplasme des éléments anatomiques, avec mise en liberté de la nucléine du noyau.

Dans les cultures pures, c'est au voisinage de 12 degrés centigrades que le *Photobacterium sarcophilum* brille et se développe le mieux; mais il peut également supporter une température de 20 degrés centigrades sans s'éteindre, aussi bien dans les bouillons alcalins, à la condition que la chaleur ne les liquéfie pas, que dans les milieux neutres, ou légèrement acides.

Si on élève rapidement la température, on voit la luminosité pâlir entre 30 et 40 degrés et s'éteindre définitivement à 50 degrés. Au contraire, en refroidissant brusquement une culture liquide, la lumière faiblit mais ne s'éteint pas vers —3°; elle persiste même encore à —7° alors que le contenu du tube est congelé.

Ce résultat est facilement obtenu avec les bouillons liquides.

La gélatine-viande-peptone alcalinisée, neutralisée ou très légèrement acide, mais additionnée de 3 pour 100 de sel marin, donne de belles cultures se conservant pendant plusieurs mois.

L'addition de quelques gouttes de glycérine augmente le pouvoir éclairant et le développement qui, dans ce cas, semblent marcher de pair. Pour rechercher les éléments qui les favorisent le plus, j'ai fait des semis, d'abord, dans des tubes contenant une gelée faite d'agar-agar préalablement traitée à plusieurs reprises par l'acide chlorhydrique, puis par l'ammoniaque, et ensuite convenablement salée. Dans ces conditions le développement est très misérable et il n'y a pas production de lumière.

Mais, si à ces bouillons on ajoute des peptones, on obtient de belles cultures, bien photogènes.

Malheureusement les peptones sont des produits fort complexes et il est difficile de décider, de prime abord, à quels éléments ils doivent cette propriété.

J'ai pu extraire d'une peptone du commerce de notables quantités de lécithine par l'éther à 65 degrés et j'ai recherché si ce produit, ajouté à l'agar-agar salé, suffirait à donner au bouillon les qualités nécessaires pour obtenir des cultures lumineuses. C'est, en effet, ce qui s'est produit, mais il est bien évident que dans les tubes de culture chauffés à 130 degrés, les nucléines et les lécithines se décomposent et que ce sont leurs produits de dissociation qui donnent les qualités voulues au milieu photogénique.

On sait que sous l'influence de la chaleur la lécithine du jaune d'œuf se dissocie en acide gras, acide phosphoglycérique et névrine.

L'addition d'acides gras neutralisés, c'est-à-dire de savons, au bouillon d'agar-agar ne lui communique pas les qualités requises. Il en est de même quand on ajoute isolément la névrine ou un de ses sels, le chlorhydrate par exemple, tandis que l'acide phospho-glycérique, avec l'agar-agar, qui renferme de l'azote, donne des cultures lumineuses. On obtient un meilleur effet encore en ajoutant du phospho-glycérate de névrine.

Ces résultats expérimentaux et d'autres encore, dans le détail desquels je ne veux pas entrer, m'ont conduit à penser que le *Photobacterium sarcophilum* ne brille que dans des milieux contenant : 1° une certaine quantité de sel marin; 2° un produit azoté; 3° un aliment carboné, tel que la glycérine; 4° des produits phosphorés.

Notre bactériacée se cultive facilement dans des bouillons liquides, et cette propriété m'a permis de simplifier et de varier facilement les procédés de culture.

J'ai pu, en particulier, éliminer l'emploi des substances colloïdales : gélatine, agar-agar, dont la composition est mal connue, et me servir de corps chimiquement bien définis.

Le phosphoglycérate de névrine et l'eau salée à 3 p. 100 donnent des bouillons lumineux, mais ces composés ne sont pas indispensables. On peut substituer à la névrine, l'asparagine, l'urée ou même simplement des sels ammoniacaux. Un mélange de phosphate d'ammoniaque, de glycérine et d'eau salée permet la culture et la phosphorescence du *Bacterium sarcophilum*, mais l'asparagine fournit de meilleurs résultats. J'ai conservé pendant plusieurs semaines des bouillons lumineux composés d'après la formule suivante :

Eau commune	100 gr.
Glycérine	1
Asparagine	1
Sel marin	3
Phosphate de potasse	0 gr. 10

La glycérine elle-même peut être remplacée par divers autres aliments carbonés : dextrine, sucre, glucose, dulcite.

Il est utile d'ajouter des traces des divers principes minéraux que l'on trouve dans les cendres des micro-organismes, surtout quand on emploie de l'eau distillée.

Ces résultats montrent que la phosphorescence est entièrement due à la végétation du *Photobacterium* et n'exige pour se manifester, outre les conditions convenables de milieu, que les aliments nécessaires à tous les autres végétaux inférieurs.

La production de la lumière paraît résulter uniquement de réactions intraplastidaires du *Photobacterium* et non de principes oxydables déversés dans le milieu, car les cultures liquides sont complètement dépouillées de leur phosphorescence quand on les force à traverser des filtres en porcelaine ou en terre de pipe ne présentant aucune fissure, et elle ne renaît point par l'agitation au contact de l'air, comme cela se produit lorsqu'on l'a éteinte par la suppression de l'oxygène nécessaire à la respiration.

Les cultures en liquides ne contenant que des principes chimiquement définis ne sont peut-être pas faciles à obtenir avec d'autres variétés, car, même avec des colonies anciennes de *Photobacterium sarcophilum* sur gélatine-peptone, qui brillaient encore, mais faiblement, je n'ai pas réussi, et les aliments azotés contenus dans les peptones sont certainement les plus assimilables et donnent de beaucoup, dans tous les cas, les meilleurs résultats.

Le sel marin n'intervient pas ici comme aliment : il transforme seulement le liquide ambiant en un plasma propre à conserver au bioprotéon un état d'hydratation déterminé.

On peut, d'ailleurs, obtenir le même résultat avec le sucre en quantité suffisante et avec le sulfate de soude ou de magnésie, mais en proportions différentes.

Ces corps semblent agir ici en entretenant autour des microorganismes un milieu isosmotique. Toutefois, le sel marin se borne à jouer ce rôle, tandis que le glucose et le sucre servent en même temps d'aliments carbonés. La glycérine remplit aussi cette double fonction, mais si l'on dépasse la proportion convenable, au lieu de favoriser la production de la lumière, elle l'arrête.

Ce n'est pas là un phénomène spécial aux photobactériacées, car les substances neutres qui les éteignent, agissent de même sur les liqueurs lumineuses obtenues avec les sécrétions animales filtrées. Toutefois, les proportions antiphotogènes ne sont pas les mêmes dans les deux cas, ainsi que vous en pouvez juger par les résultats suivants :

On a pris d'une part de l'eau rendue lumineuse par le mucus de la Pholade dactyle et, de l'autre, un bouillon bien lumineux, assez dilué, de Photobactérie.

A dix centimètres cubes de ces deux liquides, on ajoutait, jusqu'à extinction, les liqueurs suivantes :

Quantités de liqueur nécessaires pour éteindre 0,10 c. c. de mucus de Pholade dilué ou 0,10 c. c. de bouillon de Photobacterium.

Solutions de	Mucus de Pholade.	Bouillon de Photobacterium.
Sel marin à 35 pour 100	0,95 c. c.	0,25 c. c.
Azotate de soude à 78 pour 100.	0,35 c. c.	0,35 c. c.
Alcool méthylique pur.	0,16 c. c.	0,08 c. c.
— éthylique	0,16 c. c.	0,04 c. c.

La Photobactérie a encore donné lieu à d'autres remarques curieuses.

Sur un bouillon renfermant 10 p. 100 de gélatine, 3 p. 100 de sel et de la lécithine, j'avais fait des inoculations en sillon, au moyen d'une pointe de platine. Au bout de quinze jours ou trois semaines, les tubes qui avaient commencé à briller dès le début continuaient à être lumineux, mais les cultures présentaient un aspect absolument particulier, que je n'ai rencontré dans aucun autre cas (fig. 220).

La lumière était diffuse, visible principalement vers la périphérie, mais peu intense. En examinant les colonies au jour, je vis qu'elles étaient constituées par des plaques à bords irréguliers, ondulés, formant des arborisations rayonnant du centre vers l'extérieur. Autour du sillon longitudinal d'inoculation, on distinguait un rebord saillant, mamelonné. Avec un faible grossissement, il se montrait formé de zooglées arrondies et régulièrement placées en files radiées ; les plus petites se trouvaient vers le centre, les plus grosses vers l'extérieur. Ces dernières étaient vraisemblablement les plus anciennes,

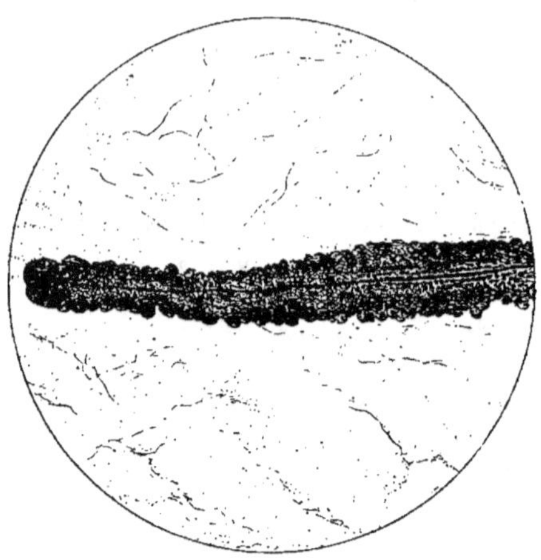

Fig. 220. — Zooglées du *Photobacterium sarcophilum.*

ce qui conduirait à admettre que les zooglées, une fois constituées, sont susceptibles de croissance. Elles renfermaient, en grande abondance, des granulations très fines, probablement la Photobacterie sous forme de microcoques et, pour compléter l'analogie avec les tissus photogènes, ces zooglées présentaient, à la lumière réfléchie, l'éclat caractéristique des petits organes larvaires du Lampyre et de beaucoup d'autres éléments photogènes que nous avons décrits. En jetant les regards sur la préparation dont je projette l'image sur le tableau, vous remarquerez que ces globules ont des contours si nets qu'on les croirait limités par une membrane d'enveloppe, mais on n'y distingue rien qui ressemble à un noyau (fig. 221). Elles étaient faiblement lumineuses et on ne pouvait admettre qu'un champignon, ou une algue se fussent glissés dans nos cultures, qui sont restées longtemps en bon état.

Dans un bouillon où l'agar-agar et la nucléine de la levure de bière remplaçaient la gélatine et la lécithine,

Fig. 221. — Zooglées du *Photobacterium sarcophilum* (plus fort grossissement que dans la fig. 220).

j'avais inoculé aussi le *Photobacterium sarcophilum*. Au bout de deux mois, mes cultures étaient restées brillantes comme les précédentes, mais elles avaient pris également un aspect radié. Toutefois, on n'y reconnaissait pas la forme zoogléique, mais on y distinguait deux zones très nettes : l'une centrale et certainement la plus ancienne, avait absolument le même aspect extérieur que la zone crayeuse des organes des insectes, renfermait comme elle des granulations biréfringentes susceptibles de mouvement brownien, et, à cause de cela, présentait ce scintillement si caractéristique dans la lumière polarisée. Tout autour s'étendait la deuxième zone, transparente et photogène, avec des amas de Photobactéries représentant la couche parenchymateuse des organes du Lampyre et du Pyrophore.

L'examen spectroscopique des cultures du *Photobacterium sarcophilum* nous a donné les renseignements suivants. La raie D correspondant au n° 10 du micromètre, la lueur des colonies s'étendait du n° 12, formant la limite extrême du jaune, du côté du vert, jusqu'à la division 21, limite extérieure dans le bleu, c'est-à-dire un peu au delà de la raie F.

Pour une même variété, la couleur de la lumière peut changer avec le substratum : celle du *Photobacterium phosphoreum* est bleu-verdâtre sur la viande de porc et blanche sur la gélatine-peptone. Le commencement de son spectre, au lieu d'être en D, se trouve alors en Eb. Elle diffère souvent d'une variété à l'autre : le *Photobacterium pflugeri* émet une lumière bleu-verdâtre, celle du *P. luminosum* est plutôt verte, et elle devient orangée ou jaune dans le *P. fischeri*.

Le résultat le plus remarquable de toutes ces recherches spectrométriques est que le maximum d'intensité, pour toutes les variétés, est situé près de la raie b.

J'ai fait avec les photobactériacées développées dans leur milieu naturel, c'est-à-dire sur un jeune Esturgeon, pêché dans la Manche, et devenu très lumineux après sa mort, un certain nombre d'expériences qui m'ont fourni les résultats suivants :

Un fragment de peau exposé à l'action de l'hydrogène sulfuré cesse très rapidement de briller. Le chloroforme fait disparaître la lumière en endormant, c'est-à-dire en déshydratant le plastide, mais elle ne renaît que si le contact n'a pas duré plus d'une demi-heure. Dans le protoxyde d'azote, elle a persisté plus de vingt-quatre heures : elle dure longtemps dans l'hydrogène et reparaît à l'air libre après s'être éteinte. Il en est de même avec l'acide carbonique à la pression normale; si celui-ci est comprimé à cinq atmosphères, l'extinction est rapide et définitive. L'oxygène non comprimé ne produit aucune modification, mais à la pression de cinq à sept atmosphères, la diminution de la lueur est progressive et celle-ci ne se ranime pas à l'air.

Les vapeurs d'acide acétique provoquent l'extinction, mais si on fait agir ensuite celles de l'ammoniaque pour les neutraliser, ces dernières rétablissent la clarté primitive.

Le sulfure de carbone, la benzine, le xylol, le sublimé détruisent, en même temps que les organismes photogènes, leur propriété caractéristique.

J'ajouterai que le sulfate de strychnine affaiblit d'abord la luminosité pour la supprimer au bout de vingt-quatre heu-

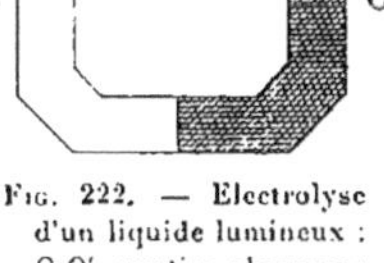

Fig. 222. — Electrolyse d'un liquide lumineux : 0,0', parties obscures; L, partie lumineuse.

res, tandis que le sulfate de morphine, la caféine et la saponine sont inactifs.

L'électrolyse m'a fourni des résultats assez curieux : voici un tube en U dans lequel j'ai introduit un liquide lumineux obtenu en lavant une culture avec de l'eau légèrement salée (fig. 222). Je mets les deux électrodes de platine d'une pile en contact avec les extrémités de la colonne fluide. Vous voyez assez rapidement se produire une extinction au pôle négatif, ainsi que dans la région O'; en continuant à faire passer le courant, les deux extrémités s'éteignent. L'aspect du liquide n'est pas le même au voisinage des deux électrodes : il est clair du côté négatif, et, du côté positif, troublé par des granulations en suspension. En renversant le sens du courant, la luminosité reparaît d'abord aux deux pôles, puis les phénomènes que vous avez observés déjà se manifestent de nouveau, mais en sens inverse. Si on interrompt simplement le courant, la lumière renaît spontanément au pôle négatif.

Ces effets s'expliquent facilement par ce que nous savons déjà. Au pôle négatif, il se dégage de l'hydrogène naissant qui, par son grand pouvoir réducteur, provoque l'extinction ; autour de l'électrode positive, le liquide devient de plus en plus acide et la luminosité n'est plus possible malgré un excès d'oxygène naissant, voire même d'eau oxygénée. Ces faits suffiraient à prouver que tout n'est pas une oxydation banale dans le phénomène en question.

L'oxygène est cependant nécessaire, la photobactériacée ne conservant son pouvoir éclairant qu'autant qu'elle a fait provision d'une certaine quantité de ce corps ou qu'il s'en trouve, soit en dissolution, soit en liberté, dans le milieu ambiant. Dans le cas contraire, elle est forcée de mettre en œuvre son pouvoir réducteur et d'en emprunter aux produits qui sont à sa portée : elle devient alors anaérobie et cesse de briller jusqu'à ce qu'on lui rende de l'oxygène libre. Ce pouvoir réducteur est assez grand pour lui permettre de décolorer l'indigo. Si on ajoute à un bouillon liquide lumineux de l'indigo bleu, puis de l'hyposulfite de sodium, de façon à supprimer l'oxygène, la lumière ne disparaît qu'au bout d'un certain temps, puis le bleu se décolore. En agitant alors la liqueur au contact de l'air, la clarté revient avant la coloration bleue, ce qui prouve non seulement que de l'oxygène emmagasiné a pu être utilisé au début, mais encore que l'affinité des photobactériacées pour l'oxygène photogénique est plus grande que celle de l'indigo réduit.

En résumé, s'il est bien évident que l'activité de la photogénèse est liée à la vitalité des photobactéries, il n'est pas douteux non plus que celle-ci se traduise par une destruction continuelle de substance organisée qui, soit dans les bouillons solides, soit dans les bouillons liquides, se transforme en produits cristallisés au nombre desquels on distingue des phosphates, et quelques composés organiques.

Toutes les tentatives que j'ai faites pour isoler des matières photogènes de ces microorganismes ont échoué, mais il n'est pas impossible que l'on puisse y arriver; seulement, il est infiniment probable qu'elles présenteront les mêmes caractères que celles du mucus lumineux filtré de la Pholade et d'autres animaux, sur lesquels j'insisterai dans notre dernière leçon.

Toutes les causes qui favorisent, entravent ou suppriment l'activité des ferments, agissent de même sur la lumière des photobactériacées.

Les causes adjuvantes sont l'oxygène, l'eau, une température inférieure à 50 degrés.

Les causes paralysantes sont les sels neutres, les anesthésiques, le froid, le desséchement, la raréfaction de l'air; les gaz inertes, ainsi que les corps réducteurs, comme l'hydrogène naissant, l'hydrogène sulfuré, etc.

Les agents de destruction définitive sont ceux qui coagulent les substances albuminoïdes : tanin, bichlorure de mercure, nitrate d'argent, la chaleur à $+50°$, etc. ; les antiseptiques : acide phénique et composés similaires ; les agents désorganisateurs des substances animales : chlore, oxydants énergiques.

En définitive, au point de vue de la photogénèse, comme à beaucoup d'autres, il n'existe entre les animaux et les végétaux aucune différence fondamentale. Il nous suffira donc de découvrir le mécanisme intime de cette curieuse fonction générale chez un organisme, pour avoir son explication dans toute la série des êtres vivants : je vous la donnerai dans notre prochaine et dernière leçon de ce semestre.

VINGT-TROISIÈME LEÇON

Conclusions générales relatives à la production des radiations
lumineuses et chimiques par les êtres vivants.

Le rayonnement de l'énergie, sous forme de radiations
ou d'ondulations lumineuses et chimiques, par les êtres
vivants est donc un phénomène biologique des plus fréquents, et la biophotogénèse, ainsi que la biochimiogé-
nèse, ne constituent pas, comme certains pourraient le
penser, une exception curieuse, sorte de bizarrerie ou de
caprice de la nature. Peut-être ne devons-nous qu'à l'insuffisance de nos sens et de nos appareils de recherches
de n'en pas connaître davantage d'exemples : bien plus,
rien ne s'oppose à ce que l'on pense que tous les organismes sont lumineux. Peut-être aussi cette fonction n'a-
t-elle été universelle qu'au début de la vie sur notre globe,
alors qu'il était encore plongé dans une atmosphère
chargée de vapeurs épaisses et ténébreuses. Ce qui peut
donner à cette hypothèse une importance particulière,
c'est la quantité considérable d'animaux lumineux retirés
des régions abyssales, où la lumière de notre ciel ne
peut descendre.

Actuellement, nous avons seulement le droit de considérer la biophotogénèse comme une fonction générale,
parce qu'elle constitue un phénomène de la vie commun
aux animaux et aux végétaux. Cependant, son exercice
semble être incompatible avec celui de la fonction chlo-

rophyllienne, car on ne l'a pas constatée dans les parties vertes des végétaux d'une manière certaine ; ce n'est que d'une façon tout à fait accidentelle qu'elle a été vue sur des organes achlorophylliens, comme la fleur des végétaux phanérogames.

En revanche, les champignons et les algues blanches comptent de nombreux représentants lumineux. Dans beaucoup de cas, ils sont les agents d'une luminosité d'emprunt, comme celle que l'on a signalée sur le bois mort, les cadavres de poissons de mer, la viande de boucherie, et même dans certaines maladies, pendant la vie.

La biophotogénèse, si répandue parmi les protophytes et les protozoaires, ajoute un nouveau trait d'union entre les animaux et les végétaux.

Chez les protistes, cette fonction ne semble pas plus localisée que les autres, car l'on n'y découvre point d'organes photogènes. Déjà, cependant, les causes qui provoquent, exagèrent, suspendent ou suppriment la production de la lumière agissent dans les êtres monoplastidaires comme dans les organismes polyhétéroplastidaires. D'ailleurs, chez ces derniers, n'existe-t-il pas une phase où ils peuvent être considérés comme des organismes monoplastidaires : celle de l'œuf avant la segmentation ? Et n'avons-nous pas constaté la biophotogénèse dans certains œufs, à cette période du développement ?

Nous avons reconnu aussi que dès le début de la différenciation plastidaire, cette fonction se localisait dans les parties ectodermiques. Elle se rencontre, en outre, dans l'épiderme des méduses et d'une foule de cœlentérés. Quand on excite par le choc les plastides épidermiques de l'*Hippopodius gleba*, ils perdent aussitôt leur transparence de cristal, deviennent lumineux, en même temps qu'opalescents, par l'apparition d'une foule de granulations invisibles avant l'excitation. Nous assistons ici à l'une des modifications intimes les plus curieuses et aussi les plus générales des éléments photogènes. Ces derniers se groupent également dans les canaux gastro-vasculaires des polypes et des cténophores, et si, chez les échinodermes, la localisation n'est pas bien déterminée, on sait néanmoins que c'est à la surface du corps que paraît la lumière.

La région éclairante, chez les vers annélides, semble limitée au tégument de l'élytre, autour de l'élytrophore, et c'est encore dans la peau qu'il faut placer les organes lumineux des Lombrics. Ces derniers sont très vraisemblablement des glandes, comme chez les crustacés, les myriopodes et certains poissons phosphorescents : ils sont représentés dans les Pyrosomes par de petites sphères ectodermiques, baignées par le sang.

Chose curieuse! les glandes lumineuses de certains crustacés et de quelques poissons se perfectionnent au point de ressembler à des yeux et peut-être, dans certains cas, servent-elles à la fois à la vision et à l'éclairage : œil et lanterne en même temps! Pourquoi non? Entre le tégument externe du siphon de la Pholade dactyle, lequel est sensible à la lumière, et son tégument interne qui en fabrique, il n'y a qu'une très faible différence de structure, et cela suffit. En encadrant avec un peu de muqueuse photogène un petit fragment de tégument dermoptique du siphon de ce mollusque, on réaliserait l'œil-lanterne, et il suffirait d'y joindre un cristallin pour avoir une oculo-photosphère parfaite. Mais je dois me hâter de vous dire que de nouvelles recherches, d'ordre expérimental, me paraissent nécessaires pour trancher définitivement la question des photosphères et des yeux lumineux.

Ce qui n'est pas douteux, c'est que les Pyrophores se servent de leur lumière pour s'éclairer et qu'ils préfèrent à toute autre la belle clarté qu'ils produisent. L'analyse physique ne nous a-t-elle pas permis de constater d'abord qu'au point de vue du rendement les foyers des Pyrophores étaient énormément supérieurs à nos meilleurs foyers artificiels? Presque toute l'énergie dépensée est transformée en lumière : une quantité infime seulement est émise sous forme de rayons calorifiques et de radiations chimiques.

La puissance ou intensité graphique du rayonnement d'un appareil prothoracique de Pyrophore ne dépasse pas un millionième de bougie décimale graphique. Malgré cela, vous avez vu qu'avec un temps de pose suffisant on pouvait obtenir de belles épreuves photographiques au moyen de cette lumière. Mais vous n'avez pas oublié que cette dernière est encore supérieure à toute autre par sa composition chromatique, par la sélection des radiations simples qu'elle renferme et qui appartiennent surtout à la région jaune-vert du spectre solaire, ce qui constitue, comme vous le savez, un grand avantage pour l'éclairage.

Ce n'est pas tout : cette lumière possède un éclat d'une beauté incomparable, qui est dû à sa *luminescence* spéciale. N'ai-je pas démontré dans le sang qui baigne les organes lumineux l'existence d'une substance fluorescente que j'ai appelée « pyrophorine », laquelle transforme en radiations éclairantes, pour les superposer aux autres, comme des vibrations harmoniques, la plus grande partie des radiations chimiques obscures qui seraient perdues pour la vision?

Les photographies que j'obtenais il y a quinze ans avec mes Pyrophores sont les premières, je crois, qui aient été faites avec une lumière fluorescente, mais pour en découvrir toutes les propriétés, il n'eût pas fallu interposer des lames de verre entre le foyer et la surface impressionnable. Les clichés que je fais passer sous vos yeux, et que j'ai obtenus au commencement de l'année 1896, montrent bien nettement l'existence de radiations uraniques dans la lumière des êtres vivants et la possibilité de produire avec cette dernière des épreuves au travers des corps opaques.

La découverte des radiations chimiques émises par les organismes lumineux m'avait conduit à penser, vers la même époque, qu'une partie de l'énergie rayonnée par ceux qui sont obscurs pouvait bien être extériorisée sous cette même forme. Mais c'est en vain que j'ai multiplié les expériences : ni la fixation par le regard, longtemps maintenue dans l'obscurité, d'une plaque photographique extra-sensible, ni l'exposition au devant de celle-ci d'animaux les plus divers et d'organes, même en mouvement, comme le cœur de la tortue, ne m'ont donné d'épreuves photographiques, quand on avait pris toutes les précautions pour éviter les causes d'erreur. Parmi celles-ci, il en est une que je veux vous signaler. Vous avez peut-être entendu parler d'une épreuve photographique obtenue au moyen d'un poisson de mer mort, d'une raie, je crois. L'auteur ignorait sans doute que presque tous les poissons de mer deviennent lumineux après leur mort par suite du développement des photobactériacées et que c'est pour ce motif que j'ai pu, il y a bien une douzaine d'années, photographier un Congre de la même manière. Je ne m'attarderai pas à critiquer les expériences grossières de ceux qui ont fait de prétendues photographies en appliquant des animaux, ou des organes comme les mains, sur la surface sensible des plaques photographiques : ce sont là des essais puérils qui ne méritent pas même la peine qu'on s'y arrête.

Ceci ne veut pas dire qu'il faille renoncer à l'espoir de trouver que les êtres vivants sont susceptibles d'émettre des radiations obscures autres que celles que nous connaissons : c'est, au contraire, une voie nouvelle dans laquelle les expérimentateurs doivent s'engager résolument.

Mais revenons maintenant au mécanisme fonctionnel des organes lumineux.

Chez les coléoptères tels que le Ver luisant, la Luciole, le Pyrophore, les organes lumineux ne sont pas tout à fait construits comme les glandes ordinaires dont les produits se déversent à l'extérieur : mais on peut les considérer comme des glandes internes, issues de l'hypoderme et dont les éléments, de même que ceux des glandes ordinaires, subissent une dégénérescence granuleuse suivie d'une fonte. Leur fonctionnement est en réalité peu compliqué.

Dans l'état de repos, c'est-à-dire d'extinction, le sang ne pénètre pas à l'intérieur de l'organe et ne baigne pas, ou fort peu, les éléments photogènes. Au contraire, au moment où il se précipite dans l'organe ventral du Pyrophore, par exemple, on voit naître sur son passage une splendide traînée de lumière.

De nombreuses trachées assurent l'hématose et l'oxygénation de l'organe, mais, je le répète, c'est le sang qui allume le foyer lumineux et entretient son activité. Pendant que celle-ci se manifeste, des granulations apparaissent dans les plastides photogènes, ces granulations d'abord colloïdales, protéiques, deviennent cristallines et sont le point de départ d'une infinité de sphéro-cristaux d'une réfringence particulière et caractéristique. Puis les plastides se désagrègent plus ou moins et leurs débris vont former la couche crayeuse, sorte de lave éteinte de l'organe lumineux.

Mais nous pouvons nous demander si la lumière est produite par quelque mécanisme intraplastidaire exigeant l'intégrité du plastide, ou bien si, dans l'intérieur de celui-ci, se fabriquent des substances photogènes capables de survivre à l'élément producteur.

Il est facile de trancher expérimentalement cette question.

Quand on écrase des plastides d'un organe lumineux de façon à faire disparaître toute trace d'organisation visible, la lumière persiste pendant un temps assez long en présence de l'air : je devrais dire de l'air et de l'eau, car l'action simultanée de ces deux corps est indispensable. Le desséchement entraîne l'extinction, même en présence de l'oxygène pur, et la lumière ne reparaît qu'avec addition d'eau.

La lumière est si peu le résultat d'un fonctionnement plastidaire exigeant l'intégrité du plastide que la substance des organes broyés avec de l'eau peut être filtrée sans perdre sa luminosité.

Mais tout cela ne vous donne pas la clef du mécanisme de la biophotogénèse.

Dès 1885, j'avais fait l'expérience suivante : j'enlevais les deux organes prothoraciques d'un Pyrophore bien lumineux; l'un d'eux était broyé jusqu'à ce que la lumière eût entièrement disparu; on éteignait l'autre brusquement en l'immergeant pendant quelques secondes dans l'eau bouillante. La substance photogène, ainsi éteinte, était écrasée comme la première et mélangée à celle-ci : aussitôt la lumière renaissait.

A cette époque, j'avais conclu que la lumière résulte du conflit de deux substances qui se rencontrent dans les organes photogènes : j'avais bien reconnu que cette réaction ne pouvait s'effectuer qu'en présence de l'eau et que l'une des deux substances, destructible par la chaleur, était de nature albuminoïde, mais la nécessité de l'oxygène m'avait échappé.

Je fis cette expérience à un moment où ma provision de Pyrophores touchait à sa fin, et d'ailleurs, il ne fallait pas songer à employer pour une étude chimique le peu de substance photogène que pouvaient fournir ces insectes.

C'est alors que je pensai à me servir du mucus lumineux sécrété en abondance par la Pholade dactyle. Ce mucus mélangé à de l'eau et filtré fournit une liqueur bien lumineuse : au bout d'un certain temps, elle s'éteint spontanément, mais on peut activer son extinction en l'agitant au contact de l'air.

Après avoir recueilli une certaine quantité de liquide lumineux dans un verre, je le filtrais et le divisais en deux parties égales dans des petits ballons de verre. L'une de ces parties était éteinte par l'agitation et l'autre portée à une température de 70° environ, ou même à l'ébullition. Dans cette dernière se formait un précipité floconneux et la lumière disparaissait aussitôt. En mélangeant ensuite les deux liquides éteints la lumière reparaissait immédiatement.

Venant après celle que j'avais faite avec les Pyrophores, cette expérience paraissait nettement concluante; pourtant, il y avait une cause d'erreur possible, et elle me fit perdre plus tard, pour un instant, le chemin de la vérité.

Quand le mucus de la Pholade est éteint complètement par l'agitation, il reste encore une petite quantité des deux substances photogènes suffisante pour donner un peu de lumière par une légère élévation de température et j'attribuai, à tort, pendant quelque temps, la réapparition de la lumière à ce que le liquide que je venais d'éteindre, en le chauffant, agissait par son calorique. J'admis alors que la lumière était le résultat de la transformation d'une substance colloïdale, albuminoïde, en composé cristalloïdal, au contact de l'air et de l'eau, et dans les conditions de milieu où la vie peut s'exercer.

Une première fois j'avais méconnu le rôle de l'oxygène : cette fois je ne croyais plus à l'existence de deux substances photogènes entrant en conflit.

Messieurs, on m'a reproché vivement ces changements d'opinion parce qu'on ne se rendait pas assez compte de la difficulté de l'expérimentation avec des animaux relativement difficiles à se procurer, à manier, et ne fournis-

sant que de petites quantités de substances très altérables :
il eût suffi cependant de jeter un coup d'œil sur la longue
liste de tous ceux qui, depuis des siècles, ont essayé vai-
nement d'expliquer la production de la lumière par les
êtres vivants. Le nombre de leurs hypothèses est considérable et je ne veux pas m'attarder à les discuter, ce qui
ne serait d'aucune utilité, puisque l'expérience prouve
qu'elles sont toutes inexactes.

Grâce à l'existence du laboratoire maritime de physiologie que j'ai fondé sur la Méditerranée, à Tamaris-sur-
Mer, j'ai pu obtenir la solution définitive de ce problème qui m'a si longtemps préoccupé : j'avais enfin sous
la main des animaux en abondance et un outillage complet pour les recherches physiologiques, et c'est là que j'ai
montré à quelques-uns d'entre vous qu'on rallume une
liqueur éteinte par l'agitation avec une autre éteinte par
la chaleur, mais *plus refroidie* que la première.

Deux causes d'erreur subsistaient : ce même liquide,
éteint par agitation, pouvait encore retrouver de la luminosité par l'addition d'eau douce, ou bien par celle d'une
substance alcaline.

La liqueur éteinte par la chaleur étant un peu plus concentrée que l'autre, il n'y avait pas à tenir compte de la
première objection. Quant à la deuxième, elle avait une
grande importance, car la substance non destructible par
la chaleur à 70° aurait pu n'être qu'un alcali quelconque,
agissant en vertu de sa basicité. Il n'en est rien pourtant,
car la réaction photogène s'effectue bien en milieu *légèrement* acide, et cette acidité est précisément augmentée par
l'extinction obtenue au moyen de la chaleur.

Par diverses expériences, qu'il serait trop long de vous
détailler ici, je parvins à démontrer que les alcalis n'agissent qu'en mettant en liberté une substance qui, dans la
réaction photogène, tend à se saturer de plus en plus par
suite de la production croissante d'un acide. Comme la

pyrophorine, dont je vous ai déjà parlé, cette substance perd sa principale propriété par la saturation et ne la retrouve qu'après avoir été mise en liberté par une base. L'existence de deux substances distinctes entrant en conflit en présence de l'eau, avec fixation d'oxygène pour produire de la lumière, n'étant plus douteuse, je rétablis les noms de *luciférase* et de *luciférine* que je leur avais donnés lors de mes premières expériences, pour les distinguer et rappeler leur curieuse propriété.

Le nom de luciférase vient de ce que celle de mes deux substances qui le porte, possède un grand nombre des propriétés générales des zymases. Tout ce qui favorise, active, entrave, suspend, abolit l'action des ferments solubles agit de même sur la photogénèse. La luciférase se prépare comme les zymases : elle est entraînée par les précipités fins, en partie arrêtée par les filtres de porcelaine et, vraisemblablement, elle est constituée par de fines granulations capables de s'hydrater ou de se déshydrater, d'où sa précipitation par l'alcool, sans coagulation ; elle présente toutes les réactions générales des substances protéiques.

Les agents réducteurs arrêtent la biophotogénèse, et cependant la luciférase ne présente pas les réactions spécifiques des oxydases : en outre, c'est d'elle que dérivent certainement les produits tels que la taurine et les phosphates qui apparaissent dans les liquides où s'accomplit la réaction photogène ; par ce rôle, en quelque sorte passif, elle s'éloigne des colloïdes actifs.

La nature chimique de la luciférine sera plus facile à établir et à déterminer : ce n'est qu'une question de temps et de quantité, au point où nous sommes aujourd'hui.

Voici de quelle façon je me procure isolément la luciférase, d'une part, et la luciférine, à l'état impur, de l'autre.

1º Je racle avec un couteau la paroi interne du siphon

de grosses Pholades dactyles bien vivantes : la pulpe qui en résulte est aussitôt broyée avec du sable et de l'alcool à 90°. Je laisse macérer pendant douze heures en vase clos. Au bout de ce temps, je filtre et j'obtiens un premier liquide non lumineux, même après une forte agitation avec l'air.

2° Le résidu épuisé par l'alcool est pressé et ensuite broyé avec de l'eau chloroformée. Je laisse macérer quelques heures en vase clos, je filtre et j'obtiens un second liquide non photogène.

Le mélange d'un quart du premier liquide avec trois quarts du second développe à la température ordinaire une belle phosphorescence; cette réaction, pour être bien visible, doit être faite la nuit.

Le liquide n° 2 porté à l'ébullition donne un précipité floconneux et le mélange des deux liquides ne produit plus de lumière; l'addition d'une forte proportion d'alcool fournit le même résultat que l'ébullition.

C'est au moyen de ces liquides que l'on peut se procurer la luciférase et la luciférine. Pour obtenir la première, il suffit d'ajouter au liquide n° 2 filtré, cinq à six fois son volume d'alcool à 95° : la luciférase se précipite sous forme de flocons blancs que l'on peut recueillir sur le filtre ou bien par évaporation dans le vide, après décantation de l'alcool.

La luciférine, à l'état impur, s'obtient par l'évaporation du liquide alcoolique n° 1. Ce composé chimique existe dans tout le corps de la Pholade, tandis que la luciférase ne se trouve que dans les parties lumineuses : il doit en être de même pour les insectes, et le mécanisme de la biophotogénèse, chez ces derniers, s'explique d'autant plus facilement. Le sang apporte : 1° l'alcalinité suffisante pour empêcher qu'une proportion trop considérable d'acide ne se forme et ne produise l'extinction; 2° il renferme de la luciférine; 3° il est oxygéné et aqueux.

La luciférase résulte manifestement de la dégénérescence granuleuse du bioprotéon des plastides photogènes. Dans l'immense majorité des cas, si ce n'est toujours, la luciférase et la luciférine doivent prendre naissance dans le même temps et dans le même lieu, seulement la dernière peut être entraînée par la circulation.

En dernière analyse, nous établissons expérimentalement que la lumière des êtres vivants est produite par le conflit d'une substance protéique, instable, possédant en grande partie les propriétés générales des zymases, la luciférase, avec un produit chimique, la luciférine, de l'oxygène et de l'eau.

Je puis ajouter que toutes les conditions qui favorisent, entravent, suspendent ou détruisent les manifestations vitales du bioprotéon agissent de même sur le liquide photogène composé des éléments que je viens de vous indiquer.

La luciférine n'est certainement pas vivante, car elle supporte des températures qui ne sont pas compatibles avec la vie.

Quant à la luciférase, à cause de ses nombreuses propriétés communes avec les zymases, et pour les raisons que je vous ai indiquées à propos des ferments solubles, des bioblastes, des plastidules, microzymes, etc., on pourrait la considérer comme constituée par d'infiniment petites granulations à l'état vivant.

Mais, même en admettant avec quelques biologistes que je sois parvenu à réduire la production de la lumière physiologique à un phénomène physico-chimique, serait-ce une raison pour renoncer à l'idée d'une mécanique biologique, d'une biomécanique, formant un chapitre spécial de la mécanique générale ?

En aucune façon.

D'où vient donc, en effet, l'énergie qui a servi à l'édification de cette molécule de luciférase dont l'architecture est certainement des plus compliquées ? Qui donc a fourni le potentiel qui jaillit sous forme de lumière au moment de son écroulement ?

Tout cela vient du plastide, me direz-vous, et ce plastide a emprunté de l'énergie au soleil par l'intermédiaire de ses aliments : c'est donc de la lumière solaire, qui, après avoir subi diverses modifications, s'échappe de l'être vivant pour fuir vers l'infini avec une vitesse de plusieurs milliers de kilomètres à la seconde.

Sans doute ; mais l'énergie solaire ne s'est pas transformée d'elle-même ; elle y a été incitée par cette autre forme de l'énergie que j'ai appelée « énergie évolutrice » et « énergie ancestrale », grâce à laquelle, depuis des milliers de siècles peut-être, les Vers luisants et les Pyrophores se transmettent, de génération en génération, leur éclatant flambeau, qui jamais ne s'éteint, comme celui de la vie elle-même.

Nous ignorons la nature intime de cette forme, ou plutôt de ces formes, de ces modalités de l'énergie, mais nous ne pouvons nier leurs effets caractéristiques ; de même on connaissait les effets de la foudre bien avant l'électricité. Il est probable d'ailleurs que les modalités bioprotéoniques se continuent sans transition brusque avec les modalités protéoniques physiques pour constituer la majestueuse gamme chromatique du mouvement universel, dont nous ne possédons encore que des fragments épars.

Dans le prochain semestre, nous étudierons la production de l'électricité, ou *bioélectrogénèse*, et la production de la chaleur, ou *biothermogénèse*, par les êtres vivants.

ERRATA

Page 7, ligne avant-dernière, au lieu de *Si le nom*, lire *Si le mot*.

Page 26, 3° alinéa, ligne 3, au lieu de *Driobalanops*, lire *Dryobalanops*.

Page 27, dernière ligne avant le dernier alinéa, au lieu de *sinaptose*, lire *sinaptase*.

Page 33, ligne 4, au lieu de *unis avec*, lire *unis à*.

— ligne 26, lire *alcalis-albuminoïdes*.

Page 49, lignes 14 et 15, lire *vibrations bio-protéoniques*.

Page 64, ligne 20, au lieu de *eudomyxées*, lire *endomyxées*.

Page 70, ligne 10, au lieu de *seulement*. lire *cependant*.

Page 80, ligne avant-dernière, au lieu de *cellule*, lire *plastide*.

Page 93, ligne 33, au lieu de *ces dernières*, lire *ces derniers*.

Page 117, ligne 20, rétablir ainsi la formule : $C^6H^{12}O^6$.

Page 143, ligne 22, lire *se conjuguent*.

Page 145, ligne 6, au lieu de *qu'ils ont conservé*, lire *qu'ils aient conservé*.

Page 146, ligne dernière, lire *s'était divisé lui-même*.

Page 160, ligne 5, au lieu de *sélaginées*, lire *sélaginellées*.

Page 181, ligne 15, au lieu de *gamotropisme*, lire *gynotropisme*.

Page 192, ligne 6, au lieu de *localisées*, lire *localisés*.

Page 195, ligne 16, au lieu de *elles restent alors réunies*, lire *ils restent alors réunis*.

Page 205, légende 98, même erratum.

Page 240, lignes 10 et 11, lire *sa proportion d'eau peut s'élever*.

Page 244, ligne 12, au lieu de *une hydrogèle*, lire *un hydrogèle*.

— ligne dernière, au lieu de *cellules*, lire *plastides*.

Page 250, ligne 16, au lieu de *arachnides*, lire *aranéides*.

Page 261, ligne 27, au lieu d'*Axoloth*, lire *Axolotl*.

Page 265, ligne 11, au lieu de *celui-là*, lire *celui-ci*.

Page 276, ligne 30, au lieu *préexistant*, lire *préexistants*.

Page 279, lignes 19 et 20, lire *pour la formation de la membrane : tel le glucose ; d'autres*, etc.

Page 286, ligne 6, au lieu de *elles ne peuvent*, lire *ils ne peuvent*, et faire accorder le reste de la phrase.

Page 286, lignes 15 et 16, lire « *omnis cellula e cellula* » « *omne granulum e granulo* ».

Page 287, ligne 3, 1er mot, lire *ressortir*.

— ligne 19 et suiv., au lieu de *elles seront toutes*, lire *ils seront tous*, et faire accorder la suite de la phrase.

Page 288, ligne 10, au lieu de *celle-ci*, lire *celles-ci*.

NOTE DES ÉDITEURS

Parmi les gravures qui illustrent cet ouvrage, un certain nombre ont été dessinées sur les indications de l'auteur d'après les figures, devenues classiques, publiées par MM. Arnoul, Balbiani, Brehm, Bütschli, Claude Bernard, Claus, Y. Delage, Emery, Flemming, H. Fol, Gautier, Gegenbaur, Gilson, Gadeau de Kerville, Henneguy, Hertwig, Hœckel, Künckel d'Herculais, Jobert, Kienitz-Gerloff, Kleinenberg, Lang, Langley, Lendenfeld, Leydy, Massart, F. Mayer, Nicolas, Panceri, Patten, Péron, Poli, Pouchet, de Quatrefages, Ramon y Cajol, Ranvier, Reinke, Regnard, Sachs, Schewiakoff, Schultze, Sicard, Stein, Targioni-Tozzeti, Tourneux, Thélohau, Van Tieghem, Vignal, Wolf, Zopf.

TABLE DES MATIÈRES

PREMIÈRE PARTIE

Généralités sur les phénomènes de la vie communs aux animaux et aux végétaux.

DEUXIÈME PARTIE

Production de la lumière et des radiations chimiques par les êtres vivants.

Coulommiers. — Imp. P. BRODARD. — 864-96.